中 外 物 理 学 精 品 书 系

本 书 出 版 得 到 " 国 家 出 版 基 金 " 资 助

国家出版基金项目
NATIONAL PUBLICATION FOUNDATION

中外物理学精品书系

前 沿 系 列 · 5 4

量子场论（下）

郑汉青　编著

北京大学出版社
PEKING UNIVERSITY PRESS

图书在版编目 (CIP) 数据

量子场论. 下 / 郑汉青编著. —北京：北京大学出版社，2019. 4
（中外物理学精品书系）
ISBN 978-7-301-30407-5

Ⅰ.①量… Ⅱ.①郑… Ⅲ.①量子场论 Ⅳ.① O413.3

中国版本图书馆 CIP 数据核字 (2019) 第 046149 号

书 名	量子场论（下）	
	LIANGZI CHANGLUN	
著作责任者	郑汉青 编著	
责 任 编 辑	刘啸	
标 准 书 号	ISBN 978-7-301-30407-5	
出 版 发 行	北京大学出版社	
地 址	北京市海淀区成府路 205 号 100871	
网 址	http://www.pup.cn	
电 子 信 箱	zpup@pup.cn	
新 浪 微 博	@北京大学出版社	
电 话	邮购部 62752015 发行部 62750672 编辑部 62754271	
印 刷 者	天津中印联印务有限公司	
经 销 者	新华书店	
	730 毫米 ×980 毫米 16 开本 17.25 印张 328 千字	
	2019 年 4 月第 1 版 2021 年 6 月第 2 次印刷	
定 价	52.00 元	

序　言

　　物理学是研究物质、能量以及它们之间相互作用的科学。她不仅是化学、生命、材料、信息、能源和环境等相关学科的基础，同时还与许多新兴学科和交叉学科的前沿紧密相关。在科技发展日新月异和国际竞争日趋激烈的今天，物理学不再囿于基础科学和技术应用研究的范畴，而是在国家发展与人类进步的历史进程中发挥着越来越关键的作用。

　　我们欣喜地看到，改革开放四十年来，随着中国政治、经济、科技、教育等各项事业的蓬勃发展，我国物理学取得了跨越式的进步，成长出一批具有国际影响力的学者，做出了很多为世界所瞩目的研究成果。今日的中国物理，正在经历一个历史上少有的黄金时代。

　　在我国物理学科快速发展的背景下，近年来物理学相关书籍也呈现百花齐放的良好态势，在知识传承、学术交流、人才培养等方面发挥着无可替代的作用。然而从另一方面看，尽管国内各出版社相继推出了一些质量很高的物理教材和图书，但系统总结物理学各门类知识和发展，深入浅出地介绍其与现代科学技术之间的渊源，并针对不同层次的读者提供有价值的学习和研究参考，仍是我国科学传播与出版领域面临的一个富有挑战性的课题。

　　为积极推动我国物理学研究、加快相关学科的建设与发展，特别是集中展现近年来中国物理学者的研究水平和成果，北京大学出版社在国家出版基金的支持下于 2009 年推出了"中外物理学精品书系"，并于 2018 年启动了书系的二期项目，试图对以上难题进行大胆的探索。书系编委会集结了数十位来自内地和香港顶尖高校及科研院所的知名学者。他们都是目前各领域十分活跃的知名专家，从而确保了整套丛书的权威性和前瞻性。

　　这套书系内容丰富、涵盖面广、可读性强，其中既有对我国物理学发展的梳理和总结，也有对国际物理学前沿的全面展示。可以说，"中外物理学精品书系"力图完整呈现近现代世界和中国物理科学发展的全貌，是一套目前国内为数不多的兼具学术价值和阅读乐趣的经典物理丛书。

　　"中外物理学精品书系"的另一个突出特点是,在把西方物理的精华要义"请进来"的同时,也将我国近现代物理的优秀成果"送出去"。物理学在世界范围内的重要性不言而喻。引进和翻译世界物理的经典著作和前沿动态,可以满足当前国内物理教学和科研工作的迫切需求。与此同时,我国的物理学研究数十年来取得了长足发展,一大批具有较高学术价值的著作相继问世。这套丛书首次成规模地将中国物理学者的优秀论著以英文版的形式直接推向国际相关研究的主流领域,使世界对中国物理学的过去和现状有更多、更深入的了解,不仅充分展示出中国物理学研究和积累的"硬实力",也向世界主动传播我国科技文化领域不断创新发展的"软实力",对全面提升中国科学教育领域的国际形象起到一定的促进作用。

　　习近平总书记在 2018 年两院院士大会开幕会上的讲话强调,"中国要强盛、要复兴,就一定要大力发展科学技术,努力成为世界主要科学中心和创新高地"。中国未来的发展在于创新,而基础研究正是一切创新的根本和源泉。我相信,在第一期的基础上,第二期"中外物理学精品书系"会努力做得更好,不仅可以使所有热爱和研究物理学的人们从中获取思想的启迪、智力的挑战和阅读的乐趣,也将进一步推动其他相关基础科学更好更快地发展,为我国的科技创新和社会进步做出应有的贡献。

"中外物理学精品书系"编委会主任

中国科学院院士,北京大学教授

王恩哥

2018 年 7 月于燕园

内 容 提 要

　　本书共分上、下两册,比较系统地讲授了相对论性量子场论的基础知识,所需要的背景物理知识包括经典力学和量子力学,以及部分高等量子力学的内容.如果学过一些李群的基础知识,也会对本课程的学习有所帮助.本书上册为标准的正则量子场论的内容,主要包括了相对论性量子力学、场量子化、场的相互作用和微扰论、量子电动力学、Feynman 振幅的解析性和色散关系、重整化理论简介,以及手征对称性、分波动力学等内容.本书下册则从路径积分量子化开始讲起,内容包括积分方程与束缚态问题、重整化群方程简介、对称性自发破缺与线性和非线性 sigma 模型、有效场论简介,以及非 Abel 规范场的量子化、量子色动力学简介,还包括了量子反常、弱电标准模型的建立及其单圈重整化等.

　　本书可作为物理系高年级本科生和粒子物理相关专业研究生的教材,也可供场论、粒子物理等方向的科研人员参考.

前　　言

本书共分上、下两册, 系统地介绍了标准的现代量子场论与量子规范场论教科书应有的最基础内容, 如场量子化、微扰理论、正规化和重整化方案等, 除此以外还用一定篇幅介绍了色散关系、S 矩阵理论以及分波动力学的一些基础知识. 这些知识很少在现代场论书里讨论, 但是作者认为在目前粒子物理的发展形势下, 重新开始重视这些内容是值得的, 因为它们对于研究强子之间相互作用动力学是必不可少的. 基于同样理由, 本书也用了一些篇幅来介绍有效场论技术, 尤其是手征微扰理论的基础知识.

本书是介绍相对论性量子场论的基础书籍, 但是由于粒子物理与量子场论之间的紧密联系, 作者也尽可能地附带介绍了一些相应的粒子物理学知识. 对本书从头到尾的讲授大约会花费 150 个学时, 但是教师和其他读者完全可以根据授课、学习和未来工作需要做出取舍.

本书是根据作者多年来在北京大学教授量子场论、量子规范场论以及研究生讨论班的讲义发展而来. 本书可以作为粒子物理与核物理专业的研究生、高年级本科生的教材, 以及研究者的参考书. 在编写本书的过程中, 我得到了许多同行与学生的热情帮助、批评与鼓励. 尤其是学生们的求知热情与进取精神, 是我整理这本讲义的最大的动力. 感谢肖志广、郭志辉、姚德良、王宇飞、马驰川等人在教学和写作本书的不同阶段给予我的诸多帮助. 感谢曹沁芳、马垚在书稿校对过程中的辛勤工作. 还有许多别的名字, 这里就不一一致谢了. 当然, 本书所暴露的任何错误与问题都是我自己的原因造成的. 感谢廖玮教授对本书写作的关心. 最后特别感谢北京大学出版社编辑刘啸先生在本书写作过程中的热情支持、鼓励, 没有他的努力, 本书也是不可能如期完成的.

郑汉青

2018 年 2 月

目 录

第十四章　路径积分量子化

本书上册集中讨论了正则量子场论, 其出发点是场的正则量子化条件 $[q,p] =$ $i\hbar$. 本章将讨论另一种场论量子化的方法 —— 路径积分量子化. 路径积分量子化方法最早是由 Dirac 提出的, 并由 Feynman 发展起来. 这种方法当然是由最基本的正则量子化原理出发得到的, 可以认为是前者的一种技术上的变化, 但在很多理论讨论中, 路径积分量子化所导出的生成泛函这一概念具有很大的优越性. 本章先从量子力学开始介绍这一方法, 再将主要的结论延展到无穷多自由度系统的量子场论中去.

§14.1　量子力学的路径积分表述

路径积分表述中最令人感兴趣的物理量是跃迁矩阵元. 如果系统在 t_a 时刻所处的状态是 Schrödinger 表象中的态 $|\phi, t_a\rangle$, 那么它到 t_b 时刻的态 $|\psi, t_b\rangle$ 的跃迁矩阵元定义为

$$Z(\psi, \phi) = \langle \psi, t_b | \phi, t_a \rangle, \tag{14.1}$$

而跃迁概率为 $P = |Z|^2$. 下面我们将给出跃迁振幅的路径积分表达式.

14.1.1　一维量子力学系统

我们首先讨论一个简单的一维量子力学系统的路径积分表述. 在推导路径积分表达式时, 第一步是构造一个 Heisenberg 表象中的算符 $Q(t), P(t)$ 的 "瞬时" 本征态

$$|q, t\rangle = e^{iHt}|q\rangle, \quad |p, t\rangle = e^{iHt}|p\rangle. \tag{14.2}$$

需要指出的是, 它们并不是 Schrödinger 表象中的态 (对于后者, $|\psi, t\rangle_S = e^{-iHt}|\psi\rangle$), 而是 Heisenberg 表象中的本征态, 如

$$Q(t)|q, t\rangle = q|q, t\rangle, \tag{14.3}$$

亦即 $Q(t)|q, t\rangle = e^{iHt}Qe^{-iHt}\,e^{iHt}|q\rangle = e^{iHt}q|q\rangle = q|q, t\rangle$. 必须指出的是, 这些态仍然构成一个完备集:

$$\int_{-\infty}^{\infty} dq|q, t\rangle\langle q, t| = e^{iHt}\left(\int_{-\infty}^{\infty} dq|q\rangle\langle q|\right)e^{-iHt} = 1. \tag{14.4}$$

这种新定义的态具有一个很有用的性质: 假设 $|\psi, t\rangle$ 是一个 Schrödinger 表象中的态, 则

$$\langle q, -t|\psi, t\rangle = \langle q|\psi\rangle = \psi(q). \tag{14.5}$$

这些态可以用来推导出 Schrödinger 表象中的不同态之间的跃迁矩阵元. 首先我们来计算 "瞬时" 本征态之间的跃迁矩阵元:

$$\langle q', t'|q, t\rangle = \langle q'|e^{-iH(t'-t)}|q\rangle, \tag{14.6}$$

其中假设了 $t' > t$. 在得到了 $\langle q', t'|q, t\rangle$ 的表达式后, 可以利用它来计算 Schrödinger 表象中态之间的跃迁矩阵元:

$$
\begin{aligned}
&\langle \psi, -t'|\phi, -t\rangle \\
&= \int_{-\infty}^{\infty} dq\, dq' \langle \psi, -t'|q', t'\rangle \langle q', t'|q, t\rangle \langle q, t|\phi, -t\rangle \\
&= \int_{-\infty}^{\infty} dq\, dq'\, \psi^*(q')\phi(q)\langle q', t'|q, t\rangle.
\end{aligned} \tag{14.7}
$$

在路径积分表述中跃迁矩阵元 $\langle q', t'|q, t\rangle$ 常常可以写为

$$\langle q', t'|q, t\rangle = N \int [dq] \exp\left\{ i \int_t^{t'} L(q, \dot{q}) d\tau \right\}, \tag{14.8}$$

其中 N 仅是一个归一化因子 (后面我们会看到这个因子并没有物理意义), $L(q, \dot{q})$ 是拉氏量. 积分是在 $q(t)$ 所构成的函数空间中进行的, 它表示对所有连接 (q, t) 和 (q', t') 的路径进行求和. 下面我们来更清楚地讨论上式的意义.

首先将时间间隔分为 n 段, $\delta t = (t' - t)/n$, 于是有

$$
\begin{aligned}
\langle q'|e^{-iH(t'-t)}|q\rangle = \int dq_1 \cdots dq_{n-1} \langle q'|e^{-iH\delta t}|q_{n-1}\rangle \langle q_{n-1}|e^{-iH\delta t}|q_{n-2}\rangle \\
\times \cdots \times \langle q_1|e^{-iH\delta t}|q\rangle.
\end{aligned} \tag{14.9}
$$

对于充分小的 δt,

$$\langle q'|e^{-iH\delta t}|q\rangle = \langle q'|1 - iH(P, Q)\delta t|q\rangle + O(\delta t)^2. \tag{14.10}$$

如果哈密顿量具有形式[①]

$$H(P, Q) = \frac{P^2}{2m} + V(Q), \tag{14.11}$$

[①]我们常常用大写的 P, Q 或者 P^S, Q^S 来表示相应的 Schrödinger 表象下的算符, 而用 $Q(t), P(t)$ 或者 $Q^H(t), P^H(t)$ 来表示 Heisenberg 表象下的相应算符.

那么

$$\langle q'|H(P,Q)|q\rangle = \langle q'|\frac{P^2}{2m}|q\rangle + V\left(\frac{q+q'}{2}\right)\delta(q-q')$$

$$= \int \frac{\mathrm{d}p}{2\pi}\langle q'|p\rangle\langle p|\frac{P^2}{2m}|q\rangle + V(\frac{q+q'}{2})\int \frac{\mathrm{d}p}{2\pi}\mathrm{e}^{\mathrm{i}p(q'-q)}$$

$$= \int \frac{\mathrm{d}p}{2\pi}\mathrm{e}^{\mathrm{i}p(q'-q)}\left[\frac{p^2}{2m} + V\left(\frac{q+q'}{2}\right)\right], \tag{14.12}$$

其中利用了 $\langle q'|q\rangle = \delta(q'-q)$ 和 $\langle q|p\rangle = \mathrm{e}^{\mathrm{i}pq}$. 因此

$$\langle q'|\mathrm{e}^{-\mathrm{i}H\delta t}|q\rangle \approx \int \frac{\mathrm{d}p}{2\pi}\mathrm{e}^{\mathrm{i}p(q'-q)}\left\{1 - \mathrm{i}\delta t\left[\frac{p^2}{2m} + V\left(\frac{q+q'}{2}\right)\right]\right\}$$

$$\approx \int \frac{\mathrm{d}p}{2\pi}\mathrm{e}^{\mathrm{i}p(q'-q)}\mathrm{e}^{-\mathrm{i}\delta tH\left(p,\frac{q+q'}{2}\right)}. \tag{14.13}$$

这样我们推出

$$\langle q'|\mathrm{e}^{-\mathrm{i}H(t'-t)}|q\rangle = \int \frac{\mathrm{d}p_1}{2\pi}\cdots\frac{\mathrm{d}p_n}{2\pi}\int \mathrm{d}q_1\cdots\mathrm{d}q_{n-1}$$

$$\times \exp\left\{\mathrm{i}\sum_{i=1}^{n}\left[p_i(q_i-q_{i-1}) - \delta tH\left(p_i,\frac{q_i+q_{i-1}}{2}\right)\right]\right\}. \tag{14.14}$$

跃迁矩阵元因此可以写成

$$\langle q'|\mathrm{e}^{-\mathrm{i}H(t'-t)}|q\rangle \equiv \int \left[\frac{\mathrm{d}p\mathrm{d}q}{2\pi}\right]\exp\left\{\mathrm{i}\int_t^{t'}\mathrm{d}t[p\dot{q} - H(p,q)]\right\}$$

$$= \lim_{n\to\infty}\int \frac{\mathrm{d}p_1}{2\pi}\cdots\frac{\mathrm{d}p_n}{2\pi}\int \mathrm{d}q_1\cdots\mathrm{d}q_{n-1}$$

$$\times \exp\left\{\mathrm{i}\sum_{i=1}^{n}\delta t\left[p_i\left(\frac{q_i-q_{i-1}}{\delta t}\right) - H\left(p_i,\frac{q_i+q_{i-1}}{2}\right)\right]\right\}. \tag{14.15}$$

上面最后一个等式可以看成路径积分的定义, 其中 $q_0 = q$, $q_n = q'$. 在上式中可以把 $\mathrm{d}p$ 的积分积掉, 因为由 H 的形式, 被积函数在 e 指数上关于 p 仅仅是二次型依赖的, 即 Gauss 型积分. 为此需要做解析延拓, 把 $\mathrm{i}\delta t$ 看成实的 (如何做解析延拓参见本节末的附注). 结果如下:

$$\int \frac{\mathrm{d}p_i}{2\pi}\exp\left[\frac{-\mathrm{i}\delta t}{2m}p_i^2 + \mathrm{i}p_i(q_i-q_{i-1})\right]$$

$$= \left(\frac{m}{2\pi\mathrm{i}\delta t}\right)^{1/2}\exp\left[\frac{\mathrm{i}m(q_i-q_{i-1})^2}{2\delta t}\right]. \tag{14.16}$$

这样我们最终可以得到

$$
\begin{aligned}
\langle q'|\mathrm{e}^{-\mathrm{i}H(t'-t)}|q\rangle &= \lim_{n\to\infty}\left(\frac{m}{2\pi\mathrm{i}\delta t}\right)^{n/2}\int\prod_{i=1}^{n-1}\mathrm{d}q_i\\
&\times \exp\left\{\mathrm{i}\sum_{i=1}^{n}\delta t\left[\frac{m}{2}\left(\frac{q_i-q_{i-1}}{\delta t}\right)^2-V\right]\right\}\\
&= N\int[\mathrm{d}q]\exp\left\{\mathrm{i}\int_t^{t'}\mathrm{d}\tau\left[\frac{m}{2}\dot{q}^2-V(q)\right]\right\}\\
&= N\int[\mathrm{d}q]\exp\left\{\mathrm{i}\int_t^{t'}\mathrm{d}\tau[L(q,\dot{q})]\right\}.
\end{aligned}
\tag{14.17}
$$

值得一提的是, (14.17) 式中的最后一个等式与 (14.15) 式一般来说并不等价, 仅当哈密顿量具有 (14.11) 式的形式时才等价. 为了看清楚这一点, 举一个例子如下:

$$
L=\frac{1}{2}\dot{q}^2 f(q).
\tag{14.18}
$$

其正则动量为 $p=\dot{q}f(q)$, 反解出 $\dot{q}=p/f(q)$ 并得到 $H(p,q)=p\dot{q}-L=\frac{1}{2}p^2 f^{-1}(q)$. 由于哈密顿量对 p 仅为平方依赖, (14.15) 式中对动量的路径积分可以积出, 并且可以写成 (14.17) 式中最后一个等式右边的形式, 只是要把 $L\to L^{\mathrm{eff}}$. 一般来说, 相互作用项含有微商耦合时, 就会出现这种有效拉氏量. 作为一个练习, 读者可以证明 $L^{\mathrm{eff}}=L-\frac{\mathrm{i}}{2}\delta(0)\ln f(q)$.

下面我们用刚刚建立起来的路径积分 (PI) 表述来讨论一个简单的例子 —— 自由粒子情形的跃迁矩阵元. 此时的拉氏量为 $L=\frac{1}{2}m\dot{q}^2$, 相应的哈密顿量为 $H(p,q)=\frac{p^2}{2m}$. 利用态 $|p\rangle$ 的完备性, 跃迁矩阵元可以写为

$$
\begin{aligned}
Z(q',t';q,t) &= \langle q'|\mathrm{e}^{-\mathrm{i}H(t'-t)}|q\rangle\\
&= \int_{-\infty}^{\infty}\frac{\mathrm{d}p}{2\pi}\exp\left[-\mathrm{i}\frac{p^2}{2m}(t'-t)\right]\langle q'|p\rangle\langle p|q\rangle\\
&= \int_{-\infty}^{\infty}\frac{\mathrm{d}p}{2\pi}\exp\left[-\mathrm{i}\frac{p^2}{2m}(t'-t)+\mathrm{i}p(q'-q)\right].
\end{aligned}
\tag{14.19}
$$

这是一个 Gauss 型的积分, 可以积出来. 结果是

$$
Z(q',t';q,t)=\left[\frac{m}{2\pi\mathrm{i}(t'-t)}\right]^{1/2}\exp\left[\mathrm{i}\frac{m(q'-q)^2}{2(t'-t)}\right].
\tag{14.20}
$$

另一方面, 由 (14.17) 式, 有

$$Z(q', t'; q, t) = \langle q'|e^{-iH(t'-t)}|q\rangle$$

$$= \lim_{n \to \infty} \left(\frac{m}{2\pi i\delta t}\right)^{n/2} \int \prod_{i=1}^{n-1} dq_i \exp\left\{i \sum_{i=1}^{n} \delta t \left[\frac{m}{2}\left(\frac{q_i - q_{i-1}}{\delta t}\right)^2\right]\right\}.$$

$$(14.21)$$

根据 Feynman 和 Hibbs 的推导[①], 上述积分按顺序依次积出. 第一个积分对 q_1 进行:

$$\int_{-\infty}^{\infty} dq_1 \exp\left\{i\frac{m}{2\delta t}[(q_2 - q_1)^2 + (q_1 - q)^2]\right\}$$

$$= \int_{-\infty}^{\infty} dq_1 \exp\left\{i\left[\frac{m}{4\delta t}(q_2 - q)^2 + \frac{m}{\delta t}\left(q_1 - \frac{q_2}{2} - \frac{q}{2}\right)^2\right]\right\}$$

$$= \sqrt{\frac{\pi i\delta t}{m}} \exp\left[i\frac{m}{4\delta t}(q_2 - q)^2\right].$$

$$(14.22)$$

也就是说, 对一个正则变量积分后得到了另一个 Gauss 型积分. 可以证明, 对于 q_l 积分时有

$$\int_{-\infty}^{\infty} dq_l \exp\left\{i\left[\frac{m}{2l\delta t}(q_l - q)^2 + \frac{m}{2\delta t}(q_{l+1} - q_l)^2\right]\right\}$$

$$= \sqrt{\frac{2\pi il\delta t}{(l+1)m}} \exp\left[i\frac{m}{2(l+1)\delta t}(q_{l+1} - q)^2\right].$$

$$(14.23)$$

以此类推, 在进行了 $n-1$ 次积分后 (记住有 $q_n = q'$), 路径积分的最后结果为

$$Z(q', t'; q, t) = \exp\left[i\frac{m(q'-q)^2}{2n\delta t}\right]\left(\frac{m}{2\pi i\delta t}\right)^{n/2}\prod_{l=1}^{n-1}\sqrt{\frac{2\pi il\delta t}{l+1}m}$$

$$= \left(\frac{m}{2\pi in\delta t}\right)^{1/2}\exp\left[i\frac{m(q'-q)^2}{2n\delta t}\right].$$

$$(14.24)$$

由于有 $n\delta t = t' - t$, $n \to \infty$ 时的结果与 (14.20) 式一样. 通过这个例子看出, 仅仅从计算的角度来讲, 路径积分表述形式很难被认为是简化了对跃迁矩阵元的计算. 但是路径积分表述有在理论上的好处, 比如 Green 函数与传播子之间存在紧凑的关系, 这将在下面的讨论中看清. 最后我们讨论一下经典作用量在 (14.17) 式中的作用. 具有边界条件 $q(t_a) = q_a, q(t_b) = q_b$ 的经典运动方程 $\ddot{q} = 0$ 的解很容易解出:

$$q_c(t) = q_a + \left(\frac{q_b - q_a}{t_b - t_a}\right)(t - t_a).$$

$$(14.25)$$

[①]Feynman R P and Hibbs A R. Quantum Mechanics and Path Integrals. New York: McGraw-Hill, 1965.

对应于经典路径的作用量的值为

$$S_{\mathrm{c}} = \int_{t_a}^{t_b} \mathrm{d}t \frac{1}{2} m \dot{q}_{\mathrm{c}}^2 = \frac{m(q_b - q_a)^2}{2(t_b - t_a)}. \tag{14.26}$$

与 (14.20) 式比较得知, (14.20) 式中指数上的值就是 $\frac{\mathrm{i}}{\hbar} S_{\mathrm{c}}$. 事实上可以证明, 这一结论对于所有具有二次型依赖关系的作用量都是对的.

附注 首先我们给出 Gauss 型积分公式

$$\int_{-\infty}^{\infty} \mathrm{d}x \mathrm{e}^{-\alpha x^2} = \sqrt{\frac{\pi}{\alpha}}, \tag{14.27}$$

其中 α 是正实数. 然而在路径积分表达式中 α 经常是纯虚数. 这一积分可以通过解析延拓得到, 方法是考虑函数 $\mathrm{e}^{-\mathrm{i}\alpha z^2}$. 根据所谓 Cauchy–Riemann 条件容易得出, 这一函数在复平面上 (除了无穷远点) 处处解析. 在实轴上它回到我们要考虑的函数 $\mathrm{e}^{-\mathrm{i}\alpha x^2}$. 如果 α 是正的, 则被积函数可在如下图所示的围道上进行积分, 其中路径 (1) 在正实轴上并一直到无穷远, 路径 (3) 为 $y = -x$. 在路径 (1) 上, $\exp(-\mathrm{i}\alpha z^2) = \exp(-\mathrm{i}\alpha x^2)$ 并且 $\mathrm{d}z = \mathrm{d}x$, 在路径 (3) 上 $\exp(-\mathrm{i}\alpha z^2) = \exp(-2\alpha x^2)$ 并且 $\mathrm{d}z = (1-\mathrm{i})\mathrm{d}x = (2/\mathrm{i})^{1/2}\mathrm{d}x$. 路径 (2) 对围道积分不贡献, 因为此时被积函数有因子 $\exp(-2\alpha x|y|)$, 而 $x \to \infty$. 由于被积函数在围道上和围道内处处解析, 根据 Goursat 定理, 被积函数沿闭合围道的积分为零, 因此得出

$$\int_0^{\infty} \mathrm{d}x \mathrm{e}^{-\mathrm{i}\alpha x^2} = \sqrt{\frac{2}{\mathrm{i}}} \int_0^{\infty} \mathrm{d}x \mathrm{e}^{-2\alpha x^2} = \frac{1}{2} \sqrt{\frac{\pi}{\mathrm{i}\alpha}}.$$

推广到对整个实轴的积分, 有

$$\int_{-\infty}^{\infty} \mathrm{d}x \mathrm{e}^{-\mathrm{i}\alpha x^2} = \sqrt{\frac{\pi}{\mathrm{i}\alpha}}. \tag{14.28}$$

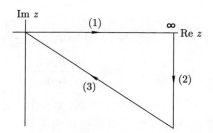

如果 α 是负的, 则围道必须取在上半平面上, 而结论与上式相同. 把以上的结果稍加推广, 由

$$\int_{-\infty}^{\infty} \mathrm{d}x \mathrm{e}^{-\alpha x^2 \pm \beta x} = \sqrt{\frac{\pi}{\alpha}} \exp\left(\frac{\beta^2}{4\alpha}\right), \tag{14.29}$$

可得

$$\int_{-\infty}^{\infty} \mathrm{d}x \mathrm{e}^{-\mathrm{i}\alpha x^2 \pm \mathrm{i}\beta x} = \sqrt{\frac{\pi}{\mathrm{i}\alpha}} \exp\left(\frac{\mathrm{i}\beta^2}{4\alpha}\right). \tag{14.30}$$

14.1.2　关于路径积分的一些讨论

路径积分 —— 对历史的求和

在上面的推导中, 我们利用量子力学的算符形式给出了路径积分量子化的表述. 一种新的量子化方法, 可能对于更好地理解传统方法不好处理的量子系统有所帮助, 为此需要更好地理解这种新的表述形式. 在 (14.17) 式中, 如果我们把对 q_j 的积分改为求和,

$$\int_{-\infty}^{\infty} \mathrm{d}q_j \rightarrow \sum_{n_j=-\infty}^{\infty} \epsilon_q, \tag{14.31}$$

其中 ϵ_q 是所有 q_j 积分所对应的无穷小测度, 则路径积分公式 (14.17) 式可改写为

$$\langle q', t'|q, t \rangle \rightarrow \left(\frac{m}{2\pi \mathrm{i}\delta t}\right)^{N/2} \sum_{n_1=-\infty}^{\infty} \epsilon_q \cdots \sum_{n_{N-1}=-\infty}^{\infty} \epsilon_q$$

$$\times \exp\left[\mathrm{i}\sum_{j=0}^{N-1}\delta t\mathcal{L}\left([n_{j+1}-n_j]\frac{\epsilon_q}{\epsilon}, n_j\epsilon_q\right)\right], \tag{14.32}$$

其中 n_0 和 n_N 的定义为 $q = n_0\epsilon_q$, $q' = n_N\epsilon_q$. 按照这样的形式, 路径积分表示对于所有可能的集合 $\{n_j\}$ 求和, 并且求和时有一个指数权重因子. 注意每一个集合 $\{n_j\}$ 对应于一个 $\{q_j\}$ 的集合, 而每一个 q_j 表示粒子从 q 到 q' 在 t_j 时刻的中间值. 因此路径积分表示表述的是对所有可能路径按照一定的权重因子求和, 如图 14.1 所示. 因此路径积分可以理解为

$$Z = \sum_{\text{路径}} \mathrm{e}^{\mathrm{i}S/\hbar}. \tag{14.33}$$

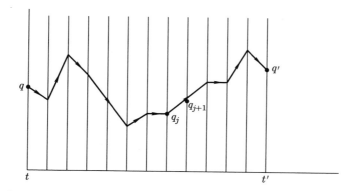

图 14.1　路径积分 —— 对历史的求和.

这个发现是我们对先前所得到的路径积分表示式的意义进行推广的基础. 这种推广使得我们可以利用路径积分方法对传统方法不好处理的量子系统进行量子化. (14.33) 式最大的好处之一是其直观性: 在这里 Newton 力学的经典路径重新回到了量子跃迁振幅的表达式中. 从直觉上人们可以认为经典路径对 (14.33) 式中跃迁矩阵元的求和式的贡献是最主要的. 然而, (14.33) 式也带来了很多微妙的问题, 比如一个经典系统在做了量子化后并不能够简单地回到其经典极限. 如何从路径积分量子化的角度来理解这些问题并不是很清楚的.

关于路径积分的一些数学讨论, Wick 转动以及欧氏空间中的路径积分

从数学上讲, 路径积分的严格的定义至今也没有研究清楚. 带来这些数学困难的主要原因是路径的选取是任意的, 并不一定可微, 甚至可以不是分段连续的, 因此在所有路径所构成的空间中定义积分测度并不是一个简单的事情 (积分必须在 Lebesgue 积分意义下才可以定义). 与此相关联的是, 被积函数或权重因子 (积分测度的定义依赖于它), 由于指数上 i 因子的存在, 可以是高度振荡的, 因而使得它们具有 "分布" (distribution) 的性质, 而不是普通的可积函数. 由于权重因子具有振荡的特性, 导致了被积函数是一些分布, 那么如果消除了这些振荡行为则有可能给予积分测度一个适当的定义. 因此, 严格的路径积分表述在一定条件下, 可以在欧氏空间中得到. 从闵氏空间到欧氏空间可以通过 Wick 转动 $t \to -\mathrm{i}\tau$ 得到 (见图 14.2). 也就是说, 路径积分可以被解析延拓到虚的时间做计算, 再转动回来 $(\tau \to \mathrm{i}t)$ 以得到最后结果. 前一节的附注中讨论过这样一个例子. 在做了 Wick 转动后, (14.17) 式的路径积分表述改写为

$$Z = \int_q^{q'} [\mathrm{d}q] \mathrm{e}^{-S_\mathrm{E}}, \tag{14.34}$$

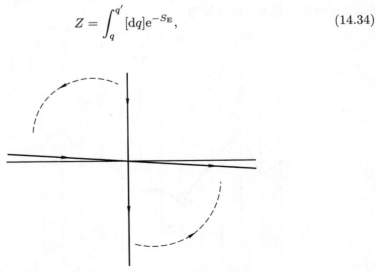

图 14.2　对时间变量的积分与 Wick 转动.

其中欧氏作用量 S_E 形式为

$$S_E = \int_t^{t'} d\tau \left\{ \frac{1}{2}m\left(\frac{dq}{d\tau}\right)^2 + V(q) \right\} \equiv \int_t^{t'} d\tau L_E, \tag{14.35}$$

并且

$$[dq] = \lim_{N\to\infty} \left(\frac{m}{2\pi\delta\tau}\right)^{N/2} dq_1\cdots dq_{N-1}. \tag{14.36}$$

从 (14.35) 式可以看出, 除非势函数没有下界, 否则那些与经典解偏离的路径, 尤其是那些无规则的路径, 的确是被指数压低的. Wick 转动同时也使得路径积分在欧氏区的积分测度有一个好的定义. 虽然没有确定的证明, 上述这些性质的确支持了一点: 在估算路径积分时的一个很可能是好的近似是只考虑那些连续甚至可微的路径, 尤其是经典路径具有最大的权重.

14.1.3 有外源时的生成泛函

有外源时的运动

假设一维粒子在除了势场 $V(q)$ 外, 一个任意的、与时间有关的外力 $J(t)$ 作用下运动, 有

$$\mathcal{L}(q,\dot{q}) = \frac{1}{2}m\dot{q}^2 - V(q) + J(t)q, \tag{14.37}$$

$$Z[J] = \int [dq]\exp\left\{ i\int_t^{t'} d\tau[L(q,\dot{q}) + J(t)q] \right\}. \tag{14.38}$$

为简单起见, 先假设 $V(q) = 0$, 拉氏量于是可写为

$$\mathcal{L}(p,q) = p\dot{q} - H(p,q) = p\dot{q} - \frac{p^2}{2m} + J(t)q, \tag{14.39}$$

而跃迁矩阵元可写成

$$Z(q_b,t_b;q_a,t_a) = \int_{q_a}^{q_b} dq_0\cdots dq_{n-1} \int \frac{dp_0}{2\pi}\cdots\frac{dp_{n-1}}{2\pi}$$

$$\times \exp\left\{ i\sum_{i=0}^{n-1}\left[p_i(q_{i+1}-q_i) - \epsilon\frac{p_i^2}{2m} + \epsilon J(t_i)q_i \right] \right\}. \tag{14.40}$$

对此式首先将坐标 q_i 积掉更为容易, 结果是

$$Z(q_b,t_b;q_a,t_a)$$
$$= \frac{1}{2\pi}\int dp_0\cdots dp_{N-1}\delta(\epsilon J(t_1)+p_0-p_1)\cdots\delta(\epsilon J(t_{N-1})+p_{N-2}-p_{N-1})$$

$$\times \exp\{i[p_{N-1}q_b - p_0q_a + \epsilon J(t_a)q_a]\}\exp\left\{ -\frac{i\epsilon}{2m}\sum_{j=0}^{N-1}p_j^2 \right\}. \tag{14.41}$$

前 $N-1$ 个积分很容易积掉, 结果为

$$Z(q_b, t_b; q_a, t_a) = \exp\left[iq_a \sum_{j=0}^{N-1} \epsilon J(t_j)\right] \int \frac{dp_{N-1}}{2\pi} \exp\left\{ ip_{N-1}(q_b - q_a) \right.$$

$$\left. -i \sum_{j=0}^{N-1} \frac{\epsilon}{2m}\left[p_{N-1} - \sum_{k=j+1}^{N-1} \epsilon J(t_k)\right]^2 \right\}. \tag{14.42}$$

定义

$$I(t) = \int_t^{t_b} d\tau J(\tau) = \int_{t_a}^{t_b} d\tau \theta(\tau - t) J(\tau). \tag{14.43}$$

令 $p_{N-1} = p$, 取 $\epsilon \to 0$ 的极限, 则可以把 (14.42) 式改写为连续的形式:

$$Z(q_b, t_b; q_a, t_a) = \exp[iq_a I(t_a)] \int_{-\infty}^{\infty} \frac{dp}{2\pi} \exp\left\{ ip(q_b - q_a) \right.$$

$$\left. -i \int_{t_a}^{t_b} dt \left[\frac{p^2}{2m} - \frac{p}{m}I(t) + \frac{1}{2m}I^2(t)\right] \right\}. \tag{14.44}$$

经过整理可得

$$Z(q_b, t_b; q_a, t_a) = \left[\frac{m}{2\pi i(t_b - t_a)}\right]^{1/2} \exp\left\{ i\left[\frac{m(q_b - q_a)^2}{2(t_b - t_a)}\right.\right.$$

$$+ \frac{(q_b - q_a)}{(t_b - t_a)} \int_{t_a}^{t_b} dt\, I(t) + \frac{1}{2m(t_b - t_a)}\left[\int_{t_a}^{t_b} dt I(t)\right]^2$$

$$\left.\left. + q_a I(t_a) - \frac{1}{2m}\int_{t_a}^{t_b} dt\, I^2(t)\right]\right\}. \tag{14.45}$$

这个表达式比较复杂. 如果令外源等于常数, 则表达式可以得到简化, 其物理意义也更加清楚. 令 $J(t) = f$, 则

$$Z(q_b, t_b; q_a, t_a) = \left[\frac{m}{2\pi i(t_b - t_a)}\right]^{1/2} \exp\left\{ i\left[\frac{m(q_b - q_a)^2}{2(t_b - t_a)}\right.\right.$$

$$\left.\left. + \frac{1}{2}(q_a + q_b)(t_b - t_a)f - \frac{(t_b - t_a)^3 f^2}{24m}\right]\right\}. \tag{14.46}$$

可以证明上式中的指数因子正好是 $J(t) = f$ 时经典路径所对应的作用量的值 (乘以因子 $i/\hbar$). 作为练习, 请读者自行证明上述陈述.

利用 (14.46) 式, 也可以证明两个瞬时动量本征态间的跃迁矩阵元 $\langle p_b, t_b | p_a, t_a \rangle$

仅在 $p_b = p_a + f(t_b - t_a)$ 时不为零. 由

$$
\begin{aligned}
\langle p_b, t_b | p_a, t_a \rangle &= \int \mathrm{d}q \mathrm{d}q' \langle p_b, t_b | q', t_b \rangle \langle q', t_b | q, t_a \rangle \langle q, t_a | p_a, t_a \rangle \\
&= \int \mathrm{d}q \mathrm{d}q' \mathrm{e}^{-\mathrm{i}p_b q' + \mathrm{i}p_a q} \left[\frac{m}{2\pi \mathrm{i}(t_b - t_a)} \right]^{1/2} \exp \left\{ \mathrm{i} \left[\frac{m(q'-q)^2}{2(t_b - t_a)} \right. \right. \\
&\quad \left. \left. + \frac{1}{2}(q + q')(t_b - t_a)f - \frac{(t_b - t_a)^3 f^2}{24m} \right] \right\}.
\end{aligned}
\tag{14.47}
$$

容易看出, 对 $q + q'$ 的积分正比于 $\delta(p_b - p_a - (t_b - t_a)f)$.

泛函微商

在上面我们使用了泛函和泛函微商这样的概念. 这里并不从数学角度去讨论它们的意义, 而仅仅满足于如何从直观的角度去理解.

对泛函 $Z[J(t)]$ 可以这样理解: 首先把 t 分成无穷多由时间 $t_1, t_2, \cdots, t_n, \cdots$ 所分割的无穷小区间, 区间长度为 ϵ, 则泛函 $Z[J(t)]$ 可以看作一个具有无穷多变量的普通函数 $Z[J(t_1), J(t_2), \cdots]$, 其中 $J(t_1), J(t_2), \cdots$ 是其自变量, 也可以将后者简写为 $J_1, J_2, \cdots$.

任意一个积分 $\int \mathrm{d}t f(t)$ 可改写为 $\epsilon \sum\limits_i f(t_i)$, 所以 $\delta(t - t')$ 可以做如下改写:

$$
\delta(t - t') \Rightarrow \frac{1}{\epsilon} \delta_{ij},
$$

其中下标 i, j 分别对应着 t 和 t'. 又由上面的表达式立刻可以知道 $\delta(0) = \dfrac{1}{\epsilon}$.

泛函微商 $\dfrac{\delta J(t)}{\delta J(t')} = \delta(t - t')$ 可以理解为普通微商. 由 $\dfrac{\partial J_i}{\partial J_j} = \delta_{ij}$ 知

$$
\frac{\delta}{\delta J(t)} \Rightarrow \frac{\partial}{\epsilon \partial J_i}.
$$

泛函的链式微商

$$
\frac{\delta F[J]}{\delta J(t)} = \int \mathrm{d}t' \frac{\delta F[J]}{\delta J(t')} \times \frac{\delta J(t')}{\delta J(t)}
$$

可以改写为普通微商

$$
\frac{\partial F[J_1, J_2, \cdots]}{\epsilon \partial J_i} = \epsilon \sum_j \frac{\partial F[J_1, J_2, \cdots]}{\epsilon \partial J_j} \times \frac{\partial J_j}{\epsilon \partial J_i}.
$$

算符在态之间的期望值、连通性

以上我们讨论了态之间的跃迁矩阵元, 有时还需要讨论算符在态之间的期望值. 比如我们来计算

$$
\langle q', t' | T(Q^{\mathrm{H}}(t_1) Q^{\mathrm{H}}(t_2)) | q, t \rangle.
$$

设 $t' > t_1 > t_2 > t$, 有

$$\langle q', t'|T(Q^{\mathrm{H}}(t_1)Q^{\mathrm{H}}(t_2))|q, t\rangle = \langle q'|e^{-iH(t'-t_1)}Q^{\mathrm{S}}e^{-iH(t_1-t_2)}Q^{\mathrm{S}}e^{-iH(t_2-t)}|q\rangle$$

$$= \int dq_1 dq_2 \langle q'|e^{-iH(t'-t_1)}|q_1\rangle\langle q_1|Q^{\mathrm{S}}e^{-iH(t_1-t_2)}|q_2\rangle\langle q_2|Q^{\mathrm{S}}e^{-iH(t_2-t)}|q\rangle$$

$$= \int dq_1 dq_2 \, q(t_1)q(t_2)\langle q'|e^{-iH(t'-t_1)}|q_1\rangle\langle q_1|e^{-iH(t_1-t_2)}|q_2\rangle\langle q_2|e^{-iH(t_2-t)}|q\rangle.$$

$$(14.48)$$

利用路径积分的一般公式 (14.17) 式, 可以得出

$$\langle q', t'|T(Q^{\mathrm{H}}(t_1)Q^{\mathrm{H}}(t_2))|q, t\rangle = \int \left[\frac{dpdq}{2\pi}\right] q(t_1)q(t_2) \exp\left\{i\int_t^{t'} d\tau[p\dot{q} - H(p, q)]\right\}.$$

$$(14.49)$$

不难看出上面的结论具有一般性, 即对于 $t_2 > t_1$ 也有同样结论成立①. 根据构造方法, (14.45) 式中的矩阵元是 $J(t)$ 的泛函, 记为 $Z[J]$. 这个泛函具有非常重要的性质:

$$-i\frac{\delta}{\delta J(t)}Z[J] = \int_{q_a}^{q_b} [dpdq]q(t) \exp\left\{\int_{t_a}^{t_b} dtL(p, q)\right\}$$

$$= \langle q_b, t_b|Q(t)|q_a, t_a\rangle_J,$$

$$(14.50)$$

即 $Z[J]$ 的泛函导数给出了 Heisenberg 场算符 $Q(t)$ 的矩阵元. 利用关系式

$$\frac{\delta I(t')}{\delta J(t)} = \theta(t - t')$$

$$(14.51)$$

和泛函微商的法则可以得到, 对于自由粒子,

$$\langle q_b, t_b|Q(t)|q_a, t_a\rangle_{J=0} = -i\frac{\delta Z[J]}{\delta J(t)}|_{J=0}$$

$$= (q_a + \frac{(q_b - q_a)}{(t_b - t_a)}(t - t_a))Z[0].$$

$$(14.52)$$

继续做泛函微商可以证明,

$$-\frac{\delta^2 Z[J]}{\delta J(t_1)\delta J(t_2)} = \langle q_b, t_b|T\{Q(t_1)Q(t_2)\}|q_a, t_a\rangle.$$

$$(14.53)$$

---

①由此可以得出一个重要的结论, 即路径积分自动给出编时乘积 Green 函数的计算.

在自由粒子情形, 直接推导可得出

$$\langle q_b, t_b | T\{Q(t_1)Q(t_2)\} | q_a, t_a \rangle_{J=0} = -\hbar^2 \left. \frac{\delta^2 Z[J]}{\delta J(t_1) \delta J(t_2)} \right|_{J=0}$$

$$= \left\{ i\hbar\theta(t_2 - t_1) \frac{(t_b - t_2)(t_1 - t_a)}{m(t_b - t_a)} + i\hbar\theta(t_1 - t_2) \frac{(t_b - t_1)(t_2 - t_a)}{m(t_b - t_a)} \right.$$

$$\left. + \left[q_a + \frac{q_b - q_a}{t_b - t_a}(t_1 - t_a) \right] \left[q_a + \frac{q_b - q_a}{t_b - t_a}(t_2 - t_a) \right] \right\} Z[0]. \tag{14.54}$$

在上面的表达式中, 与 $\hbar$ 无关的项是 $Q(t_1)$ 与 $Q(t_2)$ 的期望值的简单的乘积, 而正比于 $\hbar$ 一项才真正反映了系统的量子特性: 即使是对于自由粒子, 算符 $Q(t_1)$ 与 $Q(t_2)$ 也是不可对易的. 为了消除那些不感兴趣的项而只保留量子效应, 可以定义一个新的生成泛函

$$W[J] = -i \ln Z[J]. \tag{14.55}$$

很容易证明,

$$\frac{\delta W[J]}{\delta J(t)} = -i \frac{1}{Z[J]} \frac{\delta Z[J]}{\delta J(t)} = \langle Q(t) \rangle_J, \tag{14.56}$$

以及

$$-i \frac{\delta^2 W[J]}{\delta J(t_1) \delta J(t_2)} = \langle T\{Q(t_1)Q(t_2)\} \rangle_J - \langle Q(t_1) \rangle_J \langle Q(t_2) \rangle_J. \tag{14.57}$$

的确, 编时乘积的振幅中只有连通部分保留了下来.

有相互作用时的生成泛函

最后再来讨论一下有势场 $V(q)$ 时的跃迁矩阵元 $Z[J]$:

$$Z[J] = \int_{q_a}^{q_b} [\mathrm{d}p\mathrm{d}q] \exp \left\{ i \int_{t_a}^{t_b} \mathrm{d}t \left[p\dot{q} - \frac{p^2}{2m} - V(q) + J(t)q \right] \right\}. \tag{14.58}$$

形式上可以写出

$$Z[J] = \exp \left\{ -i \int_{t_a}^{t_b} \mathrm{d}t V \left(-i \frac{\delta}{\delta J(t)} \right) \right\}$$

$$\times \int_{q_a}^{q_b} [\mathrm{d}p\mathrm{d}q] \exp \left\{ i \int_{t_a}^{t_b} \mathrm{d}t \left[p\dot{q} - \frac{p^2}{2m} + J(t)q \right] \right\}$$

$$= \exp \left\{ -i \int_{t_a}^{t_b} \mathrm{d}t V \left(-i \frac{\delta}{\delta J(t)} \right) \right\} Z^0[J]. \tag{14.59}$$

路径积分与 Schrödinger 方程的等价性

量子力学中的态 $|\psi\rangle$ 在 Schrödinger 表象中的波函数可表示为

$$\psi(q,t) = \langle q|\psi,t\rangle = \langle q,t|\psi\rangle, \tag{14.60}$$

它满足 Schrödinger 方程

$$\mathrm{i}\frac{\mathrm{d}}{\mathrm{d}t}\psi(q,t) = H\psi(q,t). \tag{14.61}$$

波函数随时间的演化有路径积分表达式

$$\psi(q',t') = \int \mathrm{d}q\langle q',t'|q,t\rangle\langle q,t|\psi\rangle$$
$$= \int \mathrm{d}q Z(q',t';q,t)\psi(q,t). \tag{14.62}$$

由此可以看出跃迁矩阵元 $Z(q',t';q,t)$ 决定了波函数 $\psi(q,t)$ 的演化. 上述表述类似于光传播的 Huygens 原理. 可以证明, 在 (14.62) 式中给出的波函数满足 Schrödinger 方程:

$$\psi(q,t+\Delta t) = \int \mathrm{d}q_0\langle q|\mathrm{e}^{-\mathrm{i}\Delta t H}|q_0\rangle\psi(q_0,t)$$
$$= \psi(q,t) - \mathrm{i}\Delta t \int \mathrm{d}q_0\langle q|H|q_0\rangle\psi(q_0,t) + O((\Delta t)^2)$$
$$= \psi(q,t) - \mathrm{i}\Delta t \int \frac{\mathrm{d}q_0\mathrm{d}p}{2\pi}\langle q|p\rangle\langle p|H|q_0\rangle\psi(q_0,t)$$
$$= \psi(q,t) - \mathrm{i}\Delta t \int \frac{\mathrm{d}q_0\mathrm{d}p}{2\pi}H(p,q_0)\mathrm{e}^{\mathrm{i}p(q-q_0)}\psi(q_0,t)$$
$$= \psi(q,t) - \mathrm{i}\Delta t \int \frac{\mathrm{d}q_0\mathrm{d}p}{2\pi}H\left(-\mathrm{i}\frac{\partial}{\partial q},q_0\right)\mathrm{e}^{\mathrm{i}p(q-q_0)}\psi(q_0,t)$$
$$= \psi(q,t) - \mathrm{i}\Delta t \int \mathrm{d}q_0 H\left(-\mathrm{i}\frac{\partial}{\partial q},q_0\right)\delta(q-q_0)\psi(q_0,t)$$
$$= \psi(q,t) - \mathrm{i}\Delta t H\left(-\mathrm{i}\frac{\partial}{\partial q},q\right)\psi(q,t). \tag{14.63}$$

经过整理即可得到 (14.61) 式.

14.1.4　基态间的跃迁矩阵元, Green 函数的生成泛函

在 (14.38) 式中我们引入了有外源时跃迁矩阵元的概念, 并且由其后的讨论得知, 可以由对外源的泛函微商给出场算符的编时乘积在态 $|q,t\rangle$ 和 $|q',t'\rangle$ 之间的矩阵元. 事实上, $|q,t\rangle$ 和 $|q',t'\rangle$ 分别是 Heisenberg 场算符 $Q^{\mathrm{H}}(t)$ 和 $Q^{\mathrm{H}}(t')$ 的本征态, 但在量子力学中更为感兴趣的是算符在能量的本征态, 特别是基态之间的矩阵元:

$$G(t_1,t_2) = \langle 0|T(Q^{\mathrm{H}}(t_1)Q^{\mathrm{H}}(t_2))|0\rangle, \tag{14.64}$$

其中 $|0\rangle$ 表示系统的基态. 在 (14.64) 式中插入态的完备集, 有

$$G(t_1, t_2) = \int dq dq' \langle 0|q', t' \rangle \langle q', t'|T(Q^{\mathrm{H}}(t_1)Q^{\mathrm{H}}(t_2))|q, t \rangle \langle q, t|0 \rangle, \qquad (14.65)$$

矩阵元 $\langle q, t|0 \rangle = \phi_0(q)\mathrm{e}^{-iE_0 t} = \phi_0(q, t)$ 是基态波函数. 进一步我们得到

$$G(t_1, t_2) = \int \left[\frac{dq dp}{2\pi} \right] \phi_0^*(q', t')\phi_0(q, t)q(t_1)q(t_2)$$
$$\times \exp \left\{ i \int_t^{t'} d\tau [p\dot{q} - H(p, q)] \right\}. \qquad (14.66)$$

这个表达式实际上并不好用, 原因是往往我们并不知道如何得到基态波函数. 为此可以在上面的表达式中将基态波函数 $\phi_0^*(q', t')$ 和 $\phi_0(q, t)$ 消去. 首先在形式上给出一个有外源时的真空态到真空态的跃迁矩阵元:

$$\overline{Z}[J] = \langle 0|0 \rangle^J \equiv \lim_{\substack{t' \to +\infty \\ t \to -\infty}} \langle 0|T \left\{ \exp \left[i \int_t^{t'} J(\tau)Q(\tau)d\tau \right] \right\} |0 \rangle. \qquad (14.67)$$

容易证明 $\overline{Z}[J]$ 的确是算符编时乘积在真空态之间的矩阵元的生成泛函,

$$\frac{\delta^n \overline{Z}[J]}{i^n \delta J(t_1) \cdots \delta J(t_n)}\big|_{J=0} = \langle 0|T\{Q(t_1) \cdots Q(t_n)\}|0 \rangle. \qquad (14.68)$$

利用路径积分方法, 与 (14.66) 式比较, 不难把 (14.67) 式改写为

$$\overline{Z}[J] = \lim_{\substack{t' \to +\infty \\ t \to -\infty}} \int dq dq' \int_q^{q'} [dp][dq] \phi_0^*(q')\phi_0(q)$$
$$\times \exp \left\{ i \int_t^{t'} d\tau [p\dot{q} - H(p, q) + Jq] \right\} \mathrm{e}^{-iE_0(t-t')}. \qquad (14.69)$$

(14.69) 式的计算涉及基态波函数, 我们希望得到一个更方便的生成泛函表示. 为此我们引入另一个辅助的泛函

$$F(z; q', t'; q, t) \equiv \langle q'|T\{\exp\{-iH(P, Q)z(t' - t) + iz \int_t^{t'} d\tau J(\tau)Q(\tau)\}\}|q \rangle. \qquad (14.70)$$

我们设 $J(\tau)$ 仅在 $|\tau| < T$ 的有限大的时间间隔内不为零 (设在 $J(t)$ 加上和除去后 H 的基态 $|0\rangle$ 是定态). 对于 (绝对值) 充分大的 $t' > t''' > T$ 和 $-t > -t'' > T$,

$$F(z; q', t'; q, t) = \int dq'' dq''' \langle q'| \exp\{-iHz(t' - t''')\}|q''' \rangle$$
$$\times F(z; q''', t'''; q'', t'') \langle q''| \exp\{-iHz(t'' - t)\}|q \rangle. \qquad (14.71)$$

利用能量本征态 $|n\rangle$ 的完备性, 有

$$\langle q'|\exp\{-iHz(t'-t''')\}|q'''\rangle = \sum_n \phi_n(q')\phi_n^*(q''')\exp\{-iE_nz(t'-t''')\}, \quad (14.72)$$

这里不妨取 $E_0 = 0$. 设 $\operatorname{Im} z < 0$, 将 (14.72) 式代入 (14.71) 式, 两端除以 $\phi_0(q')\phi_0^*(q)$, 先令 $t' \to \infty$, $t \to -\infty$, 然后再令 $t''' \to \infty$, $t'' \to -\infty$, 这时 $n \neq 0$ 的项消失, 得到

$$\lim_{\substack{t\to-\infty \\ t'\to\infty}} \frac{F(z;q',t';q,t)}{\phi_0(q')\phi_0^*(q)} = \lim_{\substack{t''\to-\infty \\ t'''\to\infty}} \int dq''' dq'' \phi_0^*(q''')\phi_0(q'')F(z;q''',t''';q'',t''). \quad (14.73)$$

比较等式两边, 发现上式左方与 q, q' 实际上无关, 也即 q, q' 可取任何值. 在 (14.73) 式中, 令 $z = 1 - i\epsilon$, 取 $\epsilon \to 0^+$ 的极限时, 等号右边回到了 (14.69) 式中的 $\overline{Z}[J]$. 而除去一个常数因子外, (14.73) 式左边可以用泛函积分来表示, 只需要把 $H(P,Q)(t'-t)$ 换成 $(1-i\epsilon)[H(P,Q)(t'-t) - \int_t^{t'} J(\tau)Q(\tau)d\tau]$. 完全类似于 14.1.1 节中的推导可得

$$\overline{Z}[J] = \lim_{\epsilon\to 0_+} \int [dq]\exp\left\{i\int_{-\infty}^{+\infty} d\tau(1-i\epsilon)\times\left[L\left(q,(1+i\epsilon/2)\frac{dq}{d\tau}\right)+J(\tau)q(\tau)\right]\right\}. \quad (14.74)$$

如果 $F(z;q',+\infty;q,-\infty)$ 是复 z (第二、第四象限) 平面上的解析函数, (14.74) 式表明 $\overline{Z}[J]$ 是其在 $z \to 1-i\epsilon$ 时的边界值 (亦见与图 14.2 有关的讨论).

函数 $F(z;q',+\infty;q,-\infty)$ 也给出了欧氏空间中路径积分形式上的适当的定义:

$$\overline{Z}_{\mathrm{E}}[J] \equiv \lim_{z\to-i} \frac{F(z;q',+\infty;q,-\infty)}{\phi_0(q')\phi_0^*(q)}. \quad (14.75)$$

由类似于 (14.74) 式的证明可以给出:

$$\overline{Z}_{\mathrm{E}}[J] = N\int [dq]\exp\left\{\int_{-\infty}^{+\infty} d\tau\left[-L_{\mathrm{E}}\left(q,\frac{dq}{d\tau}\right)+J(\tau)q(\tau)\right]\right\}, \quad (14.76)$$

其中

$$L_{\mathrm{E}}\left(q,\frac{dq}{d\tau}\right) = -L\left(q,i\frac{dq}{dt}\right). \quad (14.77)$$

将 (14.74) 与 (14.76) 式比较后, 得到

$$\frac{\delta^n\overline{Z}[J]}{i^n\delta J(t_1)\cdots\delta J(t_n)}\Big|_{J=0} = \frac{\delta^n\overline{Z}_E[J]}{\delta J(\tau_1)\cdots\delta J(\tau_n)}\Big|_{J=0,\tau_k=it_k}. \quad (14.78)$$

这里需要强调的是, 路径积分的生成泛函仅仅在欧氏空间才有很好的定义. 也就是说, 从原则上讲, 为了计算闵氏空间中的矩阵元, 首先要延拓到欧氏空间中 ($t \to$

$-\mathrm{i}\tau$) 进行计算, 计算完了以后再转动回来. 在实际计算中, 至少在微扰论中可以直接在闵氏空间中计算而得到正确结果①. 另外, 从此以后我们只关心真空态之间的跃迁矩阵元, 所以我们把生成泛函 $\bar{Z}$ 改回用 Z 来标记.

上面我们较为详尽地给出了一维量子力学系统的路径积分量子化的程序. 这些讨论可以很容易地推广到多自由度的量子力学系统. 下面把上述讨论直接推广到场论的情形.

§14.2   场量子化的路径积分表述

14.2.1 生成泛函

我们可以把量子场论看成具有无穷多自由度的量子力学系统. 形式上我们做如下表述:

$$\prod_{i=1}^{n} [\mathrm{d}q_i \mathrm{d}p_i] \to [\mathrm{d}\phi(x)\mathrm{d}\pi(x)],$$
$$L(q_i,\dot{q}_i), H(q_i,p_i) \to \int \mathrm{d}^3\boldsymbol{x}\mathcal{L}(\phi,\partial\phi), \int \mathrm{d}^3\boldsymbol{x}\mathcal{H}(\phi,\pi). \tag{14.79}$$

而 Green 函数生成泛函的场论推广可写成

$$Z[J] = \int [\mathrm{d}\phi\mathrm{d}\pi] \exp\left\{\mathrm{i}\int \mathrm{d}^4x[\pi(x)\partial_0\phi(x) - \mathcal{H}(\pi,\phi) + J(x)\phi(x)]\right\} \tag{14.80}$$

或者

$$Z[J] = \int [\mathrm{d}\phi] \exp\left\{\mathrm{i}\int \mathrm{d}^4x[\mathcal{L}(\phi) + J(x)\phi(x)]\right\}. \tag{14.81}$$

这里值得指出, 根据 LSZ 约化公式, 在场论中我们感兴趣的是算符的编时乘积夹在真空态中的矩阵元, 其生成泛函的定义是有外源时真空态到真空态之间的跃迁矩阵元

$$Z[J] = \langle 0|0 \rangle_J. \tag{14.82}$$

根据本书上册 8.3.2 节的讨论不难理解, $Z[J]/Z[0]$ 表示了去掉真空涨落图贡献后

---

① 在一定的条件下可以证明, 可以从欧氏空间路径积分表达式出发来重建在闵氏空间中的 Feynman 振幅: Osterwalder K and Schrader R. Phys. Rev. Lett., 1972, 29: 1423; Commun. Math. Phys., 1973, 31: 83; 1975, 42: 281.

Green 函数的生成泛函:

$$\frac{1}{\mathrm{i}^n}\frac{\delta^n Z[J]}{\delta J(x_1)\cdots\delta J(x_n)}\bigg|_{J=0} = \langle 0|T\{\phi(x_1)\cdots\phi(x_n)\}|0\rangle,$$

$$\frac{1}{Z[J]}\frac{1}{\mathrm{i}^n}\frac{\delta^n Z[J]}{\delta J(x_1)\cdots\delta J(x_n)}\bigg|_{J=0} = \langle 0|T\{\phi(x_1)\cdots\phi(x_n)\}|0\rangle_C. \tag{14.83}$$

回到 (14.81) 式. 以 $\lambda\phi^4$ 理论为例,

$$\mathcal{L}(\phi) = \mathcal{L}_0(\phi) + \mathcal{L}_\mathrm{I}(\phi), \tag{14.84}$$

其中

$$\mathcal{L}_0(\phi) = \frac{1}{2}(\partial_\lambda\phi)(\partial^\lambda\phi) - \frac{1}{2}\mu^2\phi^2 \ ,$$

$$\mathcal{L}_\mathrm{I}(\phi) = -\frac{\lambda}{4!}\phi^4. \tag{14.85}$$

生成泛函的表达式是

$$Z[J] = \int[\mathrm{d}\phi]\exp\left\{\mathrm{i}\int\mathrm{d}^4x\left[\frac{1}{2}\partial_\lambda\phi\partial^\lambda\phi - \frac{1}{2}\mu^2\phi^2 - \frac{\lambda}{4!}\phi^4 + J\phi\right]\right\}. \tag{14.86}$$

它可以改写为

$$Z[J] = \left[\exp\left\{\mathrm{i}\int\mathrm{d}^4x\mathcal{L}_I\left(\frac{\delta}{\mathrm{i}\delta J}\right)\right\}\right]Z_0[J], \tag{14.87}$$

其中 $Z_0[J]$ 是有外源时的自由场的生成泛函. 在 (14.86) 式中的 $\partial_\lambda\phi\partial^\lambda\phi$ 可以被改写为 $-\phi\partial^2\phi$, 所以有

$$Z_0[J] = \int[\mathrm{d}\phi]\exp\left[-\frac{\mathrm{i}}{2}\int\mathrm{d}^4x\mathrm{d}^4y\phi(x)K(x,y)\phi(y) + \mathrm{i}\int\mathrm{d}^4zJ(z)\phi(z)\right], \tag{14.88}$$

其中

$$K(x,y) = \delta^4(x-y)(\Box+\mu^2). \tag{14.89}$$

由于 x,y 可以被看成连续的指标, 上面关于 $Z_0[J]$ 的积分可以看成是一个无穷维的 Gauss 型积分:

$$\int\mathrm{d}\phi_1\cdots\mathrm{d}\phi_n\exp\left[-\frac{\mathrm{i}}{2}\sum_{i,j}\phi_iK_{ij}\phi_j + \mathrm{i}\sum_k J_k\phi_k\right]$$

$$\sim \frac{1}{\sqrt{\det K}}\exp\left\{\frac{\mathrm{i}}{2}\sum_{i,j}J_i(K^{-1})_{i,j}J_j\right\}. \tag{14.90}$$

由此可以积出

$$Z_0[J] = \exp\left\{\frac{\mathrm{i}}{2}\int \mathrm{d}^4x\mathrm{d}^4y J(x)\Delta(x,y)J(y)\right\},\tag{14.91}$$

其中 $\Delta(x,y)$ 是无穷维矩阵 $K(x,y)$ 的逆, 即

$$\int \mathrm{d}^4y K(x,y)\Delta(y,z) = \delta^4(x-z).\tag{14.92}$$

不难证明,

$$\Delta(x,y) = -\int \frac{\mathrm{d}^4k}{(2\pi)^4}\frac{\mathrm{e}^{\mathrm{i}k\cdot(x-y)}}{k^2-\mu^2+\mathrm{i}\epsilon},\tag{14.93}$$

即正比于 Feynman 传播子. 注意 Feynman 传播子中的 $\mathrm{i}\epsilon$ 保证了闵氏空间中矩阵 $K(x,y)$ 有逆. 正如前一节中所讨论的, 严格地来讲, 从 (14.86) 式开始应该把路径积分延拓到欧氏空间中进行处理, 之后再转动回闵氏空间中, 其结果与上面得到的一致.

作为一个练习, 读者请利用 (14.87) 式计算到 $O(\lambda)$ 阶的生成泛函及连通 Green 函数的生成泛函. 另一个有用的练习是对于自由场传播子在欧氏空间中做计算并验证 (14.78) 式.

14.2.2 连通 Green 函数的生成泛函

假设可以对 $\mathcal{L}_{\mathrm{I}}$ 做微扰展开, 则利用 (14.87) 式和 (14.91) 式可以计算 n 点 Green 函数到微扰论的每一阶. 但是由 $Z[J]$ 给出的 Green 函数包含不连通图, 对此我们兴趣不大. 连通图的 Green 函数生成泛函由下式给出:

$$W[J] = -\mathrm{i}\ln Z[J].\tag{14.94}$$

而 n 点连通 Green 函数有如下表达式:

$$G_{\mathrm{c}}^{(n)}(x_1,\cdots,x_n) = \left.\frac{\delta^n W[J]}{\mathrm{i}^{n-1}\delta J(x_1)\cdots\delta J(x_n)}\right|_{J=0}.\tag{14.95}$$

为什么上式给出的是连通 Green 函数? 我们在 (14.57) 式中给出了理解这一点的一个最简单的例子. 读者利用上面的 $G_{\mathrm{c}}^{(n)}$ 定义可以自行验证这一点.

§14.3 费米场的路径积分量子化

14.3.1 费米场的路径积分表述

费米场的拉氏量为

$$\mathcal{L}(x) = \bar{\psi}(x)(\mathrm{i}\gamma_\mu\partial^\mu - m)\psi(x).\tag{14.96}$$

费米场满足的方程为 Dirac 方程:

$$(\mathrm{i}\gamma_\mu\partial^\mu - m)\psi(x) = 0. \tag{14.97}$$

在量子理论中费米场算符满足反对易关系,

$$\{\psi(\boldsymbol{x},t), \psi^\dagger(\boldsymbol{x}',t)\} = \delta^3(\boldsymbol{x} - \boldsymbol{x}'),$$
$$\{\psi(\boldsymbol{x},t), \psi(\boldsymbol{x}',t)\} = \{\psi^\dagger(\boldsymbol{x},t), \psi^\dagger(\boldsymbol{x}',t)\} = 0. \tag{14.98}$$

费米场的 Feynman 传播子为

$$\mathrm{i}S_\mathrm{F}(x_1 - x_2)_{\alpha\beta} \equiv \langle 0|T\{\psi_\alpha(x_1)\bar{\psi}_\beta(x_2)\}|0\rangle$$
$$= \int \frac{\mathrm{d}^4k}{(2\pi)^4} \left(\frac{\mathrm{i}}{\not{k} - m + \mathrm{i}\varepsilon}\right)_{\alpha\beta} \mathrm{e}^{-\mathrm{i}k\cdot(x_1 - x_2)}. \tag{14.99}$$

类似于玻色场的路径积分量子化, 对于费米场我们同样可以把跃迁振幅表达为对所有连接初态与末态的世界线 (world line) 的带权重的求和. 生成泛函可以写为

$$Z[\eta,\bar\eta] = \int [\mathrm{d}\psi(x)][\mathrm{d}\bar\psi(x)] \exp\left\{\mathrm{i}\int \mathrm{d}^4x[\mathcal{L}(\psi,\bar\psi) + \bar\psi\eta + \bar\eta\psi]\right\}, \tag{14.100}$$

其中 $\psi(x)(\bar\psi(x))$ 和 $\eta(x)(\bar\eta(x))$ 分别是经典的场和源. 与玻色场不同的是, 它们必须是反对易的 c-(函) 数, 即它们之间满足如下关系:

$$\{\psi(x), \psi(x')\} = \{\psi(x), \bar\psi(x')\} = \{\bar\psi(x), \bar\psi(x')\} = 0 ,$$
$$\{\eta(x), \eta(x')\} = \{\eta(x), \bar\eta(x')\} = \{\bar\eta(x), \bar\eta(x')\} = 0. \tag{14.101}$$

由于 x, x' 等可以看成是连续的角标, 因此经典的费米场与源构成了一个无穷维的 Grassmann 代数. 下面我们来简单地介绍一下后者.

14.3.2 Grassmann 代数

一个 n 维的 Grassmann 代数由 n 个生成元 $\theta_1, \cdots, \theta_n$ 组成, 它们之间满足反对易关系,

$$\{\theta_i, \theta_j\} = 0, \quad i, j = 1, 2, \cdots, n. \tag{14.102}$$

由上述 Grassmann 代数生成元所构成的线性空间一定只能是有限维的:

$$p(\theta) = P_0 + P_{i_1}^{(1)}\theta_{i_1} + P_{i_1 i_2}^{(2)}\theta_{i_1}\theta_{i_2} + \cdots + P_{i_1\cdots i_n}^{(n)}\theta_{i_1}\cdots\theta_{i_n}. \tag{14.103}$$

在 (14.103) 式中, 由于 (14.102) 式的原因, 各 Grassmann 数的下标不能重复, 且展开式中止在有限阶. 对于 Grassmann 数可以定义微分运算, 其微分算符分为左导

数和右导数: $\dfrac{\mathrm{d}}{\mathrm{d}\theta_i}$ 和 $\dfrac{\overleftarrow{\mathrm{d}}}{\mathrm{d}\theta_i}$. 其运算规则如下:

$$\frac{\mathrm{d}}{\mathrm{d}\theta_i}(\theta_i) = (\theta_i)\frac{\overleftarrow{\mathrm{d}}}{\mathrm{d}\theta_i} = 1.$$

如果 $i \neq j$, 则 $\dfrac{\mathrm{d}}{\mathrm{d}\theta_i}$ 或 $\dfrac{\overleftarrow{\mathrm{d}}}{\mathrm{d}\theta_i}$ 与 θ_j 交换位置时出一负号 (反对易). 同样地, 可以定义 Grassmann 数的积分运算. 它有如下规则:

$$\{\mathrm{d}\theta_i, \mathrm{d}\theta_j\} = 0, \quad \int \mathrm{d}\theta_i = 0, \quad \int \mathrm{d}\theta_i\theta_j = \delta_{ij}. \tag{14.104}$$

在对 Grassmann 数进行积分运算时, 最值得注意的特性是, 在做积分变量替换 $\tilde{\theta}_i = b_{ij}\theta_j$ 后, 有

$$\int \mathrm{d}\tilde{\theta}_n \cdots \mathrm{d}\tilde{\theta}_1 p(\tilde{\theta}) = \int \mathrm{d}\theta_n \cdots \mathrm{d}\theta_1 [\det(b_{ij})]^{-1} p(\tilde{\theta}(\theta)). \tag{14.105}$$

注意在做积分变换后出现在 (14.105) 式右边被积函数中的不是通常积分变量变换时出现的雅可比行列式, 而是其逆. 很容易看清这一点. 首先在 (14.103) 式中, 对积分有贡献的只能是有 n 个 θ 的, 经过变换后,

$$\begin{aligned}\tilde{\theta}_1 \cdots \tilde{\theta}_n &= b_{1i_1} \cdots b_{ni_n}\theta_{i_1} \cdots \theta_{i_n} \\ &= b_{1i_1} \cdots b_{ni_n}\varepsilon_{i_1\cdots i_n}\theta_1 \cdots \theta_n \\ &= \det(b_{ij})\theta_1 \cdots \theta_n.\end{aligned} \tag{14.106}$$

为保证 (14.104) 式中第三项 (积分归一化条件) 的成立, 我们不得不设

$$\mathrm{d}\tilde{\theta}_1 \cdots \mathrm{d}\tilde{\theta}_n = \det(b_{ij})^{-1}\mathrm{d}\theta_1 \cdots \mathrm{d}\theta_n. \tag{14.107}$$

正如前面所显示的, Gauss 型积分在路径积分表述中起着重要作用, 因此我们给出如下积分公式:

$$\int \mathrm{d}\theta_n \cdots \mathrm{d}\theta_1 \exp\left\{\frac{1}{2}\sum_{i,j}\theta_i A_{i,j}\theta_j\right\} = \sqrt{\det A}, \tag{14.108}$$

其中 A 是一个反对称的矩阵. 此公式的证明不再给出. 与 (14.108) 式对照的是对于普通变量的积分公式:

$$\int \frac{\mathrm{d}x_1}{\sqrt{2\pi}} \cdots \frac{\mathrm{d}x_n}{\sqrt{2\pi}} \exp\left\{-\frac{1}{2}\sum_{i,j}x_i A_{i,j}x_j\right\} = \frac{1}{\sqrt{\det A}}. \tag{14.109}$$

对于复积分变量 $\mathrm{d}z(z = x + \mathrm{i}y)$ 的积分有类似的对应:

$$\int \frac{\mathrm{d}z_1}{\sqrt{\pi}} \cdots \frac{\mathrm{d}z_n}{\sqrt{\pi}} \frac{\mathrm{d}z_1^*}{\sqrt{\pi}} \cdots \frac{\mathrm{d}z_n^*}{\sqrt{\pi}} \exp\left\{ -\sum_{i,j} z_i^* A_{i,j} z_j \right\} = \frac{1}{\det A}, \qquad (14.110)$$

$$\int \mathrm{d}\theta_1 \cdots \mathrm{d}\theta_n \mathrm{d}\bar{\theta}_1 \cdots \mathrm{d}\bar{\theta}_n \exp\left\{ \sum_{i,j} \bar{\theta}_i A_{i,j} \theta_j \right\} = \det A. \qquad (14.111)$$

注意在第二式中 θ_i 和 $\bar{\theta}_i$ 虽然看起来互为厄米共轭, 但实际上应理解为相互独立的 Grassmann 数. 因为从纯粹数学上讲, 引入 Grassmann 数的所有意义在于得到上面的等式. 参照 (14.104) 式, 对于复 Grassmann 数的积分我们要求

$$\int \mathrm{d}\theta \mathrm{d}\bar{\theta} \bar{\theta} \theta = 1, \qquad (14.112)$$

而其余的情况都为零. 因此为计算 (14.111) 式, 需要把 e 指数展开到第 n 阶. 不难看出 (14.111) 式不仅对厄米矩阵, 而且对任意的矩阵 A 都是对的. 为了看清这一点, 考虑任意一个矩阵都可以分解为

$$A = U^{\mathrm{T}} D V, \qquad (14.113)$$

其中 U, V 是幺正矩阵, D 是一个实对角矩阵. 做变换 $\theta_i' = V_{ij}\theta_j$, $\bar{\theta}_i' = U_{ij}\bar{\theta}_j$ (注意此时 $\theta, \bar{\theta}$ 做的是完全独立的变换), (14.111) 式可写为

$$\int \mathrm{d}\theta_1 \cdots \mathrm{d}\theta_n \mathrm{d}\bar{\theta}_1 \cdots \mathrm{d}\bar{\theta}_n \exp\left\{ \sum_{i,j} \bar{\theta}_i A_{i,j} \theta_j \right\}$$

$$= \int \mathrm{d}\theta_1' \cdots \mathrm{d}\theta_n' \mathrm{d}\bar{\theta}_1' \cdots \mathrm{d}\bar{\theta}_n' \det U \det V \exp\left\{ \sum_i \bar{\theta}_i' D_{ii} \theta_i' \right\}$$

$$= \det U \det V \det D = \det A. \qquad (14.114)$$

也就是说, (14.111) 式对于任意矩阵 A 都是对的, 且 θ_i 和 $\bar{\theta}_i$ 完全可以看成独立的 Grassmann 变量. 对于一个任意的实矩阵 A, 不难理解 $\det A$ 完全也可以用 $2n$ 个实的 Grassmann 变量的积分来表示 (可能差一些常数因子):

$$\int \mathrm{d}\rho_1 \cdots \mathrm{d}\rho_n \mathrm{d}\sigma_1 \cdots \mathrm{d}\sigma_n \exp\left\{ \sum_{i,j} \rho_i A_{i,j} \sigma_j \right\} = \det A. \qquad (14.115)$$

由 (14.111) 式可以得到有用的表达式

$$Z = \int [\mathrm{d}\psi(x)][\mathrm{d}\bar{\psi}(x)] \exp\left\{ \int \mathrm{d}^4 x \bar{\psi} A \psi \right\} = \det A. \qquad (14.116)$$

(14.116) 式中出现的是 $\det A$ 而不是 $(\det A)^{-1}$, 这一事实有明显的物理解释. $\ln Z$ 实际上是 (连通的) 真空到真空的矩阵元, 表示了一系列单个闭合的费米子圈的求和. $\ln Z$ 的负号正表示了有费米子圈时出现的负号.

§14.4   正规顶角的生成泛函

14.4.1   正规顶角的生成泛函

生成泛函的路径积分表达式可以写为

$$Z[J] = \int [\mathrm{d}\phi] \exp\left\{ \mathrm{i} \int \mathrm{d}^4 x [\mathcal{L}(\phi(x)) + J(x)\phi(x)] \right\}. \tag{14.117}$$

它表示在有外源时的真空到真空的跃迁矩阵元. 定义 $W[J] = -\mathrm{i}\ln Z[J]$, 则 $W[J]$ 表示的是连通 Green 函数的生成泛函:

$$W[J] = \sum_n \frac{\mathrm{i}^{n-1}}{n!} \int \mathrm{d}^4 x_1 \cdots \mathrm{d}^4 x_n G_{\mathrm{c}}^{(n)}(x_1, \cdots, x_n) J(x_1) \cdots J(x_n), \tag{14.118}$$

$$G_{\mathrm{c}}^{(n)}(x_1, \cdots, x_n) = \frac{\delta^n W[J]}{\mathrm{i}^{n-1}\delta J(x_1) \cdots \delta J(x_n)}. \tag{14.119}$$

我们定义一个经典场量 ϕ_{c} 为场算符 ϕ 在有外源时的真空期望值 (vacuum expectation value, 简记为 VEV):

$$\phi_{\mathrm{c}}(x) = \frac{\delta W[J]}{\delta J(x)} = \left[\frac{\langle 0|\phi(x)|0\rangle}{\langle 0|0\rangle} \right]_J. \tag{14.120}$$

有效作用量 $\Gamma(\phi_{\mathrm{c}})$ 的定义是 $W[J]$ 的泛函的 Legendre 变换:

$$\Gamma(\phi_{\mathrm{c}}) = W[J] - \int \mathrm{d}^4 x J(x)\phi_{\mathrm{c}}(x), \tag{14.121}$$

其中 $J(x)$ 理解为由 (14.120) 式反解出来. 由 (14.121) 式, 可得出

$$\frac{\delta\Gamma(\phi_{\mathrm{c}})}{\delta\phi_{\mathrm{c}}(x)} = \int \mathrm{d}^4 y \frac{\delta W[J]}{\delta J(y)} \frac{\delta J[y]}{\delta\phi_{\mathrm{c}}(x)} - \int \mathrm{d}^4 y \frac{\delta J(y)}{\delta\phi_{\mathrm{c}}(x)} \phi_{\mathrm{c}}(y) - J(x) = -J(x). \tag{14.122}$$

我们同样可以将 $\Gamma(\phi_{\mathrm{c}})$ 按 ϕ_{c} 做展开:

$$\Gamma(\phi_{\mathrm{c}}(x)) = \sum_n \frac{1}{n!} \int \mathrm{d}^4 x_1 \cdots \mathrm{d}^4 x_n \Gamma^{(n)}(x_1, \cdots, x_n)\phi_{\mathrm{c}}(x_1) \cdots \phi_{\mathrm{c}}(x_n). \tag{14.123}$$

注意, 这里的 $\Gamma^{(n)}$ 定义比上册第九章中少了一个因子 i. 可以从 (14.122) 式出发来得出 $\Gamma^{(n)}$ 与连通 Green 函数之间的关系:

$$\delta^4(x_1 - x_2) = \frac{\delta J(x_1)}{\delta J(x_2)} = \int \mathrm{d}^4 y \frac{\delta J(x_1)}{\delta\phi_{\mathrm{c}}(y)} \frac{\delta\phi_{\mathrm{c}}(y)}{\delta J(x_2)}$$

$$= -\mathrm{i} \int \mathrm{d}^4 y \frac{\delta^2\Gamma[\phi_{\mathrm{c}}]}{\delta\phi_{\mathrm{c}}(x_1)\delta\phi_{\mathrm{c}}(y)} G_{\mathrm{c}}(y, x_2). \tag{14.124}$$

也就是说, $\Gamma^{(2)}$ 是 $G_{\mathrm{c}}^{(2)}$ 的泛函倒数. 类似地, 有

$$
\begin{aligned}
0 =& \int \mathrm{d}^4 y_1 \mathrm{d}^4 y_2 \Gamma(x_1, y_1, y_2) G_{\mathrm{c}}(y_2, x_2) G_{\mathrm{c}}(y_1, x_3) \\
&+ \int \mathrm{d}^4 y_1 \Gamma(x_1, y_1) G_{\mathrm{c}}(y_1, x_2, x_3).
\end{aligned} \tag{14.125}
$$

由 (14.124) 式, 得到

$$
G_{\mathrm{c}}(x_1, x_2, x_3) = \mathrm{i} \int \mathrm{d}^4 y_1 \mathrm{d}^4 y_2 \mathrm{d}^4 y_3 \Gamma(y_1, y_2, y_3) G_{\mathrm{c}}(y_1, x_1) G_{\mathrm{c}}(y_2, x_2) G_{\mathrm{c}}(y_3, x_3). \tag{14.126}
$$

以图形表示, 见图 14.3. 类似地可以得出四点函数的结果, 见图 14.4. 作为一个练习, 请读者给出图 14.4 的数学表达式.

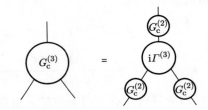

图 14.3　三点连通 Green 函数与三点正规顶角的关系.

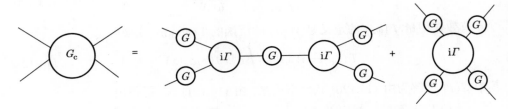

图 14.4　四点连通 Green 函数与四点正规顶角的关系 (注意交叉图并没有画出来).

上面的分析指出了 $\Gamma^{(n)}$ 表示的是单粒子不可约的 (因而也是截腿和连通的) Green 函数, 也叫作 n 点正规顶角, 而由 (14.123) 式给出的有效作用量 Γ 也叫作正规顶角的生成泛函. 在动量空间中 n 点正规顶角的定义为

$$
(2\pi)^4 \delta^4(p_1 + \cdots + p_n) \Gamma^{(n)}(p_1, \cdots, p_n) \equiv \int \mathrm{d}^4 x_1 \cdots \mathrm{d}^4 x_n \mathrm{e}^{-\mathrm{i}\sum x_i p_i} \Gamma^{(n)}(x_1, \cdots, x_n), \tag{14.127}
$$

即其定义中抹去了由于平移不变性导致的刻画四动量守恒的 δ 函数. 显然在动量空间中 $\Gamma^{(n)}$ 的量纲为 $4 - n$ (对于标量场).

14.4.2 单圈有效作用量的计算

本节利用背景场的方法给出一圈 1PI 有效作用量的计算公式.

设有一个作用量 $S[\phi]$, 对 ϕ 做一个平移 $\phi \to \phi + \phi_{\rm b}$, 得到平移后的作用量为 $S[\phi + \phi_{\rm b}]$. 用此平移后的作用量计算得到的连通 Green 函数的生成泛函记为 $W_{\rm b}[\phi_{\rm b}, J]$, 即

$$\exp\{{\rm i}W_{\rm b}[\phi_{\rm b}, J]\} \equiv \int [{\rm d}\phi] \exp\left\{{\rm i}S[\phi_{\rm b} + \phi] + {\rm i}\int {\rm d}^4x J\phi\right\}. \qquad (14.128)$$

对路径积分中的 ϕ 做平移 $\phi \to \phi - \phi_{\rm b}$, 得到

$$\exp\{{\rm i}W_b[\phi_{\rm b}, J]\} = \int [{\rm d}\phi] \exp\left\{{\rm i}S[\phi] + {\rm i}\int {\rm d}^4x J(\phi - \phi_{\rm b})\right\}$$
$$= \exp({\rm i}W[J]) \exp\left(-{\rm i}\int {\rm d}^4x J\phi_{\rm b}\right). \qquad (14.129)$$

由此可得

$$W_{\rm b}[\phi_{\rm b}, J] = W[J] - \int {\rm d}^4x J\phi_{\rm b}. \qquad (14.130)$$

定义

$$\phi_J \equiv \frac{\delta W[J]}{\delta J}, \qquad (14.131)$$

并进一步定义两个辅助的经典场量和外源 $\phi_{{\rm b},J}$ 与 $J_{\phi,{\rm b}}$ 如下:

$$\phi_{{\rm b},J} \equiv \frac{\delta W_{\rm b}[\phi_{\rm b}, J]}{\delta J},$$
$$\phi \equiv \left.\frac{\delta W_{\rm b}[\phi_{\rm b}, J]}{\delta J}\right|_{J_{\phi,{\rm b}}}. \qquad (14.132)$$

(14.130) 式两边对 J 变分, 得到下面的经典场量之间的关系:

$$\phi_{{\rm b},J} = \phi_J - \phi_{\rm b}. \qquad (14.133)$$

由有背景场时的连通 Green 函数 $W_{\rm b}[\phi_{\rm b}, J]$ 出发可以定义有背景场时的正规顶角生成泛函, 或 1PI 有效作用量:

$$\Gamma_{\rm b}[\phi_{\rm b}, \phi] \equiv W_{\rm b}[\phi_{\rm b}, J_{\phi,{\rm b}}] - \int {\rm d}^4x J_{\phi,{\rm b}}\phi$$
$$= W[J_{\phi,{\rm b}}] - \int {\rm d}^4x J_{\phi,{\rm b}}(\phi_{\rm b} + \phi), \qquad (14.134)$$

其中第二个等式利用了式 (14.130) 式. 令 $\phi = \phi_{\mathrm{b},J}$, 由 (14.132) 式得知 $\phi = \phi_{\mathrm{b},J}$ 时, $J_{\phi,\mathrm{b}} = J$, 利用这个关系可将上式化为

$$\begin{aligned}\Gamma_{\mathrm{b}}[\phi_{\mathrm{b}}, \phi_{\mathrm{b},J}] &= W[J] - \int \mathrm{d}^4 x J(\phi_{\mathrm{b}} + \phi_{\mathrm{b},J}) \\ &= W[J] - \int \mathrm{d}^4 x J\phi_J \\ &= \Gamma[\phi_J],\end{aligned}\tag{14.135}$$

其中第二个等式利用了 (14.133) 和 (14.132) 式. 再令 $J = J_{\phi,\mathrm{b}}$, 注意到 $J = J_{\phi,\mathrm{b}}$ 时 $\phi_{\mathrm{b},J} = \phi$, 利用该关系可得

$$\Gamma_{\mathrm{b}}[\phi_{\mathrm{b}}, \phi] = \Gamma[\phi_{J,\mathrm{b}} + \phi_{\mathrm{b}}] = \Gamma[\phi + \phi_{\mathrm{b}}]\tag{14.136}$$

或者

$$\Gamma[\phi_{\mathrm{b}}] = \Gamma_{\mathrm{b}}[\phi_{\mathrm{b}}, 0].\tag{14.137}$$

上述公式的意义是, 在平移后的理论中所有不包含 ϕ 外腿的 1PI 图的和等于 $\Gamma[\phi_{\mathrm{b}}]$. 以 $\lambda\phi^4$ 理论为例,

$$\begin{aligned}S[\phi_{\mathrm{b}} + \phi] = &\, S[\phi_{\mathrm{b}}] + S[\phi] \\ &+ \int \mathrm{d}^4 x \left\{ -\phi_{\mathrm{b}}[\Box + \mu^2]\phi - \lambda\left(\frac{1}{6}\phi^3\phi_{\mathrm{b}} + \frac{1}{6}\phi\phi_{\mathrm{b}}^3 + \frac{1}{4}\phi_{\mathrm{b}}^2\phi^2\right)\right\}.\end{aligned}$$

除了熟知的顶角, 其表达式含有新产生的一点顶角 $-\mathrm{i}[\Box + \mu^2]\phi_{\mathrm{b}} - \frac{\mathrm{i}}{6}\lambda\phi_{\mathrm{b}}^3$, 二点顶角 $-\frac{\mathrm{i}}{2}\lambda\phi_{\mathrm{b}}^2$, 三点顶角 $-\mathrm{i}\lambda\phi_{\mathrm{b}}$. 由于 ϕ_{b} 是经典的背景场, 故而并不传播. 但不管怎样, 本书上册 (5.45) 式后面的讨论仍然有效: 设顶点数为 V, 内线传播子数为 D, 圈数为 L, 则对于连通图有公式:

$$V - D = 1 - L.\tag{14.138}$$

由于我们考虑的图不含 ϕ 外腿, ϕ 外点, ϕ_{b} 外腿数等于 ϕ_{b} 外点数, 且没有 ϕ_{b} 内线, 因此上式的 V 理解为连接 ϕ 场内线的顶点个数, D 为 ϕ 场内线数量. 如果仅限于考虑一圈图, 有 $V = D$, 又设每个顶点上连接的 ϕ 的传播子的数量为 n_i, 则有

$$\sum_{i=1}^{V} n_i = 2D.\tag{14.139}$$

对于单粒子不可约图必须有 $n_i > 1$, 故从上式得知必有 $n_i = 2$.

由上面的讨论可知, 对于一圈图计算, 只需考虑 $S[\phi+\phi_{\mathrm{b}}]$ 中 ϕ 两阶的顶点 (比如 $\lambda\phi^4$ 理论例子中的两点顶角 $-\frac{\mathrm{i}}{2}\lambda\phi_{\mathrm{b}}^2$), 因此

$$\mathrm{e}^{\mathrm{i}\Gamma[\phi_{\mathrm{b}}]} = \mathrm{e}^{\mathrm{i}S[\phi_{\mathrm{b}}]}\int[\mathrm{d}\phi]\exp\left[\frac{\mathrm{i}}{2}\int\mathrm{d}^4x\mathrm{d}^4y\,\phi(x)\left(\frac{\delta^2 S}{\delta\phi(x)\delta\phi(y)}\right)\bigg|_{\phi=\phi_{\mathrm{b}}}\phi(y)\right]. \quad (14.140)$$

可以看出 (14.140) 式右边的路径积分是一个 Gauss 型的路径积分, 可直接积出. 对于玻色子, 由 (14.109) 式,

$$\mathrm{e}^{\mathrm{i}\Gamma[\phi_b]} = \mathrm{e}^{\mathrm{i}S[\phi_b]}\times\frac{1}{\sqrt{\det\dfrac{\delta^2 S}{\delta\phi^2}}}, \quad (14.141)$$

由此可得

$$\Gamma[\phi] = S[\phi] + \frac{\mathrm{i}}{2}\ln\det\left(-\frac{\delta^2 S[\phi]}{\delta\phi^2}\right). \quad (14.142)$$

对数函数前的系数与被积粒子的性质有关, 如果积掉的是费米子, 则要有一个负号(见 §14.3 的讨论), 一般地可写为

$$\Gamma[\phi] = S[\phi] + \mathrm{i}\eta\ln\det\left(-\frac{\delta^2 S[\phi]}{\delta\phi^2}\right). \quad (14.143)$$

这样我们就得到了一圈 1PI 有效作用量的计算公式. 对于厄米算符, 利用公式

$$\ln\det A = \mathrm{Tr}\ln A = \int\mathrm{d}^4x\,\mathrm{tr}\{\ln A\}, \quad (14.144)$$

可以计算单圈有效作用量中的量子修正项. 上式中 Tr 表示对所有指标, 包括 4 维空间求迹, 而 tr 仅表示对内禀空间求迹.

本小节利用背景场方法讨论了单圈水平上的有效作用量的计算. 这里的方法和主要结论将在 §17.3, §17.4 和 §24.4 中得到应用. 亦可以用不同的角度来计算有效作用量的单圈修正, 比如可利用 "最速下降法" 来做计算而得到同样的结果.

第十五章 积分方程与束缚态问题

§15.1 泛函方法中的对称性

15.1.1 运动方程及 Dyson–Schwinger 方程

考虑一个带外源时的自由实标量场的生成泛函

$$Z[J] = \int [\mathrm{d}\phi] \exp\left\{ \mathrm{i} \int \mathrm{d}^4 x [\mathcal{L}(\phi) + J(x)\phi(x)] \right\}. \tag{15.1}$$

在经典力学中运动方程是通过对正则坐标做变分且要求作用量不变而得到的, 这在本书上册 §3.1 中已有讨论. 那么在上面的公式中做变换

$$\phi(x) \to \phi'(x) = \phi(x) + \epsilon(x) \tag{15.2}$$

后会怎样呢? 显然积分变量的变换不会改变积分值, 并且由于是平移变换, 积分的体积元也不变: $[\mathrm{d}\phi(x)] = [\mathrm{d}\phi'(x)]$, 所以有

$$
\begin{aligned}
0 &= \delta Z[J] \\
&= \int [\mathrm{d}\phi] \exp\left\{ \mathrm{i} \int \mathrm{d}^4 x [\mathcal{L}(\phi) + J(x)\phi(x)] \right\} \left\{ \mathrm{i} \int \mathrm{d}^4 x \epsilon(x) [-(\Box + \mu^2)\phi + J(x)] \right\}.
\end{aligned}
\tag{15.3}
$$

由于 (15.3) 式右边对于任意的变分 $\epsilon(x)$ 都为零, 所以我们得到

$$\int [\mathrm{d}\phi] \exp\left\{ \mathrm{i} \int \mathrm{d}^4 x [\mathcal{L}(\phi) + J(x)\phi(x)] \right\} [-(\Box + \mu^2)\phi(x) + J(x)] = 0. \tag{15.4}$$

此式更为紧凑的写法是

$$\frac{1}{Z[J]} \langle (\Box + \mu^2)\phi(x) \rangle_J = J(x). \tag{15.5}$$

它即是有外源 $J(x)$ 时场所满足的运动方程. 对 (15.5) 式两边关于 $J(y)$ 做泛函微商, 再令外源项为零, 可得

$$(\Box_x + \mu^2) \langle T\{\phi(x)\phi(y)\} \rangle = -\mathrm{i}\delta^4(x - y). \tag{15.6}$$

此即我们已熟知的 Feynman 传播子所满足的方程. 如果对 (15.5) 式关于外源做多次泛函微商, 则不难推出

$$(\Box_x + \mu^2)\langle T\{\phi(x)\phi(x_1)\cdots\phi(x_n)\}\rangle$$
$$= \sum_{i=1}^n \langle T\{\phi(x_1)\cdots(-\mathrm{i}\delta^4(x-x_i))\cdots\phi(x_n)\}\rangle. \tag{15.7}$$

此方程说的是插在任何矩阵元中的 ϕ 场都满足 Klein–Gordon 方程, 除非有不同的场定义在同一个时空点上时产生的奇异性.

对于有相互作用的场也很容易得到类似的结论:

$$\langle T\left\{\frac{\delta}{\delta\phi(x)}\left[\int \mathrm{d}^4x'\mathcal{L}(\phi(x')\right]\phi(x_1)\cdots\phi(x_n)\right\}\rangle$$
$$= \sum_{i=1}^n \langle T\{\phi(x_1)\cdots(-\mathrm{i}\delta^4(x-x_i))\cdots\phi(x_n)\}\rangle. \tag{15.8}$$

注意在 (15.8) 式中有

$$\frac{\delta}{\delta\phi(x)}\left[\int \mathrm{d}^4x'\mathcal{L}(\phi(x')\right] = \frac{\partial\mathcal{L}}{\partial\phi(x)} - \partial_\mu\left(\frac{\partial\mathcal{L}}{\partial(\partial_\mu\phi(x))}\right). \tag{15.9}$$

这一类的与场运动方程有关的 Green 函数之间的关系叫作 Dyson–Schwinger 方程.

15.1.2 守恒律与 Ward–Takahashi 恒等式

考虑一组场量 $\phi_a(x)$, 拉氏量为 $\mathcal{L}[\phi]$. 现对场量 ϕ_a 做一无穷小变换

$$\phi_a(x) \to \phi_a(x) + \epsilon\Delta\phi_a(x), \tag{15.10}$$

并假设当 ϵ 是一常量时, 作用量在变换下是不变的, 也就是说在 (15.10) 式的变换下拉氏量 $\mathcal{L}$ 最多变化一个全导数:

$$\mathcal{L}[\phi] \to \mathcal{L}[\phi] + \epsilon\partial_\mu\mathcal{J}^\mu. \tag{15.11}$$

现在令 ϵ 与 x 有关, 则拉氏量的变化为

$$\mathcal{L}[\phi] \to \mathcal{L}[\phi] + \partial_\mu\epsilon(x)\Delta\phi_a\frac{\partial\mathcal{L}}{\partial(\partial_\mu\phi_a(x))} + \epsilon(x)\partial_\mu\mathcal{J}^\mu. \tag{15.12}$$

于是

$$\frac{\delta}{\delta\epsilon(x)}\int \mathrm{d}^4x\mathcal{L}[\phi+\epsilon\Delta\phi] = -\partial_\mu j^\mu, \tag{15.13}$$

其中

$$j^\mu = \Delta\phi_a \frac{\partial\mathcal{L}}{\partial(\partial_\mu\phi_a(x))} - \mathcal{J}^\mu \tag{15.14}$$

是 Noether 流. 重复 15.1.1 节的推导, 得 (注意微商是取在矩阵元外面的)

$$\partial_\mu\langle j^\mu\rangle_J = \langle\Delta\phi_a J^a\rangle_J. \tag{15.15}$$

对 J 重复做泛函微商可以得到和 $\partial_\mu j^\mu$ 有关的 Ward 等式, 比如

$$\partial_\mu\langle T\{j^\mu(x)\phi_a(x_1)\phi_b(x_2)\}\rangle = -\mathrm{i}\langle\Delta\phi_a(x_1)\delta^4(x-x_1)\phi_b(x_2)\rangle$$
$$-\mathrm{i}\langle\phi_a(x_1)\Delta\phi_b(x_2)\delta^4(x-x_2)\rangle. \tag{15.16}$$

作为一个例子, 我们来推导与 QED 的规范对称性有关的 Ward–Takahashi 恒等式. 令

$$\psi(x) \to \psi(x) + \mathrm{i}e\alpha(x)\psi(x) \tag{15.17}$$

而 $A_\mu(x)$ 不变, 此时拉氏量变换为

$$\mathcal{L} \to \mathcal{L} - e(\partial_\mu\alpha)\bar{\psi}\gamma^\mu\psi, \tag{15.18}$$

且流为 $j^\mu = e\bar{\psi}\gamma^\mu\psi$. 我们可以得出

$$\mathrm{i}\partial_\mu\langle T\{j^\mu(x)\psi(x_1)\bar{\psi}(x_2)\}\rangle = -\mathrm{i}e\delta^4(x-x_1)\langle T\{\psi(x_1)\bar{\psi}(x_2)\}\rangle$$
$$+\mathrm{i}e\delta^4(x-x_2)\langle T\{\psi(x_1)\bar{\psi}(x_2)\}\rangle. \tag{15.19}$$

此方程就是我们在 QED 中见过的 Ward–Takahashi 恒等式. 也请参考 §15.2 的讨论.

§15.2　QED 的 Ward 等式

15.2.1　量子电动力学的生成泛函表示

Maxwell 场的经典场方程是

$$\begin{aligned}
\nabla\cdot\boldsymbol{B} &= 0, \quad \nabla\times\boldsymbol{B} = \boldsymbol{J} + \frac{\partial\boldsymbol{E}}{\partial t}, \\
\nabla\cdot\boldsymbol{E} &= \rho, \quad \nabla\times\boldsymbol{E} = -\frac{\partial\boldsymbol{B}}{\partial t},
\end{aligned} \tag{15.20}$$

其中 ρ 荷密度而 $\boldsymbol{J}$ 是三维流密度, 满足流守恒条件

$$\frac{\partial\rho}{\partial t} + \nabla\cdot\boldsymbol{J} = 0. \tag{15.21}$$

在引入势 ϕ, $\boldsymbol{A}$ 后,

$$E = -\nabla\phi - \frac{\partial \boldsymbol{A}}{\partial t}, \quad B = \nabla \times \boldsymbol{A}, \tag{15.22}$$

则 (15.20) 式中两个不含流的方程会自动满足, 而两个有源的方程可以改写成协变形式:

$$\Box A_\mu = j_\mu + \partial_\mu(\partial_\nu A^\nu), \tag{15.23}$$

其中 $j_\mu = (\rho, \boldsymbol{j})$, 满足流守恒条件 $\partial_\mu j^\mu = 0$. 为了把以上经典系统做量子化, 需要引进作用量. 定义

$$F_{\mu\nu} = \partial_\mu A_\nu - \partial_\nu A_\mu, \tag{15.24}$$

则

$$\mathcal{L} = -\frac{1}{4} F_{\mu\nu} F^{\mu\nu}. \tag{15.25}$$

另一方面, 与光子场耦合的守恒流由物质场构成, 费米子场满足 Dirac 方程. 因此, 可以写出 QED 的拉氏量:

$$\mathcal{L} = \bar{\psi}(\mathrm{i}\partial\!\!\!/ - m - e\gamma_\mu A^\mu)\psi - \frac{1}{4} F_{\mu\nu} F^{\mu\nu}. \tag{15.26}$$

Maxwell 方程具有一个重要的性质, 即所谓的规范不变性, 是说它在变换

$$A_\mu(x) \to A_\mu(x) - \partial_\mu\theta(x) \tag{15.27}$$

和

$$\psi(x) \to \mathrm{e}^{\mathrm{i}e\theta(x)}\psi(x), \quad \bar{\psi}(x) \to \mathrm{e}^{-\mathrm{i}e\theta(x)}\bar{\psi}(x) \tag{15.28}$$

下不变. Noether 流的表达式是

$$j^\mu = e\bar{\psi}\gamma^\mu\psi. \tag{15.29}$$

规范势是比电场和磁场更为基本的物理量, 因此适合于作为正则变量. 但由于规范势 A_μ 含有冗余的自由度, 电磁场的协变量子化必须做特殊处理. 可以 Gupta-Bleuler 方案引入规范固定项. 这样 QED 的量子化的拉氏量 (在 Lorenz 规范下) 为

$$\mathcal{L}_{\mathrm{QED}} = \bar{\psi}(\mathrm{i}\partial\!\!\!/ - m - e\gamma_\mu A^\mu)\psi - \frac{1}{4} F_{\mu\nu} F^{\mu\nu} - \frac{1}{2\xi}(\partial_\mu A^\mu)^2. \tag{15.30}$$

QED 的路径积分表述可以直接写出:

$$Z[J, \bar{\eta}, \eta]_{\text{QED}} = \int [\mathrm{d}\psi \mathrm{d}\bar{\psi}][\mathrm{d}A] \exp\left\{ \mathrm{i} \int \mathrm{d}^4 x \mathcal{L}_{\text{QED}}(x) + \mathrm{i} \int \mathrm{d}^4 x (\bar{\eta}\psi + \bar{\psi}\eta + A_\mu J^\mu) \right\}.$$

(15.31)

这里满足于直接写出 (15.31) 式的表达式. 在第十九章中我们将会对如何得到此式有进一步的了解. 下面我们将利用 (15.31) 式来讨论量子电动力学的运动方程和各种守恒律.

15.2.2 运动方程、守恒律与 Ward 等式

利用 (15.31) 式可以推导出规范场和物质场所满足的运动方程. 令 $\bar{\psi} \to \bar{\psi} + \delta\bar{\psi}$, 其余场量不变. 对于 (15.31) 式来说这个变换是某一个积分变量的平移, 积分测度不变, 生成泛函更是不变, 于是得到

$$\begin{aligned}
0 &= \delta Z[J, \bar{\eta}, \eta] \\
&= \int [\mathrm{d}\psi \mathrm{d}\bar{\psi}][\mathrm{d}A] \exp\left\{ \mathrm{i} \int \mathrm{d}^4 x \mathcal{L}_{\text{QED}}(x) + \mathrm{i} \int \mathrm{d}^4 x (\bar{\eta}\psi + \bar{\psi}\eta + A_\mu J^\mu) \right\} \\
&\quad \times \mathrm{i} \int \mathrm{d}^4 x \delta\bar{\psi}(x)[(\mathrm{i}\slashed{D} - m)\psi(x) + \eta(x)].
\end{aligned}$$

(15.32)

由于 $\delta\bar{\psi}$ 是任意的无穷小变换, 所以推出

$$\langle [(\mathrm{i}\slashed{D} - m)\psi(x) + \eta(x)] \rangle_J = 0.$$

(15.33)

再令 $\eta = 0$ 即得到物质场算符所满足的运动方程. 类似地, 做无穷小场平移变换 $A_\mu \to A_\mu + \delta A_\mu(x)$, 其余不变, 即得到

$$\begin{aligned}
0 &= \delta Z[J, \bar{\eta}, \eta] \\
&= \int [\mathrm{d}\psi \mathrm{d}\bar{\psi}][\mathrm{d}A] \exp\left\{ \mathrm{i} \int \mathrm{d}^4 x \mathcal{L}_{\text{QED}}(x) + \mathrm{i} \int \mathrm{d}^4 x (\bar{\eta}\psi + \bar{\psi}\eta + A_\mu J^\mu) \right\} \\
&\quad \times \mathrm{i} \int \mathrm{d}^4 x \, \delta A_\mu(x) \left[\partial_\nu F^{\nu\mu}(x) + \frac{1}{\xi}\partial_\mu(\partial_\nu A^\nu(x)) + J^\mu(x) - e\bar{\psi}\gamma^\mu\psi \right].
\end{aligned}$$

(15.34)

这推出

$$\left\langle \left[\partial_\nu F^{\nu\mu}(x) + \frac{1}{\xi}\partial_\mu(\partial_\nu A^\nu(x)) + J^\mu(x) - e\bar{\psi}\gamma^\mu\psi \right] \right\rangle_J = 0.$$

(15.35)

令外源 $J^\mu = 0$, 得到规范场所满足的运动方程

$$\left\langle \left[\partial_\nu F^{\nu\mu}(x) + \frac{1}{\xi}\partial^\mu(\partial_\nu A^\nu(x)) - e\bar{\psi}(x)\gamma^\mu\psi(x) \right] \right\rangle_{J=0, \eta, \bar{\eta} \neq 0} = 0,$$

(15.36)

或者

$$\left[\Box g^{\mu\nu} - (1 - \frac{1}{\xi})\partial^\mu\partial^\nu\right]\langle A_\nu(x)\rangle_{J=0,\eta,\bar{\eta}\neq 0} = \langle e\bar{\psi}(x)\gamma^\mu\psi(x)\rangle_{J=0,\eta,\bar{\eta}\neq 0}.$$

$$(15.37)$$

注意到上式中的 $\left[\Box g^{\mu\nu} - \left(1 - \frac{1}{\xi}\right)\partial^\mu\partial^\nu\right]$ 实际上是自由光子传播子

$$D_{\text{free}}^{\mu\nu}(x - y) = -\int \frac{\mathrm{d}^4 k}{(2\pi)^4} e^{-ik\cdot(x-y)} \frac{g^{\mu\nu} - (1-\xi)\dfrac{k^\mu k^\nu}{k^2}}{k^2 + i\epsilon}$$

的逆, 即

$$\left[\Box g^{\mu\nu} - \left(1 - \frac{1}{\xi}\right)\partial^\mu\partial^\nu\right] D_{\nu\rho}^{\text{free}}(x - y) = g_\rho^\mu\delta^4(x - y).$$

$$(15.38)$$

对完全传播子, (15.38) 式要改写为①

$$\left[\Box g^{\mu\nu} - (1 - \frac{1}{\xi})\partial^\mu\partial^\nu\right]_x \langle T\{A_\nu(x)A_\rho(y)\}\rangle$$
$$= \langle T\{e\bar{\psi}(x)\gamma^\mu\psi(x)A_\rho(y)\}\rangle + ig_\rho^\mu\delta^4(x - y).$$

$$(15.39)$$

对 (15.39) 式两边同时作用 ∂_x^μ, 利用流守恒条件, 可得完全传播子所满足的方程:

$$\frac{i}{\xi}\partial_x^\mu\Box_x D_{\mu\nu}(x - y) = -i\partial_{x,\nu}\delta^4(x - y).$$

$$(15.40)$$

它与自由场所满足的方程是一致的. 于是我们得到结论: 光子传播子的纵向分量不需要重整. 它也对应着本书上册的 (10.23) 式.

在上面的生成泛函的表达式 (15.31) 中, 做如 (15.27), (15.28) 式的定域规范变换, 用得到 (15.33), (15.35) 式相同的方法得到

$$\langle e\bar{\psi}(x)\eta(x) - e\bar{\eta}(x)\psi(x) + i\partial^\mu J_\mu(x) + \frac{i}{\xi}\partial_\mu\Box A^\mu(x)\rangle_{J,\eta,\bar{\eta}} = 0.$$

$$(15.41)$$

令 $J = 0$, 并对上式继续作用 $\dfrac{\delta^2}{\delta\eta(x_1)\delta\bar{\eta}(x_2)}$, 得

$$ie\delta^4(x - x_2)\langle T\{\bar{\psi}(x_1)\psi(x_2)\}\rangle - ie\delta^4(x - x_1)\langle T\{\bar{\psi}(x_1)\psi(x_2)\}\rangle$$
$$+ \frac{i}{\xi}\partial_x^\mu\Box_x\langle T\{A_\mu(x)\bar{\psi}(x_1)\psi(x_2)\}\rangle = 0.$$

$$(15.42)$$

在 (15.37) 式两边作用上 ∂_x^μ, 比较与 (15.42) 式的不同, 不难推出 QED 的 Ward 等式 (15.19).

---

①不难理解其中等号右边第二项对应着本书上册 (8.48) 式中等号右边的 *disc* 项, 即不连通部分.

§15.3 QED 的 Dyson-Schwinger 方程

可以把 (15.35) 式改写为如下形式:

$$J_\mu(x) + \left[\Box g_{\mu\nu} - \left(1 - \frac{1}{\xi}\right)\partial_\mu\partial_\nu\right]\frac{\delta W}{\delta J_\nu(x)} - e\frac{\delta W}{\delta \eta}\gamma_\mu\frac{\delta W}{\delta \bar{\eta}} - e\frac{\delta}{i\delta\eta}\left(\gamma_\mu\frac{\delta W}{\delta\bar{\eta}}\right) = 0.$$

(15.43)

更为有用的做法, 是进一步将此式改为用不可约的正规顶角来表达, 相应的 Legendre 变换 (14.121) 式为

$$W[J, \eta, \bar{\eta}] = \Gamma[A, \psi, \bar{\psi}] + \int \mathrm{d}^4x(J_\mu A^\mu + \bar{\psi}\eta + \bar{\eta}\psi) \,,$$

并且

$$A_\mu(x) = \frac{\delta W}{\delta J^\mu(x)}, \quad \psi(x) = \frac{\delta W}{\delta\bar{\eta}(x)}, \quad \bar{\psi}(x) = -\frac{\delta W}{\delta\eta};$$
$$J_\mu(x) = -\frac{\delta\Gamma}{\delta A^\mu(x)}, \quad \eta(x) = -\frac{\delta\Gamma}{\delta\bar{\psi}(x)}, \quad \bar{\eta}(x) = \frac{\delta\Gamma}{\delta\psi(x)}.$$

(15.44)

把这些定义代回 (15.43) 式, 并利用 (14.124) 式,

$$-g^{\alpha\beta}\delta^4(x - y) = \int \mathrm{d}^4z \frac{\delta^2 W}{\delta\eta_\alpha(x)\delta\bar{\eta}^\gamma(z)}\frac{\delta^2\Gamma}{\delta\psi_\gamma(z)\delta\bar{\psi}_\beta(y)}\bigg|_{\eta,\bar{\eta};\psi,\bar{\psi}=0},$$

可得

$$\frac{\delta\Gamma}{\delta A^\mu(x)}\bigg|_{\psi=\bar{\psi}=0} = \left[\Box g_{\mu\nu} - \left(1 - \frac{1}{\xi}\right)\partial_\mu\partial_\nu\right]A^\nu(x) - ie\,\mathrm{tr}\left[\gamma_\mu\left(\frac{\delta^2\Gamma}{\delta\bar{\psi}(x)\delta\psi(x)}\right)^{-1}\right].$$

(15.45)

将此式对 A_μ 做泛函微商, 再令其为零, 并利用 (14.126) 式得到

$$\frac{\delta^2\Gamma}{\delta A^\mu(x)\delta A^\nu(y)}\bigg|_{A,\psi,\bar{\psi}=0} = \left[\Box g_{\mu\nu} - \left(1 - \frac{1}{\xi}\right)\partial_\mu\partial_\nu\right]\delta^4(x - y)$$
$$+ie^2\int \mathrm{d}^4z_1\mathrm{d}^4z_2\mathrm{tr}[\gamma_\mu S_\mathrm{F}(x, z_1)\Gamma_\nu^{(3)}(y; z_1, z_2)S_\mathrm{F}(z_2, x)].$$

(15.46)

其图形表示如图 15.1 所示, 与本书上册 (10.21) 式等价. 其中

$$\Gamma_\mu^{(3)}(y; z_1, z_2) = \gamma_\mu\delta^4(y - z_1)\delta^4(y - z_2) + \cdots,$$

$$S(x, y) = \int \frac{\mathrm{d}^4p}{(2\pi)^4}\frac{\mathrm{e}^{-\mathrm{i}p\cdot(x-y)}}{\not{p} - m - \Sigma(p)}.$$

(15.47)

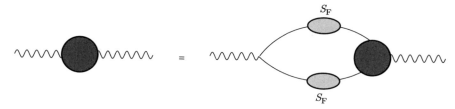

图 15.1 光子自能函数所满足的积分方程的图形表示, 其中 (15.46) 式等号右边第一项来自于
运动学项, 未在图中显示, 黑色圆圈表示单粒子不可约图.

类似地, 可以推出电子自能所满足的积分方程. (15.33) 式可改写为

$$\left[\eta(x) + \left(\mathrm{i}\partial\!\!\!/ - m - e\gamma^\mu \frac{\delta}{\mathrm{i}\delta J^\mu(x)}\right) \frac{\delta}{\mathrm{i}\delta\bar{\eta}(x)}\right] Z[J, \bar{\eta}, \eta] = 0. \tag{15.48}$$

将其对 $\dfrac{\delta}{\mathrm{i}\delta\eta(x)}$ 做泛函微商然后再令 $\eta = \bar{\eta} = 0$ (但保留 J), 可得

$$\left[\mathrm{i}\partial\!\!\!/ - m - e A\!\!\!/(x; J) - e\gamma^\mu \frac{\delta}{\mathrm{i}\delta J^\mu(x)}\right] S(x, y; J) = \delta^4(x - y), \tag{15.49}$$

其中 $S(x, y; J)$ 表示有外源 J 时的费米子传播子:

$$S(x, y, J) = \frac{1}{Z[J, 0, 0]} \frac{\delta^2 Z[J, \eta, \bar{\eta}]}{\mathrm{i}^2 \delta\bar{\eta}(x)\delta\eta(y)}\bigg|_{\eta, \bar{\eta}=0}, \tag{15.50}$$

且

$$A_\mu(x; J) = \frac{1}{Z[J, 0, 0]} \frac{\delta Z[J, 0, 0]}{\mathrm{i}\delta J^\mu(x)}. \tag{15.51}$$

进一步对 (15.49) 式做对 $J^\mu(x)$ 的泛函微商并令 $J^\mu = 0$, 推出

$$(\mathrm{i}\partial\!\!\!/ - m)S(x, y) - \mathrm{i}e^2 \int \mathrm{d}^4 z \mathrm{d}^4 x' \mathrm{d}^4 y' \gamma_\mu G^{\mu\nu}(x, z) S(x, x') \Gamma_\nu^{(3)}(z; x', y') S(y', y)$$
$$= \delta^4(x - y). \tag{15.52}$$

(15.52) 式也可以理解为含有自能函数算符

$$\Sigma(x, y) = \mathrm{i}e^2 \int \mathrm{d}^4 z \mathrm{d}^4 x' \gamma_\mu G^{\mu\nu}(x, z) S(x, x') \Gamma_\nu^{(3)}(z; x', y) \tag{15.53}$$

的积分方程:

$$[(\mathrm{i}\partial\!\!\!/ - m - \Sigma)S](x, y) = \delta^4(x - y). \tag{15.54}$$

(15.53) 式的图形表示如图 15.2 所示.

图 15.2　电子自能函数所满足的积分方程的图形表示.

在 (15.43) 式中对 $\eta, \bar{\eta}$ 做泛函微商后再令 $\eta, \bar{\eta} = 0$ 可得光子-电子-电子三点正规顶角所满足的积分方程, 如图 15.3 所示. 图中四个费米子外腿的黑色圆圈图是单粒子不可约的四点正规顶角. 而由图 15.1~15.3 所示的积分方程叫作 QED 中的 Dyson–Schwinger 方程. 在图 15.3 中, 具有四个费米子外线的黑圈叫作正反电子散射的核 (kernel), 也叫作积分核. 积分核 K 是一个连通 Green 函数, 但是要除去两种类型的图. 被排除的这两类图如 15.4 所示. 而积分核 K 所允许的图形的几个例子在图 15.5 中画出.

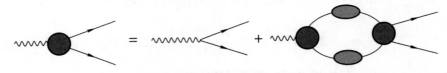

图 15.3　三点正规顶角所满足的积分方程的图形表示.

图 15.4　积分核 K 所不包括的两类图. 左: 湮灭到单光子的图; 右: 在 s 道两费米子可约的图.

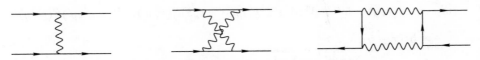

图 15.5　积分核 K 所包括的图形的几个例子.

在 (15.48) 式中继续对费米子外源做泛函微商可以得到两费米子传播的 Green 函数的积分方程:

$$\left[\mathrm{i}\partial\!\!\!/_{x_1} - m - e\slashed{A}(x_1; J) - e\gamma^\mu \frac{\delta}{\mathrm{i}\delta J^\mu(x_1)} \right] G(x_1, x_2; y_1, y_2; J)$$
$$= \delta^4(x_1 - y_1) S(x_2, y_2; J) - \delta^4(x_1 - y_2) S(x_2, y_1; J). \tag{15.55}$$

利用 (15.52) 式, 进一步可得

$$(\mathrm{i}\partial\!\!\!/_{x_2} - m - \Sigma)(\mathrm{i}\partial\!\!\!/_{x_1} - m - \Sigma)G(x_1.x_2; y_1, y_2)$$
$$= \delta^4(x_1 - y_1)\delta^4(x_2 - y_2) - \delta^4(x_1 - y_2)\delta^4(x_2 - y_1)$$
$$+(\mathrm{i}\partial\!\!\!/_{x_2} - m - \Sigma)\left[e\gamma^\mu\frac{\delta}{\mathrm{i}\delta J^\mu(x_1)} - \Sigma\right]G(x_1, x_2; y_1, y_2; J)|_{J=0}, \quad (15.56)$$

其中最后一行可以改写为

$$\int \mathrm{d}^4 z_1 \mathrm{d}^4 z_2 V(x_1, x_2; z_1, z_2)G(z_1, z_2; y_1, y_2). \quad (15.57)$$

V 有明显的拓扑意义, 它叫作两费米子不可约的截腿 Green 函数. 于是

$$(\mathrm{i}\partial\!\!\!/_{x_2} - m - \Sigma)(\mathrm{i}\partial\!\!\!/_{x_1} - m - \Sigma)G(x_1.x_2; y_1, y_2)$$
$$= \delta^4(x_1 - y_1)\delta^4(x_2 - y_2) - \delta^4(x_1 - y_2)\delta^4(x_2 - y_1)$$
$$+ \int \mathrm{d}^4 z_1 \mathrm{d}^4 z_2 V(x_1, x_2; z_1, z_2)G(z_1, z_2; y_1, y_2). \quad (15.58)$$

这个方程叫作 Bethe-Salpeter 方程, 如图 15.6 所示. 而积分核 V 的图形表示如图 15.7 所示[①].

图 15.6 两个全同费米子的 Bethe-Salpeter 方程的图形表示.

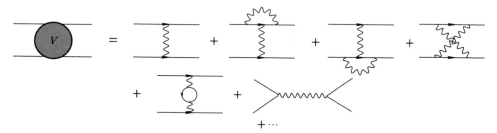

图 15.7 两费米子不可约的积分核按微扰图形展开.

[①]如果是两个不全同且不湮灭的费米子散射, 则图 15.6 中等号右边的第二个图不存在.

§15.4   相对论性束缚态与齐次 Bethe–Salpeter 方程

量子力学的基础是 Schrödinger 方程, 可以用此方程来描述束缚态的性质. 这一节的主要目的是在量子场论中推导出一个协变的描述束缚态的方程, 并且在非相对论极限下它能够回到 Schrödinger 方程.

15.4.1   齐次的 Bethe–Salpeter 方程

我们假设入射粒子为两个不同的费米子 A, B 且不湮灭的情形. 此时的 BS 方程如图 15.8 所示. 定义四点 Green 函数

$$G(x_1, x_2, y_1, y_2) = \langle T\{\psi_A(x_1)\psi_B(x_2)\bar{\psi}_A(y_1)\bar{\psi}_B(y_2)\}\rangle, \tag{15.59}$$

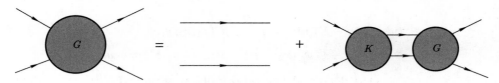

图 15.8   两个不同且不湮灭费米子的 Bethe-Salpeter 方程的图形表示.

图 15.8 表示的方程如下:

$$
\begin{aligned}
G(x_1, x_2, y_1, y_2) &= S_A(x_1 - y_1)S_B(x_2 - y_2) \\
&+ \int \mathrm{d}^4 z_1 \mathrm{d}^4 z_2 \mathrm{d}^4 z_3 \mathrm{d}^4 z_4 S_A(x_1 - z_1)S_B(x_2 - z_2)K(z_1, z_2, z_3, z_4)G(z_3, z_4, y_1, y_2),
\end{aligned}
\tag{15.60}
$$

其中 K 为两费米子不可约的积分核. 我们假设在 (15.59) 式中 $x_1^0, x_2^0 > y_1^0, y_2^0$, 并在此式两边插入单位算符

$$1 = \sum_n \int \prod_{i=1}^{n} \left[\frac{\mathrm{d}^3 \boldsymbol{p}_i}{(2\pi)^3 2E_i} \right] |n\rangle\langle n|,$$

其中包括与 $\langle 0|T\psi_A(x_1)\psi_B(x_2)|a\rangle$ 量子数相同的单粒子态 $|a\rangle$ $(p_a^2 = m^2, m < M_A + M_B)$ 以及连续态的贡献. 这样

$$G(x_1, x_2; y_1, y_2) = \chi_a(x_1, x_2)\bar{\chi}_a(y_1, y_2) + 连续态 \quad (x_1^0, x_2^0 > y_1^0, y_2^0), \tag{15.61}$$

其中 $\chi_a, \bar{\chi}_a$ 是单粒子态 $|a\rangle$ 的 BS 振幅,

$$
\begin{aligned}
\chi_a(x_1, x_2) &= \mathrm{e}^{\mathrm{i}p_a \cdot X} \chi_a(x), \\
X &= \frac{x_1 + x_2}{2}, \quad x = x_1 - x_2.
\end{aligned}
\tag{15.62}
$$

为了在 (15.61) 式中挑出单极点的贡献, 我们考虑如下积分 (设 $t_1, t_2 > t$)[①]:

$$\int \mathrm{d}^3\boldsymbol{x}_3 \mathrm{d}^3\boldsymbol{x}_4 G(x_1, x_2; \boldsymbol{x}_3, t, \boldsymbol{x}_4, t) \gamma_A^0 \gamma_B^0 \chi_a(\boldsymbol{x}_3, t, \boldsymbol{x}_4, t)$$

$$= \sum_n \chi_n(x_1, x_2) \int \mathrm{d}^3\boldsymbol{X} \mathrm{e}^{\mathrm{i}(\boldsymbol{p}_a - \boldsymbol{p}_n)\cdot\boldsymbol{X}} \mathrm{e}^{-\mathrm{i}(p_a^0 - p_n^0)t} \int \mathrm{d}^3\boldsymbol{x} \chi_n^*(\boldsymbol{x}) \chi_{p_a}(\boldsymbol{x}). \quad (15.64)$$

关键的一步是对上述结果取下面的极限:

$$\overline{f(t)} = \lim_{t \to -\infty} \frac{1}{|t|} \int_{2t}^{t} f(\tau)\mathrm{d}\tau, \quad (15.65)$$

这个操作将去掉 (15.64) 式中所有与时间有关的振荡因子而只留下 $p_n = p_a$ 的单粒子态. 这样 (15.64) 式最后等于 $\chi_a(x_1, x_2)\mathcal{P}_a \equiv \chi_a(x_1, x_2) \int \mathrm{d}^3\boldsymbol{x} \chi_a^*(\boldsymbol{x})\chi_a(\boldsymbol{x})$. 令 $y_1^0 = y_2^0 = t$, 将同样的取极限手续运用到 (15.60) 式上去, 可得到齐次的 Bethe–Salpeter 方程

$$\chi_a(x_1, x_2) = \int \mathrm{d}^4 z_1 \mathrm{d}^4 z_2 \mathrm{d}^4 z_3 \mathrm{d}^4 z_4 S_A(x_1 - z_1) S_B(x_2 - z_2)$$
$$\times K(z_1, z_2, z_3, z_4)\chi_a(z_3, z_4), \quad (15.66)$$

或者

$$\bar{\chi}_a(x_1, x_2) = \int \mathrm{d}^4 z_1 \mathrm{d}^4 z_2 \mathrm{d}^4 z_3 \mathrm{d}^4 z_4 \bar{\chi}_a(z_3, z_4)$$
$$\times K(z_3, z_4, z_1, z_2) S_A(z_1 - x_1) S_B(z_2 - x_2). \quad (15.67)$$

为证明 (15.67) 式, 注意到 (15.60) 式等号右边的第一项, 根据本书上册 §8.5 的讨论, 两个传播子的乘积具有因子 $\mathrm{e}^{\mathrm{i}\boldsymbol{p}\cdot(\boldsymbol{x}_1 - \boldsymbol{y}_1)} \mathrm{e}^{\mathrm{i}\boldsymbol{p}'\cdot(\boldsymbol{x}_2 - \boldsymbol{y}_2)} \mathrm{e}^{-\mathrm{i}p^0(t_1 - t)} \mathrm{e}^{-\mathrm{i}p'^0(t_2 - t)}$, 传播子中的积分包括对 $\mathrm{d}^3\boldsymbol{p}$, $\mathrm{d}^3\boldsymbol{p}'$, 以及对不变质量 M_A, M_B 的积分. 上述乘积因子还要乘以 BS 波函数 $\chi_a(\boldsymbol{x}_3, t, \boldsymbol{x}_4, t)$ 贡献的如下因子: $\mathrm{e}^{\mathrm{i}\boldsymbol{p}_a\cdot(\boldsymbol{x}_3 + \boldsymbol{x}_4)/2} \mathrm{e}^{-\mathrm{i}p_a^0 t}$. 因此在对 $\boldsymbol{X} = (\boldsymbol{x}_3 + \boldsymbol{x}_4)/2$ 积分并做了 (15.65) 式的操作后, 得到了两个限制:

$$\boldsymbol{p}_a = \boldsymbol{p} + \boldsymbol{p}', \quad p_a^0 = p^0 + p'^0.$$

但是, 这个限制由于 $M_A + M_B > m$, 是不可能实现的 (考虑到质壳条件 $p_a^2 = m^2$), 所以 (15.60) 式等号右边的第一项消失.

[①]对于等时的情况,

$$\bar{\chi}_a(\boldsymbol{x}_3, t, \boldsymbol{x}_4, t)\gamma_A^0 \gamma_B^0 = \langle a|\psi^\dagger(\boldsymbol{x}_3, t)\psi^\dagger(\boldsymbol{x}_4, t)|0\rangle = -\chi_a^*(\boldsymbol{x}_3, \boldsymbol{x}_4, t). \quad (15.63)$$

亦可以在动量表象中讨论 BS 方程. 注意到由于时空的平移不变性, $K(x_1, x_2, x_3, x_4)$ 仅仅依赖于坐标差 $x = x_1 - x_2$, $x' = x_3 - x_4$, $X - X' = \frac{1}{2}(x_1 + x_2) - \frac{1}{2}(x_3 + x_4)$. 定义

$$K(x_1, x_2; x_3, x_4) = \frac{1}{(2\pi)^8} \int \mathrm{d}^4 p \mathrm{d}^4 q \mathrm{d}^4 k \mathrm{e}^{\mathrm{i}k\cdot(X-X')} \mathrm{e}^{\mathrm{i}p\cdot x} \mathrm{e}^{-\mathrm{i}q\cdot x'} K(p, q, k),$$
$$(15.68)$$
$$\chi_a(x) = \frac{1}{(2\pi)^4} \int \mathrm{d}^4 p \mathrm{e}^{\mathrm{i}p\cdot x} \chi_a(p),$$

则动量空间中的 BS 方程形式为

$$S_A^{-1}\left(\frac{P_a}{2} + p\right) \chi_a(p) S_B^{-1}\left(\frac{P_a}{2} - p\right) = \int \mathrm{d}^4 p' K(p, p', P_a) \chi_a(p'),$$
$$(15.69)$$
$$P_a^0 = \omega_a.$$

15.4.2　BS 振幅的变换性质

Lorentz 协变性

根据 BS 振幅的定义

$$\chi_a(x, y) \equiv \langle 0| T\{\psi(x)\bar{\psi}(y)\}|a\rangle = \mathrm{e}^{-\mathrm{i}P_a \cdot \frac{x+y}{2}} \chi(x - y) \tag{15.70}$$

和场算符的 Lorentz 变换性质 (见本书上册 §4.4 的讨论), 可得

$$\chi_p(x) = \Lambda_p \chi_0(x) \Lambda_p^{-1}, \tag{15.71}$$

其中

$$\Lambda_p = \frac{\not{p}\gamma^0 + m}{\sqrt{2m(m + E)}}. \tag{15.72}$$

自旋、宇称和电荷宇称的变换性质

在 C 变换下,

$$\psi(x) \to C\bar{\psi}^{\mathrm{T}} = \mathrm{i}\gamma^2\gamma^0\bar{\psi}^{\mathrm{T}},$$
$$\bar{\psi}(x) \to \psi^{\mathrm{T}}(x)C, \tag{15.73}$$

于是

$$\chi(x) \to \eta_a C \chi^{\mathrm{T}}(-x) C^{-1}. \tag{15.74}$$

在 P 变换下,

$$\epsilon_\mu^\lambda(\boldsymbol{k}) \to \epsilon^{\lambda\mu} = \epsilon_\mu^\lambda(\tilde{\boldsymbol{k}}),$$
$$p \to \tilde{p} = (p^0, -\boldsymbol{p}). \tag{15.75}$$

且由 P 变换下 $\psi(x) \to \gamma^0 \psi(\tilde{x})$, 得出

$$\chi_p(x) \to \gamma^0 \chi_{\tilde{p}}(\tilde{x}) \gamma^0. \tag{15.76}$$

(15.75) 式和 (15.73) 式可以用来构造 BS 振幅. 比如对于 1^{--} 粒子, 可以证明 BS 振幅的最一般形式为

$$\chi(x) = (f_1 + f_2 \not{p}) \not{\epsilon}^\lambda + \epsilon^\lambda \cdot x f_3 + (\not{p} \sigma^{\mu\nu} x_\mu \epsilon_\nu^\lambda - \mathrm{i} \not{\epsilon} p \cdot x) f_4$$
$$+ f_5 p \cdot x \sigma^{\mu\nu} \epsilon_\mu^\lambda x_\nu + f_6 p \cdot x \epsilon^\lambda \cdot x \not{p}, \tag{15.77}$$

其中 f_i $(i = 1, \cdots, 6)$ 是 Lorentz 不变的标量函数.

15.4.3　BS 振幅的非相对论极限, Schrödinger 方程

以下我们将在非相对论近似下, 由 BS 方程推导出 Schrödinger 方程.

在非相对论近似下, 可认为 BS 波函数的自旋和轨道部分是分开的, 所以可假设

$$\langle 0 | T\{\psi(x_1) \bar{\psi}(x_2)\} | a \rangle = \mathrm{e}^{-\mathrm{i} P_a \cdot X} S \chi(x), \tag{15.78}$$

其中 $X = \dfrac{x_1 + x_2}{2}$, $x = x_1 - x_2$, S 是自旋部分, $\chi(x)$ 是轨道部分. 以 1^{--} 粒子为例, 自旋波函数可以写为

$$S = |1, \lambda\rangle = C_{\frac{1}{2}, r; \frac{1}{2}, r'}^{1, \lambda} u \epsilon_{rr'} \bar{v}, \tag{15.79}$$

其中 C 是 CG 系数, $u, \bar{v}$ 是 Dirac 旋量,

$$\begin{aligned}
\epsilon_{rr'} &= 1 \ (r = r'), \\
\epsilon_{rr'} &= 0 \ (r \neq r').
\end{aligned} \tag{15.80}$$

由 (15.79) 式可得出

$$\langle 0 | T\{\psi(x_1) \bar{\psi}(x_2)\} | a \rangle = \frac{1}{2\sqrt{2}} \frac{1}{\sqrt{2E}} \left(1 + \frac{\not{p}}{m}\right) \not{\epsilon}(\boldsymbol{p}, \lambda) \chi(x_1 - x_2) \mathrm{e}^{-\mathrm{i} P_a \cdot \frac{x_1 + x_2}{2}}. \tag{15.81}$$

这就是 1^{--} 粒子的非相对论形式.

将 (15.69) 式代入传播子的具体形式[①],

[①]这里用到了瞬时近似, $K(k^2) = K(-\boldsymbol{k}^2)$. 在这种近似下, 非相对论波函数是

$$\psi(\boldsymbol{x}) = \frac{1}{(2\pi)^3} \int \mathrm{d}^3 \boldsymbol{q} \mathrm{e}^{\mathrm{i} \boldsymbol{q} \cdot \boldsymbol{x}} \left(\int \mathrm{d} q^0 \chi(q)\right).$$

$$\left(\not{p} + \frac{\not{P}}{2} - m + \mathrm{i}\epsilon\right)\chi(p)\left(\not{p} - \frac{\not{P}}{2} - m + \mathrm{i}\epsilon\right) = -\int K(\boldsymbol{p} - \boldsymbol{q})\chi(q)\mathrm{d}^4q. \quad (15.82)$$

为简化起见, 设 $P = (P_0, 0, 0, 0)$, 因此推出

$$\left(p_0 + \frac{P_0}{2} - H(\boldsymbol{p})\right)\Pi(\boldsymbol{p})\left(p_0 - \frac{P_0}{2} - H(\boldsymbol{p})\right) = -\int K(\boldsymbol{p} - \boldsymbol{q})\gamma^0\Pi(q)\gamma^0\mathrm{d}^4q.$$
$$(15.83)$$

(15.83) 式中 $H(\boldsymbol{p}) = \boldsymbol{\alpha} \cdot \boldsymbol{p} + \beta(m - \mathrm{i}\epsilon), \Pi(p) = \gamma^0\chi(p)\gamma^0.$ 定义

$$\begin{aligned} \Lambda_\pm(\boldsymbol{p}) &= \frac{w \pm H(\boldsymbol{p})}{2w} \ (w = \sqrt{\boldsymbol{p}^2 + m^2}), \\ \Pi_{ss'}(\boldsymbol{p}) &= \Lambda_s(\boldsymbol{p})\Pi(p)\Lambda_{s'}(\boldsymbol{p}) \ (s, s' = \pm), \\ \Theta(\boldsymbol{p}) &= -\int K(\boldsymbol{p} - \boldsymbol{q})\gamma^0\chi(\boldsymbol{q})\gamma^0\mathrm{d}^4q. \end{aligned} \quad (15.84)$$

因为 $H(\boldsymbol{p})\Lambda_s(\boldsymbol{p}) = sw\Lambda_s(\boldsymbol{p})$, 所以 (15.83) 式改写为

$$\Pi_{ss'}(\boldsymbol{p}) = \frac{\Lambda_s(\boldsymbol{p})\Theta(\boldsymbol{p})\Lambda_{s'}(\boldsymbol{p})}{\left(p_a^0 + \frac{P_a^0}{2} - s(w - \mathrm{i}\epsilon)\right)\left(p^0 - \frac{P_a^0}{2} - s'(w - \mathrm{i}\epsilon)\right)}. \quad (15.85)$$

对 (15.85) 式做各种投影, 对变量 p^0 做积分, 推出

$$\begin{aligned} \int \Pi_{++}\mathrm{d}p^0 &= \int \Pi_{--}\mathrm{d}p^0 = 0, \\ \int \Pi_{+-}\mathrm{d}p^0 &= 2\pi\mathrm{i}\frac{\Lambda_+(\boldsymbol{p})\Theta(\boldsymbol{p})\Lambda_-(\boldsymbol{p})}{P_a^0 - 2w}, \\ \int \Pi_{-+}\mathrm{d}p^0 &= -2\pi\mathrm{i}\frac{\Lambda_-(\boldsymbol{p})\Theta(\boldsymbol{p})\Lambda_+(\boldsymbol{p})}{P_a^0 + 2w}. \end{aligned} \quad (15.86)$$

在非相对论近似下, $P_a^0 \approx 2m, \frac{\boldsymbol{p}^2}{2m} \ll m$, 所以上述积分中主要贡献来自于 Π_{+-} 项. 束缚态束缚能 $E = P_a^0 - 2m$, 令 $F(\boldsymbol{p}) = \int \mathrm{d}p^0\Pi(p)$, 得

$$\left(E - \frac{\boldsymbol{p}^2}{m}\right)F(\boldsymbol{p}) = 2\pi\mathrm{i}\Lambda_+(\boldsymbol{p})\Theta(\boldsymbol{p})\Lambda_-(\boldsymbol{p}), \quad (15.87)$$

还有

$$\Theta(\boldsymbol{p}) = -\int \mathrm{d}^3\boldsymbol{q}K(\boldsymbol{p} - \boldsymbol{q})\gamma^0 F(\boldsymbol{q})\gamma^0. \quad (15.88)$$

加上 (15.81) 式, $F(\boldsymbol{q}) = \dfrac{1}{2\sqrt{2}}(1 + \gamma^0)\gamma^\lambda f(\boldsymbol{q})$, 得到

$$\left(E - \frac{\boldsymbol{p}^2}{m}\right) f(\boldsymbol{p}) = 2\pi\mathrm{i} \int \mathrm{d}^3\boldsymbol{q}\, K(\boldsymbol{p} - \boldsymbol{q}) f(\boldsymbol{q}). \tag{15.89}$$

令

$$V(\boldsymbol{r}) = (2\pi\mathrm{i}) \int \mathrm{d}^3\boldsymbol{p}\, \mathrm{e}^{-\mathrm{i}\boldsymbol{p}\cdot\boldsymbol{x}} K(\boldsymbol{p}), \tag{15.90}$$

则 (15.89) 改写为

$$E f(\boldsymbol{x}) = \left[-\frac{\nabla^2}{m} + V(\boldsymbol{x}) \right] f(\boldsymbol{x}). \tag{15.91}$$

因此我们证明了在非相对论极限下, BS 方程等价于 Schrödinger 方程, 增强了对于前者正确性的信心. 然而值得指出的是, 由于相对论协变性, 波函数在空间方向上的激发必定同时导致在时间方向上的激发. 后者对应着鬼态, 是物理上不允许的.

第十六章　重整化群方程

　　重整化群 (renormalization group) 的概念最早是由 K. Wilson 引入的, 对进一步理解量子场论起到了非常重要的作用. 这一概念与我们在讨论 $\lambda\phi^4$ 重整化中学到的一些概念密切相关, 比如本书上册 (9.24) 式及以后的讨论. 在那里我们强调了重整化耦合常数的定义依赖于动量减除点 (在动量减除方案中), 而减除点却是任意的, 并且物理振幅与减除点的选取无关. 在维数正规化最小减除方案中, 动量减除点被由维数演变 (dimensional transmutation) 导致的任意能标 ν 替换. 通过量纲分析可以由重整化耦合常数的标度依赖性引申出跑动耦合常数这一概念, 本章将仔细地讨论相关的内容.

　　这一章将讨论重整化群方程的三种表述方法. 它们在本质上是相同的, 但是表述方式和内容却有细微但又深刻的不同之处. 请读者仔细体会其中的不同与相同之处, 从而加深对重整化群方法的理解.

§16.1　固定动量减除方案中的重整化群方程

　　首先我们指出对一个未重整的 Green 函数做微商 $\partial/\partial\mu_0^2$ 等价于在 Green 函数中插入一个携带零动量的复合算符 $\Omega = \dfrac{1}{2}\phi_0^2$ ($\Gamma^{(n)}$ 取回本书上册第九章定义):

$$\frac{\partial \Gamma^{(n)}(p_i)}{\partial \mu_0^2} = -\mathrm{i}\Gamma_{\phi^2}^{(n)}(0, p_i), \tag{16.1}$$

其相应的复合算符的 Green 函数为

$$G_{\phi^2}^{(n)}(x; x_1, \cdots, x_n) = \langle 0|T\left\{\frac{1}{2}\phi^2(x)\phi(x_1)\cdots\phi(x_n)\right\}|0\rangle. \tag{16.2}$$

在动量空间中为

$$(2\pi)^4\delta^4(p + p_1 + \cdots + p_n)G_{\phi^2}^{(n)}(p; p_1, \cdots, p_n)$$
$$= \int \mathrm{d}^4x\mathrm{e}^{-\mathrm{i}p\cdot x}\int \prod_{i=1}^{n}\mathrm{d}^4x_i\mathrm{e}^{-\mathrm{i}p_i\cdot x_i}G_{\phi^2}^{(n)}(x; x_1, \cdots, x_n). \tag{16.3}$$

原因是 $\Gamma^{(n)}(p_i)$ 仅仅通过传播子 $\dfrac{\mathrm{i}}{p^2 - \mu_0^2 + \mathrm{i}\epsilon}$ 依赖于 μ_0^2, 而且有

$$\frac{\partial}{\partial\mu_0^2}\left(\frac{\mathrm{i}}{p^2 - \mu_0^2 + \mathrm{i}\epsilon}\right) = \frac{\mathrm{i}}{p^2 - \mu_0^2 + \mathrm{i}\epsilon}(-\mathrm{i})\frac{\mathrm{i}}{p^2 - \mu_0^2 + \mathrm{i}\epsilon}. \tag{16.4}$$

对于重整化的 1PI Green 函数, 可以写出

$$\Gamma_{\mathrm{r}}^{(n)}(p_i, \lambda, \mu) = Z_\phi^{n/2} \Gamma^{(n)}(p_i, \lambda_0, \mu_0),$$
$$\Gamma_{\phi^2,\mathrm{r}}^{(n)}(p; p_i, \lambda, \mu) = Z_{\phi^2}^{-1} Z_\phi^{n/2} \Gamma_{\phi^2}^{(n)}(p; p_i, \lambda_0, \mu_0), \tag{16.5}$$

其中 Z_{ϕ^2} 对应于复合算符的重整化常数. 由于 λ, μ 是 λ_0, μ_0 和动量截断 Λ 的函数, 利用微商的链式法则和 (16.1) 式得到

$$\left[\mu\frac{\partial}{\partial\mu} + \beta\frac{\partial}{\partial\lambda} - n\gamma\right] \Gamma_{\mathrm{r}}^{(n)}(p_i, \lambda, \mu) = -\mathrm{i}\mu^2\alpha\Gamma_{\phi^2,\mathrm{r}}^{(n)}(0; p_i, \lambda, \mu), \tag{16.6}$$

其中

$$\beta = 2\mu^2\frac{\partial\lambda/\partial\mu_0^2}{\partial\mu^2/\partial\mu_0^2},$$
$$\gamma = \mu^2\frac{\partial\ln Z_\phi/\partial\mu_0^2}{\partial\mu^2/\partial\mu_0^2}, \tag{16.7}$$
$$\alpha = \frac{2Z_{\phi^2}}{\partial\mu^2/\partial\mu_0^2}.$$

利用重整化条件 (稍后我们将讨论复合算符 $\phi^2(x)$ 的重整化问题)

$$\Gamma_{\mathrm{r}}^{(2)}(0, \lambda, \mu) = -\mathrm{i}\mu^2, \quad \Gamma_{\phi^2,\mathrm{r}}^{(2)}(0; 0, \lambda, \mu) = 1, \tag{16.8}$$

由 (16.6) 式推出

$$\alpha = 2(1 - \gamma). \tag{16.9}$$

是一个有限的量. 为了看清这一点, 我们在 (16.6) 式中令 $n = 2$ 并且对 p^2 求导, 得

$$\left(\mu\frac{\partial}{\partial\mu} + \beta\frac{\partial}{\partial\lambda} - 2\gamma\right)\frac{\partial}{\partial p^2}\Gamma_{\mathrm{r}}^{(2)}(p; \lambda, \mu) = -\mathrm{i}\mu^2\alpha\frac{\partial}{\partial p^2}\Gamma_{\phi^2,\mathrm{r}}^{(2)}(0, p; \lambda, \mu). \tag{16.10}$$

利用归一化条件

$$\left.\frac{\partial\Gamma_{\mathrm{r}}^{(2)}(p^2; \lambda, \mu)}{\partial p^2}\right|_{p^2=0} = \mathrm{i}, \tag{16.11}$$

得

$$\gamma = \mu^2(1 - \gamma)\left[\frac{\partial}{\partial p^2}\Gamma_{\phi^2,\mathrm{r}}^{(2)}(0, p^2, \lambda, \mu)\right]\bigg|_{p^2=0}. \tag{16.12}$$

这证明了 γ (同时 α) 不依赖于动量截断. 这样除了 β 外, (16.6) 式中所有的函数都不显含 Λ, 所以 β 也不明显依赖于 Λ.

很容易在单圈水平上验证 (16.8) 式. 首先由

$$Z_{\phi^2} = 1 + \Gamma_{\phi^2}^{(2)}(0;0,0)$$

和 (见图 16.1)

$$\Gamma_{\phi^2}^{(2)}(p;p_1,-p-p_1) = \frac{-\mathrm{i}\lambda}{2}\int\frac{\mathrm{d}^4 l}{(2\pi)^4}\frac{\mathrm{i}}{l^2-\mu^2+\mathrm{i}\epsilon}\frac{\mathrm{i}}{(l-p)^2-\mu^2+\mathrm{i}\epsilon} \tag{16.13}$$

得知

$$Z_{\phi^2} = 1 - \frac{\lambda}{32\pi^2}\ln\frac{\Lambda^2}{\mu^2}. \tag{16.14}$$

另一方面, 由 (见本书上册 (9.80) 式)

$$\mu_0^2 = \mu^2 - \delta\mu^2 = \mu^2 - \frac{\lambda}{32\pi^2}\left(\Lambda^2 - \mu^2 - \mu^2\ln\frac{\Lambda^2}{\mu^2}\right)$$

推出

$$\frac{\partial\mu_0^2}{\partial\mu^2} = 1 + \frac{\lambda}{32\pi^2}\ln\frac{\Lambda^2}{\mu^2} + O(\lambda^2),$$

也即 $\alpha = 2(1-\gamma) + O(\lambda^2)$[①].

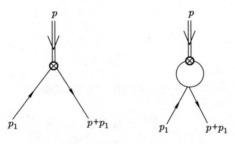

图 16.1 树图及单圈水平上的 $\Gamma_{\phi^2}^{(2)}$.

上面的讨论表明, 由于重整化后的 $\Gamma_{\mathrm{r}}^{(n)}$ 和 $\Gamma_{\phi^2,\mathrm{r}}^{(n)}$ 到微扰展开的任意阶均不依赖于动量截断 Λ, 容易得到 β,γ 和 α 都不依赖于 Λ. 由于这些函数都是无量纲的, 它们既然不依赖于 Λ, 也就不依赖于 μ. 于是我们有 $\beta = \beta(\lambda), \alpha = \alpha(\lambda)$ 以及 $\gamma = \gamma(\lambda)$. 为计算各类 β 函数, 我们首先指出重整化后的量 λ,μ 是 λ_0,μ_0 和 Λ 的函数. 从量纲上考虑, λ 和 Z_i 只能是 λ_0 和 Λ/μ_0 的函数. 如果我们进一步用 μ 代

[①]这里得到的教训是, 在计算诸如 $\partial\mu_0^2/\partial\mu^2$ 一类的量时, 必须小心考虑如本书上册 (9.78) 式一类的式子中的常数项. 但是在计算 β 和 γ 函数时, 正如我们下面将看到的, 只需要考虑重整化常数的发散部分.

替 μ_0, $\mu = \mu(\lambda_0, \mu_0, \Lambda)$, 可以得到 $\lambda = \lambda(\lambda_0, \Lambda/\mu)$ 以及 $Z_i = Z_i(\lambda_0, \Lambda/\mu)$. 利用链式法则

$$\frac{\partial}{\partial \mu_0^2} \lambda(\lambda_0, \Lambda/\mu) = \frac{\partial \mu^2}{\partial \mu_0^2} \frac{\partial}{\partial \mu^2} \lambda(\lambda_0, \Lambda/\mu), \tag{16.15}$$

我们得到 ($\bar{Z} = Z_\lambda^{-1} Z_\phi^2$)

$$\beta = \mu \frac{\partial}{\partial \mu} \lambda(\lambda_0, \Lambda/\mu)$$
$$= -\lambda \frac{\partial}{\partial \ln \Lambda} [\ln \bar{Z}(\lambda_0, \Lambda/\mu)]. \tag{16.16}$$

类似地, 可得出

$$\gamma = -\frac{1}{2} \frac{\partial}{\partial \ln \Lambda} [\ln Z_\phi(\lambda_0, \Lambda/\mu)]. \tag{16.17}$$

这意味着为计算 β, γ 等函数, 只需考虑 Z_i 中 $\ln \Lambda$ 的项. 利用单圈结果

$$Z_\lambda = 1 + \frac{3\lambda_0}{32\pi^2} \ln \frac{\Lambda^2}{\mu^2} + O(\lambda_0^2),$$
$$Z_\phi = 1 + O(\lambda_0^2), \tag{16.18}$$

得到

$$\beta = \frac{3\lambda^2}{16\pi^2} + O(\lambda^3),$$
$$\gamma(\lambda) = O(\lambda^2) \left(= \frac{1}{12} \left(\frac{\lambda}{16\pi^2} \right)^2 \right). \tag{16.19}$$

这里顺便指出, 对应于不同的跑动耦合常数的定义 (如选取不同的规范或减除点等), β 函数的具体形式可以不一样, 但是 β 函数按耦合常数展开的头两阶是不变的.

重整化群方程 (16.6) 式含有非齐次项, 然而在大动量时非齐次项不是主要贡献, 因而可以被扔掉. 这里要用到 Weinberg 给出的一个定理: 如果动量是非例外的[①], 并且有参数化 $p_i = \sigma k_i$, 则到微扰论的任意阶, 在深度欧氏区间 (对应着 $\sigma \to \infty$ 且 k_i 固定), $\Gamma_r^{(n)}$ 具有 σ^{4-n} 的渐近行为 (可以有 $\ln \sigma$ 幂次的因子的修正), 而 $\Gamma_{\phi^2,r}^{(n)}$ 的渐近行为是 σ^{2-n} 乘以 $\ln \sigma$ 的多项式. 注意到 $4-n$ 和 $2-n$ 正好是相应 Green 函数的表观发散度, 也正好是其所相应的 (朴素的) 量纲. Weinberg 定理告诉我们, 微扰论中的 Green 函数在 $\sigma \to \infty$ 时具有如下渐近形式:

$$\Gamma^{(n)}(\sigma p_i, \lambda, \mu) \to \sigma^{4-n}[a_0(\ln \sigma)^{b_0} + a_1(\ln \sigma)^{b_1} \lambda + \cdots], \tag{16.20}$$

①—组动量 $p_1, \cdots, p_n$ 被认为是非例外的, 如果没有哪一个部分求和 $p_{i_1} + \cdots + p_{i_k} = 0$, 其中 $k < n$.

其中 a_i, b_i 未定. 在对所有对数项求和后, 如果这导致了 σ 的某个幂次 σ^γ, 则最终 Γ 对 σ 的幂次依赖关系为 $\sigma^{4-n-n\gamma}$, 而不是 σ^{4-n}. 因此 γ 也叫作反常量纲.

§16.2　重整化群方程的渐近解

由 Weinberg 定理知在大动量极限下, 到微扰论的任意有限阶都有 $\Gamma_{\mathrm{r}}^{(n)} \gg \mu^2 \Gamma_{\phi^2,\mathrm{r}}^{(n)}$. 在这里 μ^2 可以看成重整化质量或物理质量. 于是在深度欧氏区域, (16.6) 式等号右边的非齐次项可以扔掉而得到一个齐次方程:

$$\left[\mu\frac{\partial}{\partial\mu} + \beta(\lambda)\frac{\partial}{\partial\lambda} - n\gamma(\lambda)\right]\Gamma_{\mathrm{as}}^{(n)}(p_i,\lambda,\mu) = 0. \tag{16.21}$$

在 (16.21) 式中我们注意到, 质量参数的变化可以转换到标度参数的变化上. 从量纲分析可以得出,

$$\Gamma_{\mathrm{as}}^{(n)} = \mu^{4-n}\bar{\Gamma}_{\mathrm{r}}^{(n)}(p_i/\mu,\lambda), \tag{16.22}$$

其中 $\bar{\Gamma}_{\mathrm{r}}^{(n)}$ 是无量纲的, 且满足

$$\left(\mu\frac{\partial}{\partial\mu} + \sigma\frac{\partial}{\partial\sigma}\right)\bar{\Gamma}(\sigma p_i/\mu,\lambda) = 0. \tag{16.23}$$

于是可以推出 Callan–Symanzik 方程的渐近形式:

$$\left[\sigma\frac{\partial}{\partial\sigma} - \beta(\lambda)\frac{\partial}{\partial\lambda} + n\gamma(\lambda) + (n-4)\right]\Gamma_{\mathrm{as}}^{(n)}(\sigma p_i,\lambda,\mu) = 0. \tag{16.24}$$

为了解出这个方程, 我们首先做如下变换以去掉非微商项:

$$\Gamma_{\mathrm{as}}^{(n)}(\sigma p_i,\lambda,\mu) = \sigma^{4-n}\exp\left[n\int_0^\lambda\frac{\gamma(x)}{\beta(x)}\mathrm{d}x\right]F^{(n)}(\sigma p_i,\lambda,\mu). \tag{16.25}$$

于是,

$$\left[\sigma\frac{\partial}{\partial\sigma} - \beta(\lambda)\frac{\partial}{\partial\lambda}\right]F^{(n)}(\sigma p_i,\lambda,\mu) = 0. \tag{16.26}$$

为方便起见, 定义 $t = \ln\sigma$, 上述方程变为

$$\left[\frac{\partial}{\partial t} - \beta(\lambda)\frac{\partial}{\partial\lambda}\right]F^{(n)}(\mathrm{e}^t p_i,\lambda,\mu) = 0. \tag{16.27}$$

进一步我们定义一个 "跑动" 的耦合常数 $\bar{\lambda}(t,\lambda)$, 它满足方程

$$\frac{\partial}{\partial t}\bar{\lambda}(t,\lambda) = \beta(\bar{\lambda}), \tag{16.28}$$

且有边条件 $\bar{\lambda}(0, \lambda) = \lambda$. 对方程 (16.28) 做变换

$$t = \int_\lambda^{\bar{\lambda}(t,\lambda)} \frac{\mathrm{d}x}{\beta(x)},$$

两边对 λ 求微商, 得

$$0 = \frac{\partial \bar{\lambda}}{\partial \lambda} \frac{1}{\beta(\bar{\lambda})} - \frac{1}{\beta(\lambda)}. \tag{16.29}$$

于是 (16.28) 式可改写为

$$\left[\frac{\partial}{\partial t} - \beta(\lambda) \frac{\partial}{\partial \lambda} \right] \bar{\lambda}(t, \lambda) = 0. \tag{16.30}$$

由此可知, 如果 $F^{(n)}$ 仅仅通过 $\bar{\lambda}(t, \lambda)$ 依赖于 t 和 λ, 则 $F^{(n)}$ 就是方程 (16.27) 式的解. 因此 $\Gamma_{\mathrm{as}}^{(n)}$ 的解具有如下形式:

$$\Gamma_{\mathrm{as}}^{(n)}(\sigma p_i, \lambda, \mu) = \sigma^{4-n} \exp\left[n \int_0^\lambda \frac{\gamma(x)}{\beta(x)} \mathrm{d}x \right] F^{(n)}(p_i, \bar{\lambda}(t, \lambda), \mu). \tag{16.31}$$

由

$$
\begin{aligned}
\exp\left[n \int_0^\lambda \frac{\gamma(x)}{\beta(x)} \mathrm{d}x \right] &= \exp\left[n \int_0^{\bar{\lambda}} \frac{\gamma(x)}{\beta(x)} \mathrm{d}x + n \int_{\bar{\lambda}}^\lambda \frac{\gamma(x)}{\beta(x)} \mathrm{d}x \right] \\
&= H(\bar{\lambda}) \exp\left[-n \int_\lambda^{\bar{\lambda}} \frac{\gamma(x)}{\beta(x)} \mathrm{d}x \right] \\
&= H(\bar{\lambda}) \exp\left[-n \int_0^t \gamma(\bar{\lambda}(t', \lambda)) \mathrm{d}t' \right],
\end{aligned} \tag{16.32}
$$

其中

$$H(\bar{\lambda}) = \exp\left[n \int_0^{\bar{\lambda}} \frac{\gamma(x)}{\beta(x)} \mathrm{d}x \right], \tag{16.33}$$

可以得出

$$\Gamma_{\mathrm{as}}^{(n)}(\sigma p_i, \lambda, \mu) = \sigma^{4-n} \exp\left[-n \int_0^t \gamma(\bar{\lambda}(t', \lambda)) \mathrm{d}t' \right] H(\bar{\lambda}(t, \lambda)) F^{(n)}(p_i, \bar{\lambda}(t, \lambda), \mu).$$

如果我们令 $t = 0$ ($\sigma = 1$), 则 $H(\bar{\lambda}) F^{(n)}(\bar{\lambda})$ 正好是 $\Gamma_{\mathrm{as}}^{(n)}$, 因此

$$\Gamma_{\mathrm{as}}^{(n)}(\sigma p_i, \lambda, \mu) = \sigma^{4-n} \exp\left[-n \int_0^t \gamma(\bar{\lambda}(t', \lambda)) \mathrm{d}t' \right] \Gamma_{\mathrm{as}}^{(n)}(p_i, \bar{\lambda}(t, \lambda), \mu). \tag{16.34}$$

令 (16.34) 式中的 $\int_0^t \gamma(\bar{\lambda}(t',\lambda))\mathrm{d}t' = \bar{\gamma}t$, 则指数项可以改写为 $\sigma^{-n\bar{\gamma}}$. 这就是 γ 被叫作反常量纲的原因.

作为一个简单的例子, 我们在单圈 $\lambda\phi^4$ 理论中对 (16.34) 式做一下讨论. 由本书上册 (9.64), (9.70) 以及 (9.111) 诸式的结果, 裸的 4 点正规顶角为

$$
\mathrm{i}\Gamma^{(4)}(p_i,\lambda_0,\mu_0,\Lambda) = \lambda_0 - \frac{\lambda_0^2}{32\pi^2}\int_0^1 \mathrm{d}x\left[\ln\left(\frac{\Lambda^2}{\mu_0^2 - x(1-x)\,s}\right)\right.
$$
$$
\left. + \ln\left(\frac{\Lambda^2}{\mu_0^2 - x(1-x)\,t}\right) + \ln\left(\frac{\Lambda^2}{\mu_0^2 - x(1-x)\,u}\right) - 3\right] + O(\lambda_0^3). \quad (16.35)
$$

为使其有限, 将 $\lambda_0 = Z_\lambda Z_\phi^{-2}\lambda$ 代入上面的表达式中并乘以 $Z_\phi^{n/2}$ $(n=4)$, 得到重整化后的 4 点正规顶角:

$$
\mathrm{i}\Gamma_{\mathrm{r}}^{(4)}(p_i,\lambda,\mu) = Z_\lambda\lambda - \frac{\lambda^2}{32\pi^2}\int_0^1 \mathrm{d}x\left[\ln\left(\frac{\Lambda^2}{\mu^2 - x(1-x)\,s}\right)\right.
$$
$$
\left. + \ln\left(\frac{\Lambda^2}{\mu^2 - x(1-x)\,t}\right) + \ln\left(\frac{\Lambda^2}{\mu^2 - x(1-x)\,u}\right) - 3\right] + O(\lambda^3).
$$
$$
(16.36)
$$

不难理解上述表达式实际上并没有任何对具体减除点的依赖, 比如可以做零动量点的减除 $\mathrm{i}\Gamma_{\mathrm{r}}^{(4)}(0) \equiv \lambda$ 以确定裸耦合常数及重整化耦合常数之间的关系:

$$
\lambda = \lambda_0 - \frac{3\lambda_0^2}{32\pi^2}\left(\ln\frac{\Lambda^2}{\mu_0^2} - 1\right), \quad (16.37)
$$

以及

$$
Z_\lambda = 1 + \frac{3\lambda}{32\pi^2}\left(\ln\frac{\Lambda^2}{\mu^2} - 1\right),
$$

并由此移去 (16.36) 式中明显的 Λ 依赖:

$$
\mathrm{i}\Gamma_{\mathrm{r}}^{(4)}(p_i,\lambda,\mu) = \lambda + \frac{\lambda^2}{32\pi^2}\int_0^1 \mathrm{d}x\left[\ln\left(\frac{\mu^2 - x(1-x)\,s}{\mu^2}\right)\right.
$$
$$
\left. + \ln\left(\frac{\mu^2 - x(1-x)\,t}{\mu^2}\right) + \ln\left(\frac{\mu^2 - x(1-x)\,u}{\mu^2}\right)\right] + O(\lambda^3).
$$
$$
(16.38)
$$

在深度欧氏动量区间, $s,t,u < 0$ 且趋于无穷, 我们有渐近表达式

$$
\mathrm{i}\Gamma_{\mathrm{r}}^{(4)}(\sigma p_i,\lambda,\mu) \to \lambda + \frac{\lambda^2}{32\pi^2}\left[\ln\left(\frac{-s\sigma^2}{\mu^2}\right) + \ln\left(\frac{-t\sigma^2}{\mu^2}\right) + \ln\left(\frac{-u\sigma^2}{\mu^2}\right)\right]
$$
$$
+ O\left(\lambda^2\left(\frac{\mu^2}{-s\sigma^2}\right)\ln\left(\frac{\mu^2}{-s\sigma^2}\right)\right) + \cdots. \quad (16.39)
$$

另一方面, 由跑动耦合常数所满足的重整化群方程 (16.28) 式的微扰解 ($t = \ln \sigma$)

$$\bar{\lambda}(t, \lambda) = \lambda + \frac{3\lambda^2}{16\pi^2}t + O(\lambda^3) \tag{16.40}$$

可以发现, (16.39) 式的右边在大 σ 极限下的确满足 (16.34) 式:

$$\mathrm{i}\Gamma^{(4)}(\sigma p_i, \lambda, \mu) \to \bar{\lambda}(\ln \sigma, \lambda) + \frac{\bar{\lambda}^2(\ln \sigma, \lambda)}{32\pi^2}\left[\ln\left(\frac{-s}{\mu^2}\right) + \ln\left(\frac{-t}{\mu^2}\right) + \ln\left(\frac{-u}{\mu^2}\right)\right] + O(\lambda^3)$$

$$= \mathrm{i}\Gamma_{\mathrm{r}}^{(4)}(p_i, \bar{\lambda}(\ln \sigma, \lambda), \mu) + O(\lambda^3). \tag{16.41}$$

由 (16.34) 式得知, 这个式子两边都应理解为 $p_i^2 \gg \mu^2$ 时的渐近 Green 函数.

这个例子也证实了, 在大动量时用跑动耦合常数来代替重整化耦合常数, 改进和优化了微扰论的计算. 利用跑动耦合常数 (16.40) 式和树图振幅即可得出 (16.39) 式中在大动量时的主要贡献项.

在 §21.1 中, 我们将看到重整化群方法对微扰振幅修正的一个经典例子.

§16.3 变化的标度

16.3.1 任意动量减除方案下的重整化群方程

在 §16.1 中给出的重整化群方程是对于固定减除点后的重整化正规顶角建立的. 然而从上册 §9.2 的讨论我们得知, 减除点的选取是任意的, 这在重整化后的 Green 函数中引入了一个任意的标度 ν. 重整化后的耦合常数和质量依赖于 ν. 从这个观察出发, 我们可以建立另一个版本的重整化群方程[①].

考虑到用 ν 来表示的减除点的存在, 重整化前和后的正规顶角之间的关系是

$$\Gamma^{(n)}(p_i, \lambda_0, \mu_0, \Lambda) = Z_\phi^{-n/2}(\nu)\Gamma_{\mathrm{r}}^{(n)}(p_i; \lambda(\nu), \mu(\nu), \nu). \tag{16.42}$$

(16.42) 式等号右边既明显依赖于 ν, 也通过 λ, μ 依赖于 ν. 由于 (16.42) 式等号左边裸的正规顶角与 ν 无关, 可以得出

$$\left[\nu\frac{\partial}{\partial\nu} + \beta\frac{\partial}{\partial\lambda} + \gamma_m\mu\frac{\partial}{\partial\mu} - n\gamma\right]\Gamma_{\mathrm{r}}^{(n)} = 0. \tag{16.43}$$

对于一般的减除方案来说,

$$\beta(\lambda, \mu/\nu) = \nu\frac{\partial}{\partial\nu}\lambda,$$

$$\gamma_m(\lambda, \mu/\nu) = \nu\frac{\partial}{\partial\nu}\ln\mu, \tag{16.44}$$

$$\gamma(\lambda, \mu/\nu) = \frac{1}{2}\nu\frac{\partial}{\partial\nu}\ln Z_\phi.$$

①当然在这里也可以不跑动 μ (比如做质壳重整化而仅仅研究跑动的耦合常数).

(16.44) 式中的 β 函数是两个自变量的函数, 求解一般来说并不容易. 但是如果选取标度 $\nu \gg \mu$, 则可以忽略 β 函数对质量的依赖性. 下面我们仍以单圈的 $\lambda\phi^4$ 理论为例来讨论有关的问题.

在 (16.38) 式中的重整化耦合常数 λ 是定义在零减除动量处的. 但是正如我们曾反复强调过的, 耦合常数可以在任意动量标度定义. 比如, 由 (16.36) 式可以在 $s = t = u = -\nu^2$ 处定义耦合常数:

$$Z_\lambda = 1 + \frac{3\lambda_\nu}{32\pi^2}\left[\int_0^1 \mathrm{d}x \ln\left(\frac{\Lambda^2}{\mu^2 + x(1-x)\nu^2}\right) - 1\right].$$

代回 (16.36) 式, 可得重整化后的 4 点正规顶角为

$$\mathrm{i}\Gamma_\mathrm{r}^{(4)}(p_i, \lambda, \mu, \nu) = \lambda_\nu + \frac{\lambda_\nu^2}{32\pi^2}\int_0^1 \mathrm{d}x\left[\ln\left(\frac{\mu^2 - x(1-x)s}{\mu^2 + x(1-x)\nu^2}\right)\right.$$
$$\left. + \ln\left(\frac{\mu^2 - x(1-x)t}{\mu^2 + x(1-x)\nu^2}\right) + \ln\left(\frac{\mu^2 - x(1-x)u}{\mu^2 + x(1-x)\nu^2}\right)\right] + O(\lambda^3),$$
$$\tag{16.45}$$

而 λ_ν 与裸的耦合常数之间的关系是

$$\lambda_\nu = \lambda_0 - \frac{3\lambda_0^2}{32\pi^2}\left[\int_0^1 \mathrm{d}x \ln\left(\frac{\Lambda^2}{\mu^2 + \nu^2 x(1-x)}\right) - 1\right], \tag{16.46}$$

与普通的重整化常数 ((16.37) 式) 之间的关系是

$$\lambda_\nu = \lambda + \frac{3\lambda^2}{32\pi^2}\int_0^1 \mathrm{d}x \ln\left(\frac{\mu^2 + \nu^2 x(1-x)}{\mu^2}\right) + O(\lambda^3). \tag{16.47}$$

类似地, 从随标度变化的重整化耦合常数的定义式出发可以得到

$$\lambda_{\nu'} = \lambda_\nu + \frac{3\lambda_\nu^2}{32\pi^2}\int_0^1 \mathrm{d}x \ln\left(\frac{\mu^2 + \nu'^2 x(1-x)}{\mu^2 + \nu^2 x(1-x)}\right) + O(\lambda_\nu^3). \tag{16.48}$$

从 (16.48) 出发可以计算出

$$\beta\left(\lambda, \frac{\mu}{\nu}\right) = \frac{3\lambda^2}{16\pi^2}\int_0^1 \mathrm{d}x \frac{\nu^2 x(1-x)}{\mu^2 + \nu^2 x(1-x)} + O(\lambda^3). \tag{16.49}$$

在 $\mu/\nu \to 0$ 时,

$$\beta(\lambda, 0) = \frac{3\lambda^2}{16\pi^2} + O(\lambda^3), \tag{16.50}$$

与 (16.19) 式的结果一致.

利用最小减除方案, β 函数的明显的质量依赖关系可以去掉. 在 §16.4 中我们将讨论这一方法.

§16.4 质量无关重整化方案中的重整化群方程

在维数正规化的最小减除方案中, 重整化群方程中各项系数对于质量量纲的依赖性消失. 由本书上册 (9.111), (9.116) 式得到

$$i\Gamma^{(4)}(p_i, \lambda_0, \mu_0) = \lambda_0 - \frac{\lambda_0^2}{32\pi^2}\Big\{3\Gamma(\epsilon)(4\pi)^\epsilon - \int_0^1 dx\{\ln\left(\mu^2 - x(1-x)s\right)$$
$$+ \ln\left(\mu^2 - x(1-x)t\right) + \ln\left(\mu^2 - x(1-x)u\right)\Big\}. \quad (16.51)$$

利用关系式

$$\lambda_0 = \nu^{2\epsilon}[\lambda + \sum_{n=1}^\infty a_n(\lambda)\epsilon^{-n}], \quad (16.52)$$

$$\mu_0 = \mu[1 + \sum_{n=1}^\infty b_n(\lambda)\epsilon^{-n}], \quad (16.53)$$

$$\phi_0 = \phi[1 + \sum_{n=1}^\infty c_n(\lambda)\epsilon^{-n}] \equiv \phi Z_\phi^{1/2} \quad (16.54)$$

中的第一式, 即

$$\lambda_0 = \nu^{2\epsilon}\bar{Z}_\lambda\lambda = \nu^{2\epsilon}\left(1 + \frac{3\lambda}{32\pi^2}\frac{1}{\epsilon}\right)\lambda = \nu^{2\epsilon}\left(\lambda + \frac{3\lambda^2}{32\pi^2}\frac{1}{\epsilon}\right),$$

代回 (16.51) 式, 到 $O(\lambda^2)$ 阶, 有 (为简化表达式起见, 这里借用了 $\overline{\text{MS}}$ 方案的表达式)

$$i\Gamma_{\rm r}^{(4)}(p_i, \lambda, \mu, \nu) = \lambda + \frac{\lambda^2}{32\pi^2}\Big\{\int_0^1 dx\{\ln\left(\frac{\mu^2 - x(1-x)s}{\nu^2}\right)$$
$$+ \ln\left(\frac{\mu^2 - x(1-x)t}{\nu^2}\right) + \ln\left(\frac{\mu^2 - x(1-x)u}{\nu^2}\right)\Big\}. \quad (16.55)$$

回到 (16.52) 式. 由于裸的耦合常数 λ_0 与 ν (或减除动量) 无关, 对 (16.52) 式两边做微商, 得到

$$\epsilon\lambda + \left(a_1 + \nu^2\frac{\partial\lambda}{\partial\nu^2}\right) + \sum_{n=1}^\infty \frac{1}{\epsilon^n}\left[\frac{\partial a_n}{\partial\lambda}\nu^2\frac{\partial\lambda}{\partial\nu^2} + a_{n+1}\right] = 0. \quad (16.56)$$

裸耦合常数 $\lambda_0(d)$ 和空间维数的依赖关系可以是任意的, 唯一的要求是要把物理振幅中 $d = 4$ 处的极点消掉. 我们可以要求重整化耦合常数 $\lambda = \lambda(\nu, d)$ 不仅对 $d = 4$, 而且对任意的维数 d 都是解析的, 比如可取为 ϵ 的有限阶多项式而限制住对 d 的

任意依赖性. (16.56) 式可以看成关于 λ 和 ϵ 的二重级数展开. 把 $\nu^2\dfrac{\partial\lambda}{\partial\nu^2}$ 在 $\epsilon = 0$ 附近做展开, 有

$$\nu^2\frac{\partial\lambda}{\partial\nu^2} = d_0 + d_1\epsilon + d_2\epsilon^2 + \cdots. \tag{16.57}$$

显然对于 $n > 1$ 可以取所有的 $d_n = 0$. 将上式代入 (16.56) 式, 得到

$$\epsilon(\lambda + d_1) + \left(a_1 + d_0 + d_1\frac{\mathrm{d}a_1}{\mathrm{d}\lambda}\right) + \sum_n\left[a_{n+1} + d_0\frac{\mathrm{d}a_n}{\mathrm{d}\lambda} + d_1\frac{\mathrm{d}a_{n+1}}{\mathrm{d}\lambda}\right]\frac{1}{\epsilon^n} = 0, \tag{16.58}$$

即

$$\lambda + d_1 = 0,$$
$$a_1 + d_1\frac{\mathrm{d}a_1}{\mathrm{d}\lambda} = -d_0, \tag{16.59}$$
$$\left(1 + d_1\frac{\mathrm{d}}{\mathrm{d}\lambda}\right)a_{n+1} = -d_0\frac{\mathrm{d}a_n}{\mathrm{d}\lambda}.$$

于是有

$$\nu^2\frac{\partial\lambda}{\partial\nu^2} = -a_1 + \lambda\frac{\mathrm{d}a_1}{\mathrm{d}\lambda} - \lambda\epsilon, \tag{16.60}$$

或

$$\beta(\lambda) = -2a_1 + 2\lambda\frac{\mathrm{d}a_1}{\mathrm{d}\lambda}. \tag{16.61}$$

类似地, 从 (16.53) 式得出

$$\gamma_m = \nu\frac{\partial\ln\mu}{\partial\nu} = 2\lambda\frac{\mathrm{d}b_1}{\mathrm{d}\lambda}, \tag{16.62}$$
$$\lambda\frac{\mathrm{d}b_{n+1}}{\mathrm{d}\lambda} = b_n\lambda\frac{\mathrm{d}b_1}{\mathrm{d}\lambda} - \frac{\mathrm{d}b_n}{\mathrm{d}\lambda}\left(1 - \lambda\frac{\mathrm{d}}{\mathrm{d}\lambda}\right)a_1(\lambda). \tag{16.63}$$

从 (16.54) 式得出

$$\gamma = \frac{1}{2}\nu\frac{\partial\ln Z_\phi}{\partial\nu} = 2\lambda\frac{\mathrm{d}c_1}{\mathrm{d}\lambda}, \tag{16.64}$$
$$\lambda\frac{\mathrm{d}c_{n+1}}{\mathrm{d}\lambda} = c_n\lambda\frac{\mathrm{d}c_1}{\mathrm{d}\lambda} - \frac{\mathrm{d}c_n}{\mathrm{d}\lambda}\left(1 - \lambda\frac{\mathrm{d}}{\mathrm{d}\lambda}\right)a_1(\lambda). \tag{16.65}$$

上面这些方程使得我们可以仅从单极点的留数来计算 β, γ_m 和 γ, 同时利用递推关系可以从单极点的留数得到高阶极点的留数. 利用 $\lambda_0 = Z_\phi^{-2}Z_\lambda\lambda$, $Z_\phi = 1$ 以及

$Z_\lambda \lambda = \lambda - 3\mathrm{i}\Gamma(0) = \lambda + \dfrac{3\lambda^2}{32\pi^2}\dfrac{1}{\epsilon}$, 得到 $a_1 = \dfrac{3\lambda^2}{32\pi^2}$, $\lambda\dfrac{\mathrm{d}}{\mathrm{d}\lambda}a_1 = 2a_1$, 于是

$$\beta(\lambda) = 2a_1 = \frac{3}{16\pi^2}\lambda^2. \tag{16.66}$$

类似地, 由本书上册中 (9.115) 式得到, $\mu_0^2 = \mu^2 - \delta\mu^2 = \mu^2 - \Sigma(0) = \mu^2\left(1 + \dfrac{\lambda}{32\pi^2}\dfrac{1}{\epsilon}\right)$. 所以有

$$\gamma_m = \frac{\lambda}{32\pi^2}, \tag{16.67}$$

而 $\gamma = O(\lambda^2)$.

从上面的讨论得知, 为计算 β, γ_m 和 γ, 只需计算 $\dfrac{1}{\epsilon}$ 极点的留数 a_1, b_1 和 c_1 即可. 更进一步由 $a_1 = \dfrac{3}{32\pi^2}\lambda^2 + O(\lambda^3)$, 利用递推关系 (16.59) 式等, 还可以算出如 $1/\epsilon^n$ 阶极点的系数 $a_n = c\lambda^{n+1} + O(\lambda^{n+2})$.

由于 β, γ, γ_m 在质量无关的重整化方案中只依赖于 λ, 这使得求方程 (16.43) 式的解变得容易. 可以把方程 (16.43) 式改写为

$$\left[\sigma\frac{\partial}{\partial\sigma} - \beta(\lambda)\frac{\partial}{\partial\lambda} - (\gamma_m - 1)\mu\frac{\partial}{\partial\mu} + n\gamma(\lambda) + (n-4)\right]\Gamma_\mathrm{r}^{(n)}(\sigma p_i, \mu, \lambda, \nu) = 0. \tag{16.68}$$

在这里我们除了引入跑动耦合常数以外, 还引进跑动质量的概念:

$$\begin{aligned}\frac{\mathrm{d}\bar{\lambda}(t)}{\mathrm{d}t} &= \beta(\bar{\lambda}), \\ \frac{\mathrm{d}\bar{\mu}(t)}{\mathrm{d}t} &= [\gamma_m - 1]\bar{\mu}(t),\end{aligned} \tag{16.69}$$

其边界条件是

$$\begin{aligned}\bar{\lambda}(t=0) &= \lambda, \\ \bar{\mu}(t=0) &= \mu.\end{aligned} \tag{16.70}$$

形式上关于跑动质量的方程的解为

$$\bar{\mu}(t) = \mu\mathrm{e}^{-t}\exp\left\{\int_0^t \mathrm{d}t'\gamma_m(\bar{\lambda}(t'))\right\}. \tag{16.71}$$

方程 (16.68) 式的解如下:

$$\Gamma_\mathrm{r}^{(n)}(\sigma p_i, \mu, \lambda, \nu) = \sigma^{4-n}\exp\left[-n\int_0^t \gamma(\bar{\lambda}(t'))\mathrm{d}t'\right]\Gamma_\mathrm{r}^{(n)}(p_i, \bar{\mu}(t), \bar{\lambda}(t), \nu). \tag{16.72}$$

在本节和 §16.3 中所讨论的重整化群方程的不同版本, 比起 §16.1 的方法更为接近, 毕竟它们都导致了线性齐次的方程. 但是它们仍然有细微的不同, 一个是利用减除动量的任意性建立起来的, 另一个则利用了维数正规化最小减除方案的特殊性质.

即使对于质量无关的重整化, 重整化方案的选取依然可以有任意性 (比如 MS 方案和 $\overline{\text{MS}}$ 方案). 可以证明 β 函数展开的头两阶的系数不依赖于重整化方案的选取. 最后, 我们给出质量无关重整化中 β 函数规范依赖性的一些结论:

(1) 对于 QED, β 函数是规范无关的.

(2) 对于非 Abel 理论, β 函数一般来说是规范依赖的, 但是其领头项是规范无关的, 并且在最小减除方案中 β 函数整体是规范无关的.

§16.5　跑动耦合常数、红外与紫外固定点

有效或者跑动耦合常数是一个重要的概念. $\bar{\lambda}$ 随能量的变化由 β 函数决定. 以图 16.2 为例, β 函数为零的点 $0, \lambda_1, \lambda_2$ 叫作固定点, 且 λ_1 是紫外固定点, 0 和 λ_2 是红外固定点.

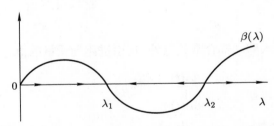

图 16.2　跑动耦合常数的红外 $(0, \lambda_2)$ 与紫外 (λ_1) 固定点, 箭头方向表示当动量增加时 λ 值的趋向.

可以利用 β 函数的性质来研究 Callan–Symanzik 方程的渐近行为. 假设 $0 < \lambda < \lambda_2$, 于是

$$\lim_{t \to \infty} \bar{\lambda}(t, \lambda) = \lambda_1,$$

并且在 $t \to \infty$ 时

$$\Gamma_{\text{as}}^{(n)}(p_i, \bar{\lambda}(t, \lambda), \mu) \to \Gamma_{\text{as}}^{(n)}(p_i, \lambda_1, \mu). \tag{16.73}$$

假设 β 在 $\lambda = \lambda_1$ 时是一个简单零点, 于是在 λ_1 附近 $\beta(\lambda) \approx a(\lambda_1 - \lambda)$ 且 $a > 0$.

由 $\mathrm{d}\bar{\lambda}/\mathrm{d}t = a(\lambda_1 - \lambda)$ 可推出 $\bar{\lambda} = \lambda_1 + (\lambda - \lambda_1)\mathrm{e}^{-at}$, 有

$$\int_0^t \gamma(\bar{\lambda}(x,\lambda))\mathrm{d}x = \int_\lambda^{\bar{\lambda}} \frac{\gamma(y)\mathrm{d}y}{\beta(y)} \approx \frac{-\gamma(\lambda_1)}{a} \ln\left(\frac{\bar{\lambda} - \lambda_1}{\lambda - \lambda_1}\right)$$
$$= \gamma(\lambda_1)t = \gamma(\lambda_1)\ln\sigma. \tag{16.74}$$

因此

$$\lim_{\sigma \to \infty} \Gamma_{\mathrm{as}}^{(n)}(\sigma p_i, \lambda, \mu) = \sigma^{4-n[1+\gamma(\lambda_1)]} \Gamma_{\mathrm{as}}^{(n)}(p_i, \lambda_1, \mu). \tag{16.75}$$

这指出在深度欧氏区域场具有反常量纲 $\gamma(\lambda_1)$, 并且 Green 函数中 λ 变为 λ_1.

假设 λ 是质量无关重整化中某一个重整化方案里面的耦合常数, 而 λ' (以及其他带撇的量) 是另一个方案里面定义的, 则有[1]

$$\left.\frac{\mathrm{d}\beta'}{\mathrm{d}\lambda'}\right|_{\lambda_1'} = \left.\frac{\mathrm{d}\beta}{\mathrm{d}\lambda}\right|_{\lambda_1} \tag{16.76}$$

且

$$\gamma'(\lambda_1') = \gamma(\lambda_1), \quad \gamma_m'(\lambda_1') = \gamma_m(\lambda_1). \tag{16.77}$$

很容易理解此式在物理上是正确的, 因为在固定点处的 γ 和 γ_m 代表了标度和质量的行为, 因而具有物理意义. 另外 γ 和 γ_m 的领头阶是不依赖于重整化方案的, 即如果 $\gamma = \gamma_0 \lambda^2 + O(\lambda^4)$, 则 $\gamma' = \gamma_0 \lambda'^2 + O(\lambda'^4)$.

在 §16.6 中我们将讨论相关、无关以及临界算符的意义. 通过重整化群方程的学习研究我们看到, 根据朴素的维数来界定算符性质在有量子修正时会有改变. 对于相关、无关算符, 量子修正一般不会改变其定性性质, 但是量子修正 (反常维度) 对于临界算符而言很重要, 它可以把一个临界算符变成相关的或者无关的, 依赖于反常量纲 γ 的符号.

轻子与质子的深度非弹实验揭示出在深度欧氏区间强相互作用变得很弱, 也就是说, $\lambda = 0$ 应该是强相互作用理论的紫外固定点, 这要求当 $\lambda > 0$ 时 $\beta < 0$. 这样的理论叫作渐近自由的. 显然 $\lambda\phi^4$ 理论不是渐近自由的. 用 §16.6 的语言, 重整化将临界算符变成了低能时的无关算符. 事实上由

$$\frac{\mathrm{d}\lambda}{\mathrm{d}t} = \frac{3\lambda^2}{16\pi^2}, \tag{16.78}$$

可得到解

$$\lambda(\nu) = \frac{\lambda(\nu_0)}{1 - \frac{3\lambda(\nu_0)}{16\pi^2}\ln\frac{\nu}{\nu_0}}. \tag{16.79}$$

---

[1] 见比如, Pokorski S. Gauge Field Theories. 2nd Edition. Cambridge: Cambridge University Press, 2000.

如果这一方程的解在任意标度都对, 则我们得出在 $t = \dfrac{16\pi^2}{3\lambda}$ 时耦合常数发散. 这一现象叫作 Landau 奇点. QED 的 Landau 奇点发生在远高于 Planck 能标的地方, 因此不需要严肃对待. 这可以从 QED 的重整化群方程的解看出来:

$$\alpha(\sqrt{s}) = \frac{\alpha(\mu)}{1 - \dfrac{2\alpha(\mu)}{3\pi} \ln\left(\dfrac{\sqrt{s}}{\mu}\right)}, \tag{16.80}$$

Landau 奇点发生在 $\ln\left(\dfrac{\sqrt{s}}{\mu}\right) = \dfrac{3\pi}{2\alpha_e} \approx 720$ 处, 的确是一个很大的能标.

但是弱电理论中的 $\lambda\phi^4$ 项的 Landau 奇点必须严肃对待, 它与 Higgs 粒子的物理息息相关, 我们将在第二十三、二十四章中再次讨论这一问题.

§16.6 从 Euler–Heisenberg 拉氏量到有效场理论

本书上册 9.1.3 节讨论了可重整理论的必要条件, 即拉氏量中不能有量纲大于 4 的算符, 并且在单圈水平上验证了 $\lambda\phi^4$ 理论和 QED 的可重整性. QED 作为一个可重整理论取得了巨大的成功: 我们仅仅需要通过两个实验定出它的两个自由参数 e 和 m_e, 就可以预言其余所有的实验. 然而可重整性并不是建立一个正确的物理理论的必要条件, 而仅仅是一个物理后果 —— 它意味着更深层次的物理出现在一个高得多的能标上.

在拉氏量中, 量纲小于 4 的算符常常叫作 "相关" 算符, 量纲等于 4 的叫作 "临界" 算符, 而量纲大于 4 的叫作 "无关" 算符. 为描述某一个能标 E 处的物理, 原则上应该写出所有的满足物理系统所具有的对称性的算符, 因而包括了相关、临界以及无穷多的无关算符. 那么根据本书上册第九章的讨论, 这样的理论似乎丧失了任何预言能力, 因为需要无穷多个观测实验来定出无穷多个由 "无关" 算符带来的自由参数. 然而事情并不总是这么悲观, 如果那些无关算符是被某个能标 Λ 压低, 并且所讨论物理区域能标 $E \ll \Lambda$ (这里的 Λ 代表所处的物理区域之外更高能量或更深层次的某个物理标度), 在这样的情况下, 我们可以根据 $\dfrac{E}{\Lambda}$ 的幂次对所有无关算符进行分类. 虽然无关算符有无穷多, 但是如果我们的计算仅仅要求精确到 $\dfrac{E}{\Lambda}$ 的某一阶, 那么到这一阶的算符个数总是有限的, 因此这样的拉氏量理论仍然具有预言能力.

上面对于不可重整场论的有效性的讨论看起来很好, 但是却隐藏着危险, 原因是在做量子圈图计算时有可能会破坏幂次律. 比如在利用动量截断方法做正规化时, 那些无关算符的贡献都会变得同等重要. 我们在本书上册 11.3.1 节讨论 Nambu–

Jona-Lsinio 模型时已经见识到了这一点, 在那里 "无关" 的算符 $\frac{G}{\Lambda^2}(\bar{\psi}\psi)^2$ 对自能 ("相关" 的) 的贡献是 $O(1)$. 幸运的是, 在质量无关重整化方法 (维数正规化最小减除方案) 中引入的重整化能标都是以对数形式出现的, 所以维数正规化提供了一种能保证幂次律有效性的重整化方案[①]. 用物理的语言来说, 维数正规化保证了不同能标的物理并不纠缠在一起. 的确, 在进行分子气体比热的计算时, 我们只需要计算分子的自由度, 而不必担忧分子内部夸克的自由度数 —— 不同能标的物理并不互相对话.

有效场论的例子在现实世界中有许多, 在粒子物理理论中最著名的可能要算是描述低能 π 介子场相互作用的微扰理论, 手征微扰理论 —— 在那里展开参量的 $E \sim m_\pi, p_\pi$, 而 $\Lambda \sim 4\pi f_\pi$, 后者对应着手征对称性自发破缺的能标, $4\pi f_\pi \sim 1$ GeV. 我们将在后面的学习过程中较为仔细地研究手征微扰理论, 它是量子色动力学的低能有效理论.

QED 里也存在低能有效理论, 如在本书上册 10.1.5 节的例子中的 Euler-Heisenberg 拉氏量. 在 Euler-Heisenberg 拉氏量中破坏正统可重整性的 "无关" 算符是 $1/m_e^2$ 压低的, 在能量非常低时, 我们看见的是一个 (几乎) 自由的光子理论. 事实上可以猜测, 如果所考虑的物理区间与新物理区间存在着一个大的间隔, 那么所构造的有效理论将只由相关和临界的算符构成, 也即是一个可重整的理论. 标准模型就是这样的一个理论, 我们在后面 §25.2 的讨论中会对此有更深的认识. 作为低能有效理论的 Euler–Heisenberg 拉氏量由于对称性的原因, 并不存在临界算符. 下面我们再讨论一个玩具模型, 它包含了更丰富的物理内容.

16.6.1 有效耦合常数的匹配

我们要讨论的 "基本理论" 是如下的拉氏量:

$$\mathcal{L} = \frac{1}{2}\partial_\mu\phi\partial^\mu\phi - \frac{1}{2}m^2\phi^2 + \frac{1}{2}\partial_\mu\Phi\partial^\mu\Phi - \frac{1}{2}M^2\Phi^2 - \frac{\kappa}{2}\phi^2\Phi. \tag{16.81}$$

其中 Φ 是一个具有重的质量 (为 M) 的场, κ 是一个带质量量纲的耦合常数, 所有质量参数有如下的等级:

$$m \sim \kappa \ll M.$$

我们要做的是将 Φ 场从 "基本" 拉氏量 (16.81) 式中积掉, 从而得到一个只含有 ϕ 场的 "低能有效理论", 并且在不同的拉氏量里计算 Green 函数, 通过 "匹配" 来定出低能有效理论里面的参数.

[①]因为用维数正规化不能得到本书上册 11.3.1 节中得到的能隙方程和自发破缺的结论, 所以我们采取一个妥协的方案: 在讨论自能函数的能隙方程时采用动量截断正规化, 而在做别的计算时采用维数正规化.

考虑 $\phi_1\phi_2 \to \phi_3\phi_4$ 的散射, 在 $s \ll M^2$ 时, 可以将 Φ 场的传播子 $\dfrac{1}{M^2 - p^2}$ 近似为 $\dfrac{1}{M^2}$. 如图 16.3 所示, 树图的匹配导致如下的低能有效拉氏量:

$$\mathcal{L}_{\text{eff}}^0 = \frac{1}{2}\partial_\mu\phi\partial^\mu\phi - \frac{1}{2}m^2\phi^2 - c_0\left(\frac{\kappa}{M}\right)^2\frac{\phi^4}{4!} + \cdots, \tag{16.82}$$

其中 $c_0 = -3$, 而那些忽略的项则是含有导数的高阶小量项[①].

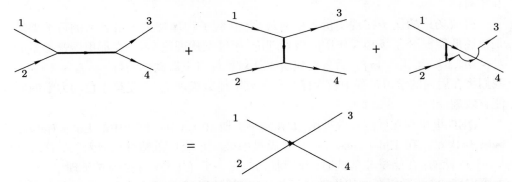

图 16.3 $\phi_1\phi_2 \to \phi_3\phi_4$ 散射过程的树图匹配. 上边一行的图是在 "基本理论" 里的, 下边的图是在 "有效理论" 里的.

匹配也可以在单圈的水平上进行, 见图 16.4 和图 16.5. 而低能有效拉氏量现在看起来是

$$\mathcal{L}_{\text{eff}}^{\text{1-loop}} = \frac{1}{2}\left(1 + a_1\frac{\kappa^2}{16\pi^2 M^2}\right)(\partial\phi)^2 - \frac{1}{2}\left(m^2 + b_1\frac{\kappa^2}{16\pi^2}\right)\phi^2$$
$$- \left(c_0\frac{\kappa^2}{M^2} + c_1\frac{\kappa^4}{16\pi^2 M^4}\right)\frac{\phi^4}{4!} + \cdots, \tag{16.83}$$

其中所有的系数都是 $O(1)$ 的. 当然低能有效理论里还有高阶项, 这里没有写出来. 这个有效拉氏量可以用来计算到单圈的 $\phi\phi \to \phi\phi$ 散射. 我们也可以重新标度 ϕ 场来得到归一化的运动学项. 下面我们更仔细地来描述这一计算过程.

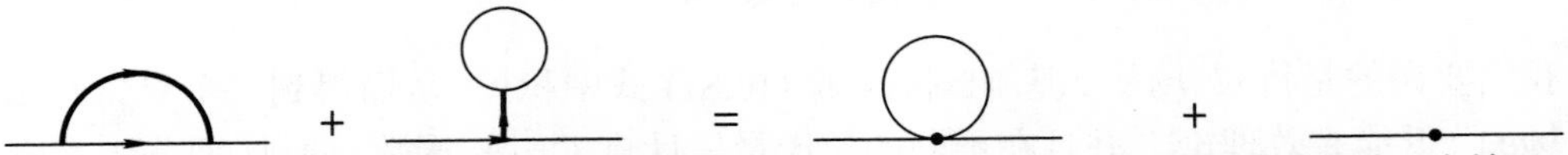

图 16.4 ϕ 场的自能匹配. 等号左边的图是在 "基本理论" 里的, 等号右边的图是在 "有效理论" 里的.

[①]c_0 为负会引起对于低能有效理论的真空稳定性的担心, 但我们知道此理论仅仅在低能的时候适用, 所以并不需要关心这个问题.

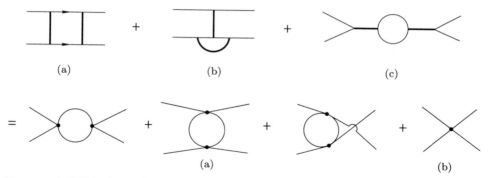

图 16.5 在单圈水平上四点顶角的匹配. 上边一行的图是在 "基本理论" 里的, 下边的图是在 "有效理论" 里的.

质量 $m = 0$ 时的匹配, ε_{IR} 正规化

因为 $m \ll M$, 可以在计算中简单地让 $m = 0$. 这总是可以的, 因为红外结构体现在诸如对数依赖 $\ln(m^2/M^2)$ 等项中[①], 但在维数正规化里可以用 $\frac{1}{\varepsilon_{IR}}$ 代替. 在计算 Wilson 系数以及分析红外结构时, m 和 $\frac{1}{\varepsilon_{IR}}$ 相当于选取了不同的正规化方案.

首先计算两点函数[②], 如图 16.4 所示, 有

$$
\begin{aligned}
-\mathrm{i}\Sigma(p) &= (-\mathrm{i}\kappa)^2 \nu^{4-d} \int \frac{\mathrm{d}^d k}{(2\pi)^d} \frac{\mathrm{i}}{(k+p)^2} \frac{\mathrm{i}}{k^2 - M^2} + c.t. \\
&= \frac{\mathrm{i}\kappa^2}{16\pi^2} \int \mathrm{d}x (4\pi\nu^2)^{2-d/2} \frac{\Gamma(2-d/2)}{[(1-x)M^2 - x(1-x)p^2]^{2-d/2}} + c.t. \quad (16.84) \\
&= \frac{\mathrm{i}\kappa^2}{16\pi^2} \left\{ \frac{2}{\varepsilon_{UV}} + 1 + \ln\frac{\tilde{\nu}^2}{M^2} + \frac{1}{2}\frac{p^2}{M^2} \right\} + c.t.,
\end{aligned}
$$

其中 $\tilde{\nu}^2 = 4\pi\nu^2 e^{-\gamma_E}$, $c.t. = \mathrm{i}(p^2\delta_\phi - \delta_m)$ 为抵消项, 在 MS 方案中,

$$
\delta_\phi = 0, \quad \delta_m = \frac{\mathrm{i}\kappa^2}{8\pi^2}\frac{1}{\varepsilon_{UV}}. \tag{16.85}
$$

最终得到两点函数

$$
-\mathrm{i}\Sigma(p) = \frac{\mathrm{i}\kappa^2}{16\pi^2} \left\{ 1 + \ln\frac{\tilde{\nu}^2}{M^2} + \frac{1}{2}\frac{p^2}{M^2} \right\}. \tag{16.86}
$$

[①]当然还会有幂次依赖, 如 m^2/M^2, 但这些项可以安全地趋于 0.

[②]蝌蚪图在维数正规化下可以不用考虑.

在有效理论中, 两点函数也可以计算, 有

$$-\mathrm{i}\Sigma^{\mathrm{eff}}(p) = \frac{1}{2}\nu^{4-d}\left(-\mathrm{i}\frac{c_0\kappa^2}{M^2}\right)\int\frac{\mathrm{d}^dk}{(2\pi)^d}\frac{\mathrm{i}}{k^2} + \mathrm{i}\left(p^2a_1\frac{\kappa^2}{16\pi^2M^2} - b_1\frac{\kappa^2}{16\pi^2}\right) + c.t..$$

(16.87)

需要注意的是, 这里的抵消项除了包含 (16.85) 式中的项之外, 原则上 a_1, b_1 也要做重整化, 即有 $\delta a_1, \delta b_1$ 项, 但它们是高阶修正, 故而这里不用考虑. 另外, 值得一提的是, 上式中第一项在维数正规化下等于 0, 这简化了计算. 最终, 在有效理论中得到的两点函数等于

$$-\mathrm{i}\Sigma^{\mathrm{eff}}(p) = \mathrm{i}\left(p^2a_1\frac{\kappa^2}{16\pi^2M^2} - b_1\frac{\kappa^2}{16\pi^2}\right).$$

(16.88)

比较 (16.86) 和 (16.88) 式, 可以给出

$$a_1 = \frac{1}{2}, \quad b_1 = -\left\{1 + \ln\frac{\tilde{\nu}^2}{M^2}\right\}.$$

(16.89)

下面匹配四点函数. 首先注意到我们需要匹配的算符 ϕ^4 不含有微商耦合, 因此在计算中可以取外动量等于 0. 由于 s, t, u 三道在计算结果上无异, 我们只需计算其中之一, 最后乘以相应图的数目即可.

在第一阶 $O((\kappa/M)^2)$, 基本理论和有效理论的四点图如图 16.3 所示. 由

$$3(-\mathrm{i}\kappa)^2\frac{\mathrm{i}}{-M^2} = -\mathrm{i}c_0\frac{\kappa^2}{M^2},$$

(16.90)

得到

$$c_0 = -3.$$

(16.91)

在第二阶 $O((\kappa/M)^4)$, 基本理论中需要计算的见图 16.5, 有

$$\begin{aligned}
\mathrm{i}\mathcal{M}_a &= (-\mathrm{i}\kappa)^4\nu^{4-d}\int\frac{\mathrm{d}^dk}{(2\pi)^d}\frac{\mathrm{i}^2}{(k^2)^2}\frac{\mathrm{i}^2}{(k^2-M^2)^2} \\
&= \kappa^4\nu^{4-d}\int\frac{\mathrm{d}^dk}{(2\pi)^d}\int\mathrm{d}x\frac{x(1-x)}{(k^2-xM^2)^4}\frac{\Gamma(4)}{\Gamma(2)\Gamma(2)} \\
&= -\frac{\mathrm{i}\kappa^4}{16\pi^2M^4}\left\{\frac{2}{\varepsilon_{\mathrm{IR}}} + 2 + \ln\frac{\tilde{\nu}^2}{M^2}\right\},
\end{aligned}$$

(16.92)

即 $\mathrm{i}\mathcal{M}_a$ 有限, 不需要做重整化.

$$\begin{aligned}
\mathrm{i}\mathcal{M}_b &= (-\mathrm{i}\kappa)^4\nu^{4-d}\int\frac{\mathrm{d}^dk}{(2\pi)^d}\frac{\mathrm{i}^2}{(k^2)^2}\frac{\mathrm{i}}{k^2-M^2}\frac{\mathrm{i}}{-M^2} \\
&= -\frac{\kappa^4}{M^2}\nu^{4-d}\int\frac{\mathrm{d}^dk}{(2\pi)^d}\int\mathrm{d}x\frac{1-x}{(k^2-xM^2)^3}\frac{\Gamma(3)}{\Gamma(2)\Gamma(1)} \\
&= -\frac{\mathrm{i}\kappa^4}{16\pi^2M^4}\left\{\frac{2}{\varepsilon_{\mathrm{IR}}} + 1 + \ln\frac{\tilde{\nu}^2}{M^2}\right\}.
\end{aligned}$$

(16.93)

同样, $i\mathcal{M}_b$ 也不需要做重整化. 而[①]

$$
\begin{aligned}
i\mathcal{M}_c &= \frac{1}{2}(-i\kappa)^4\nu^{4-d}\int\frac{\mathrm{d}^dk}{(2\pi)^d}\frac{i^2}{(k^2)^2}\frac{i^2}{(-M^2)^2} + c.t. \\
&= \frac{i\kappa^4}{16\pi^2M^4}\left\{\frac{1}{\varepsilon_{\mathrm{UV}}} - \frac{1}{\varepsilon_{\mathrm{IR}}}\right\} + c.t..
\end{aligned}
\tag{16.95}
$$

在这里, 我们明显地将紫外发散与红外发散分离, 前者用重整化的办法吸收, 后者保留下来以表征理论的红外结构, 因此抵消项

$$
c.t. = -\frac{i\kappa^4}{16\pi^2M^4}\frac{1}{\varepsilon_{\mathrm{UV}}}.
$$

这样, 我们可以得到完整的四点函数

$$
\begin{aligned}
i\mathcal{M} &= 6i\mathcal{M}_a + 6i\mathcal{M}_b + 3i\mathcal{M}_c \\
&= -\frac{i27\kappa^4}{16\pi^2M^4}\left\{\frac{1}{\varepsilon_{\mathrm{IR}}} + \frac{2}{3} + \frac{4}{9}\ln\frac{\tilde{\nu}^2}{M^2}\right\}.
\end{aligned}
\tag{16.96}
$$

在有效理论中, 四点函数由图 16.5 贡献,

$$
\begin{aligned}
i\mathcal{M}_a^{\mathrm{eff}} &= \frac{1}{2}\left(\frac{-ic_0\kappa}{M^2}\right)^2\nu^{4-d}\int\frac{\mathrm{d}^dk}{(2\pi)^d}\frac{i^2}{(k^2)^2} + c.t. \\
&= \frac{ic_0^2\kappa^4}{16\pi^2M^4}\left\{\frac{1}{\varepsilon_{\mathrm{UV}}} - \frac{1}{\varepsilon_{\mathrm{IR}}}\right\} + c.t..
\end{aligned}
\tag{16.97}
$$

同样, 这里的抵消项除了包含原来的抵消项之外, 还包含算符 ϕ^4 的重整化, 用以抵消紫外发散:

$$
\begin{aligned}
c.t. &= -\frac{ic_0^2\kappa^4}{16\pi^2M^4}\frac{1}{\varepsilon_{\mathrm{UV}}}, \\
i\mathcal{M}_b^{\mathrm{eff}} &= -ic_1\frac{\kappa^4}{16\pi^2M^4}.
\end{aligned}
\tag{16.98}
$$

这样得到有效理论中四点函数

$$
\begin{aligned}
i\mathcal{M}^{\mathrm{eff}} &= 3i\mathcal{M}_a^{\mathrm{eff}} + i\mathcal{M}_b^{\mathrm{eff}} \\
&= -\frac{i27\kappa^4}{16\pi^2M^4}\frac{1}{\varepsilon_{\mathrm{IR}}} - ic_1\frac{\kappa^4}{16\pi^2M^4},
\end{aligned}
\tag{16.99}
$$

[①] 此时按如下方式处理下面的积分:

$$
\int\frac{\mathrm{d}^Dl}{(2\pi)^D}\frac{1}{l^4} = \frac{i}{(8\pi)^2}\left(\frac{i}{\epsilon_{\mathrm{UV}}} - \frac{i}{\epsilon_{\mathrm{IR}}}\right).
\tag{16.94}
$$

在讨论维数正规化时 (参见本书上册附录的第 3 节), 上述积分被令为零. 这两种处理方式最后给出等价的结果.

其中已将 $c_0 = -3$ 代入. 比较 (16.96) 和 (16.99) 式, 得到

$$c_1 = 18 + 12 \ln \frac{\tilde{\nu}^2}{M^2}. \tag{16.100}$$

需要特别注意, 基本理论和有效理论的红外发散结构是完全一致的:

$$\mathrm{IR} = -\frac{\mathrm{i}27\kappa^4}{16\pi^2 M^4} \frac{1}{\varepsilon_{\mathrm{IR}}}. \tag{16.101}$$

换句话说, 积掉重的自由度并不改变振幅的红外结构, 这是与有效理论的思想相一致的.

质量 $m \neq 0$ 时的计算

前面在 $m = 0$ 的情形下求出了各个 Wilson 系数, 本节将不再使用这一条件而直接求出各 Wilson 系数, 并与之前的结果进行比较. 在计算过程中, 我们会经常利用 $m \ll M$ 这一条件.

首先考虑两点函数, 此时必须考虑蝌蚪图, 见图 16.4. 其中第一个图的贡献

$$
\begin{aligned}
-\mathrm{i}\Sigma_a(p) &= (-\mathrm{i}\kappa)^2 \nu^{4-d} \int \frac{\mathrm{d}^d k}{(2\pi)^d} \frac{\mathrm{i}}{(p-k)^2 - m^2} \frac{\mathrm{i}}{k^2 - M^2} \\
&= \frac{\mathrm{i}\kappa^2}{16\pi^2} \left\{ \frac{2}{\varepsilon} + \ln \frac{\tilde{\nu}^2}{M^2} - \int_0^1 \mathrm{d}x \ln \left[(1-x) + \frac{p^2}{M^2}(x-1)x + \frac{m^2}{M^2}x \right] \right\} \\
&= \frac{\mathrm{i}\kappa^2}{16\pi^2} \left\{ \frac{2}{\varepsilon} + \ln \frac{\tilde{\nu}^2}{M^2} + \frac{p^2}{2M^2} + 1 + \frac{m^2}{M^2} \ln \frac{m^2}{M^2} \right\},
\end{aligned}
\tag{16.102}
$$

第二图的贡献

$$
\begin{aligned}
-\mathrm{i}\Sigma_b(p) &= \frac{1}{2}(\mathrm{i}\kappa)^2 \nu^{4-d} \int \frac{\mathrm{d}^d k}{(2\pi)^d} \frac{\mathrm{i}}{-M^2} \frac{\mathrm{i}}{k^2 - m^2} \\
&= -\frac{\mathrm{i}\kappa^2 m^2}{16\pi^2 M^2} \left\{ \frac{2}{\varepsilon} + 1 + \ln \frac{\tilde{\nu}^2}{m^2} \right\}.
\end{aligned}
\tag{16.103}
$$

因此, 在基本理论中, 完全的两点函数为

$$-\mathrm{i}\Sigma(p) = -\mathrm{i}\Sigma_a(p) - \mathrm{i}\Sigma_b(p) + (\mathrm{i}p^2\delta_\phi - \delta_m). \tag{16.104}$$

在有效理论中, 如图 16.4 所示[①], 有

$$
\begin{aligned}
-\mathrm{i}\Sigma^{\mathrm{eff}}(p) &= \frac{1}{2}\nu^{4-d} \left(-\mathrm{i}\frac{c_0\kappa^2}{M^2} \right) \int \frac{\mathrm{d}^d k}{(2\pi)^d} \frac{\mathrm{i}}{k^2 - m^2} + \mathrm{i} \left(p^2 a_1 \frac{\kappa^2}{16\pi^2 M^2} - b_1 \frac{\kappa^2}{16\pi^2} \right) + c.t. \\
&= -\frac{3\mathrm{i}\kappa^2 m^2}{32\pi^2 M^2} \left\{ \frac{2}{\varepsilon} + 1 + \ln \frac{\tilde{\nu}^2}{m^2} \right\} + \mathrm{i} \left(p^2 a_1 \frac{\kappa^2}{16\pi^2 M^2} - b_1 \frac{\kappa^2}{16\pi^2} \right) + c.t..
\end{aligned}
\tag{16.105}
$$

[①]显然, 两种正规化方案中求得的 c_0 是相同的, 因为其计算并没有涉及任何圈图.

两点函数的匹配意味着 $-\mathrm{i}\Sigma^{\mathrm{eff}}(p) = -\mathrm{i}\Sigma(p)$, 这样就可以求出 Wilson 系数 a_1 和 b_1:

$$a_1 = \frac{1}{2}, \quad b_1 = -\left(1 + \frac{m^2}{M^2}\right)\left\{1 + \ln\frac{\tilde{\nu}^2}{M^2}\right\}. \tag{16.106}$$

这里看到, 当 $m \ll M$ 时, (16.89) 和 (16.106) 式是一致的, 这也从一个侧面反映了两种正规化的等价性.

下面再来计算四点函数. 首先在基本理论中, 如图 16.5 所示, 有

$$\begin{aligned} \mathrm{i}\mathcal{M}_a &= (-\mathrm{i}\kappa)^4 \nu^{4-d} \int \frac{\mathrm{d}^d k}{(2\pi)^d} \frac{\mathrm{i}^2}{(k^2-m^2)^2} \frac{\mathrm{i}^2}{(k^2-M^2)^2} \\ &= -\frac{\mathrm{i}\kappa^4}{16\pi^2 M^4}\left\{2 + \ln\frac{m^2}{M^2}\right\}, \end{aligned} \tag{16.107}$$

$$\begin{aligned} \mathrm{i}\mathcal{M}_b &= (-\mathrm{i}\kappa)^4 \nu^{4-d} \int \frac{\mathrm{d}^d k}{(2\pi)^d} \frac{\mathrm{i}^2}{(k^2-m^2)^2} \frac{\mathrm{i}}{k^2-M^2} \frac{\mathrm{i}}{-M^2} \\ &= -\frac{\mathrm{i}\kappa^4}{16\pi^2 M^4}\left\{1 + \ln\frac{m^2}{M^2}\right\}. \end{aligned} \tag{16.108}$$

以上两图有限, 都不需要做重整化, 而

$$\begin{aligned} \mathrm{i}\mathcal{M}_c &= \frac{1}{2}(-\mathrm{i}\kappa)^4 \nu^{4-d} \int \frac{\mathrm{d}^d k}{(2\pi)^d} \frac{\mathrm{i}^2}{(k^2-m^2)^2} \frac{\mathrm{i}^2}{(-M^2)^2} + c.t. \\ &= \frac{\mathrm{i}\kappa^4}{32\pi^2 M^4}\left\{\frac{2}{\varepsilon} + \ln\frac{\tilde{\nu}^2}{m^2}\right\} + c.t., \end{aligned} \tag{16.109}$$

这里的抵消项用来吸收发散项. 这样, 我们再次得到基本理论中的四点函数

$$\begin{aligned} \mathrm{i}\mathcal{M} &= 6\mathrm{i}\mathcal{M}_a + 6\mathrm{i}\mathcal{M}_b + 3\mathrm{i}\mathcal{M}_c \\ &= -\frac{\mathrm{i}\kappa^4}{32\pi^2 M^4}\left\{36 + 24\ln\frac{\tilde{\nu}^2}{M^2} + 27\ln\frac{m^2}{\tilde{\nu}^2}\right\}. \end{aligned} \tag{16.110}$$

在有效理论中, 四点函数由图 16.5 中的图贡献:

$$\begin{aligned} \mathrm{i}\mathcal{M}_a^{\mathrm{eff}} &= \frac{1}{2}\left(\frac{-\mathrm{i}c_0\kappa}{M^2}\right)^2 \nu^{4-d} \int \frac{\mathrm{d}^d k}{(2\pi)^d} \frac{\mathrm{i}^2}{(k^2-m^2)^2} + c.t. \\ &= \frac{\mathrm{i}c_0^2\kappa^4}{32\pi^2 M^4}\left\{\frac{2}{\varepsilon} + \ln\frac{\tilde{\nu}^2}{m^2}\right\} + c.t.. \end{aligned} \tag{16.111}$$

于是得到

$$\begin{aligned} c.t. &= -\frac{\mathrm{i}c_0^2\kappa^4}{16\pi^2 M^4}\frac{1}{\varepsilon}, \\ \mathrm{i}\mathcal{M}_b^{\mathrm{eff}} &= -\mathrm{i}c_1\frac{\kappa^4}{16\pi^2 M^4}. \end{aligned} \tag{16.112}$$

这样得到有效理论中四点函数

$$\begin{aligned} i\mathcal{M}^{\text{eff}} &= 3i\mathcal{M}_a^{\text{eff}} + i\mathcal{M}_b^{\text{eff}} \\ &= -\frac{i\kappa^4}{32\pi^2 M^4}\left\{2c_1 + 27\ln\frac{m^2}{\tilde{\nu}^2}\right\}. \end{aligned} \tag{16.113}$$

比较 (16.110) 和 (16.113) 式, 我们得到 Wilson 系数

$$c_1 = 18 + 12\ln\frac{\tilde{\nu}^2}{M^2}. \tag{16.114}$$

这与前一节所求是一致的. 同样, 我们考虑基本理论和有效理论的红外结构, 在 (16.110) 和 (16.113) 式中, 不难发现它们确实是相等的:

$$\text{IR} = -i\frac{27\kappa^4}{32\pi^2 M^2}\ln\frac{m^2}{\tilde{\nu}^2}. \tag{16.115}$$

比较 (16.101) 和 (16.115) 式, 发现 "ε_{IR} 正规化" 和 "m 正规化" 之间有对应关系

$$\frac{2}{\varepsilon_{\text{IR}}} \propto \ln\frac{m^2}{\tilde{\nu}^2}, \tag{16.116}$$

事实上, 这种对应关系是普遍的. 这样, 我们通过两种不同的方案得到相同的 Wilson 系数, 并且在两种方案中都看到了红外结构的一致性.

通过上面的计算发现, Wilson 系数会含有因处理发散所带来的任意重整化标度 $\tilde{\nu}$. 通常我们将 $\tilde{\nu}$ 取在质量 M 处进行匹配, 而将低能区某个标度 $\mu < M$ 的 Wilson 系数用有效理论的重整化群方程将匹配结果作为初始条件来求得.

在这里按圈图的展开实际上是按 $\frac{\kappa^2}{16\pi^2 M^2}$ 展开, 我们由此计算了被积掉的重粒子对相关和临界算符的重整化效应. 在低能有效拉氏量 (16.83) 中, 除了所写出的项外, 还含有 $\frac{\kappa^2}{16\pi^2 M^2}$ 的高阶项, 它们既可以出现在运动学项的系数中, 也可以表现为高阶 (无关) 算符. 对于这些高阶贡献的系数的准确计算仅仅在进行更高阶的匹配时才有可能, 但重要的是这些无关算符总是被压低的. 另外在进行匹配时, 非常重要的一点是, 在匹配条件的两端均有对于外动量或轻标量粒子质量的非解析依赖项, 即 $\ln\frac{m^2}{M^2}, \ln\frac{p^2}{M^2}$ 等. 它们在两端均出现且相等, 因而互相抵消. 这使得通过匹配来计算低能有效拉氏量的耦合系数成为可能. 换句话说, 积掉大质量的粒子并不改变振幅的红外结构.

第十七章 有效势与自发破缺的 $\lambda\phi^4$ 理论

§17.1 有效势

在 §14.4 中我们引入了正规顶角的概念. 对于连通 Green 函数的生成泛函

$$W[J] = \sum_n \frac{1}{n!} \int \mathrm{d}^4 x_1 \cdots \mathrm{d}^4 x_n G_\mathrm{c}^{(n)}(x_1, \cdots, x_n) J(x_1) \cdots J(x_n), \qquad (17.1)$$

我们定义一个经典场量 ϕ_c 为场算符 ϕ 在有外源时的真空期望值:

$$\phi_\mathrm{c}(x) = \frac{\delta W[J]}{\delta J(x)} = \left[\frac{\langle 0|\phi(x)|0\rangle}{\langle 0|0\rangle} \right]_J. \qquad (17.2)$$

如果在外源 $J = 0$ 时 ϕ 场的真空期望值不为零, 则利用 S 矩阵元与 Green 函数的关系可知, 真空态可以辐射出一个单粒子态, 因此真空是不稳定的. 此时, 正如我们将在 §17.2 中所讨论的, 需要重新定义真空. 为此我们需要重新审视有效作用量并引入有效势 (effective potential) 的概念.

有效作用量 $\Gamma(\phi_\mathrm{c})$ 的定义是 $W[J]$ 的泛函的 Legendre 变换:

$$\Gamma(\phi_\mathrm{c}) = W[J] - \int \mathrm{d}^4 x J(x)\phi_\mathrm{c}(x), \qquad (17.3)$$

其中的 $J(x)$ 理解为由 (17.2) 式反解出来. 由 (17.3) 式得出

$$\frac{\delta\Gamma(\phi_\mathrm{c})}{\delta\phi_\mathrm{c}(x)} = \int \mathrm{d}^4 y \frac{\delta W[J]}{\delta J(y)}\frac{\delta J[y]}{\delta\phi_\mathrm{c}(x)} - \int \mathrm{d}^4 y \frac{\delta J(y)}{\delta\phi_\mathrm{c}(x)}\phi_\mathrm{c}(y) - J(x) = -J(x). \quad (17.4)$$

这个方程可以理解为经典运动方程 $\delta S/\delta\phi = -J$ 的量子对应. 我们可以将有效作用量 $\Gamma(\phi_\mathrm{c})$ 按 ϕ_c 做展开:

$$\Gamma(\phi_\mathrm{c}(x)) = \sum_n \frac{1}{n!} \int \mathrm{d}^4 x_1 \cdots \mathrm{d}^4 x_n \Gamma^{(n)}(x_1, \cdots, x_n)\phi_\mathrm{c}(x_1) \cdots \phi_\mathrm{c}(x_n). \quad (17.5)$$

由 (17.5) 式定义的有效作用量 $\Gamma(\phi_\mathrm{c})$ 是 $\phi_\mathrm{c}(x)$ 的泛函. 利用平移不变性得

$$\Gamma^{(n)}(x_1, \cdots, x_n) = \int \frac{\mathrm{d}^4 k_1}{(2\pi)^4} \cdots \frac{\mathrm{d}^4 k_n}{(2\pi)^4} (2\pi)^4 \delta^4(k_1 + \cdots + k_n)$$
$$\times \mathrm{e}^{\mathrm{i}k_1 \cdot x_1 + \cdots + \mathrm{i}k_n \cdot x_n} \tilde{\Gamma}^{(n)}(k_1, \cdots, k_n). \qquad (17.6)$$

(17.5) 式可以在动量空间中写出来:

$$\Gamma(\tilde{\phi}_c(k)) = \sum_n \frac{1}{n!} \int \frac{\mathrm{d}^4 k_1}{(2\pi)^4} \cdots \frac{\mathrm{d}^4 k_n}{(2\pi)^4} (2\pi)^4 \delta^4(k_1 + \cdots + k_n) \tilde{\Gamma}^{(n)}(k_1, \cdots, k_n)$$
$$\times \tilde{\phi}_c(k_1) \cdots \tilde{\phi}_c(k_n), \tag{17.7}$$

其中

$$\tilde{\phi}_c(k) = \int \mathrm{d}^4 x \mathrm{e}^{\mathrm{i}k \cdot x} \phi_c(x). \tag{17.8}$$

如果取 $\phi_c(x)$ 为一常数 ϕ_c, 则泛函关系 $\Gamma(\phi(x))$ 退化为一函数关系. 由 (17.6) 式可以得到

$$\int \mathrm{d}^4 x_1 \cdots \int \mathrm{d}^4 x_n \Gamma^{(n)}(x_1, \cdots, x_n) = (2\pi)^4 \delta^4(0) \tilde{\Gamma}^{(n)}(0, \cdots, 0). \tag{17.9}$$

将其代入 (17.5) 式, 得到

$$\Gamma(\phi_c) = (2\pi)^4 \delta^4(0) \sum_n \frac{1}{n!} \Gamma^{(n)}(0, \cdots, 0) \phi_c^n \equiv -(2\pi)^4 \delta^4(0) V(\phi_c), \tag{17.10}$$

其中给出了有效势的定义:

$$V(\phi_c) = -\sum_n \frac{1}{n!} \Gamma^{(n)}(0, \cdots, 0) \phi_c^n, \tag{17.11}$$

即有效势为零动量正规顶角的生成函数. 其重整化由微扰论中的重整化条件决定. 比如在普通的 $\lambda\phi^4$ 理论中我们可以定义重整化质量为

$$\Gamma^{(2)}(0) = -\mu^2, \tag{17.12}$$

于是有

$$\mu^2 = \frac{\mathrm{d}^2 V(\phi_c)}{\mathrm{d}\phi_c^2}\bigg|_{\phi_c = 0}. \tag{17.13}$$

又比如可以定义重整化后的耦合常数

$$\Gamma^{(4)}(0) = -\lambda, \tag{17.14}$$

于是

$$\lambda = \frac{\mathrm{d}^4 V}{\mathrm{d}\phi_c^4}\bigg|_{\phi_c = 0}. \tag{17.15}$$

波函数重整化条件可写为

$$Z(\phi_{\mathrm{c}})|_{\phi_{\mathrm{c}}=0} = 1. \tag{17.16}$$

考虑自发破缺的理论. 自发破缺是由于在外源为零时场 ϕ 具有非零的真空期望值 (VEV), 即

$$\frac{\delta\Gamma(\phi_{\mathrm{c}})}{\delta\phi_{\mathrm{c}}} = 0 \tag{17.17}$$

具有 $\phi_{\mathrm{c}} \neq 0$ 的解. 一般我们仅对具有平移不变性的常数 ϕ_{c} 的解感兴趣, 上一个方程与

$$\frac{\mathrm{d}V(\phi_{\mathrm{c}})}{\mathrm{d}\phi_{\mathrm{c}}} = 0 \ (\phi_{\mathrm{c}} \neq 0) \tag{17.18}$$

完全等价. 与经典力学类比, (17.18) 式中的 $V(\phi_{\mathrm{c}})$ 具有势函数的性质, 这就是称其为有效势的原因.

§17.2 自发破缺的 $\lambda\phi^4$ 理论

在本书上册 §11.3 中, 我们已经讨论了 (连续的) 对称性自发破缺的概念. 对应这一概念存在所谓的 Goldstone 定理. 这里将在场论的水平上重新研究这一问题.

为简单起见, 我们首先通过一个实标量场的 $\lambda\phi^4$ 理论来熟悉对称性自发破缺和真空凝聚:

$$\mathcal{L} = \frac{1}{2}\partial_\mu\phi\partial^\mu\phi + \frac{1}{2}\mu^2\phi^2 - \frac{\lambda}{4}\phi^4. \tag{17.19}$$

这个理论过于简单, 并不具有连续的对称性. 但这个拉氏量具有一个分离对称性: $\phi \leftrightarrow -\phi$. 如果 $\mu^2 > 0$ 则此对称性自发破缺 (虽然此时并没有相应的 Goldstone 粒子), 因为 ϕ 场产生一个 VEV:

$$\langle 0|\phi|0\rangle = v, \quad v = \left(\frac{\mu^2}{\lambda}\right)^{\frac{1}{2}}. \tag{17.20}$$

在这个真空附近做微扰, 我们把场做平移 $\phi' = \phi - v$, 于是势 $V(\phi)$ 变为

$$V(\phi') = \mu^2\phi'^2 + \lambda v\phi'^3 + \frac{\lambda}{4}\phi'^4, \tag{17.21}$$

它对应着一个质量为 $m^2 = 2\mu^2$ 的场并且有三点相互作用顶角 $-6\mathrm{i}\lambda v$ 和四点顶角 $-6\mathrm{i}\lambda$. 下面讨论在单圈水平上这样的一个理论的重整化.

定义

$$A_0(m^2) = \int \frac{\mathrm{d}^4 q}{(2\pi)^4} \frac{1}{q^2 - m^2}, \quad B_0(p^2; a, b) = \int \frac{\mathrm{d}^4 q}{(2\pi)^4} \frac{1}{((p-q)^2 - a)(q^2 - b)}.$$

(17.22)

在单圈水平上 (17.21) 式会给出:

(1) 一点函数, 又叫作蝌蚪图 (图 17.1):

$$\mathrm{i}\Gamma^{(1)}(0) = 3\lambda v A_0(2\mu^2).$$

(17.23)

图 17.1　一点函数 (蝌蚪图).

(2) 两点函数 (图 17.2):

$$\mathrm{i}\Gamma_a^{(2)}(0) = (-6\mathrm{i}\lambda)\frac{1}{2} \int \frac{\mathrm{d}^4 k}{(2\pi)^4} \frac{\mathrm{i}}{k^2 - 2\mu^2} = 3\lambda A_0(2\mu^2),$$

$$\mathrm{i}\Gamma_b^{(2)}(0) = (-6\mathrm{i}\lambda v)^2 \frac{1}{2} \int \frac{\mathrm{d}^4 k}{(2\pi)^4} \left(\frac{\mathrm{i}}{k^2 - 2\mu^2}\right)^2 = 18\lambda^2 v^2 B_0(0; 2\mu^2, 2\mu^2),$$

(17.24)

于是 $\mathrm{i}\Gamma^{(2)}(0) = \mathrm{i}\Gamma_a^{(2)}(0) + \mathrm{i}\Gamma_b^{(2)}(0)$.

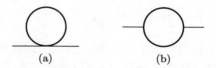

(a)　　　　　　(b)

图 17.2　两点函数.

(3) 三点函数 (图 17.3):

$$\begin{aligned}
\mathrm{i}\Gamma^{(3)}(0) &= 3(-6\mathrm{i}\lambda v)(-6\mathrm{i}\lambda)\frac{1}{2} \int \frac{\mathrm{d}^4 k}{(2\pi)^4} \left(\frac{\mathrm{i}}{k^2 - 2\mu^2}\right)^2 \\
&= 54\lambda^2 v B_0(0; 2\mu^2, 2\mu^2).
\end{aligned}$$

(17.25)

(4) 四点函数 (图 17.4):

$$\mathrm{i}\Gamma^{(4)}(0) = 3(-6\mathrm{i}\lambda)^2 \frac{1}{2} \int \frac{\mathrm{d}^4 k}{(2\pi)^4} \left(\frac{\mathrm{i}}{k^2 - 2\mu^2}\right)^2 = 54\lambda^2 B_0(0; 2\mu^2, 2\mu^2).$$

(17.26)

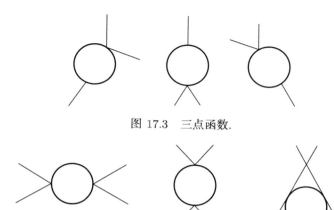

图 17.3 三点函数.

图 17.4 四点函数.

这样, 单圈贡献的有效势的表达式为

$$V_1 = -\Gamma^{(1)}(0)\phi' - \frac{1}{2!}\Gamma^{(2)}(0)\phi'^2 - \frac{1}{3!}\Gamma^{(3)}(0)\phi'^3 - \frac{1}{4!}\Gamma^{(4)}(0)\phi'^4 + \cdots$$

$$\equiv A\phi' + B\phi'^2 + C\phi'^3 + \frac{D}{4}\phi'^4 + \cdots, \tag{17.27}$$

其中被忽略的 ϕ' 的高阶项 (在单圈水平上) 不含有发散. (17.27) 式中的发散所需的抵消项由 (17.21) 式中的参数做替换

$$\mu^2 \to \mu^2 - \delta\mu^2, \quad \lambda \to Z_\lambda\lambda = \lambda + \delta\lambda, \quad v \to v + \delta v \tag{17.28}$$

得来. 单圈水平上的总有效势为

$$V_{\text{tot}}(\phi') = V(\phi') + V_1(\phi')$$

$$= (\mu^2 + B)\phi'^2 + (\lambda v + C)\phi'^3 + \frac{1}{4}(\lambda + D)\phi'^4 + A\phi' + \cdots. \tag{17.29}$$

在单圈时 VEV 也会有移动 $v \to v + \delta v$, 由方程

$$\left.\frac{\delta V_{\text{tot}}(\phi')}{\delta\phi'}\right|_{\phi'=\delta v} = 0 \tag{17.30}$$

决定. 忽略掉 δv 的高阶项, 得到 $2(\mu^2 + B)\delta v + A = 0$, 也就是说

$$\delta v = -\frac{A}{2(\mu^2 + B)} \approx \frac{\Gamma_1(0)}{2\mu^2}. \tag{17.31}$$

这个式子的意义是蝌蚪图的贡献彻底消光 (在每一圈的水平上均是如此). 可以通过继续对 ϕ 场做平移来重新定义场

$$\phi'' = \phi' - \delta v, \tag{17.32}$$

以保持在单圈水平上场的 VEV 仍为零:

$$\langle\phi''\rangle = 0. \tag{17.33}$$

用 ϕ'' 场来表示的有效势为

$$V_{\text{tot}}(\phi'' + \delta v) = a\phi''^2 + b\phi''^3 + \frac{c}{4}\phi''^4. \tag{17.34}$$

很容易将 a, b, c 的具体表达式写出来:

$$
\begin{aligned}
a &= \mu^2 + B + 3\delta v \lambda v, \\
b &= \lambda v + C + \lambda \delta v, \\
c &= \lambda + D,
\end{aligned}
\tag{17.35}
$$

并且可以看出 (只保留 δv 的最低阶)

$$b^2 - ac = 0. \tag{17.36}$$

最后这个方程的意义是

$$V_{\text{tot}}(\phi') = V_{\text{tot}}(\phi'' + \delta v) = \frac{1}{4}\frac{a^2}{c} - \frac{a}{2}\left(\phi'' + \sqrt{\frac{a}{c}}\right)^2 + \frac{c}{4}\left(\phi'' + \sqrt{\frac{a}{c}}\right)^4. \tag{17.37}$$

也就是说, 虽然从表面上看 (17.34) 式似乎没有反演对称性, 但 (17.37) 式却揭示, 在做了重整化后, 原始拉氏量的反演对称性, 即使引入了抵消项, 对于场

$$\phi = \phi'' + \sqrt{\frac{a}{c}} = \phi'' + v + \delta v \tag{17.38}$$

仍然保持. 这一结论是重要的且具有一般性: 自发破缺的理论仍然具有对称理论的对称性. 这一性质在保证自发破缺理论的可重整性方面具有重要意义. 在第二十四章中, 我们将在标准模型中重复这样的计算, 虽然那里要复杂很多.

　　在上面的模型中, 自发破缺的只是一个分离对称性 $\phi \to -\phi$, 更有物理意义的例子是连续对称性的自发破缺. 比如将在 §18.1 中讨论的线性 σ 模型. 在单圈水平上很容易看出, 由蝌蚪图方程 (17.33) 决定的 VEV 可以保证 π 介子仍然无质量: $m_\pi^2 = 0$, 而后者一般由 Goldstone 定理所保证.

§17.3　按圈图展开、有效势的单圈修正

　　这一节讨论有效势的量子修正. 一般来说, 量子修正是按照耦合常数的展开进行的. 这里将按圈图展开来做量子修正的计算. 圈图展开等价于按照 Planck 常

数 $\hbar$ 进行展开. 如本书上册 5.3.3 节所讨论的, 对于任意一个 Feynman 图, 首先有如下关系:

$$L = I - (V - 1), \tag{17.39}$$

其中 L 是圈数, I 是内线数目, V 是顶角数目. 由于每一个内线对应着一个传播子, 由正则对易关系 $[\phi(\boldsymbol{x}, t), \pi(\boldsymbol{y}, t)] = \mathrm{i}\hbar\delta^3(\boldsymbol{x} - \boldsymbol{y})$ 知道它提供一个 $\hbar$ 因子, 而每一个相互作用顶点提供一个 $\hbar^{-1}$ 因子 (即由 $\exp\dfrac{\mathrm{i}}{\hbar}\displaystyle\int \mathcal{L}_{\mathrm{int}}\mathrm{d}^4x$ 展开得来). 所以一个 Feynman 图所对应的 $\hbar$ 的幂次 P 为

$$P = I - V = L - 1. \tag{17.40}$$

这就证明了按圈图展开等价于按 Planck 常数的展开. 如果拉氏量仅有一种顶角, 则对于固定外腿数的 Feynman 图, 按圈图展开和按耦合常数展开都等价于按 Planck 常数进行展开. 比如对于 $\lambda\phi^4$ 理论, 有

$$4V = E + 2I,$$

由其给出

$$V = \frac{1}{2}E + L - 1. \tag{17.41}$$

　　下面我们讨论 $\lambda\phi^4$ 理论中有效势的单圈修正, 如图 17.5 所示. 首先讨论 $\mu^2 > 0$ 的情况. 1PI Green 函数为

$$\Gamma^{(2n)}(0, \cdots, 0) = \mathrm{i}S_n \int \frac{\mathrm{d}^4k}{(2\pi)^4} \left[(-\mathrm{i}\lambda)\frac{\mathrm{i}}{k^2 - \mu^2}\right]^n, \tag{17.42}$$

其中 S_n 是对称因子,

$$S_n = \frac{(2n)!}{2^n 2n}. \tag{17.43}$$

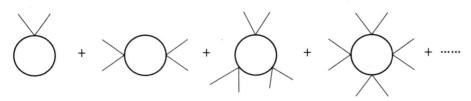

图 17.5　$\lambda\phi^4$ 理论中有效势的单圈修正.

对 S_n 可以如下理解:

(1) 首先, 对于标号为 $1, 2, \cdots, 2n$ 个外腿, 它可以有任意排列 $i_1, i_2, \cdots, i_{2n}$, 一共有 $(2n)!$ 种可能性.

(2) 但是在上面的排列中每一对 $i_{2k-1}i_{2k}$ 变为 $i_{2k}i_{2k-1}$ 时 $\Gamma^{(2n)}(0, \cdots, 0)$ 不变, 所以给出因子 $1/2^n$.

(3) 轮换对称性给出因子 $1/n$.

(4) 反射对称性给出因子 $1/2$, 所以推出 $S_n = \dfrac{(2n)!}{2^n 2n}$.

到单圈的有效势因此为

$$
\begin{aligned}
V(\phi_c) &= \frac{1}{2}\mu^2\phi_c^2 + \frac{\lambda}{4!}\phi_c^4 + i\int\frac{\mathrm{d}^4k}{(2\pi)^4}\sum_{n=1}^{\infty}\frac{1}{2n}\left[\frac{(\lambda/2)\phi_c^2}{k^2-\mu^2+i\epsilon}\right]^n \\
&= \frac{1}{2}\mu^2\phi_c^2 + \frac{\lambda}{4!}\phi_c^4 - \frac{i}{2}\int\frac{\mathrm{d}^4k}{(2\pi)^4}\ln\left[1-\frac{\lambda\phi^2/2}{k^2-\mu^2+i\epsilon}\right].
\end{aligned}
\tag{17.44}
$$

它也可以由 (14.143) 式直接读出. 这个积分是发散的, 为了使其有限, 把积分动量截断, 得到

$$
\begin{aligned}
V(\phi_c) =&\; \frac{1}{2}\mu^2\phi_c^2 + \frac{\lambda}{4!}\phi_c^4 + \frac{\Lambda^2}{32\pi^2}\left(\mu^2+\frac{\lambda}{2}\phi_c^2\right) \\
&+ \frac{1}{64\pi^2}\left(\mu^2+\frac{\lambda}{2}\phi_c^2\right)^2\left[\ln\left(\frac{\mu^2+\lambda\phi_c^2/2+i\epsilon}{\Lambda^2}\right)-\frac{1}{2}\right].
\end{aligned}
\tag{17.45}
$$

在上式中出现的 $\mu^2+\lambda\phi_c^2/2$ 是从如下的求和得来的:

$$
\frac{1}{k^2-\mu^2}+\frac{1}{k^2-\mu^2}\frac{1}{2}\lambda\phi_c^2\frac{1}{k^2-\mu^2}+\cdots = \frac{1}{k^2-(\mu^2+\lambda\phi_c^2/2)}.
\tag{17.46}
$$

为了消去 (17.45) 式对截断的依赖, 我们引入抵消项

$$
V_{ct}(\phi_c) = \frac{A}{2}\phi_c^2 + \frac{B}{4!}\phi_c^4,
\tag{17.47}
$$

以使重整化后的有效势

$$
V_r(\phi_c) = V(\phi_c) + V_{ct}(\phi_c)
\tag{17.48}
$$

成为有限的, 并且不依赖于截断. 系数 A, B 由重整化条件 (17.13) $\sim$ (17.16) 式确定. 由此可得

$$
\begin{aligned}
V_r =&\; \frac{1}{2}\mu^2\phi_c^2 + \frac{\lambda}{4!}\phi_c^4 + \frac{1}{64\pi^2}\left[\left(\mu^2+\frac{\lambda}{2}\phi_c^2\right)^2\ln\left(\frac{\mu^2+\lambda\phi_c^2/2}{\mu^2}\right)\right. \\
&\left. -\frac{\lambda\mu^2}{2}\phi_c^2 - \frac{3}{8}\lambda^2\phi_c^4\right].
\end{aligned}
\tag{17.49}
$$

我们看到有效势在大 ϕ_c^2 时的行为受到了量子修正.

下面再讨论自发破缺时的有效势, $\mu^2 < 0$. 为了便于计算, 我们把拉氏量改写为

$$\mathcal{L} = \frac{1}{2}(\partial_\mu \phi)^2 - U(\phi), \tag{17.50}$$

其中

$$U(\phi) = \frac{1}{2}\mu^2 \phi^2 + \frac{\lambda}{4!}\phi^4.$$

我们把 $U(\phi)$ 作为微扰论处理的对象, 它包含了两个顶点: μ^2 和 $\frac{1}{2}\lambda\phi^2$. 定义

$$m_s^2(\phi) = \mu^2 + \frac{1}{2}\lambda\phi^2. \tag{17.51}$$

按照图 17.6 计算有效势的单圈图, 利用 14.4.2 节发展出的方法, 不难得到

$$
\begin{aligned}
V(\phi_c) &= \frac{1}{2}\mu^2 \phi_c^2 + \frac{\lambda}{4!}\phi_c^4 + \mathrm{i}\int \frac{\mathrm{d}^4 k}{(2\pi)^4} \sum_{n=1}^{\infty} \frac{1}{2n}\left[\frac{m_s^2(\phi_c)}{k^2 + \mathrm{i}\epsilon}\right]^n \\
&= \frac{1}{2}\mu^2 \phi_c^2 + \frac{\lambda}{4!}\phi_c^4 - \frac{\mathrm{i}}{2}\int \frac{\mathrm{d}^4 k}{(2\pi)^4} \ln\left[1 - \frac{m_s^2(\phi_c)}{k^2 + \mathrm{i}\epsilon}\right] \\
&= \frac{1}{2}\mu^2 \phi_c^2 + \frac{\lambda}{4!}\phi_c^4 + \frac{m_s^4(\phi_c)}{64\pi^2}\left[\ln\frac{m_s^2(\phi_c)}{\mu^2} + \cdots\right].
\end{aligned} \tag{17.52}
$$

除了一个无关紧要的常数因子, (17.52) 式的形式与 $\mu^2 > 0$ 的情形一样, 因而可以选取同样的重整化条件, 最后的形式就是 (17.49) 式.

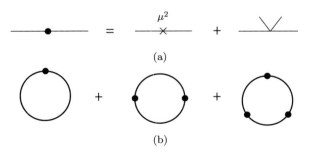

图 17.6 有效势的单圈计算.

还可以讨论 $\mu^2 = 0$ 的情形, 辐射修正在一定条件下也可以导致自发破缺. 这最早是 Coleman 和 Weinberg 研究的[①]. 另外, 在 §24.4 中我们将简要介绍标准模型的有效势的单圈修正并且讨论其物理意义.

[①]Coleman S and Weinberg E. Phys. Rev. D, 1973, 7: 1888.

§17.4   具有 O(N) 对称性的 $\lambda\phi^4$ 理论

17.4.1   有效作用量与有效势

前面我们讨论了具有对称性自发破缺的一个实标量场的 $\lambda\phi^4$ 理论, 下面我们讨论 N 个实标量场所组成的具有 O(N) 对称性的介子场论. 在大 N 极限下, 这个理论有严格解. 它可以帮助我们更好地了解自发破缺场论的一般性质.

具有 O(N) 对称性的介子场论的拉氏量如下:

$$\mathcal{L} = \frac{1}{2}\partial_\mu\phi_a\partial^\mu\phi_a - \frac{1}{2}\mu_0^2\phi_a\phi_a - \frac{\lambda_0}{8N}(\phi_a\phi_a)^2, \qquad (17.53)$$

其中 $a = 1, \cdots, N, \phi^4$ 相互作用的耦合常数反比于 N, 这是为了得到在 $N \to \infty$ 时有意义的极限. 如果 μ_0^2 是负的, 那么场 ϕ_a 将在某个方向上获得非零的真空期望值, 而拉氏量所具有对称性也由 O(N) 破缺至 O($N-1$). 每一个破缺的生成元对应着一个 Goldstone 粒子, 即产生 $N-1$ 个无质量的 π 场.

大 N 极限下 O(N) 模型中存在着一个破缺相, 但 Coleman, Jackiw 和 Politzer 等人首先注意到, 此时在 σ 场的传播子中存在着 "快子" (tachyon) 解, 因而认为破缺相是不稳定的. 一种看法是, 这与 $\lambda\phi^4$ 理论的平庸性有关[①]. 然而, 如果我们把标量场理论仅仅看成一个有效理论, 即仅仅在某个标度 Λ 下才成立, 那么一个非平庸的重整化耦合常数仍然是存在的.

如果要考虑 π 场具有非零质量的情形, 则需要在原始的拉氏量 (17.53) 式中一开始就破坏 O(N) 对称性[②]. 最简单的方法是在 (17.53) 中加上一项

$$\mathcal{L}_{\mathrm{SB}} = \alpha\phi_N. \qquad (17.54)$$

(17.53) 式所刻画的真空自发破缺的方向是任意的, 加上这一项后, 自发破缺的方向不再任意, 而是沿着 ϕ_N 方向. 由于系统仍然具有一个严格的 O($N-1$) 对称性, $N-1$ 个 π 介子的质量简并. (17.54) 式这一破缺项并不被重整, 因为在拉氏量中没有 1PI 蝌蚪图的贡献.

一般情况下, 我们所讨论的系统并不能严格求解, 但是有一个简单的技巧可以

[①]一个基本的标量粒子场是平庸的, 即当把截断参量 Λ 推至无穷大时, 重整化耦合常数趋于零.

[②]缺少经验的读者可以先参看 §18.1.

得出大 N 展开的领头项①. 这一技巧是引入一个辅助场 χ,

$$
\begin{aligned}
Z &= \int [\mathrm{d}\phi] \exp \left\{ \mathrm{i} \int \mathrm{d}^4 x \left[\frac{1}{2} \partial_\mu \phi_a \partial^\mu \phi_a + \alpha \phi_N - \frac{1}{2} \mu_0^2 \phi_a \phi_a - \frac{\lambda_0}{8N} (\phi_a \phi_a)^2 \right] \right\} \\
&= \int [\mathrm{d}\phi][\mathrm{d}\chi] \exp \left\{ \mathrm{i} \int \mathrm{d}^4 x \left[\frac{1}{2} \partial_\mu \phi_a \partial^\mu \phi_a + \alpha \phi_N + \frac{N}{2\lambda_0} \chi^2 - \frac{1}{2} \chi \phi_a \phi_a - \frac{N\mu_0^2}{\lambda_0} \chi \right] \right\}.
\end{aligned}
$$

$$(17.55)$$

在由 ϕ, χ 表示的拉氏量中, 唯一的相互作用项是 $\chi \phi_a \phi_a$ 项. 这个表达式的好处是, 从中可以看出, $1/N$ 项的唯一来源是 χ 场的传播子. 因此对于任何过程, 到 $1/N$ 领头项的计算, 只需考虑那些具有最少 χ 传播子的图. 也就是说, χ 场不出现在圈中.

可以很容易地利用 (17.55) 式来计算到 $1/N$ 展开领头阶的有效作用量. 由于 χ 场在任何圈中均不出现, 仅剩下的 1PI 图是那些由树图拉氏量产生的图, 以及由含有任意多个 χ 的外腿的单个 ϕ 圈所组成的图 (见图 17.7), 于是,

$$
(2\pi)^4 \delta^4 \left(\sum_i k_i \right) \tilde{\Gamma}_n(k_1, \cdots, k_n) = \frac{n!}{2n} (2\pi)^4 \delta^4 \left(\sum_i k_i \right) \int \frac{\mathrm{d}^4 q}{(2\pi)^4} \prod_{i=1}^n \frac{\mathrm{i}}{q_i^2 + \mathrm{i}\epsilon} (-\mathrm{i}).
$$

$$(17.56)$$

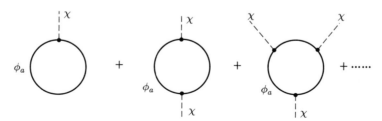

图 17.7   有效势计算中 $1/N$ 展开的领头阶贡献.

将此表达式和 (17.8) 式代入 (17.7) 式, 得

$$
\begin{aligned}
\mathrm{i}\Gamma^{\text{1-loop}}(\phi_c) &= N \sum_n \frac{1}{2n} \int \prod_i \frac{\mathrm{d}^4 k_i}{(2\pi)^4} (2\pi)^4 \delta^4 \left(\sum_i k_i \right) \int \frac{\mathrm{d}^4 q}{(2\pi)^4} \\
&\quad \times \int \prod_i \mathrm{d}^4 x_i \prod_{i=1}^n \frac{\chi(x_i) \mathrm{e}^{-\mathrm{i}k_i \cdot x_i}}{q_i^2 + \mathrm{i}\epsilon} \\
&= \sum_n \frac{N}{2n} \int \prod_i \frac{\mathrm{d}^4 k_i}{(2\pi)^4} \int \mathrm{d}^4 x \int \frac{\mathrm{d}^4 q}{(2\pi)^4} \int \prod_i \mathrm{d}^4 x_i
\end{aligned}
$$

---

①Coleman S, Jakiw R, and Politzer H D. Phys. Rev. D, 1974, 10: 2491.

$$\times \prod_{j=1}^{n} \frac{\chi(x_j)\mathrm{e}^{\mathrm{i}k_j \cdot (x_j+x)}}{(q-k_1-\cdots-k_j)^2+\mathrm{i}\epsilon}$$

$$= \sum_n \frac{N}{2n} \int \prod_i \frac{\mathrm{d}^4 k_i}{(2\pi)^4} \int \mathrm{d}^4 x \int \frac{\mathrm{d}^4 q}{(2\pi)^4} \int \prod_i \mathrm{d}^4 x_i$$

$$\times \prod_{j=1}^{n} \frac{1}{(q+\mathrm{i}\partial_x)^2+\mathrm{i}\epsilon} \chi(x_j)\mathrm{e}^{\mathrm{i}k_j \cdot (x_j+x)}$$

$$= \sum_n \frac{N}{2n} \int \mathrm{d}^4 x \int \frac{\mathrm{d}^4 q}{(2\pi)^4} \prod_{j=1}^{n} \frac{1}{(q+\mathrm{i}\partial_x)^2+\mathrm{i}\epsilon} \chi(x)$$

$$= \sum_n \frac{N}{2n} \int \mathrm{d}^4 x \lim_{y \to x} \int \frac{\mathrm{d}^4 q}{(2\pi)^4} \mathrm{e}^{-\mathrm{i}q \cdot (x-y)} \prod_{j=1}^{n} \frac{1}{(q+\mathrm{i}\partial_x)^2+\mathrm{i}\epsilon} \chi(x)$$

$$= \int \mathrm{d}^4 x \lim_{y \to x} \int \frac{\mathrm{d}^4 q}{(2\pi)^4} \sum_n \frac{N}{2n} \left[\frac{1}{(\mathrm{i}\partial_x)^2+\mathrm{i}\epsilon} \chi(x) \right]^n \mathrm{e}^{-\mathrm{i}q \cdot (x-y)}$$

$$= \int \mathrm{d}^4 x \lim_{y \to x} \sum_n \frac{N}{2n} \left[\frac{-1}{\Box - \mathrm{i}\epsilon} \chi(x) \right]^n \delta^4(x-y)$$

$$= -\frac{N}{2} \int \mathrm{d}^4 x \lim_{y \to x} \ln\left[\Box - \mathrm{i}\epsilon + \chi(x)\right] \delta^4(x-y)$$

$$= -\frac{N}{2} \mathrm{Tr}\ln\left[\Box - \mathrm{i}\epsilon + \chi(x)\right], \tag{17.57}$$

其中最后两式相差一个无关紧要的常数因子. 因此有效作用量到大 N 展开的领头项可以写成[1]

$$\Gamma = \int \mathrm{d}^4 x \left\{ \frac{1}{2}\partial_\mu \phi_a \partial^\mu \phi_a + \alpha\phi_N + \frac{N}{2\lambda_0}\chi^2 - \frac{1}{2}\chi\phi_a\phi_a - \frac{N\mu_0^2}{\lambda_0}\chi \right\}$$
$$+ \frac{\mathrm{i}}{2} N \, \mathrm{Tr}[\ln(\Box - \mathrm{i}\epsilon + \chi)]. \tag{17.58}$$

其中 $\mathrm{Tr}[\ln(\Box - \mathrm{i}\epsilon + \chi)]$ 是对闵氏空间求迹, 理解为 (17.57) 式中倒数第二个等式.

利用 (17.11) 中有效势的定义, 有 (ϕ, χ 均为常数)

$$V(\phi, \chi) = -\alpha\phi_n - \frac{1}{2}\frac{N}{\lambda_0}\chi^2 + \frac{1}{2}\chi\phi_a\phi_a + \frac{N\mu_0^2}{\lambda_0}\chi$$
$$- \frac{\mathrm{i}}{2} N \int \frac{\mathrm{d}^4 l}{(2\pi)^4} \ln(-l^2 - \mathrm{i}\epsilon + \chi). \tag{17.59}$$

真空态对应着有效势的极小值,

$$\frac{\partial V}{\partial \phi} = 0, \quad \frac{\partial V}{\partial \chi} = 0, \tag{17.60}$$

[1] Coleman S and Weinberg E. Phys. Rev. D, 1973, 7: 1888.

其中第一个方程很简单, 即为

$$\chi\phi_a = 0 \ (a < N),$$
$$\chi\phi_N - \alpha = 0.$$

(17.61)

上面的方程指出, ϕ 场的 VEV 沿着 ϕ_N 方向, 而且 $\chi \neq 0$. (17.60) 式中 χ 的导数项要复杂一些:

$$-\frac{N}{\lambda_0}\chi + \frac{1}{2}\phi_N^2 + \frac{N\mu_0^2}{\lambda_0} + \frac{\mathrm{i}}{2}N\int\frac{\mathrm{d}^4q}{(2\pi)^4}\frac{1}{q^2-\chi+\mathrm{i}\epsilon} = 0.$$

(17.62)

这个方程是发散的, 我们可以把出现的发散吸收到 λ 和 μ^2 中去. 这可以通过如下方式实现:

$$\frac{1}{\lambda(M)} = \frac{1}{\lambda_0} - \frac{\mathrm{i}}{2}\int\frac{\mathrm{d}^4q}{(2\pi)^4}\frac{1}{(q^2+\mathrm{i}\epsilon)(q^2-M^2+\mathrm{i}\epsilon)}$$

(17.63)

及

$$\frac{\mu^2(M)}{\lambda(M)} = \frac{\mu_0^2}{\lambda_0} + \frac{\mathrm{i}}{2}\int\frac{\mathrm{d}^4q}{(2\pi)^4}\frac{1}{(q^2+\mathrm{i}\epsilon)},$$

(17.64)

其中 M 是一个任意的重整化标度. 从上面两式可以发现, 虽然 λ 是依赖于重整化标度的, 但 μ^2/λ 却不依赖于重整化标度. 由于理论是可重整的, λ 和 μ^2 的重整化保证了整个理论的有限性. (17.62) 式可以写成

$$-\frac{N}{\lambda(M)}\chi + \frac{1}{2}\phi_N^2 + \frac{N\mu^2(M)}{\lambda(M)} - \frac{N}{32\pi^2}\chi\ln\frac{\chi}{M^2} = 0.$$

(17.65)

(17.65) 和 (17.61) 式一起可以把 χ 和 ϕ 用参数 λ, μ 和 α 表示出来. 由于后者并不直接具有物理意义, 我们也可以用物理参数来进行讨论. 由 (17.58) 式可以看出,

$$\chi = m_\pi^2.$$

(17.66)

对于 ϕ_N, Noether 流的表达式为

$$J_a^\nu = \frac{\mathrm{i}}{2}\Phi^{\mathrm{T}}\overleftrightarrow{\partial^\nu}T^a\Phi,$$

(17.67)

其中 $\mathrm{tr}(T^aT^b) = 2\delta^{ab}$. 当 ϕ_N 获得非零的 VEV 时, 流变为

$$J_a^\nu = \mathrm{i}\langle\phi_N\rangle\partial^\nu\phi_a + \cdots(a < N),$$

(17.68)

所以有 $\langle\phi_N\rangle = f_\pi$[①]. 在 (17.58) 式中做如下的替换:

$$\pi_a \equiv \phi_a, \quad \chi \equiv \tau + m_\pi^2, \quad \sigma = \phi_N - f_\pi,$$

(17.69)

[①]请参阅本书上册 §11.4 中关于部分轴矢流守恒的讨论.

于是 (17.58) 式可以改写为 (只差一个常数)

$$
\begin{aligned}
\Gamma = \int \mathrm{d}^4x \Big\{ & \frac{1}{2}\partial_\mu\pi_a\partial^\mu\pi_a + \frac{1}{2}\partial_\mu\sigma\partial^\mu\sigma + \frac{N}{2\lambda_0}\tau^2 - \frac{1}{2}m_\pi^2\pi_a\pi_a - \frac{1}{2}\tau\pi_a\pi_a \\
& -\frac{1}{2}m_\pi^2\sigma^2 - \frac{1}{2}\tau\sigma^2 - f\tau\sigma + \Big(\frac{N}{\lambda_0}m_\pi^2 - \frac{N}{\lambda_0}\mu_0^2 - \frac{1}{2}f^2\Big)\tau\Big\} \\
& +\frac{\mathrm{i}}{2}N\operatorname{tr}[\ln(\Box - \mathrm{i}\epsilon + \tau + m_\pi^2)].
\end{aligned}
\tag{17.70}
$$

注意在上式中, τ 的蝌蚪图项与对数项中的关于 τ 的线性项相互抵消.

17.4.2　完全散射振幅、共振态以及 "快子" 解

利用有效作用量 (17.70) 式, Goldstone 玻色子的两两散射振幅可以写为

$$
T(\pi_a\pi_b \to \pi_c\pi_d) = \mathrm{i}D_{\tau\tau}(s)\delta_{ab}\delta_{cd} + \mathrm{i}D_{\tau\tau}(t)\delta_{ac}\delta_{bd} + \mathrm{i}D_{\tau\tau}(u)\delta_{ad}\delta_{bc}, \tag{17.71}
$$

其中 $D_{\tau\tau}$ 是 τ 的传播子. 由于 τ 与 σ 有混合, 所以要考虑传播子矩阵

$$
D^{-1}(p^2) = -\mathrm{i}\begin{pmatrix} p^2 - m_\pi^2 & -f \\ -f & N/\lambda_0 + N\tilde{B}_0(p^2; m_\pi) \end{pmatrix}, \tag{17.72}
$$

其中

$$
\tilde{B}_0(p^2; m_\pi) = \frac{-\mathrm{i}}{2}\int\frac{\mathrm{d}^4q}{(2\pi)^4}\frac{1}{(q^2 - m_\pi^2 + \mathrm{i}\epsilon)((q+p)^2 - m_\pi^2 + \mathrm{i}\epsilon)} \tag{17.73}
$$

是发散的, 但 τ 的传播子是有限的. 利用关系式

$$
\frac{1}{\lambda(M)} + \tilde{B}(p^2; m_\pi, M) = \frac{1}{\lambda_0} + \tilde{B}_0(p^2; m_\pi) \tag{17.74}
$$

可以消去发散, 得到

$$
\tilde{B}(s; m_\pi, M) = \frac{1}{32\pi^2}\left[1 + \rho(s)\ln\frac{\rho(s) - 1}{\rho(s) + 1} - \ln\frac{m_\pi^2}{M^2}\right]. \tag{17.75}
$$

O(N) 模型提供了一个场论的可解模型的例子, 对其分析可以使我们加深对量子场论的认识. 本书上册第九章讨论了微扰论意义下量子场论的重整化并引进了重整化耦合常数的概念. 我们发现重整化耦合常数的定义依赖于一个任意的标度, 并且论证了物理振幅或物理量并不依赖于重整化标度的选取. 我们在把散射振幅 "严格" 求解后发现:

(1) 量子场论的紫外发散, 一般来说并不是微扰论所带来的任意性. 即使能够严格求解量子场论中的散射振幅, 通常仍然要做重整化. 换句话说, 生成泛函的定义 (14.81) 式在紫外是没有意义的.

(2) 正如我们以前在讨论微扰理论时所声称的那样, 为定义重整化耦合常数需要引入一个任意标度, 即 (17.63) 及 (17.64) 式中的 M. 然而物理量却与此任意标度无关. 这一结论在可解模型中再次得到了证实.

(3) 紫外发散和重整化手续同时也引入了一个物理能标, 参见 (17.80) 式及随后的讨论. 值得强调的是, 一个场理论的内禀标度并不能由场方程本身决定.

另外值得一提的是, 从 (17.74) 式可以得到重整化耦合常数 $\lambda(M^2)$ 所满足的微分方程:

$$M^2 \frac{\mathrm{d}\lambda}{\mathrm{d}M^2} = \frac{\lambda^2(M^2)}{32\pi^2}. \tag{17.76}$$

这个方程与第十六章讨论的单圈微扰论中得到的重整化群方程类似, 但是这里的方程到大 N 展开的领头阶是严格的.

考虑角动量为零的 O(N) 单态道, 到大 N 展开的领头阶, 其散射振幅为 $T_{00}(s) = \mathrm{i}N D_{\tau\tau}(s)/32\pi$. 利用 Feynman 振幅的解析性质, 不难证明 $s > 4m_\pi^2$ 时 T 矩阵元的幺正性:

$$\mathrm{Im}\, T_{00}(s) = \rho(s)|T_{00}(s)|^2. \tag{17.77}$$

散射振幅 T_{00} 的极点, 或共振态的位置可由 (17.72) 式中的矩阵的行列式为零得到, 即

$$(s - m_\pi^2)\left(\frac{1}{\lambda(M)} + \tilde{B}(s; m_\pi^2, M)\right) - f^2/N = 0. \tag{17.78}$$

重新定义 $f/\sqrt{N}$ 为质量量纲并且令

$$\frac{1}{\lambda(M)} = 0, \tag{17.79}$$

可以使方程 (17.78) 得到简化[①]:

$$G(s; m_\pi^2, M) = \frac{s - m_\pi^2}{32\pi^2}\left\{1 + \rho(s)\ln\frac{\rho(s) - 1}{\rho(s) + 1} - \ln\frac{m_\pi^2}{M^2}\right\} - 1 = 0. \tag{17.80}$$

这里首先要声明的是 (17.79) 式中定义的 M 已经不是 (17.63), (17.74), (17.75) 以及 (17.76) 等公式中的 M 了, 后者表示一个任意的重整化标度而方程, (17.79) 式中的 M 定义了使重整化耦合常数 "爆炸" 的标度. 这一点不难理解, 原因是 (17.74) 式的右边需要仔细地定义和赋值. 换句话说, 正规化和重整化赋予理论一个内禀的标度. (17.75) 式中的 M 即是内禀标度. 而在量子色动力学中这个内禀标度是 Λ_{QCD}.

[①]Chivukula R S and Golden M. Nucl. Phys. B, 1992, 372: 61.

另外, (17.79) 式使人联想到 $\lambda\phi^4$ 理论的平庸性[1], 但是微扰论中耦合常数的 "爆炸" 并不能说明理论在这里是坏掉了, 而仅能说明微扰论不再适用. 而在非微扰的情况下, 理论在标度 M 处, 正如从 (17.72) 式中可看到的, 仍然可以很好地定义.

然而, 理论虽然不在标度 M 处出问题, 但却会在另外一个地方出问题. 原因是 (17.80) 式中存在着一个 "快子" 解, 即质量平方 m_t^2 为负的解[2]. 快子解对应着出现超光速传播的粒子, 因而是理论有问题的表现. 可以验证, 在这里出现的快子是一个粒子, 而不是一个鬼粒子 (即出现在散射矩阵元中的极点留数为负而不是为正). 我们知道, 由于 $\lambda\phi^4$ 理论的平庸性问题, 这个理论不可能在任意标度下都是正确的. 因此即使 M 在非微扰情形下不适于作为一个定义理论可适用范围的标度, 那么 m_t^2 一定适合用来作为这样一个标度, 即理论本身仅在 $s \ll |m_t^2|$ 时才适用[3]. 对于弱耦合的理论 (M 很大), m_t^2 与 M^2 同量级. 这时无论把 M 还是 m_t 作为截断参量都是等价的. 然而当 $m_\pi^2 \ll m_t^2 \ll 32\pi^2$, 也即 $M \ll 1$ 且 m_π 很小时, m_t 却并不小,

$$m_t^2 \approx \frac{32\pi^2}{-\ln M^2}. \tag{17.81}$$

从物理上看, 要把这个理论看成在低能下有物理意义的, 需要满足条件 $m_t^2 \gg 1$, 这对于小的 m_π 来说是容易满足的.

---

[1] 关于平庸性的进一步讨论可见第十六章.

[2] Coleman S, Jakiw R, and Politzer H D. Phys. Rev. D, 1974, 10: 2491. Abbott L, Kang J, and Schnitzer H. Phys. Rev. D, 1976, 3: 2212. Haymaker R. Phys. Rev. D, 1974, 10: 968. Bardeen W and Moshe M. Phys. Rev. D, 1983, 28: 1372.

[3] 至于快子的出现是和不存在一个基本标量场这一问题有关联, 还是仅为大 N 展开本身带来的毛病, 目前并没有彻底弄清楚. 事实上可以利用别的 (比如 Pauli–Villars 或动量截断) 重整化方案来消除快子, 但是又会带来别的问题. 比如说如果用动量截断方式来处理, 会导致在物理叶上 $s \approx O(\Lambda^2)$ 附近出现一对共振态, 因而导致因果性的破坏.

第十八章 手征对称性与 σ 模型

本章将由浅入深地介绍手征对称性及有效拉氏量在低能强子物理中的应用. 初学者可以只阅读到 §18.5, 而准备从事手征微扰理论和低能强子物理研究的读者可以继续阅读本章后面的部分.

§18.1 线性 σ 模型

在量子场论中, 线性 σ 模型最初被 Gell-Mann 和 Lévy 在 20 世纪 60 年代引入, 是研究手征对称性自发破缺和部分守恒流 (PCAC) 假设的一个重要的工具, 并且可以很好地实现 SU(2) × SU(2) 流代数. 本章我们先介绍一下线性 σ 模型, 然后讨论它在 ππ 散射中的简单应用.

对于线性 σ 模型, 基本场有标量场 $\boldsymbol{\pi}$, 它是同位旋的三重态 (π_1, π_2, π_3), 还有标量场 σ 单态, 相应的拉氏量为

$$\mathcal{L} = \mathcal{L}_s + c\sigma,$$

$$\mathcal{L}_s = \frac{1}{2}[(\partial_\mu \sigma)^2 + (\partial_\mu \boldsymbol{\pi})^2] - \frac{m^2}{2}[\sigma^2 + \boldsymbol{\pi}^2] - \frac{\lambda}{4}[\sigma^2 + \boldsymbol{\pi}^2]^2, \tag{18.1}$$

其中 $c\sigma$ 一项是线性破缺项. 如果 $c \to 0$, 即没有显式破缺项, 则拉氏量在下列 $\mathrm{SU_L}(2) \times \mathrm{SU_R}(2)$ 手征变换下保持不变:

$$\boldsymbol{\pi} \to \boldsymbol{\pi} + \boldsymbol{\alpha} \times \boldsymbol{\pi} - \boldsymbol{\beta}\sigma,$$

$$\sigma \to \sigma + \boldsymbol{\beta} \cdot \boldsymbol{\pi}. \tag{18.2}$$

由上述变换可以给出两个 Noether 流:

$$V_\mu^a = \varepsilon^{abc}\pi^b \partial_\mu \pi^c,$$

$$A_\mu^a = \pi^a \partial_\mu \sigma - \sigma \partial_\mu \pi^a. \tag{18.3}$$

由于同位旋的对称性, 矢量流守恒, 如果 $c = 0$ 则轴矢流守恒. 当 $m^2 < 0$ 时, 对称性自发破缺. 势能的极小值取在 $\langle \sigma \rangle \neq 0$ 处, 且

$$[Q^{5a}, \pi^b] = -\mathrm{i}\sigma\delta^{ab}. \tag{18.4}$$

可以看出 $\langle\sigma\rangle \neq 0$ 意味着 $Q^{5\alpha}$ 不湮灭真空,

$$\langle 0|A_\mu^\alpha|\pi^\alpha\rangle \neq 0. \tag{18.5}$$

先看一下 $c = 0$ 时的情形 (见图 18.1), 当 $m^2 < 0$ 时势能的极值点在

$$\sigma^2 + \pi^2 = v^2, \quad v^2 = -\frac{m^2}{\lambda}. \tag{18.6}$$

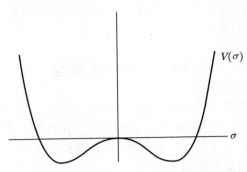

图 18.1 在 $c = 0$ 时有效势的行为.

在一般情况下 $(c \neq 0)$ (见图 18.2), 我们可以选取

$$\langle 0|\sigma|0\rangle = v, \quad \langle 0|\pi|0\rangle = 0. \tag{18.7}$$

于是定义另外一个场 s, 其真空期望值为 0, 即

$$\sigma = s + v, \quad \langle s\rangle_0 = 0. \tag{18.8}$$

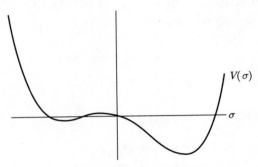

图 18.2 在 $c \neq 0$ 时有效势的行为.

重新用 s 场表达拉氏量的形式, 有

$$\mathcal{L} = \frac{1}{2}[(\partial_\mu\pi)^2 - m_\pi{}^2\pi^2] + \frac{1}{2}[(\partial_\mu s)^2 - m_\sigma{}^2 s^2] - \lambda v s(s^2 + \pi^2) - \frac{\lambda}{4}[s^2 + \pi^2]^2$$
$$+ s(c - m^2 v - \lambda v^3). \tag{18.9}$$

(18.9) 式中,

$$m_\pi{}^2 = m^2 + \lambda v^2 \, ,$$
$$m_\sigma{}^2 = m^2 + 3\lambda v^2. \tag{18.10}$$

很容易看出, $c = 0$ 时,

$$m_\pi^2 = m^2 + \lambda v^2 = 0, \tag{18.11}$$

即 π 粒子就是无质量的 Goldstone 玻色子.

线性破缺项的存在使得 SU(2) 对称性遭到破坏, 对称性显式破缺, 矢量流仍然保持守恒, 但轴矢流却获得一个不为零的散度:

$$\partial^\mu A_\mu^a = c\pi^a. \tag{18.12}$$

因为 s 的真空期望值为零, 由拉氏量可以看出

$$c - m^2 v - \lambda v^3 = 0. \tag{18.13}$$

由它可以定出 $v = v(m^2, \lambda, c)$. 而由 PCAC 假设:

$$\partial^\mu A_\mu^a(x) = m_\pi^2 f_\pi \pi^a(x), \tag{18.14}$$

可以得到

$$f_\pi m_\pi^2 = c = v(m^2 + \lambda v^2) = v m_\pi^2. \tag{18.15}$$

因此有

$$v = f_\pi. \tag{18.16}$$

另外, 我们得到了 σππ 顶点, 由拉氏量的表达式, 可以得到 σππ 顶点的耦合常数

$$g_{\sigma\pi^+\pi^-} = \frac{m_\sigma^2 - m_\pi^2}{f_\pi} = 2\lambda f_\pi. \tag{18.17}$$

由线性 σ 模型的拉氏量, 可以利用泛函的方法得到 Feynman 规则, 结果如图 18.3 所示.

将线性 σ 模型应用到 ππ 散射中去, 可以计算 ππ 的散射矩阵元. 我们只计算到树图, 需要计算的 Feynman 图有两个 (见图 18.4).

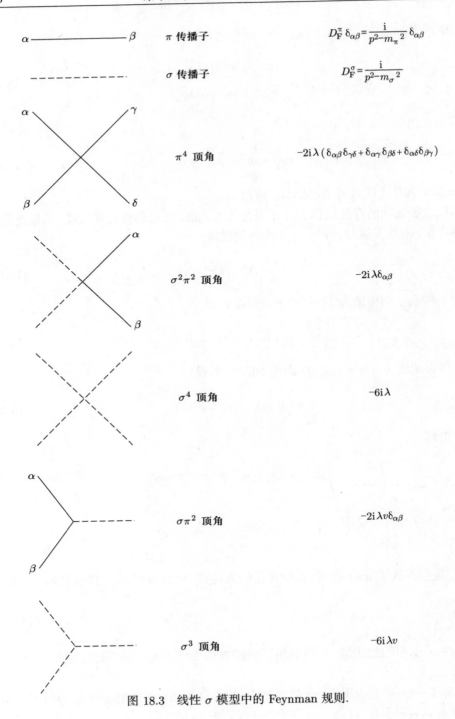

α ———————— β π 传播子 $D_{\mathrm{F}}^{\pi}\,\delta_{\alpha\beta}=\dfrac{\mathrm{i}}{p^2-m_{\pi}{}^2}\,\delta_{\alpha\beta}$

– – – – – – – – σ 传播子 $D_{\mathrm{F}}^{\sigma}=\dfrac{\mathrm{i}}{p^2-m_{\sigma}{}^2}$

π^4 顶角 $-2\mathrm{i}\lambda\left(\delta_{\alpha\beta}\delta_{\gamma\delta}+\delta_{\alpha\gamma}\delta_{\beta\delta}+\delta_{\alpha\delta}\delta_{\beta\gamma}\right)$

$\sigma^2\pi^2$ 顶角 $-2\mathrm{i}\lambda\delta_{\alpha\beta}$

σ^4 顶角 $-6\mathrm{i}\lambda$

$\sigma\pi^2$ 顶角 $-2\mathrm{i}\lambda v\delta_{\alpha\beta}$

σ^3 顶角 $-6\mathrm{i}\lambda v$

图 18.3 线性 σ 模型中的 Feynman 规则.

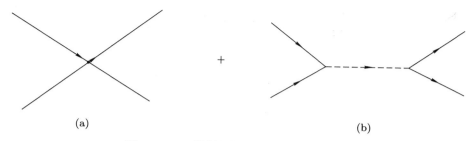

图 18.4 $\pi\pi$ 散射的树图, 交叉图没有画出.

由图 18.4 可以看出, 图 (a) 是 $\lambda\phi^4$ 顶点相互作用, 图 (b) 是 σ 共振态的贡献. $\pi\pi$ 散射振幅的计算结果如下[①]:

$$A(s,t,u) = -2\lambda\left(1 + \frac{2\lambda v^2}{s - m_\sigma{}^2}\right) = -\frac{m_\sigma{}^2 - m_\pi{}^2}{s - m_\sigma{}^2}\frac{s - m_\pi{}^2}{f_\pi{}^2}. \tag{18.18}$$

(18.18) 式中, 第一个等式后的第一项是 $\lambda\phi^4$ 的相互作用, 可以称为背景贡献. 由于为保持真空能量的正定性, λ 必须为正, 所以 $\lambda\phi^4$ 的贡献是排斥相互作用. 第二项是 σ 共振态的贡献. 利用

$$\begin{aligned}
T^{I=0}(s,t,u) &= 3A(s,t,u) + A(t,u,s) + A(u,s,t), \\
T^{I=1}(s,t,u) &= A(t,u,s) - A(u,s,t), \\
T^{I=2}(s,t,u) &= A(t,u,s) + A(u,s,t)
\end{aligned} \tag{18.19}$$

和分波投影的公式

$$T_J^I(s) = \frac{1}{32\pi(s - 4m_\pi^2)}\int_{4m_\pi^2 - s}^{0} \mathrm{d}t\, P_J\left(1 + \frac{2t}{s - 4m_\pi^2}\right)T^I(s,t,u), \tag{18.20}$$

可以得到分波矩阵元的表达, 具体结果如下:

$$\begin{aligned}
T_0^0 &= \frac{\lambda}{16\pi}\left(\frac{3(m_\sigma^2 - m_\pi^2)}{m_\sigma^2 - s} + \frac{2(m_\sigma^2 - m_\pi^2)\ln\left[\frac{m_\sigma^2 + s - 4m_\pi^2}{m_\sigma^2}\right]}{s - 4m_\pi^2} - 5\right), \\
T_0^2 &= -\frac{\lambda}{8\pi}\left(1 - \frac{2\lambda v^2}{s - 4m_\pi^2}\ln\left[\frac{m_\sigma^2 + s - 4m_\pi^2}{m_\sigma^2}\right]\right), \\
T_1^1 &= \frac{\lambda^2 v^2(16m_\pi^2 - 4s - 2(4m_\pi^2 - 2m_\sigma^2 - s)\ln\left[\frac{m_\sigma^2 + s - 4m_\pi^2}{m_\sigma^2}\right])}{8\pi(s - 4m_\pi^2)^2}.
\end{aligned} \tag{18.21}$$

[①]关于 A 的定义, 请参见本书上册 §12.2.

可以验证, 把 (18.18) 式代入 (18.19) 式得到的树图下的同位旋振幅满足 Adler 零点条件, 即 $T^I(m_\pi^2, m_\pi^2, m_\pi^2) = 0$. 而由 (18.21) 式给出的分波振幅所满足的 Adler 零点并不容易看出. 仅当取 $m_\sigma \to \infty$ 极限 (保持 λ 不变) 时, $IJ = 00, 11$ 和 20 的分波 T 矩阵元分别在 $s = m_\pi^2/2, 4m_\pi^2$ 和 $2m_\pi^2$ 处为零, 且形式为

$$T_0^0 = \frac{2s - m_\pi^2}{32\pi f_\pi^2},$$

$$T_0^2 = \frac{2m_\pi^2 - s}{32\pi f_\pi^2}, \tag{18.22}$$

$$T_1^1 = \frac{s - 4m_\pi^2}{96\pi f_\pi^2}.$$

其结果与我们下面所要看到的非线性 σ 模型在树图水平上的结果一致, 事实上它们是与模型无关的流代数的结果.

更为经常讨论的是非线性 σ 模型. 非线性 σ 模型起源于手征对称群的非线性实现[1]. 由手征对称性自发破缺得到

$$\sigma^2(x) + \pi^2(x) = f_\pi^2. \tag{18.23}$$

我们可以用 π 场来表示 σ 场, 即 $\sigma(x) = \sqrt{f_\pi^2 - \pi^2(x)}$, 因而拉氏量可以写为

$$\mathcal{L} = \frac{1}{2}(\partial_\mu \pi)^2 + \frac{1}{2}\frac{(\pi\partial_\mu\pi)^2}{f_\pi^2 - \pi^2} + \cdots. \tag{18.24}$$

在树图水平上, $\pi\pi$ 散射振幅为

$$A(s, t, u) = \frac{s - m_\pi^2}{f_\pi^2}. \tag{18.25}$$

与线性 σ 模型的结果比较可以看出, 当 $m_\sigma \to \infty$, 即 $g_{\sigma\pi\pi} \to \infty$ 时, 两种结果完全一样.

在本节里讨论的 σ 粒子是否存在, 在历史上曾经长期争论不休, 其主要困难是它的宽度太大从而很难在实验上与背景贡献分开. 另外一个重要原因是手征对称性非线性实现的发现 (见 §18.5) 使得人们有理由怀疑 σ 粒子存在的必要性. 然而, 利用本书上册 13.2.2 节所发展起来的技术和 $\pi\pi$ 散射相移的实验数据, 可以证明 σ 粒子存在的必然性. 我们将在 §18.8 中回到这个话题.

---

[1]Callan C G, Coleman S R, Wess J, and Zumino B. Phys. Rev., 1969, 177: 2247. Coleman S R, Wess J, and Zumino B. Phys. Rev., 1969, 177: 2239.

§18.2 有费米子的情形

可以在 σ 模型中引入费米子, 有

$$\mathcal{L} = \mathcal{L}_\sigma + \bar{N}\mathrm{i}\gamma_\mu\partial^\mu N + g\bar{N}(\sigma + \mathrm{i}\boldsymbol{\tau}\cdot\boldsymbol{\pi}\gamma_5)N. \tag{18.26}$$

上述拉氏量在如下 $\mathrm{SU_L}(2) \times \mathrm{SU_R}(2)$ 变换下不变:

$$\begin{aligned}
\boldsymbol{\pi} &\to \boldsymbol{\pi} + \boldsymbol{\alpha}\times\boldsymbol{\pi} - \boldsymbol{\beta}\sigma, \\
\sigma &\to \sigma + \boldsymbol{\beta}\cdot\boldsymbol{\pi}, \\
N &\to N - \mathrm{i}\boldsymbol{\alpha}\cdot\frac{\boldsymbol{\tau}}{2}N + \mathrm{i}\boldsymbol{\beta}\cdot\frac{\boldsymbol{\tau}}{2}\gamma_5 N.
\end{aligned} \tag{18.27}$$

因此可以给出两个 Noether 流:

$$\begin{aligned}
V_\mu^a &= \bar{N}\gamma_\mu\frac{\tau^\alpha}{2}N + \varepsilon^{abc}\pi^b\partial_\mu\pi^c, \\
A_\mu^a &= \bar{N}\gamma_\mu\gamma_5\frac{\tau^\alpha}{2}N + \pi^a\partial_\mu\sigma - \sigma\partial_\mu\pi^a.
\end{aligned} \tag{18.28}$$

由于同位旋的对称性, 矢量流守恒, 如果 $c = 0$, 则轴矢流也守恒. 由于手征对称性的自发破缺, $\mathrm{SU_L}(2) \times \mathrm{SU_R}(2) \to \mathrm{SU}_V(2)$, 核子通过 Yukawa 耦合获得质量:

$$g\bar{N}(\sigma + \mathrm{i}\boldsymbol{\tau}\cdot\boldsymbol{\pi})N \to gv\bar{N}N + g\bar{N}(\sigma' + \mathrm{i}\boldsymbol{\tau}\cdot\boldsymbol{\pi}\gamma_5)N, \tag{18.29}$$

也即

$$M_N = gv. \tag{18.30}$$

此方程实际上是树图水平上的 Goldberger–Treiman 关系. 在下面一小节中我们将看到, 在微商耦合理论中这一关系将受到修正.

§18.3 微商耦合理论

我们把方程 (18.26) 改写成

$$\begin{aligned}
\mathcal{L} = {}&\frac{1}{4}\mathrm{tr}[\partial_\mu\varSigma\partial^\mu\varSigma^\dagger] - V(\sigma^2 + \boldsymbol{\pi}^2) \\
&+ \overline{N_\mathrm{L}}\mathrm{i}\partial\!\!\!/N_\mathrm{L} + \overline{N}_\mathrm{R}\mathrm{i}\partial\!\!\!/N_\mathrm{R} + g\overline{N}_\mathrm{R}\varSigma^\dagger N_\mathrm{L} + g\overline{N}_\mathrm{L}\varSigma N_\mathrm{R},
\end{aligned} \tag{18.31}$$

其中 $\varSigma = \sigma + \mathrm{i}\boldsymbol{\pi}\cdot\boldsymbol{\tau}$, $N = N_\mathrm{L} + N_\mathrm{R} = \dfrac{1-\gamma_5}{2}N + \dfrac{1+\gamma_5}{2}N$. 显然 (18.31) 式在如下的手征变换下不变:

$$N_\mathrm{L} \to LN_\mathrm{L}, \quad N_\mathrm{R} \to RN_\mathrm{R}, \quad \varSigma \to L\varSigma R^\dagger, \tag{18.32}$$

其中 L, R 是任意的整体 SU(2) 矩阵. 我们可以改写场 Σ:

$$\Sigma = \sqrt{\sigma^2 + \boldsymbol{\pi}^2}\, U \to \sigma U = \sigma e^{i\boldsymbol{\pi}\cdot\boldsymbol{\tau}/f_\pi}. \tag{18.33}$$

这样定义的 σ 在 $\mathrm{SU_L}(2) \times \mathrm{SU_R}(2)$ 变换下不变, 且 $U \to LUR^\dagger$. §18.4 将讨论, 物理的 S 矩阵元并不因为场的重新定义而改变, 虽然拉氏量 (18.31) 式在形式上可以改变:

$$\begin{aligned}
\mathcal{L} &= \frac{1}{2}\partial_\mu\sigma\partial^\mu\sigma + \frac{1}{4}\sigma\mathrm{tr}(\partial_\mu U\partial^\mu U^\dagger) - V(\sigma) \\
&\quad + \overline{N}i\partial\!\!\!/N + g\sigma(\overline{N}_\mathrm{R}U^\dagger N_\mathrm{L} + \overline{N}_\mathrm{L}UN_\mathrm{R}).
\end{aligned} \tag{18.34}$$

非线性 σ 模型可以在上式中取 $\sigma = \langle\sigma\rangle = f_\pi$, $m_\sigma \to \infty$ 得到, 即

$$\begin{aligned}
\mathcal{L} &= \frac{f_\pi^2}{4}\mathrm{tr}(\partial_\mu U\partial^\mu U^\dagger) + \frac{1}{2}\mathrm{tr}B\left[M_q(U + U^\dagger)\right] \\
&\quad + \overline{N}i\partial\!\!\!/N + gf_\pi(\overline{N}_\mathrm{R}U^+N_\mathrm{L} + \overline{N}_\mathrm{L}UN_\mathrm{R}),
\end{aligned} \tag{18.35}$$

其中 B 是一个和真空凝聚有关的常数 (见 (18.56) 式和 (18.108) 式的讨论). $M_q = \mathrm{diag}(M_u, M_d)$, 是夸克质量矩阵. 定义 $U = u^2$, 则在 $\mathrm{SU_L}(2) \times \mathrm{SU_R}(2)$ 变换下, 有

$$u \to Lu\xi^\dagger = \xi uR^\dagger. \tag{18.36}$$

注意这里的 ξ 场对于 L, R 和 π 场有非线性的依赖关系, 且依赖于 Goldstone 场[①]. 重新定义 (18.35) 式中的费米子场, $\psi_\mathrm{R} \equiv uN_\mathrm{R}, \psi_\mathrm{L} \equiv u^\dagger N_\mathrm{L}$, 则在手征变换下有

$$\psi_\mathrm{L} \to \xi\psi_\mathrm{L}, \quad \psi_\mathrm{R} \to \xi\psi_\mathrm{R}. \tag{18.37}$$

回到 (18.35) 式, 我们得到

$$\begin{aligned}
\mathcal{L} &= \frac{f_\pi^2}{4}\mathrm{tr}(\partial_\mu U\partial^\mu U^\dagger) + \overline{\psi}(i\slashed{D} - m)\psi, \\
i\slashed{D} &= i\partial\!\!\!/ + ui\partial\!\!\!/u\frac{1-\gamma_5}{2} + u^\dagger i\partial\!\!\!/u^\dagger\frac{1+\gamma_5}{2} \\
&= i\partial\!\!\!/ + \frac{1}{2}(ui\partial^\mu u + u^\dagger i\partial^\mu u^\dagger)\gamma_\mu - \frac{1}{2}(ui\partial^\mu u - u^\dagger i\partial^\mu u^\dagger)\gamma_\mu\gamma_5.
\end{aligned} \tag{18.38}$$

[①]设拉氏量具有对称性 G, 而真空态仅在子群 H 下是不变的, 破缺的陪集记为 G/H. 根据本书上册 §11.3 的讨论, 每一个破缺的生成元都对应着一个 Goldstone 粒子, 那么最常见的方法是构造一个仅含有陪集的生成元所对应的 Goldstone 粒子的 (这里以 u 表示) 在群 G 下不变的拉氏量, G 的对称性是非线性实现的. 见 Callan C G, Coleman S, Wess J, and Zumino B. Phys. Rev., 1969, 177 : 2247; Coleman S, Wess J, and Zumino B. Phys. Rev., 1969, 177: 2239. 讨论的细节亦可参考 Bando M, Kugo T, and Yamawaki K. Phys. Rep., 1988, 164: 217; Scherer S. Adv. Nucl. Phys., 2003, 27: 277; 以及本章后面的讨论.

在上面的协变导数 i$\not{D}$ 的表达式中, 可以证明最后一个等式右边的前两项合起来是协变的, 而最后一项单独是协变的. 所以可以把协变导数推广到更一般的表述形式:

$$\mathrm{i}\not{D} \equiv \mathrm{i}\not{\partial} + \mathrm{i}v_\mu\gamma^\mu + a_\mu\gamma^\mu\gamma_5 \to \mathrm{i}\not{\partial} + \mathrm{i}v_\mu\gamma^\mu + g_A a_\mu\gamma^\mu\gamma_5, \tag{18.39}$$

其中 g_A 是费米子的轴矢量耦合常数, 实验上给出 $g_A \approx 1.26$.

在本节所讨论的微商耦合理论中, π 介子与核子的相互作用的拉氏量到最低阶具有如下形式:

$$\mathcal{L}_{\mathrm{int}} \propto \frac{g_A}{f_\pi}\bar{\psi}\gamma_\mu\gamma_5\boldsymbol{\tau}\psi \cdot \partial_\mu\boldsymbol{\pi}. \tag{18.40}$$

从中可以得出在质壳上的等效 πNN 耦合常数 $g_{\pi\mathrm{NN}} = \dfrac{g_A}{f_\pi}M_{\mathrm{N}}$, 即相互作用等价于 $g_{\pi\mathrm{NN}}\boldsymbol{\pi} \cdot \bar{\psi}\mathrm{i}\gamma_5\boldsymbol{\tau}\psi$.

§18.4　S 矩阵元在场的变换下的不变性

这里我们简单介绍一个有用的定理[①]. 它说的是 S 矩阵元在场变量替换下是不变的. 为此我们假设有一组场变量 ϕ^a, 由原始的场量 π^a 变换而来,

$$\phi^\alpha = C_a^\alpha \pi^a + C_{ab}^\alpha \pi^a\pi^b + C_{abc}^\alpha \pi^a\pi^b\pi^c + \cdots, \tag{18.41}$$

并且考虑以 ϕ^a 场表示的 n 点 Green 函数:

$$G^{\alpha_1\alpha_2\cdots\alpha_n}(x_1,\cdots,x_n) = \langle T\{\phi^{\alpha_1}(x_1)\phi^{\alpha_2}(x_2)\cdots\phi^{\alpha_n}(x_n)\}\rangle, \tag{18.42}$$

而这个 Green 函数 (其图形表示见图 18.5) 是由 $\mathcal{L}[\phi]$ 计算得出的. 当然它同样可以由 π 理论的拉氏量 $\tilde{\mathcal{L}}[\pi] = \mathcal{L}[\phi]$ 和 (18.41) 式计算得出.

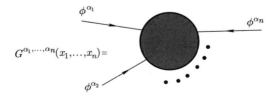

图 18.5　由 ϕ 场计算的 n 点 Green 函数.

为了计算 S 矩阵元, 我们需要将 Green 函数截腿并取外腿的质壳条件, 比如 $p_i^2 = 0$ (如果 π 粒子有质量, 并不影响证明结果). 就是说我们将对于 Green 函数的

[①]Kamefuchi S, O' Raifeartaigh L, and Salam A. Nucl. Phys., 1961, 28: 529.

每一条外腿乘以 p_i^2 并令其趋于零. 显然在这样的程序下能够幸存的图如图 18.6 所示, 即只有连接着单个 π 粒子线的那些图. 而图 18.6 中那些连接 ϕ-π 转换的小黑圈的详细观察则由图 18.7 给出. 从图 18.7 可以得出, 在 $p_i^2 \to 0$ 时 π-ϕ 转换的效果等于如下场变量替换:

$$\phi^\alpha = (Z_a^\alpha)^{\frac{1}{2}} \pi^a, \tag{18.43}$$

$$(Z_a^\alpha)^{\frac{1}{2}} = C_a^\alpha + C_{cd}^\alpha \gamma_{cd}^a(p^2 = 0) + C_{cde}^\alpha \gamma_{cde}^a(p^2 = 0) + \cdots . \tag{18.44}$$

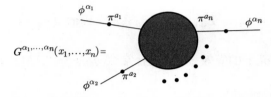

图 18.6 只有连接单 π 线的图在计算 S 矩阵元时有贡献.

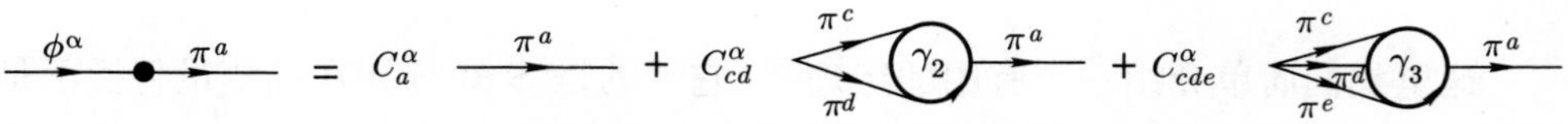

图 18.7 π-ϕ 转换的过程.

在 $p^2 = 0$ 极点附近审视两点函数

$$\langle T\{\phi^\alpha(x_1)\phi^\beta(x_2)\}\rangle = (Z_a^\alpha Z_b^\beta)^{\frac{1}{2}} \langle T\{\pi^a(x_1)\pi^b(x_2)\}\rangle + \text{非极点项}, \tag{18.45}$$

可知 Z_a^α 是波函数重整化常数. 最后, 由于 S 矩阵的定义总是伴随着 $Z^{-1/2}$ 因子, 我们证明了场变换下 S 矩阵元的不变性.

显然场变换 (18.41) 式可以推广到更一般的情形, 比如有微商耦合, 而唯一的限制是波函数重整化常数在极点处不消失.

§18.5 手征对称性的非线性实现

20 世纪 60 年代对部分守恒流和流代数的研究使物理学家相信现实物理世界中存在近似手征对称性. 对 QCD 和手征对称性的研究产生了手征微扰论. 手征微扰论是一个低能有效场论, 它的主要思想是把 QCD 拉氏量的对称性 (自发破缺的手征对称性) 包含到有效拉氏量中去. 手征微扰论不像通常的微扰论那样按照耦合常数做微扰展开. 由于研究的是低能强子物理, 手征微扰展开是按照轻夸克的质量和粒子的外动量幂次展开. 在通常意义下, 手征微扰论是一个不可重整的理论, 但是微扰论的任意阶都可以通过引进有限的适当抵消项使振幅有限.

手征微扰论是一种有效场论, 在 $\mathrm{SU_L}(2) \times \mathrm{SU_R}(2)$ 对称群下, 把 π 场作为基本场变量. 由于 Goldstone 玻色子不携带自旋, 我们可以用标量场表示, 记为 $\pi_a(x)$. 在手征变换下, π 场以一种非线性的形式变化, 由线性 σ 模型到非线性 σ 模型的过渡可以由下面的讨论清楚地给出. 令

$$\Sigma = \sigma + \mathrm{i}\boldsymbol{\pi} \cdot \boldsymbol{\tau}, \tag{18.46}$$

其中 τ 是 Pauli 矩阵:

$$\tau_1 = \begin{pmatrix} 0 & 1 \\ 1 & 0 \end{pmatrix}, \quad \tau_2 = \begin{pmatrix} 0 & -\mathrm{i} \\ \mathrm{i} & 0 \end{pmatrix}, \quad \tau_3 = \begin{pmatrix} 1 & 0 \\ 0 & -1 \end{pmatrix}, \tag{18.47}$$

这样 (18.1) 式中的 $\mathcal{L}_\mathrm{s}$ 可以改造为

$$\mathcal{L}_\mathrm{s} = \frac{1}{4}\mathrm{tr}[\partial_\mu \Sigma \partial_\mu \Sigma^\dagger] - \frac{m^2}{4}\mathrm{tr}[\Sigma\Sigma^\dagger] - \frac{\lambda}{16}\mathrm{tr}[\Sigma\Sigma^\dagger]^2. \tag{18.48}$$

我们已经知道, 物理的 S 矩阵元是不随场的重新定义而改变的, 因此我们可以重新分解 Σ 场, 用极坐标分解

$$\Sigma \equiv \sigma U, \tag{18.49}$$

其中

$$U = \mathrm{e}^{\mathrm{i}\boldsymbol{\pi}\cdot\boldsymbol{\tau}/v}, \tag{18.50}$$

式中 v 是一个待定常数. 在 $\mathrm{SU_L}(2) \times \mathrm{SU_R}(2)$ 转动下 U 的变换性质为

$$U(x) \to U'(x) = V_\mathrm{R} U(x) V_\mathrm{L}^\dagger, \tag{18.51}$$

其变化形式是线性的, 但是 π 场变化是非线性的. 而 σ 场是不变的, 且 $\langle\sigma\rangle = f_\pi$. 由于 σ 粒子很重, 在低能时可以冻结住这一自由度, 即令 $\sigma = v$. 代回 (18.48) 式, 可以定出 $v = f_\pi$, 且 (18.48) 式变为

$$\mathcal{L}_2 = \frac{1}{4}f_\pi^2 \mathrm{tr}(\partial_\mu U \partial^\mu U^\dagger). \tag{18.52}$$

可以在上式中加入 π 介子的质量项, 即

$$\mathcal{L}_2 = \frac{1}{4}f_\pi^2 \mathrm{tr}(\partial_\mu U \partial^\mu U^\dagger + 2Bm(U + U^\dagger)). \tag{18.53}$$

这就是非线性 σ 模型, 其中后面一项记为

$$\mathcal{L}_\mathrm{sb} = \frac{1}{2}f_\pi^2 B\mathrm{tr}(m(U + U^\dagger)), \tag{18.54}$$

且其中的质量参数对应于夸克质量项, $m = \begin{pmatrix} m_u & 0 \\ 0 & m_d \end{pmatrix}$. 假设同位旋对称性守恒,

即 $m_u = m_d$, 于是可以把 $U(x)$ 按照 π 场的幂次展开, 则

$$\mathcal{L}_{\rm sb} = (m_u + m_d)B\left(f_\pi^2 - \frac{1}{2}\pi_a\pi_a + \frac{1}{24}f_\pi^{-2}\pi_a\pi_a\pi_b\pi_b + \cdots\right). \tag{18.55}$$

上式第一项对应于对称性自发破缺的真空能量, 因而可得到夸克凝聚

$$\langle 0|\bar{u}u|0\rangle = \langle 0|\bar{d}d|0\rangle = -f_\pi^2 B + \cdots. \tag{18.56}$$

第二项对应于 π 的质量项, 可以得到 π 粒子的质量

$$m_\pi^2 = (m_u + m_d)B + \cdots. \tag{18.57}$$

上式后面的项是由夸克质量项导出的 $\pi\pi$ 相互作用项.

由线性的 σ 模型向非线性的 σ 模型过渡导致的一个重要后果是拉氏量不再可重整. 事实上, 在正统意义下的可重整性并不是物理理论正确的一个必要条件. 有效拉氏量 $\mathcal{L}_{\rm eff}$ 可以按动量的幂次展开:

$$\mathcal{L}_{\rm eff} = \mathcal{L}_2 + \mathcal{L}_4 + \mathcal{L}_6 + \cdots, \tag{18.58}$$

其中 $\mathcal{L}_2$ 就是上面提到的非线性 σ 模型, 而 $\mathcal{L}_4 \propto O(p^4), \mathcal{L}_6 \propto O(p^6), \cdots\cdots$ 在这里的按动量幂次的展开中, 我们规定 $m_\pi^2 \sim O(p^2)$. 写出各阶相互作用拉氏量的规则是直接的, 即写出在 (18.51) 式变换下的所有不变的项. 此时在形式上规定

$$m \to V_{\rm R} m V_{\rm L}^\dagger, \quad m^\dagger \to V_{\rm L} m^\dagger V_{\rm R}. \tag{18.59}$$

由拉氏量 $\mathcal{L}_2$ 可以计算树图, 但这只是微扰论最低阶 $O(p^2)$ 的结果. 如果要考虑高级项, 例如 $O(p^4)$, 有效拉氏量需要展开到 $\mathcal{L}_4$, 这时需要计算 $\mathcal{L}_2$ 的单圈图和 $\mathcal{L}_4$ 的树图 (后者见 (18.121) 式), 而 $\mathrm{SU_L}(3) \times \mathrm{SU_R}(3)$ 的 $\mathcal{L}_4$ 的形式如下:

$$\begin{aligned}
\mathcal{L}_4 = {} & L_1\langle\partial_\mu U^\dagger\partial^\mu U\rangle^2 + L_2\langle\partial_\mu U^\dagger\partial_\nu U\rangle\langle\partial^\mu U^\dagger\partial^\nu U\rangle \\
& + L_3\langle\partial_\mu U^\dagger\partial^\mu U\partial_\nu U^\dagger\partial^\nu U\rangle \\
& + L_4\langle\partial_\mu U^\dagger\partial^\mu U\rangle\langle\chi^\dagger U + \chi U^\dagger\rangle \\
& + L_5\langle\partial_\mu U^\dagger\partial^\mu U(\chi^\dagger U + \chi U^\dagger)\rangle \\
& + L_6\langle\chi^\dagger U + \chi U^\dagger\rangle^2 + L_7\langle\chi^\dagger U - \chi U^\dagger\rangle \\
& + L_8\langle\chi^\dagger U\chi^\dagger U + \chi U^\dagger\chi U^\dagger\rangle,
\end{aligned} \tag{18.60}$$

其中 $\chi = 2Bm$. 在通常意义下, 手征微扰论是不可重整的. 例如, $\mathcal{L}_2$ 的单圈图发散不能用 $\mathcal{L}_2$ 形式的抵消项抵消掉, 但是可以通过引进与 $\mathcal{L}_4$ 形式相同的抵消项得到有限的结果.

本节的最后对于按外动量展开的有效场论做一评述: 这种场论当然是含有对时间的高阶导数的拉格朗日场论. 按照本书上册 3.1.2 节中的讨论, 这样的场论具有 Ostrogradski 不稳定性, 因而是病态的. 但是我们这里的哲学是将仅仅根据对称性构造的拉氏量看作有效拉氏量, 即做完路径积分量子化后出现在路径积分振幅里的最终形式 (见我们介绍路径积分一章时 (14.15) 及 (14.18) 式后面的讨论). 这样就避开了含高阶时间导数场论量子化的棘手问题, 同时考虑到所有的有效场论均具有一个适用范围, 因此我们并不过于担心 Ostrogradski 不稳定性问题.

§18.6 SU$_L$(3) × SU$_R$(3) 手征微扰理论

18.6.1 QCD 味道的整体对称性分析

QCD 是强相互作用的基本理论, 由于它的渐近自由性质, 在大动量的时候我们可以运用微扰论对问题进行讨论. 但是在低能区域, QCD 的耦合常数将变得非常大, 微扰论无法应用, 必须进行非微扰的讨论. QCD 的基本拉氏量为

$$\mathcal{L}_{\text{QCD}} = \sum \bar{q}_{\text{f}}(\text{i}\gamma^\mu \text{D}_\mu - m_{\text{f}})q_{\text{f}} - \frac{1}{4}F^a_{\mu\nu}F^{a\mu\nu}, \tag{18.61}$$

其中协变微商 D_μ 是作用于色空间的, f 是 "味道" 的指标. QCD 的六味夸克可以以 1 GeV 为界分成两部分, 其中 u, d, s 夸克称为轻夸克, c, b, t 夸克称为重夸克. 这里只讨论轻夸克部分. 可以看到, 除了在色空间的 SU(3) 规范对称性外, 当取轻夸克的质量为零时, QCD 在味道空间还具有整体的对称性. 在取轻夸克的质量为零以后, 轻夸克部分的拉氏量为

$$\mathcal{L}_0 = \sum \bar{q}_l \text{i}\gamma^\mu \text{D}_\mu q_l, \tag{18.62}$$

其中 $\mathcal{L}_0$ 表示手征极限, 下标 l 取 u, d, s. 定义

$$q_{\text{L}} = \frac{1}{2}(1 - \gamma_5), \quad q_{\text{R}} = \frac{1}{2}(1 + \gamma_5), \tag{18.63}$$

$\mathcal{L}_0$ 可以改写成

$$\mathcal{L}_0 = \sum \bar{q}_{l\text{L}}\text{i}\gamma^\mu \text{D}_\mu q_{l\text{L}} + \sum \bar{q}_{l\text{R}}\text{i}\gamma^\mu \text{D}_\mu q_{l\text{R}}, \tag{18.64}$$

即 $\mathcal{L}_0$ 具有 $U_L(3) \times U_R(3)$ 的整体对称性. 根据 Noether 定理, 这样的对称性对应 18 个守恒流. 首先有

$$L_\mu^a = \bar{q}_L \gamma_\mu \frac{\lambda^a}{2} q_L, \tag{18.65}$$

$$R_\mu^a = \bar{q}_R \gamma_\mu \frac{\lambda^a}{2} q_R. \tag{18.66}$$

这两个守恒流在 $SU_L(3) \times SU_R(3)$ 变换下, 分别按照 $(\underline{8}, \underline{1})$ 和 $(\underline{1}, \underline{8})$ 变换, 即 L_μ^a 是左手场的八重态, R_μ^a 是右手场的八重态. 此外还有两个单态流:

$$V_\mu = \bar{q}_R \gamma_\mu q_R + \bar{q}_L \gamma_\mu q_L = \bar{q} \gamma_\mu q, \tag{18.67}$$

$$A_\mu = \bar{q}_R \gamma_\mu q_R - \bar{q}_L \gamma_\mu q_L = \bar{q} \gamma_\mu \gamma_5 q. \tag{18.68}$$

在实际讨论中我们经常用矢量流和轴矢流的形式进行讨论:

$$V_\mu^a = L_\mu^a + R_\mu^a = \bar{q} \gamma_\mu \frac{\lambda^a}{2} q, \tag{18.69}$$

$$A_\mu^a = R_\mu^a - L_\mu^a = \bar{q} \gamma_\mu \gamma_5 \frac{\lambda^a}{2} q. \tag{18.70}$$

单态的矢量流 V_μ 在量子化以后仍然是守恒的, 这对应着重子数守恒. 单态的轴矢流 A_μ, 即使是在手征极限下, 在量子化之后仍然有一个反常出现, 破坏轴矢流守恒. 对于八重态的流, 对应的守恒荷为

$$Q_V^a = \int \mathrm{d}^3 \boldsymbol{x} q^\dagger \frac{\lambda^a}{2} q, \quad a = 1, \cdots, 8, \tag{18.71}$$

$$Q_A^a = \int \mathrm{d}^3 \boldsymbol{x} q^\dagger \gamma_5 \frac{\lambda^a}{2} q, \quad a = 1, \cdots, 8. \tag{18.72}$$

实验上发现一些粒子, 如 0^- 的赝标介子八重态 $\pi^\pm, \pi^0, K^\pm, K^0, \bar{K}^0, \eta$ 等的质量都比较轻, 且自旋宇称都相同. 我们猜测实际的 QCD 整体对称性发生了自发破缺, 且其自法破缺的方式为 $SU_L(3) \times SU_R(3) \to SU_V(3)$. 这表明 $SU_A(3)$ 对称性自发破缺了, 但 $SU_V(3)$ 的对称性保留下来了, 即

$$Q_A^a |0\rangle \neq 0, \quad Q_V^a |0\rangle = 0. \tag{18.73}$$

根据 Goldstone 定理, 自发破缺后会产生八个与破缺生成元 Q_A^a 对应的 Goldstone 玻色子, 记为 $|\pi^a\rangle, a = 1, \cdots, 8$. 由于 $Q_A^a |0\rangle \neq 0$, 意味着轴矢流算符在真空态和这些 Goldstone 粒子间的矩阵元不为零:

$$\langle 0 | A_\mu^a | \pi^b(p) \rangle = \mathrm{i} p_\mu F \delta^{ab}, \tag{18.74}$$

即 $Q_A^a |0\rangle \neq 0$, 等价于 $F \neq 0$.

下面介绍一下在理论上 QCD 是通过何种方法实现这种自发破缺的. 首先定义标量和赝标量夸克对的密度

$$S_a(x) = \bar{q}\lambda_a q, a = 0, 1, \cdots, 8, \tag{18.75}$$

$$P_a(x) = \mathrm{i}\bar{q}\gamma_5\lambda_a q, a = 0, 1, \cdots, 8. \tag{18.76}$$

在 SU$_V$(3) 变换下, 可以得到

$$[Q_V^a(t), S_0(x)] = 0, a = 1, \cdots, 8, \tag{18.77}$$

$$[Q_V^a(t), S_b(x)] = \mathrm{i}f_{abc}S_c(x), a = 1, \cdots, 8. \tag{18.78}$$

在手征极限下 $Q_V^a|0\rangle = 0$, 我们对上两式取真空期望值, 可得

$$\langle 0|S_a(x)|0\rangle = \langle 0|S_a(0)|0\rangle = 0. \tag{18.79}$$

当我们取 $a = 3, 8$ 以后, 可以发现

$$\langle \bar{u}u \rangle = \langle \bar{d}d \rangle = \langle \bar{s}s \rangle. \tag{18.80}$$

对于赝标夸克对密度, 有

$$\langle 0|\mathrm{i}[Q_A^a(t), P_a(x)]|0\rangle = \frac{2}{3}\langle \bar{q}q \rangle, \tag{18.81}$$

这里定义

$$\langle \bar{q}q \rangle = \langle \bar{u}u \rangle + \langle \bar{d}d \rangle + \langle \bar{s}s \rangle. \tag{18.82}$$

可见当 $\langle \bar{q}q \rangle \neq 0$ 时, 必然有 $Q_A^a|0\rangle \neq 0$ 和 $\langle 0|P_a(x)|\pi^b(p)\rangle \neq 0$, 即可以通过 $\langle \bar{q}q \rangle \neq 0$ 来实现 QCD 的对称性自发破缺.

目前为止, 我们只是讨论了在手征极限下的情况, 实际上 QCD 是有夸克质量项的,

$$\mathcal{L}_M = -\bar{q}_l M_q q_l (l = u, d, s), \tag{18.83}$$

式中, M_q 是夸克的质量矩阵

$$M_q = \begin{pmatrix} m_u & 0 & 0 \\ 0 & m_d & 0 \\ 0 & 0 & m_s \end{pmatrix}. \tag{18.84}$$

这些质量项是明显破缺 SU$_L$(3) × SU$_R$(3) 对称性的, 这也是由于轻夸克的质量项使得八个 Goldstone 玻色子获得了较小的质量.

18.6.2 有效拉氏量的构造

从上面的讨论可以看到, QCD 在低能区域 $(\Lambda < m_\rho \approx 700 \text{ MeV})$ 的行为就是这些由于 QCD 真空自发破缺而产生的赝标 Goldstone 场之间的作用, 其他大质量粒子的自由度被冻结了. 因此在低能区域, 我们完全可以将这些赝标介子场视为独立的自由度写入拉氏量进行讨论, 那些大动量自由度对低能区域的影响可以通过若干参数反映在低能有效拉氏量中. 这也正是有效场论精神之所在. 由于物理的结果应该不依赖于引入这些赝标介子场的方式, 所以可以取一种非线性的实现. 在本文的介绍中将用 U 来代表这些赝标场:

$$U = \mathrm{e}^{\frac{\mathrm{i}\boldsymbol{\phi}\cdot\boldsymbol{\lambda}}{F}}, \tag{18.85}$$

式中 F 是待定常数,

$$\boldsymbol{\phi}\cdot\boldsymbol{\lambda} = \sum \phi_a\lambda_a = \begin{pmatrix} \pi^0 + \dfrac{1}{\sqrt{3}}\eta & \sqrt{2}\pi^+ & \sqrt{2}K^+ \\ \sqrt{2}\pi^- & -\pi^0 + \dfrac{1}{\sqrt{3}}\eta & \sqrt{2}K^0 \\ \sqrt{2}K^- & \sqrt{2}\,\overline{K}^0 & -\dfrac{2}{\sqrt{3}}\eta \end{pmatrix}. \tag{18.86}$$

赝标介子场 U 在 $\mathrm{SU}_\mathrm{L}(3) \times \mathrm{SU}_\mathrm{R}(3)$ 群变换 $(V_\mathrm{L}, V_\mathrm{R})$ 下的变换行为是线性的:

$$U \longrightarrow U' = V_\mathrm{R} U V_\mathrm{L}^\dagger. \tag{18.87}$$

可见单独的这些赝标场的变换行为都是比较复杂的非线性的, 这也是用 U 来描述的原因, 并且 $U = 1$ 对应着这里的真空. 这样我们也就找到了构造有效拉氏量的一个基本元素.

前一小节都是在讨论味道空间的整体变换, 对于更一般的情形, 我们希望讨论味道空间的定域变换, 这就需要引入一些外源. 这是因为味道对称性不同于色对称性, 它不是一种规范对称性, 没有与之对应的规范玻色子. 然而为了讨论定域变换, 我们需要引入外源来构造协变微商, 同时也可以很自然地引入夸克的质量项且保持 $\mathrm{SU}_\mathrm{L}(3) \times \mathrm{SU}_\mathrm{R}(3)$ 对称性. 此外, 引入这些外源也使得我们构造的有效拉氏量可以讨论一些赝标介子之外粒子的反应过程. 引入外源之后的拉氏量 (这里不讨论胶子场部分) 为

$$\mathcal{L} = \mathcal{L}_0^{\text{QCD}} + \bar{q}\gamma^\mu(v_\mu + a_\mu\gamma_5)q - \bar{q}(s - \mathrm{i}\gamma_5 p)q, \tag{18.88}$$

式中 v_μ, a_μ, s, p 是引入的外场, 分别是矢量、轴矢量、标量和赝标外场. 这些外场都是定义在味道空间的 3×3 的厄米矩阵:

$$v_\mu = v_\mu^a\frac{\lambda^a}{2}, a_\mu = a_\mu^a\frac{\lambda^a}{2}, s = s^a\frac{\lambda^a}{2}, p = p^a\frac{\lambda^a}{2}, \tag{18.89}$$

夸克的质量项就包含于 $-\bar{q}sq$ 之中. 当我们取这些外源

$$v_\mu \to 0, a_\mu \to 0, p \to 0, s \to M_q \tag{18.90}$$

时, 上述拉氏量 $\mathcal{L}$ 就回到了原始的 QCD 拉氏量.

如果我们要求上述拉氏量 $\mathcal{L}$ 满足定域的 SU$_L$(3) × SU$_R$(3) 对称性, 则可以得到这些外源在定域 SU$_L$(3) × SU$_R$(3) 变换 $(V_L(x), V_R(x))$ 下的性质:

$$v_\mu + a_\mu \to v'_\mu + a'_\mu = V_R(x)[v_\mu + a_\mu + \mathrm{i}\partial_\mu]V_R^\dagger, \tag{18.91}$$

$$v_\mu - a_\mu \to v'_\mu - a'_\mu = V_L(x)[v_\mu - a_\mu + \mathrm{i}\partial_\mu]V_L^\dagger, \tag{18.92}$$

$$s + \mathrm{i}p \to s' + \mathrm{i}p' = V_R(x)[s + \mathrm{i}p]V_L^\dagger, \tag{18.93}$$

$$-s + \mathrm{i}p \to -s' + \mathrm{i}p' = V_L(x)[-s + \mathrm{i}p]V_R^\dagger. \tag{18.94}$$

与之对应的有效拉氏量也应该是满足定域 SU$_L$(3) × SU$_R$(3) 对称性的, 同时也应该满足 C, P 对称性. 在引入局域对称性后, 在有效拉氏量的水平上, 我们也引入在定域 SU$_L$(3) × SU$_R$(3) 变换下的协变微商 D_μ. 这里的 D_μ 不同于 QCD 中的协变微商, 是作用于味道空间的, 而外源充当了联络的角色:

$$D_\mu U = \partial_\mu U - \mathrm{i}(v_\mu + a_\mu)U + \mathrm{i}U(v_\mu - a_\mu). \tag{18.95}$$

可以验证 $D_\mu U$ 的变换方式同 U 的变换方式是一样的. 矢量和轴矢的外场都是通过协变微商而进入有效拉氏量的. 此外还需要定义相应的场强张量:

$$f_{\mu\nu}^R = \partial_\mu r_\nu - \partial_\nu r_\mu - \mathrm{i}[r_\mu, r_\nu], \tag{18.96}$$

$$f_{\mu\nu}^L = \partial_\mu l_\nu - \partial_\nu l_\mu - \mathrm{i}[l_\mu, l_\nu], \tag{18.97}$$

其中

$$r_\mu = v_\mu + a_\mu, l_\mu = v_\mu - a_\mu. \tag{18.98}$$

另外, 在 QCD 中我们要求引入外源以后的拉氏量保持 C, P 变换不变, 可以定出这些外场的 C, P 变换下的行为. 在 C 变换下,

$$v_\mu \to -v_\mu^T, a_\mu \to a_\mu^T, s \to s^T, p \to p^T. \tag{18.99}$$

在 P 变换下,

$$v^\mu \to v_\mu, a^\mu \to -a_\mu, s \to s, p \to -p. \tag{18.100}$$

这样我们就有了构造有效拉氏量的所有元素, 只要写出在手征变换, C, P 变换下保持不变的那些项就可以了. 然而这些项可以有无穷多个, 需要一种系统的方法

来处理它们. 对于赝标介子系统将进行低能展开, 正如在摘要中所提到的那样, 我们按照粒子的外动量和赝标介子的质量 (用一个 Q 来代表) 幂次来展开拉氏量. 这就需要考虑上述各种元素的幂次. 由于在拉氏量中, 外动量体现为微商算符, 所以对外动量的展开也就相当于对微商的幂次展开, 即 ∂_μ 是 Q 的幂次. 在协变微商中 v_μ, a_μ 和 ∂_μ 是一起出现的, 所以它们也应当是 Q 的幂次. 此外我们知道, 这些赝标介子的质量 $m_{\rm p}^2$ 是正比于流夸克质量 M_q 的, 所以流夸克质量 M_q 也就是 Q^2 的幂次. 另一方面, 外场 s 是提供流夸克质量的, 所以 s 也应当是 Q^2 的幂次. 而 p 场同 s 是同一个地位的, 所以 p 场也应当是 Q^2 的幂次. 剩下的 U 场, 我们将其定义为 Q^0.

在定义完各种元素的 Q 幂次之后, 我们就可以构造各个 Q 幂次的有效拉氏量了. 在 Q^0 阶, 我们能用来构造拉氏量的元素只有 U 场, 构造不变的拉氏量必须是以 $UU^\dagger$ 为变量的函数. 由于 U 是一个幺正矩阵, 所以这个函数就是一个常数. 而由于带奇数阶动量幂次的元素都是带有 Lorentz 指标的, 为保证 Lorentz 不变性, 它们必须配对出现, 所以在有效拉氏量中不会出现动量幂次奇数阶的情况. 在 Q^2 阶, 我们可以构造如下两个满足上面所要求的对称性的项:

$$\mathrm{tr}[\mathrm{D}_\mu U(\mathrm{D}^\mu U)^\dagger], \quad \mathrm{tr}(\chi U^\dagger + U\chi^\dagger), \tag{18.101}$$

其中

$$\chi = 2B(s+\mathrm{i}p), \tag{18.102}$$

这里 B 是一个待定的常数. 所以 $O(p^2)$ 的有效拉氏量为

$$\mathcal{L}_2 = \frac{F^2}{4}\mathrm{tr}[\mathrm{D}_\mu U(\mathrm{D}^\mu U)^\dagger] + \frac{F^2}{4}\mathrm{tr}(U\chi^\dagger + \chi U^\dagger), \tag{18.103}$$

其中 $\mathcal{L}_2$ 下标 2 表示 $O(p^2)$ 阶, 并且在那些不变的项前面乘上 $\dfrac{F^2}{4}$ 因子是为了得到与普通场论一样的归一化, 这一点在下面的讨论中将会十分清楚. 按照同样的方法我们可以给出到 $O(p^4)$ 阶的拉氏量 $\mathcal{L}_4$, 在一些文献中对此有详细的讨论, 这里不再赘述.

下面分析一下 $\mathcal{L}_2$. 当只考虑 π 介子系统时, 需要将所有的外源都取真空期望值. 按照前面的讨论, 为了与无外源时的 QCD 拉氏量一致, 我们需要取

$$v_\mu \to 0, a_\mu \to 0, p \to 0, s \to M_q. \tag{18.104}$$

此时有效拉氏量 $\mathcal{L}_2$ 变为

$$\mathcal{L}_2 = \frac{F^2}{4}\mathrm{tr}(\partial_\mu U\partial^\mu U^\dagger) + \frac{BF^2}{2}\mathrm{tr}(UM_q^\dagger + M_q U^\dagger), \tag{18.105}$$

后面一项正是对应着 QCD 中存在明显破缺项, 即流夸克质量的项. 我们对 $\mathcal{L}_2$ 取真空期望值 ($U = U^\dagger = 1$)

$$\mathcal{L}_2 \to BF^2(m_u + m_d + m_s). \tag{18.106}$$

在 QCD 中, 有

$$\frac{\partial \langle \mathcal{L}_{\mathrm{QCD}} \rangle}{\partial m_q} = -\frac{1}{3} \langle \bar{q}q \rangle. \tag{18.107}$$

同样我们对有效拉氏量取真空期望值后对 m_q 求导, 它应该同 QCD 的结果相等, 所以我们得到

$$3BF^2 = -\langle \bar{q}q \rangle. \tag{18.108}$$

可见引入的常数 B 是与 $\langle \bar{q}q \rangle$ 有关的. 为了得到这些 Goldstone 的 π 介子的质量, 需要对 $\mathcal{L}_2$ 展开到 ϕ^2 项, 即

$$U = \mathrm{e}^{\mathrm{i}\frac{\phi_a \lambda_a}{F}} = 1 + \mathrm{i}\frac{\phi_a \lambda_a}{F} - \frac{1}{2}\frac{\phi_a \lambda_a}{F}\frac{\phi_b \lambda_b}{F} + \cdots, \tag{18.109}$$

$$\mathcal{L}_2 = -\frac{B}{2}\mathrm{tr}(\phi_a \lambda_a \phi_b \lambda_b M_q) + \cdots. \tag{18.110}$$

利用前面给出的公式, 可以得到

$$\begin{aligned}
\mathrm{tr}(\phi_a \lambda_a \phi_b \lambda_b M_q) = &\, 2\pi^+ \pi^-(m_u + m_d) + 2K^+ K^-(m_u + m_s) + 2K^0 \overline{K}^0(m_s + m_d) \\
&+ \pi^0(m_u + m_d) + \frac{2}{\sqrt{3}}(m_u - m_d)\pi^0 \eta + \frac{m_u + m_d + 4m_s}{3}\eta^2.
\end{aligned} \tag{18.111}$$

当不考虑同位旋破坏, 即 $m_u = m_d$ 时, 在最低阶有

$$m_\pi^2 = 2Bm_u, \tag{18.112}$$

$$m_K^2 = B(m_u + m_s), \tag{18.113}$$

$$m_\eta^2 = \frac{2}{3}B(m_u + 2m_s). \tag{18.114}$$

从这一组表达式中我们就可以得到著名的 Gell-Mann-Okubo 质量公式

$$4m_K^2 = 3m_\eta^2 + m_\pi^2. \tag{18.115}$$

由本节方法, 我们可以得到展开至 $O(p^{2n})$ 阶的有效拉氏量的最一般形式. 我们知道这是一种不可重整的拉氏量, 其原因就在于它的非线性实现. 虽然它不能重整, 但由于拉氏量是按照动量的幂次进行展开的, 在讨论低能情况时高阶项可以忽略, 然后利用已知的实验数据定出精确到某一阶的拉氏量中的有限个自由参数, 就可以进行预测了. 作为一个简单的应用, 在 §18.7 中将给出一个具体的例子: 用手征微扰论来讨论一下 $\pi\pi$ 散射的问题.

§18.7　$O(p^4)$ 阶的 $\pi\pi$ 散射与手征理论中的幂次律

本节在 SU(2) 的框架下讨论 $\pi\pi$ 散射的问题, 所以都取外源

$$v_\mu \to 0, a_\mu \to 0, p \to 0, s \to M_q, \tag{18.116}$$

即有效拉氏量中只包含 π 场自由度, 并且不考虑同位旋破坏的情形, 即 $m_u = m_d$, 此时 M_q 就是一个 2×2 且正比于单位矩阵的矩阵. 此时我们可以将 $O(p^2)$ 的拉氏量写成

$$\mathcal{L}_2 = \frac{F^2}{4}\mathrm{tr}(\partial_\mu U \partial^\mu U^\dagger) + \frac{m^2 F^2}{4}\mathrm{tr}(U + U^\dagger), \tag{18.117}$$

其中 $m^2 = 2Bm_u$, 即树图水平上的 π 粒子质量 (在下面的展开项中这一点将会很清楚). 上式中的

$$\begin{aligned}
U &= \mathrm{e}^{\mathrm{i}\frac{\tau_a \pi_a}{F}} \\
&= 1 + \frac{\mathrm{i}}{F}\tau_a\pi_a - \frac{1}{2F^2}\tau_a\tau_b\pi_a\pi_b - \frac{\mathrm{i}}{6F^3}\tau_a\tau_b\tau_c\pi_a\pi_b\pi_c + \frac{1}{24F^4}\tau_a\tau_b\tau_c\tau_d\pi_a\pi_b\pi_c\pi_d \\
&\quad + \frac{\mathrm{i}}{120F^5}\tau_a\tau_b\tau_c\tau_d\tau_e\pi_a\pi_b\pi_c\pi_d\pi_e - \frac{1}{720F^6}\tau_a\tau_b\tau_c\tau_d\tau_e\tau_f\pi_a\pi_b\pi_c\pi_d\pi_e\pi_f + \cdots.
\end{aligned} \tag{18.118}$$

下指标 $a, b, c, d, \cdots$ 都是同位旋指标, 可以取 1, 2, 3. 这里我们并不采取物理上的 π^+, π^-, π^0 场表达式进行讨论, 而是用 π_1, π_2, π_3 讨论问题, 主要是因为用这种语言更方便讨论交叉对称性. 容易看出在上述拉氏量中只有 F, m 两个独立参数. 在对拉氏量进行展开的时候, 利用 $\mathrm{tr}(\tau_a\tau_b) = 2\delta_{ab}$, 及可由公式 (A.1) 得到的

$$\begin{aligned}
\mathrm{tr}(\tau_a\tau_b\tau_c\tau_d) &= 2(\delta_{ab}\delta_{cd} + \delta_{bc}\delta_{ad} - \delta_{ac}\delta_{bd}), \\
\mathrm{tr}(\tau_a\tau_b\tau_c\tau_d\tau_e\tau_f) &= 2[-\epsilon_{abc}\epsilon_{def} + \delta_{ab}(\delta_{cd}\delta_{ef} + \delta_{de}\delta_{cf} - \delta_{ce}\delta_{df}) \\
&\quad + \delta_{bc}(\delta_{ad}\delta_{ef} + \delta_{af}\delta_{de} - \delta_{ae}\delta_{df}) \\
&\quad + \delta_{ac}(\delta_{be}\delta_{df} - \delta_{bf}\delta_{de} - \delta_{bd}\delta_{ef})],
\end{aligned} \tag{18.119}$$

再利用 (18.118) 式, 就可以得到 $\mathcal{L}_2$ 对 π 展开的表达式:

$$\begin{aligned}
\mathcal{L}_2 &= \frac{1}{2}\partial_\mu\pi_a\partial^\mu\pi_a - \frac{m^2}{2}\pi_a\pi_a \\
&\quad - \frac{1}{6F^2}\pi_a\pi_a\partial_\mu\pi_b\partial^\mu\pi_b + \frac{1}{6F^2}\pi_a\pi_b\partial_\mu\pi_a\partial^\mu\pi_b + \frac{m^2}{24F^2}\pi_a\pi_a\pi_b\pi_b \\
&\quad + \frac{1}{45F^4}\pi_a\pi_a\pi_b\pi_b\partial_\mu\pi_c\partial^\mu\pi_c - \frac{1}{45F^4}\pi_a\pi_a\pi_b\pi_c\partial_\mu\pi_b\partial^\mu\pi_c \\
&\quad - \frac{m^2}{720F^4}\pi_a\pi_a\pi_b\pi_b\pi_c\pi_c + \cdots.
\end{aligned} \tag{18.120}$$

同样我们根据对称性写出 $O(p^4)$ 拉氏量为

$$\mathcal{L}_4 = \frac{\alpha_1}{4}[\text{tr}(\partial_\mu U \partial^\mu U^\dagger)]^2 + \frac{\alpha_2}{4}\text{tr}(\partial_\mu U \partial_\nu U^\dagger)\text{tr}(\partial^\mu U \partial^\nu U^\dagger)$$
$$+ \frac{\alpha_3}{4}[\text{tr}(m^2 U)]^2 + \frac{\alpha_4}{4}\text{tr}[\partial_\mu U \partial^\mu U^\dagger m^2 (U + U^\dagger)], \tag{18.121}$$

其展开形式为

$$\mathcal{L}_4 = \frac{\alpha_1}{F^4}\partial_\mu \pi_a \partial^\mu \pi_a \partial_\nu \pi_b \partial^\nu \pi_b + \frac{\alpha_2}{F^4}\partial_\mu \pi_a \partial^\mu \pi_b \partial_\nu \pi_a \partial^\nu \pi_b$$
$$+\alpha_3 m^4 \left(\frac{1}{3F^4}\pi_a \pi_a \pi_b \pi_b - \frac{\pi_a \pi_a}{F^2} \right)$$
$$+\alpha_4 m^2 \left(\frac{\partial_\mu \pi_a \partial^\mu \pi_a}{F^2} + \frac{1}{3F^4}\pi_a \partial_\mu \pi_a \pi_b \partial^\mu \pi_b - \frac{5}{6F^4}\pi_a \pi_a \partial_\mu \pi_b \partial^\mu \pi_b \right) + \cdots. \tag{18.122}$$

这里的系数 $\alpha_1, \alpha_2, \alpha_3, \alpha_4$ 都是自由参数, 其本身还不能从更基本的理论得到, 只能通过实验给出.

下面让我们看一下这里的幂次律问题. 考虑一个最普遍的 Feynman 图, 有 L 个圈, I 条赝标介子内线, V_i 个动量幂次为 d_i 的顶点. 由于每个独立的圈贡献动量幂次为 4, 每条赝标介子内线对动量幂次贡献为 –2, 所以整个 Feynman 图的动量幂次

$$n = 4L - 2I + \sum V_i d_i. \tag{18.123}$$

同时由拓扑学恒等式

$$L - I + \sum V_i = 1, \tag{18.124}$$

得到

$$n = 2L + 2 + \sum V_i (d_i - 2). \tag{18.125}$$

从 (18.125) 式我们也可以看出每个顶点携带的动量幂次 d_i 至少是 2, 否则按照动量展开将失去意义.

由于这里只讨论到 $O(p^4)$ 阶, 所以只考虑 $\mathcal{L}_2$ 的树图和一圈图, 再加上 $\mathcal{L}_4$ 的树图 (见图 18.8) 就可以了. 从上面的拉氏量可以看出, 对 $\pi\pi$ 散射有贡献的一圈 Feynman 图如图 18.9 所示.

容易用上面的规则看出, 这里所涉及的一圈图都是 $O(p^4)$ 阶的, 而且发散. 对于这些 $O(p^4)$ 的发散, 我们只能用 $\mathcal{L}_4$ 来抵消. 所以 $\mathcal{L}_4$ 中的那些系数 $\alpha_1, \alpha_2, \alpha_3, \alpha_4$ 都是发散的, 它们的发散部分用来抵消由 $\mathcal{L}_2$ 给出的一圈图 (它们都是 $O(p^4)$ 阶).

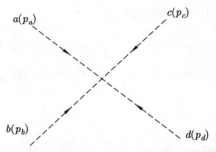

图 18.8　手征微扰理论中 $\pi\pi \to \pi\pi$ 散射过程树图的贡献.

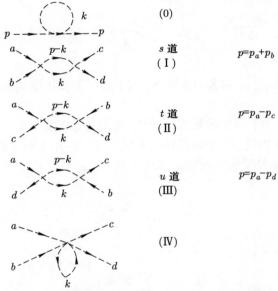

图 18.9　手征微扰理论中 $\pi\pi \to \pi\pi$ 散射过程单圈图的贡献.

此外, 由于有效拉氏量是严格按照对称性来构造的, 所以由 $\mathcal{L}_2$ 给出的这些一圈图发散都应该由这四个系数 $\alpha_1, \alpha_2, \alpha_3, \alpha_4$ 来消掉. 而 $\mathcal{L}_2$ 中的参数 F, m 都是有限的, 不过它们会得到 $O(p^4)$ 阶的修正.

接下来就简单看一下这个不可重整理论的一圈重整化过程. 对于 π 的波函数重整化常数 Z_π 和重整化量 m_r, 我们需要考虑图 18.9 中的蝌蚪图 (0), 与此对应的还需要考虑由 $\mathcal{L}_4$ 提供的树图. 容易得到图 18.9 (0) 正规化以后的结果与 $\mathcal{L}_4$ 树图之和, 即 π 的自能函数为

$$\Sigma(p^2) = \frac{1}{16\pi^2}\left[\frac{m^2 p^2}{F^2}\left(\frac{2}{3} + 2\gamma_4\right) - \frac{m^4}{F^2}\left(\frac{1}{6} + 2\gamma_3\right)\right] R$$
$$= A + Bp^2. \tag{18.126}$$

上面式子中

$$A = \frac{-1}{16\pi^2}\frac{m^4}{F^2}\left(\frac{1}{6}+2\gamma_3\right)R, \quad B = \frac{1}{16\pi^2}\frac{m^2}{F^2}\left(\frac{2}{3}+2\gamma_4\right)R. \tag{18.127}$$

(18.127) 式中 R 的定义为

$$R = -\frac{1}{\epsilon} - \ln(4\pi) + \gamma_{\mathrm{E}}, \tag{18.128}$$

其中 $\epsilon = 4-d$. 在上几式中为了方便讨论, 已经对 α_i 的发散部分做了如下定义:

$$\alpha_i \doteq \frac{-1}{16\pi^2}\gamma_i R, \tag{18.129}$$

其中 "$\doteq$" 表示只保留发散部分. 在前面的讨论中已经提到, 参数 m (也就是树图水平上的 π 介子质量) 应该是一个有限的量, 这表明我们不需要额外引入 m 的抵消项来抵消图 18.9 (0) 的发散, 只需要用 $\mathcal{L}_4$ 中的发散系数 α_3, α_4 来抵消其发散, 使得 m 获得一个 $O(p^4)$ 阶的有限修正. 重整化后的 m_{r} 为

$$m_{\mathrm{r}}^2 = \Sigma(m_{\mathrm{r}}^2) = m^2 + \frac{1}{16\pi^2}\frac{m^4}{F^2}\left(2\gamma_4 - 2\gamma_3 + \frac{1}{2}\right)R. \tag{18.130}$$

波函数重整化常数也容易得到:

$$Z_\pi = 1 + B = 1 + \frac{1}{16\pi^2}\frac{m^2}{F^2}\left(\frac{2}{3}+2\gamma_4\right)R. \tag{18.131}$$

由于 m_{r} 应该是有限量, 所以其无穷大部分就应该全部抵消, 这意味着

$$2\gamma_4 - 2\gamma_3 + \frac{1}{2} = 0. \tag{18.132}$$

同样, 参数 F (就是树图水平上的 π 介子衰变常数) 跟 m 一样也只是在 $O(p^4)$ 阶上获得一个修正. 但对于 F 的重整化, 需要将轴矢外源 $a_\mu = a_\mu^a\frac{\tau_a}{2}$ 重新考虑进来, 利用 F 的定义进行重整化. 在普通微商项中加入轴矢外源 a_μ, 并代入 $\mathcal{L}_2, \mathcal{L}_4$ 找出正比于 a_μ 的项 $A_\mu, \mathcal{A}_\mu$ 就是 PCAC 中的轴矢流. 经过简单计算得到 $O(p^4)$ 阶的轴矢流 A_μ^a 为

$$A_{\mu,2}^a = -F\partial_\mu\pi_a - \frac{2}{3F}(\pi_a\pi_b\partial_\mu\pi_b - \partial_\mu\pi_a\pi_b\pi_b), \tag{18.133}$$

$$A_{\mu,4}^a = -\frac{2m^2\alpha_4}{F}\partial_\mu\pi_a, \tag{18.134}$$

其中 $A_{\mu,2}^a, A_{\mu,4}^a$ 分别表示 $\mathcal{L}_2, \mathcal{L}_4$ 的贡献. 在 $\mathcal{L}_2$ 树图水平上确实有

$$\langle 0|A_\mu^a|\pi^b\rangle = \langle 0| - F\partial_\mu\pi_a|\pi^b\rangle = \mathrm{i}Fp_\mu\delta_{ab}. \tag{18.135}$$

而由 PCAC 定理

$$\langle 0|A_\mu^a|\pi^b\rangle = \mathrm{i}F_\pi p_\mu \delta_{ab}, \tag{18.136}$$

可以看出 $\mathcal{L}_2$ 中的参数 F 确实是树图上的 π 的衰变常数. 容易得到重整化以后的

$$F_{\mathrm{r}} = Z_\pi^{\frac{1}{2}}(F + F_{\mathrm{loop}} + F_4) = F - \frac{R}{16\pi^2}\frac{m^2}{F^2}(\gamma_4 + 1)F, \tag{18.137}$$

这里 F_{loop}, F_4 分别代表一圈图和 $\mathcal{L}_4$ 的贡献. 正如处理 m 一样, F_{r} 也是有限的量, 这表示

$$\gamma_4 + 1 = 0. \tag{18.138}$$

在处理完 F, m 的重整化问题后, 让我们反过头来看一看所感兴趣的 $\pi\pi$ 散射的振幅. 重整化以后的振幅记为 T_{r}, 它应该为

$$T_{\mathrm{r}} = Z_\pi^2 T. \tag{18.139}$$

(18.139) 式中的 T 是尚未重整化的裸量, 应该包括两部分 $(T = T_{\mathrm{loop}} + T_4)$: 一部分就是 $\mathcal{L}_2$ 的一圈图贡献 T_{loop}, 另一部分是 $\mathcal{L}_4$ 的树图贡献 T_4.

对于一个 $\pi_a\pi_b \to \pi_c\pi_d$ 的散射过程, 其振幅 T 可以写为

$$T_{ab\to cd}(s,t,u) = \delta_{ab}\delta_{cd}A(s,t,u) + \delta_{ac}\delta_{bd}B(s,t,u) + \delta_{ad}\delta_{bc}C(s,t,u), \tag{18.140}$$

其中函数 A, B, C 形式是一样的, 具有交叉对称性

$$\begin{aligned}
A(t,s,u) &= B(s,t,u), \\
A(u,t,s) &= C(s,t,u), \\
B(s,u,t) &= C(s,t,u).
\end{aligned} \tag{18.141}$$

上式中的 s,t,u 为 Mandelstam 变量:

$$\begin{aligned}
s &= (p_a + p_b)^2 = (p_c + p_d)^2, \\
t &= (p_a - p_c)^2 = (p_d - p_b)^2, \\
u &= (p_a - p_d)^2 = (p_c - p_b)^2.
\end{aligned} \tag{18.142}$$

对 $\pi\pi$ 散射有贡献的一圈图是图 18.9 中的 I, II, III, IV 图. 利用 $\mathcal{L}_2$ 给出这四个 Feynman 图的振幅, 然后我们用维数正规化处理这些发散积分, 得到的结果为 (这

里暂且看它们的发散部分, 且只给出正比于 $\delta_{ab}\delta_{cd}$ 的项, 剩余部分由交叉对称性可以给出)

$$
\begin{aligned}
A_{\text{loop}} = \frac{-\mathrm{i}}{16\pi^2}\frac{2}{3F^4}\Big[& \left(t^2 + \frac{s^2}{2} + st + 4m^4 - 2m^2 s - 4m^2 t\right) \\
& + \frac{1}{2}(s^2 - 4m^2 s + 4m^4) + 2\left(m^2 s - \frac{5}{3}m^4\right) + \frac{m^4}{3}\Big] R.
\end{aligned}
\tag{18.143}
$$

由此我们可以得到裸量 $A_{\text{loop}} + A_4$, 重整化的

$$
\begin{aligned}
A_{\mathrm{r}} &= Z_\pi^2 A \\
&= \frac{s - m^2}{F^2} - \frac{1}{16\pi^2}\frac{2}{3F^4}\Big[3\gamma_1(s - 2m^2)^2 + \frac{1}{2}(s - 2m^2)^2 \\
&\quad + 3\gamma_2 \left(t^2 + \frac{1}{2}s^2 + st + 4m^4 - 2m^2 s - 4m^2 t\right) \\
&\quad + \left(t^2 + \frac{1}{2}s^2 + st + 4m^4 - 2m^2 s - 4m^2 t\right) + (4\gamma_3 - 4\gamma_4 - 1)m^4\Big] R.
\end{aligned}
\tag{18.144}
$$

A_{r} 应该是有限的, 所以这就要求

$$
\gamma_1 = -\frac{1}{6}, \gamma_2 = -\frac{1}{3}, \gamma_3 - \gamma_4 = \frac{1}{4}.
\tag{18.145}
$$

可见这与要求 F, m 有限的结果是一致的, 也表明了 $\alpha_1, \alpha_2, \alpha_3, \alpha_4$ 这四个参数确实可以抵消有效拉氏量所给出的 $O(p^4)$ 发散. 最后定出的值为

$$
\gamma_1 = -\frac{1}{6}, \gamma_2 = -\frac{1}{3}, \gamma_3 = -\frac{3}{4}, \gamma_4 = -1.
\tag{18.146}
$$

这里用直接写出 Feynman 规则, 计算圈图的方法定出 $\alpha_1, \alpha_2, \alpha_3, \alpha_4$ 的发散部分, 这与 Gasser 和 Leutwyler 用背景场加热核展开方法给出的是一样的[①]. 对于其有限的部分, 可将维数正规化中剩下的那些有限部分代回我们的计算中, 然后利用实验数据定出 $\alpha_1, \alpha_2, \alpha_3, \alpha_4$ 的有限部分, 这样就可以用这个有效拉氏量进行实际计算了.

§18.8　σ 粒子的归来

在 §18.6 和 §18.7 中介绍的手征微扰理论, 彻底放弃了 §18.1 中引入的线性 σ 模型, 并且放弃了传统意义下的可重整性. 然而放弃传统意义下的可重整性并没有带来灾难, 而是利用按外动量的展开建立了新的幂次律. 正如上一节中介绍的, 虽然有无穷多的相互作用项或抵消项, 但是到外动量展开的任意有限阶, 为了得到不

[①]Gasser J and Leutwyler H. Annals Phys., 1984, 158: 142.

发散的物理振幅所需要的抵消项个数是有限的, 这使得一个 "不可重整" 的理论具有了可预言性.

　　这种对于场论的发散的新的认识带来了巨大的好处: 手征微扰理论在预言极低能的强子相互作用时取得了巨大的成功①. 由于这样的成功, 长久以来占主导地位的观点是, 在低能强子世界里并不存在 §18.1 中引入的所谓 σ 粒子. 然而有工作指出②, 手征微扰理论在解释 $IJ = 00$ 道 $\pi\pi$ 散射分波相移时遇到了巨大的困难, 这一困难只能由一个非常类似 σ 粒子的极点贡献加以解决. 本章下面的内容将阐述这一工作.

18.8.1 利用单圈手征微扰论对左手积分的估计

　　在本书上册 13.2.2 节中, 我们将相移和极点与左手积分建立了联系, 即弹性区间右手的不连续性被解出了. 当左手积分的贡献不可忽略时, 这个式子将会很有用. 在其他一些方法, 例如 K 矩阵方法中, 都不能很好地控制左手奇异性的影响. 在利用相移来定 σ 极点的位置时, 由于 σ 极点的质量很低, 而左手不连续性从 0 开始, 离此极点很近, 有可能对 σ 极点的位置有较大的影响, 所以在此问题上我们应讨论左手积分的影响. 讨论左手积分的影响, 首先要对左手积分有一个合理的估计. 为了尽量减少对模型的依赖, 我们用手征微扰论的结果来估计本书上册 (13.54) 式中出现的左手积分. 因为树图不会产生虚部, 所以我们用到手征微扰论的单圈结果:

$$
\begin{aligned}
T^{I=0} &= 3A(s,t,u) + A(t,u,s) + A(u,s,t) \ , \\
T^{I=1} &= A(t,u,s) - A(u,t,s), \\
T^{I=2} &= A(t,u,s) + A(u,t,s),
\end{aligned}
\tag{18.147}
$$

其中

$$
\begin{aligned}
A(s,t,u) &= \frac{s - m_\pi^2}{f_\pi^2} + B(s,t,u) + C(s,t,u) + O(E^6), \\
B(s,t,u) &= \frac{1}{6f_\pi^4}\{3(s^2 - m_\pi^4)\bar{J}(s) + \left[t(t-u) - 2m_\pi^2 t + 4m_\pi^2 u - 2m_\pi^4\right]\bar{J}(t) \\
&\quad + (t \leftrightarrow u)\}.
\end{aligned}
\tag{18.148}
$$

(18.148) 式中的函数 C 是 s, t 和 u 的多项式, 在左边是连续的, 所以与不连续性无关. 函数 $\bar{J}(s)$ 定义为

$$
\bar{J}(s) = \frac{1}{16\pi^2}\left[\rho\ln\left(\frac{\rho-1}{\rho+1}\right) + 2\right].
\tag{18.149}
$$

---

①对于 $\pi\pi$ 散射, 相当于质心系能量 $\leqslant 450$ MeV.

②Xiao Z G and Zheng H Q. Nucl. Phys. A, 2001, 695: 273.

由分波展开式

$$T_J^I(s) = \frac{1}{32\pi(s - 4m_\pi^2)} \int_{4m_\pi^2 - s}^0 \mathrm{d}t P_J\left(1 + \frac{2t}{s - 4m_\pi^2}\right) T^I(s, t, u), \quad (18.150)$$

可以得到 T 矩阵元在左手不连续性上的表达式:

$$\mathrm{Im}_\mathrm{L} T_J^I(s) = \frac{1 + (-1)^{I+J}}{32\pi(s - 4m_\pi^2)} \int_{4m_\pi^2}^{4m_\pi^2 - s} \mathrm{d}t P_J\left(1 + \frac{2t}{s - 4m_\pi^2}\right) \mathrm{Im} T_t^I(s, t), \quad s \leqslant 0.$$
$$(18.151)$$

对于函数 $\bar{J}$, 我们可以看到它是实解析的. 实际上, 在 $0 < s < 4m_\pi^2$ 的实轴上, $\rho(s)$ 是纯虚数, 而 $\rho - 1$ 与 $\rho + 1$ 的模相等, 因而 $\ln\left(\frac{\rho - 1}{\rho + 1}\right)$ 是纯虚数, 从而 J 在 $0 < s < 4m_\pi^2$ 的实轴上为实数. 由 Schwartz 解析延拓定理可得到 $\bar{J}(s)$ 在整个复平面上为实解析函数, 即满足

$$\bar{J}(s + \mathrm{i}\epsilon) = \bar{J}^*(s - \mathrm{i}\epsilon). \quad (18.152)$$

其实, $\bar{J}(s)$ 在 $s < 0$ 的实轴上也为实的, 因为此时 ρ 为实数且大于 1, $\ln\left(\frac{\rho - 1}{\rho + 1}\right)$ 也不会贡献虚部. $\bar{J}(s)$ 只有在 $s > 4m_\pi^2$ 时有虚部, 因为此时 $\rho(s) < 1$ 为实数, $\ln\left(\frac{\rho - 1}{\rho + 1}\right)$ 给出一个虚部 $\mathrm{i}\pi$, $\bar{J}(s)$ 此时的虚部为 $\mathrm{i}\pi\rho(s)$. 因此, 函数 $\bar{J}(s)$ 只在 $s > 4m_\pi^2$ 的实轴上有割线.

这样, 我们用公式 (18.151) 可以求出分波 T 矩阵元在左手的不连续性. 对于 $I = J = 0$ 道, 结果为

$$\mathrm{Im}_\mathrm{L} T_0^0(s) = \frac{1}{1536\pi^2 f_\pi^4(s - 4m_\pi^2)} \left\{ 2\ln\frac{\sqrt{4m_\pi^2 - s} - \sqrt{-s}}{\sqrt{4m_\pi^2 - s} + \sqrt{-s}}(25m_\pi^6 - 6m_\pi^4 s) \right.$$
$$\left. + \sqrt{-s(4m_\pi^2 - s)}\left(\frac{7}{3}s^2 - \frac{40}{3}m_\pi^2 s + 25m_\pi^4\right) \right\}. \quad (18.153)$$

但是注意到本书上册 (13.54) 式的左手积分中的被积函数中要用到的是 $\mathrm{Im}_\mathrm{L} F$, 而 $F = 2\mathrm{Re} T$, 实际上 F 就是 $2\mathrm{Re} T$ 的解析延拓, 所以我们要求的是 $\mathrm{Re} T$ 在左手的虚部 $\mathrm{Im}_\mathrm{L}\mathrm{Re}_\mathrm{R} T$, 因此可以得到

$$\mathrm{Im}_\mathrm{L} F = 2(\mathrm{Im}_\mathrm{L} T - \mathrm{Re}_\mathrm{L}\mathrm{Im}_\mathrm{R} T). \quad (18.154)$$

由幺正性条件, 可以由树图的结果得到单圈的 $\mathrm{Im}_\mathrm{R} T_0^0$ 结果:

$$\mathrm{Im}_\mathrm{R} T_0^0 = \rho\left(\frac{2s - m_\pi^2}{32\pi f_\pi^2}\right)^2. \quad (18.155)$$

这里可以看到, 因为在左手 ρ 是实的, 所以 $\mathrm{Re_L Im_R} T = \mathrm{Im_R} T$. 值得指出的是, 在公式 (18.154) 中, 对 $\mathrm{Im_L} F$ 主要的贡献来自于第二项.

因为我们的方法可以用到所有的道, 所以可以对 $I = J = 1$ 和 $I = 2, J = 0$ 道做同样的计算, 结果如下:

$$\mathrm{Im_L} T_1^1 = \frac{1}{9216\pi^2 f_\pi^4 (s - 4m_\pi^2)^2} \left\{ (36m_\pi^6 - 72m_\pi^4 s + 16m_\pi^2 s^2 - s^3) \right.$$
$$\times \sqrt{-s(4m_\pi^2 - s)} + 12m_\pi^4 (6m_\pi^4 + 13m_\pi^2 s - 3s^2)$$
$$\left. \times \ln \frac{\sqrt{4m_\pi^2 - s} - \sqrt{-s}}{\sqrt{4m_\pi^2 - s} + \sqrt{-s}} \right\}, \tag{18.156}$$

$$\mathrm{Im_R} T_1^1 = \rho \left(\frac{s - 4m_\pi^2}{96\pi f_\pi^2} \right)^2, \tag{18.157}$$

$$\mathrm{Im_L} T_0^2 = \frac{1}{1536\pi^2 f_\pi^4 (s - 4m_\pi^2)} \left\{ \frac{1}{6} (6m_\pi^4 - 32m_\pi^2 s + 11s^2) \sqrt{-s(4m_\pi^2 - s)} \right.$$
$$\left. + 2(m_\pi^6 + 3m_\pi^4 s) \times \ln \frac{\sqrt{4m_\pi^2 - s} - \sqrt{-s}}{\sqrt{4m_\pi^2 - s} + \sqrt{-s}} \right\}, \tag{18.158}$$

$$\mathrm{Im_R} T_0^2 = \rho \left(\frac{s - 2m_\pi^2}{32\pi f_\pi^2} \right)^2, \tag{18.159}$$

其中 $f_\pi = 93.3$ MeV. 由上面的式子可以看到, 在 $s = m_\pi^2/2, 4m_\pi^2$ 和 $2m_\pi^2$ 时, 最低阶的分波振幅 T_0^0, T_1^1 和 T_0^2 分别为 0, 这是由 Adler 零点引起的.

对于本书上册 (13.58) 式中 $\tilde{F}$ 的左手不连续性, 可以很容易得出它在 $O(p^4)$ 阶没有贡献, 原因是

$$\mathrm{Im_L} \tilde{F} = -2\rho \mathrm{Im_L Im_R} T, \tag{18.160}$$

而 $\mathrm{Im_R} T$ 在 $O(p^4)$ 阶为实的. $\mathrm{Im_L} \tilde{F}$ 在 $O(p^4)$ 消失意味着它的左手积分对本书上册 (13.58) 式的贡献很小, 可以忽略. 然而当我们计算 $\mathrm{Im_L} \tilde{F}$ 到 $O(p^6)$ 阶时, 发现

$$\mathrm{Im_L Im_R} T(s) = 2\rho T_2 \mathrm{Im_L Re_R} T_4$$
$$= 2\rho T_2 \mathrm{Im_L} T_4 - 2\rho^2 T_2^3. \tag{18.161}$$

上面的式子中用到了微扰论的幺正性条件 $\mathrm{Im_R} T_4 = \rho T_2^2$, 其中上指标表示手征微扰展开的阶数. 利用微扰论的结果, 当 $s \to 0^-$ 时, 由于运动学因子的存在, $\mathrm{Im_L} \tilde{F} \to O((1/\sqrt{-s})^3)$, 本书上册 (13.58) 式的左手积分是发散的. 如果使用更高阶的结果 $1/\sqrt{-s}$, 那么情况会更糟. 当利用更高阶的微扰论的结果时, 同样的情形发生在 $\mathrm{Im_L} F$ 上. 可以证明这个问题的出现仅仅是简单地利用微扰论所造成的, 可以改正

过来并且对数值积分影响不大①. 事实上 $\mathrm{Im}_L F(s)$ 和 $\mathrm{Im}_L \tilde{F}(s)$ 在 $s \to 0$ 时, 分别表现为 $O(\sqrt{-s})$ 和 $O(1/\sqrt{-s})$, 且 $\mathrm{Im}_L T_J^I \sim O((\sqrt{-s})^3)$, 即所有的左手积分都是有很好的定义的.

18.8.2　利用推广的分波色散关系对实验数据的分析

得到了 $\mathrm{Im}_L F$ 解析的表达式, 利用本书上册 (13.54) 式, 我们就可以用实验得到的 $\pi\pi$ 散射的相移来确定不同道的极点的位置.

为了估算发散的左手积分, 需要引入一个合理的积分截断 $\Lambda_{\chi\mathrm{PT}}$. 通过拟合可以发现, 极点的位置对 $\Lambda_{\chi\mathrm{PT}}$ 并不是很敏感, 并且 Padé 振幅 (本书上册 13.2.1 节中讨论的 K 矩阵方法的一种变形) 的估算结果与微扰论的结果相差不多, 说明这样对左手积分的估算有一定的合理性, 而加入左手积分的贡献减小了 σ 极点的质量和宽度, 但是影响不是很大. 所有情况下 χ^2 都很小. 图 18.10 中画出了各种不同估算下的左手积分对 $\sin(2\delta_\pi)$ 的贡献. 值得指出的是, 由图 18.10 可以看出, 左手积分的贡献都与实验数据的趋势正好相反, 并且是负的, 而且所有的左手积分都是凹的. 又由于减除常数和左手积分不可能给出实验上一个凸的曲线, 这说明必须有一个 σ 极点来抵消左手积分的贡献并给出实验数据的趋势. 这样我们首次以一种模

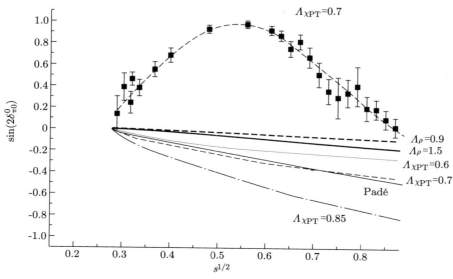

图 18.10　$I = J = 0$ 道拟合的典型结果 ($\Lambda_{\chi\mathrm{PT}}$=0.7 GeV). 不同的截断所导致的不同的左手积分的贡献也画了出来. 作为参照也画出了 Padé 振幅所预言的左手积分贡献. 相比之下, 用 ρ 交换 ($\Lambda_\rho = 0.9, 1.5$ GeV) 给出的左手割线贡献显得比较小.

①详细情况请参见文献 Xiao Z G and Zheng H Q. Chin. Phys. Lett., 2003, 20: 342.

型无关的方法表明了 σ 粒子存在的必要性.

当然, 这里所说的 σ 粒子与 §18.1 中的 σ 粒子应该还是有所不同的. §18.1 中的拉氏量毕竟只是一个玩具模型. 事实上没有任何理由相信 QCD 的低能有效理论是一个可重整理论. 这一节所讨论的内容的主要物理意义在于揭示了手征对称性的线性实现更真实地反映了低能 QCD. σ 粒子的回归也不能够否定手征微扰理论的意义, 但它明确给出了手征微扰理论的适用范围和局限性. 最后我们指出, σ 粒子的存在凸显了低能 QCD 的强烈的非微扰特性, 关于这一点可以从 §17.4 的讨论中领悟到.

利用分波矩阵元的幺正表示可以对 σ 粒子在复平面上的位置进行更精确的确定[①], 利用 Roy 方程亦可以得到类似的结果[②]. σ 粒子 (在 PDG 中也叫作 $f_0(500)$) 在复平面上的极点位置大约为 $\sqrt{s} \equiv M - \dfrac{\mathrm{i}}{2}\Gamma \approx \left(450 - \dfrac{\mathrm{i}}{2}550\right)$ MeV.

[①] 见本书上册第 13.2.3 节, 及 Zhou Z Y, et al. JHEP, 2005, 0502: 043.
[②] Caprini I, Colangelo P, and Leutwyler H. Phys. Rev. Lett., 2006, 96: 132001.

第十九章 规范对称性与非 Abel 规范场的量子化

§19.1 非 Abel 群对称性与非 Abel 规范场

在量子电动力学中, 费米场由于是复场, 可以做一个任意的相角转动. 在把相角转动定域化以后, 为了保持定域的转动不变性, 导致了 U(1) 规范场 (电磁场) 的引入. 从这个角度理解量子电动力学具有重要的意义. 1954 年杨振宁和 Mills 把规范对称性的观点推广到了具有更复杂的内禀对称性的系统, 最终导致了量子非 Abel 规范场理论的建立. 这一发展对于人类认识微观世界产生了巨大的作用.

Yang–Mills 理论最早是建立在强子之间的同位旋 SU(2) 对称性之上的. 为建立具有 SU(2) 对称性的场论, 首先构造一个费米子场的二重态

$$\psi = (\psi_1, \psi_2)^{\mathrm{T}}. \tag{19.1}$$

在一个 SU(2) 变换下,

$$\psi(x) \to \psi'(x) = \exp\left\{\frac{-\mathrm{i}\boldsymbol{\tau} \cdot \boldsymbol{\theta}}{2}\right\} \psi(x). \tag{19.2}$$

其中 $\boldsymbol{\theta} = (\theta_1, \theta_2, \theta_3)$ 是 SU(2) 群的参数. $\boldsymbol{\tau} = (\tau_1, \tau_2, \tau_3)$ 是熟知的 Pauli 矩阵, 满足

$$\left[\frac{\tau_i}{2}, \frac{\tau_j}{2}\right] = \mathrm{i}\epsilon_{ijk}\frac{\tau_k}{2} \quad (i, j, k = 1, 2, 3). \tag{19.3}$$

自由的费米场拉氏量

$$\mathcal{L}_0 = \bar{\psi}(x)\left(\mathrm{i}\gamma_\mu \partial^\mu - m\right)\psi(x) \tag{19.4}$$

在整体 SU(2) 转动下不变. 然而在定域的转动下,

$$\psi(x) \to \psi'(x) = U(\theta(x))\psi(x), \tag{19.5}$$

自由场拉氏量不再是不变的,

$$\bar{\psi}(x)\partial_\mu \psi(x) \to \bar{\psi}'(x)\partial_\mu \psi'(x) = \bar{\psi}(x)\partial_\mu \psi(x) + \bar{\psi}(x)U^{-1}(\theta)[\partial_\mu U(\theta)]\psi(x). \tag{19.6}$$

为了恢复 (定域的) 规范不变性, 受 U(1) 规范场情形的启发, 引入一个矢量规范场 A_μ^i, 并且构造如下的协变导数:

$$\mathrm{D}_\mu \psi = \left(\partial_\mu - \mathrm{i}g\frac{\tau^i}{2}A_\mu^i\right)\psi. \tag{19.7}$$

定义 $A_\mu \equiv \dfrac{\tau^i}{2} A_\mu^i$, 并要求 $\mathrm{D}_\mu\psi$ 在定域规范变换下与 ψ 具有同样的变换性质:

$$\mathrm{D}_\mu\psi \to (\mathrm{D}_\mu\psi)' = U(\theta)\mathrm{D}_\mu\psi, \tag{19.8}$$

即导致

$$A_\mu' = U(\theta)A_\mu U^{-1}(\theta) - \frac{\mathrm{i}}{g}[\partial_\mu U(\theta)]U^{-1}(\theta). \tag{19.9}$$

这就给出了规范场的变换规律. 在无穷小规范变换下,

$$U(\theta) \approx 1 - \mathrm{i}\frac{\boldsymbol{\tau} \cdot \boldsymbol{\theta}(x)}{2}. \tag{19.10}$$

这导致

$$A_\mu^{i\,'} = A_\mu^i + \epsilon^{ijk}\theta^j A_\mu^k - \frac{1}{g}\partial_\mu\theta^i \tag{19.11}$$

且

$$\psi \to \psi' = \psi - \mathrm{i}\frac{\boldsymbol{\tau} \cdot \boldsymbol{\theta}}{2}\psi. \tag{19.12}$$

规范场的二阶反对称张量可由如下方式引入:

$$(\mathrm{D}_\mu\mathrm{D}_\nu - \mathrm{D}_\nu\mathrm{D}_\mu) \equiv -\mathrm{i}g F_{\mu\nu} = -\mathrm{i}g\left\{\frac{\tau^i}{2}F_{\mu\nu}^i\right\}. \tag{19.13}$$

$F_{\mu\nu}$ 是一个二阶矩阵, 它在规范变换下如下变换:

$$F_{\mu\nu} \to U(\theta)F_{\mu\nu}U^{-1}(\theta). \tag{19.14}$$

无穷小变换时,

$$F_{\mu\nu}^{i\,'} = F_{\mu\nu}^i + \epsilon^{ijk}\theta^j F_{\mu\nu}^k. \tag{19.15}$$

这一点与电磁场不同, 规范场张量自己不是不变的, 它按照 SU(2) 群的伴随表示变化. 规范不变量是

$$\mathrm{tr}(F_{\mu\nu}F^{\mu\nu}) = \frac{1}{2}F_{\mu\nu}^i F^{i\,\mu\nu}. \tag{19.16}$$

由上面的讨论, 规范不变的拉氏量可以写成

$$\mathcal{L} = -\frac{1}{4}F_{\mu\nu}^i F^{i\,\mu\nu} + \bar{\psi}\mathrm{i}\gamma^\mu \mathrm{D}_\mu\psi - m\bar{\psi}\psi\,, \tag{19.17}$$

其中

$$F_{\mu\nu}^i = \partial_\mu A_\nu^i - \partial_\nu A_\mu^i + g\epsilon^{ijk} A_\mu^j A_\nu^k ,$$

$$\mathrm{D}_\mu\psi = \left(\partial_\mu - \mathrm{i}g\frac{\boldsymbol{\tau} \cdot \boldsymbol{A}_\mu}{2}\right)\psi. \tag{19.18}$$

很容易将上述讨论推广到任意的规范对称群和群表示. 设单李群 G 的生成元 F^a 满足李代数

$$[F^a, F^b] = \mathrm{i}f^{abc}F^c, \tag{19.19}$$

其中 f^{abc} 是对所有指标全反对称的结构常数, 又设 ψ 属于某种表示, 其表示矩阵为 T^a, 于是

$$[T^a, T^b] = \mathrm{i}f^{abc}T^c, \tag{19.20}$$

且协变导数为

$$\mathrm{D}_\mu\psi = (\partial_\mu - \mathrm{i}gT^a A_\mu^a)\psi. \tag{19.21}$$

规范场的二阶反对称张量是

$$F_{\mu\nu}^a = \partial_\mu A_\nu^a - \partial_\nu A_\mu^a + g f^{abc} A_\mu^b A_\nu^c, \tag{19.22}$$

$$(\boldsymbol{T} \cdot \boldsymbol{F})_{\mu\nu} = \partial_\mu (\boldsymbol{T} \cdot \boldsymbol{A}_\nu) - \partial_\nu (\boldsymbol{T} \cdot \boldsymbol{A}_\mu) - \mathrm{i}g[\boldsymbol{T} \cdot \boldsymbol{A}_\mu, \boldsymbol{T} \cdot \boldsymbol{A}_\nu]. \tag{19.23}$$

规范场与物质场的拉氏量是

$$\mathcal{L} = -\frac{1}{4}F_{\mu\nu}^a F^{a\mu\nu} + \bar{\psi}(\mathrm{i}\gamma^\mu \mathrm{D}_\mu - m)\psi. \tag{19.24}$$

这样构造的拉氏量在如下规范变换下不变:

$$\psi(x) \to \psi'(x) = U(\theta(x))\psi(x), \tag{19.25}$$

$$\boldsymbol{T} \cdot \boldsymbol{A}(x)_\mu \to \boldsymbol{T} \cdot \boldsymbol{A}'(x)_\mu = U(\theta)\boldsymbol{T} \cdot \boldsymbol{A}_\mu U^{-1}(\theta) - \frac{\mathrm{i}}{g}[\partial_\mu U(\theta)]U^{-1}(\theta). \tag{19.26}$$

由 (19.24) 式可以给出运动方程. 在没有物质场时, 运动方程是

$$\partial_\mu F^{a\mu\nu} + g f^{abc} A_\mu^b F^{c\mu\nu} = 0. \tag{19.27}$$

可以定义一个协变导数

$$\mathrm{D}_\mu^{ab} \equiv \delta^{ab}\partial_\mu + g f^{acb} A_\mu^c, \tag{19.28}$$

而把 (19.27) 式改写为

$$D_\mu^{ab} F^{b\mu\nu} = 0. \tag{19.29}$$

还有更为紧凑的形式: 对于任意协变函数 $G \equiv G^a T^a$, 上述协变导数的作用规则是

$$D_\mu G \equiv \partial_\mu G - ig[A_\mu, G]. \tag{19.30}$$

于是方程 (19.29) 式可进一步改写成

$$D_\mu F^{\mu\nu} = 0. \tag{19.31}$$

有物质场时, 物质场所构成的流为

$$j_\mu^a \equiv \bar\psi^j T_{jk}^a \gamma_\mu \psi^k, \tag{19.32}$$

而规范场所构成的运动方程为

$$D_\mu^{ab} F^{b\mu\nu} = -gj^{a\nu} \quad (D_\mu F^{\mu\nu} = j^\nu). \tag{19.33}$$

这里必须指出的是, j^μ 并不是守恒流. 利用运动方程 (19.33) 容易理解, 真正的守恒流是

$$J^{a\mu} = -gf^{abc}A_\nu^b F^{c\nu\mu} - gj^{a\mu} = \partial_\nu F^{a\nu\mu}, \tag{19.34}$$

它满足 $\partial_\mu J^{a\mu} = 0$. 然而 J^μ 虽然守恒但却不是规范协变的. 相反, 虽然 $j^{a\mu}$ 并不是守恒流, 但它却是规范协变的流,

$$j_\nu' = Uj_\nu U^{-1}, \tag{19.35}$$

并且满足守恒律的规范协变的推广

$$D_\mu j^\mu = 0. \tag{19.36}$$

对比一下 QED, 我们发现非 Abel 规范场有着一些显著的不同. 首先, 很容易理解为什么 j_μ^a 不是守恒流. 电磁场并不带电荷, 所有的荷都由物质场携带. 而非 Abel 规范场则不然, 由于存在着自相互作用, 规范场本身也携带荷. 因此物质场和非 Abel 场的组合才能反映规范流的守恒. 自作用项可以在 Yang–Mills 场的运动学项 $-\frac{1}{4}F_{\mu\nu}^a F^{a\mu\nu}$ 中看出, 它包含着的自作用项为: $-gf^{abc}\partial_\mu A_\nu^a A^{b\mu} A^{c\nu}$ 和 $-\frac{g^2}{4}f^{abc}f^{ade} A_\mu^b A_\nu^c A^{d\mu} A^{e\nu}$, 分别对应于非 Abel 规范场的三点和四点自相互作用. 这一现象会

对规范场的动力学产生本质的影响. 另一点值得指出的是规范粒子的无质量性仍然得以保持. 对于非 Abel 规范场来说, 还有一个重要的特性, 即规范场的自耦合以及与物质场的耦合受到了很强的限制, 叫作规范耦合的普适性 (gauge coupling universality). 而在 QED 中不同的物质场可以和规范粒子有不同的耦合.

对于经典规范场的解有很多讨论, 包括类似于 QED 中的关于磁单极解的讨论 (电荷量子化) 等等. 经典规范理论的几何图像也有许多讨论. 这里我们不再介绍了, 有兴趣的读者可以研究各种专著以及文献.

§19.2 规范场的路径积分量子化

19.2.1 Faddeev–Popov 方案

以 SU(2) 规范场为例,

$$\mathcal{L} = -\frac{1}{4}F^a_{\mu\nu}F^{a\mu\nu}, \quad a = 1, 2, 3,$$
$$F^a_{\mu\nu} = \partial_\mu A^a_\nu - \partial_\nu A^a_\mu + g\epsilon^{abc}A^b_\mu A^c_\nu. \tag{19.37}$$

我们尝试把生成泛函写成

$$Z[J] = \int [\mathrm{d}A_\mu] \exp\left\{\mathrm{i}\int \mathrm{d}^4x[\mathcal{L}(x) + J^\mu(x)A_\mu(x)]\right\}, \tag{19.38}$$

其自由场部分是

$$Z_0[J] = \int [\mathrm{d}A_\mu] \exp\left\{\mathrm{i}\int \mathrm{d}^4x[\mathcal{L}_0(x) + J^\mu(x)A_\mu(x)]\right\}, \tag{19.39}$$

其中

$$\int \mathrm{d}^4x\mathcal{L}_0(x) = \frac{1}{2}\int \mathrm{d}^4x A^a_\mu(x)(g^{\mu\nu}\partial^2 - \partial^\mu\partial^\nu)A^a_\nu(x). \tag{19.40}$$

这是一个 Gauss 积分,

$$\int [\mathrm{d}\phi] \exp\left[-\frac{1}{2}\langle\phi K\phi\rangle + \langle J\phi\rangle\right] \sim \frac{1}{\sqrt{\det K}}\exp\{JK^{-1}J\}, \tag{19.41}$$

可以积掉, 但是

$$K_{\mu\nu} \equiv g_{\mu\nu}\partial^2 - \partial_\mu\partial_\nu \tag{19.42}$$

没有逆. 为了看清这一点, 假设有逆

$$(g_{\mu\nu}\partial^2 - \partial_\mu\partial_\nu)G^{\nu\lambda}(x-y) = \delta_\mu{}^\lambda\delta^4(x-y). \tag{19.43}$$

转换到动量空间, 有

$$(-k^2 g_{\mu\nu} + k_\mu k_\nu)G^{\nu\lambda}(k) = g_\mu{}^\lambda. \tag{19.44}$$

把 $G^{\nu\lambda}(k)$ 做分解

$$G^{\nu\lambda}(k) = a(k^2)g^{\nu\lambda} + b(k^2)k^\nu k^\lambda,$$

得到

$$-a(k^2)(k^2 g_\mu{}^\lambda - k_\mu k^\lambda) = g_\mu{}^\lambda,$$

而这一方程不可能有解. 从另一个角度来看 $K_{\mu\nu}$ 没有逆, 注意到 $K_{\mu\nu}$ 只含有横向部分, 是一个投影算符: $K_{\mu\nu}K_\lambda{}^\nu = K_{\mu\lambda}$. 由于 $K_{\mu\nu}$ 算符没有逆, 这导致了路径积分表达式发散. 造成这一发散的原因, 根据 Faddeev 和 Popov 的观察, 是理论的规范不变性. 在 (19.39) 式中对规范场做路径积分时, 实际上我们对很多等价的路径进行了积分, 因为任何一条路径在做了规范变换后, 变成了另一条路径. 所有这样的由规范变换联系在一起的路径叫作一个规范等价类. 由于作用量的规范不变性, 在一个规范等价类内, 每一条路径对泛函积分的贡献都是相同的. 而由于一个规范等价类内有无穷多条路径, 因而对泛函积分的贡献发散. 为了克服这一困难, 必须想办法使得在 (19.39) 式中对规范场做路径积分时, 只对不同的规范等价类进行积分.

对于规范变换

$$A_\mu \to A_\mu^{\theta(x)}, \tag{19.45}$$

其中 A_μ^θ 由 (19.11) 式给出, 随着 $\theta(x)$ 的变化, 在由任意一个 A_μ 张出的, 在群元 $\theta(x)$ 变化时 A_μ^θ 构成的轨道上, 作用量都是不变的. 而一个恰当的量子化方法应该保证所有的这些等价的路径仅对积分贡献一次. 我们假设存在这样由方程

$$f_a(A_\mu) = 0 \tag{19.46}$$

所定义的超曲面. 根据要求, 对于任意给定的 A_μ, 它只能和 A_μ^θ 相交一次. 也就是说, 方程

$$f_a(A_\mu^\theta) = 0 \tag{19.47}$$

对于任意给定的 A_μ 只能有关于 θ 的唯一解. 方程 (19.46) 即是所谓的规范条件.

方程 (19.47) 的解的唯一性要求仅仅对于微扰论适用, 对于大的规范场和耦合常数, 存在着所谓的 Gribov 拷贝, 方程 (19.47) 的解并不唯一. 但是一般认为这种解的不唯一性并不影响微扰论. 这一不确定性与规范场的自相互作用有关: 在规范固定时, 即使没有物质场存在, 场的经典构形也存在非平庸解. 更多的讨论请参见 19.2.2 节.

下一步我们需要定义在群空间上的积分,

$$[\mathrm{d}\theta] = \prod_{a,x} \mathrm{d}\theta_a(x), \tag{19.48}$$

其中 θ 是 SU(2) 群的群元 $U(\theta)$ 的参数. 对于无穷小的 θ, 有

$$U(\theta) = 1 + \mathrm{i}\boldsymbol{\theta} \cdot \boldsymbol{\tau}/2 + O(\theta^2). \tag{19.49}$$

定义

$$U(\theta)U(\theta') = U(\theta\theta'), \tag{19.50}$$

则群空间的体积元在群空间的转动下具有不变性

$$\mathrm{d}(\theta\theta') = \mathrm{d}\theta'. \tag{19.51}$$

更为准确地说, 群空间的积分需要利用所谓的 Haar 测度 $[\mathrm{d}\mu(g)]$, 其中 g 是群元. 需要引进一个权重因子来使得积分测度对群元转动不变, 在 SU(2) 情形:

$$[\mathrm{d}\mu(g)] = W(\theta)\mathrm{d}\theta_1\mathrm{d}\theta_2\mathrm{d}\theta_3, \tag{19.52}$$

其中

$$W(\theta_1, \theta_2, \theta_3) = \epsilon_{ijk}\mathrm{tr}\left[g^{-1}\frac{\partial g}{\partial \theta_i} g^{-1}\frac{\partial g}{\partial \theta_j} g^{-1}\frac{\partial g}{\partial \theta_k}\right]. \tag{19.53}$$

假设做转动 $g \to g' = \tilde{g}g$, 则利用微商的链式法则容易证明

$$W[\theta'] = \det\left(\frac{\partial\theta}{\partial\theta'}\right)W[\theta], \tag{19.54}$$

即出现了雅可比行列式的倒数, 它正好消掉了 $\mathrm{d}\theta_1\mathrm{d}\theta_2\mathrm{d}\theta_3$ 因子中出现的雅可比行列式, 因而保证了积分测度不变. 对于无穷小的 SU(2) Haar 测度, 可以证明在 $W = 1$ 附近 $W \approx 1$.

有了前面的准备, 现在我们可以来抽出前面提到过的多余的体积因子. 定义

$$\Delta_f^{-1}[A_\mu] = \int [\mathrm{d}\theta(x)]\delta[f_a(A_\mu^\theta)], \tag{19.55}$$

也就是说

$$\Delta_f[A_\mu] = \det M_f \tag{19.56}$$

且

$$(M_f)_{ab} = \frac{\delta f_a}{\delta \theta_b}. \tag{19.57}$$

函数 M_f 的具体形式可以由上述表示得出. 由 (19.49) 式, 对于无穷小规范变换有

$$A_\mu^{a\theta'} = A_\mu^a + \epsilon^{abc}\theta^b A_\mu^c - \frac{1}{g}\partial_\mu\theta^a, \tag{19.58}$$

$$f_a[A_\mu^\theta(x)] = f_a[A_\mu(x)] + \int d^4y[M_f(x,y)]_{ab}\theta_b(y) + O(\theta^2). \tag{19.59}$$

由于要求 (19.47) 式有唯一解, $\det M_f \neq 0$. 函数 $\Delta_f[A_\mu]$ 具有一个重要的性质, 即它本身具有规范不变性:

$$\begin{aligned}
\Delta_f^{-1}[A_\mu^\theta] &= \int [d\theta'(x)]\delta[f_a(A_\mu^{\theta\theta'})]\\
&= \int [d(\theta\theta')]\delta[f_a(A_\mu^{\theta\theta'})]\\
&= \Delta_f^{-1}[A_\mu].
\end{aligned} \tag{19.60}$$

现在我们把 (19.55) 式代入路径积分表达式中,

$$\begin{aligned}
\int [dA_\mu]\exp\left\{i\int d^4x\mathcal{L}(x)\right\} &= \int [d\theta(x)][dA_\mu(x)]\Delta_f[A_\mu]\delta[f_a(A_\mu^\theta)]\exp\left\{i\int d^4x\mathcal{L}(x)\right\}\\
&= \int [d\theta(x)]\int [dA_\mu(x)]\Delta_f[A_\mu]\delta[f_a(A_\mu)]\\
&\quad \times \exp\left\{i\int d^4x\mathcal{L}(x)\right\},
\end{aligned} \tag{19.61}$$

最后一步用到了 $\Delta_f[A_\mu]$ 和作用量都规范不变的事实. 又由 (19.58) 式 ((19.26) 式) 得知规范场的积分测度 $[dA_\mu] = \prod_x\prod_{a,\mu}[dA_\mu^a(x)]$ 也是规范不变的, 因为规范变换 (19.26) 式无外乎只是一个线性平移加上一个群空间的幺正转动. 这样我们就分离出了一个冗余的无穷大因子 $\int [d\theta(x)]$. 于是规范场的路径积分量子化可以写为

$$Z_f[J] = \int [dA_\mu]\det M_f\delta[f_a(A_\mu)]\exp\left\{i\int d^4x[\mathcal{L}(x) + J_\mu A^\mu]\right\}. \tag{19.62}$$

这就是规范场路径积分量子化的 Faddeev–Popov 方案. 它形式上依赖于规范固定项的选择, 实际上处理的是一个有约束系统的量子化问题.

在得到了一般的规范理论的路径积分表述后, 我们回过头来看一下 Abel 规范场. 对于 QED 中的 U(1) 规范变换,

$$A_\mu^\theta(x) = A_\mu(x) - \frac{1}{g}\partial_\mu\theta, \tag{19.63}$$

这样 (19.59) 式中的 M_f 只是一个与规范场无关的场量, 因而可以略去. 对于非 Abel 规范场如果采用轴规范 (axial gauge)

$$f_a = A_3^a = 0 \tag{19.64}$$

有同样的好处, 但是此时明显的 Lorentz 不变性被破坏了. 实际计算中经常采用的是协变规范, 或 Lorenz 规范:

$$f_a = \partial^\mu A_\mu^a = 0. \tag{19.65}$$

可以把 (19.62) 式改写为更方便的形式. 对于 $\det M_f$, 可以引入反对易的标量场 $C^a(x)$ 并利用 Grassmann 数的性质 (14.111) 式, 给出

$$\det M_f \sim \int [\mathrm{d}C][\mathrm{d}C^\dagger] \exp \left\{ \mathrm{i} \int \mathrm{d}^4x \mathrm{d}^4y \sum_{a,b} C_a^\dagger(x)[M_f(x,y)]_{ab} C^b(y) \right\}. \tag{19.66}$$

值得强调的是, 标量场 C^a 满足反对易关系或 Fermi-Dirac 统计, 一个闭合圈会有一个额外的负号. 这样的标量场是辅助场, 并不出现在入态、出态中. 它的存在是必要的 —— 为了保证物理态之间的跃迁矩阵元所张成的 S 矩阵的幺正性. 这样的, 具有错误统计规律的标量场叫作 Faddeev–Popov 鬼场.

对于出现在泛函路径积分中的规范固定项 $\delta[f_a(A_\mu)]$ 可以做如下处理: 首先对规范条件 (19.47) 式做稍许推广:

$$f_a(A_\mu^\theta) = B^a(x), \tag{19.67}$$

其中 $B^a(x)$ 是一个任意的, 与规范场无关的辅助函数. 由此规范条件 (19.55) 变为

$$1 = \int [\mathrm{d}\theta(x)] \Delta_f[A_\mu] \delta[f_a(A_\mu^\theta) - B^a(x)], \tag{19.68}$$

且 (19.62) 式也要做相应的改动. 在做了相应的改动后, 对 $Z[J]$ 做泛函积分 $\int[\mathrm{d}B]$, 有

$$\begin{aligned} Z[J] = \int [\mathrm{d}A_\mu][\mathrm{d}B] \det M_f \delta[f_a(A_\mu) - B^a] \\ \times \exp \left\{ \mathrm{i} \int \mathrm{d}^4x \left[\mathcal{L}(x) + J_\mu A^\mu + \frac{1}{2\xi} B^2 \right] \right\}, \end{aligned} \tag{19.69}$$

其中的 ξ 叫作规范参数 (gauge parameter). 可以很容易地把上面公式中的辅助函数 B 积掉, 再由 (19.66) 式, 即得

$$Z[J] = \int [\mathrm{d}A][\mathrm{d}C][\mathrm{d}C^\dagger] \exp\{\mathrm{i}S_{\mathrm{eff}}[J]\}, \tag{19.70}$$

其中 $S_{\mathrm{eff}}[J] = S[J] + S_{\mathrm{gf}} + S_{\mathrm{ghost}}$, 而

$$S_{\mathrm{gf}} = -\frac{1}{2\xi} \int \mathrm{d}^4 x \{f_a[A_\mu(x)]\}^2 \ ,$$

$$S_{\mathrm{ghost}} = \int \mathrm{d}^4 x \mathrm{d}^4 y \sum_{a,b} C_a^\dagger(x)[M_f(x,y)]_{ab} C_b(y).$$

(19.71)

在 19.2.3 节中我们将详细讨论协变规范下的 Feynman 规则.

19.2.2 Gribov 拷贝

前面提起过, 方程 (19.47) 的解的唯一性这一要求仅仅对于微扰论才适用, 而对于大的规范场和耦合常数, 解的唯一性并不满足, 即存在着所谓的 Gribov 拷贝[1].

我们来检查一下 Coulomb 规范, 看是否可能存在规范变换 θ, 满足无穷远处边界条件

$$\partial_j \theta = 0 \quad (j = 1, 2, 3),$$

且

$$\nabla \cdot \boldsymbol{A} = \nabla \cdot \boldsymbol{A}^\theta = 0,$$

(19.72)

即使得 Coulomb 规范不能唯一地固定规范场. 首先注意到, 对于 Abel 规范场, 不存在非平庸的 θ 解. 由于 Abel 规范场的规范变换是 $A_\mu^\theta = A_\mu - \frac{1}{g}\partial_\mu\theta$, 这导致 $\nabla^2\theta = 0$ (在这里可以不考虑时间变量 t 的作用). 求解这个方程很像证明静电问题的唯一性定理, 不难得到 $\theta = $ 常数.

对于非 Abel 规范场, θ 的不唯一性则是可能的. 这一不确定性与规范场的自相互作用有关: 在规范固定时, 即使没有物质场, 场的经典构形也存在非平庸解. 为了理解这一点, 考虑无穷小规范变换

$$A_\mu^{a'} = A_\mu^a + f^{abc}\theta^b A_\mu^c - \frac{1}{g}\partial_\mu\theta^a,$$

(19.73)

在 Coulomb 规范下其中的 θ 满足

$$\nabla^2\theta^a - gf^{abc}\nabla \cdot (\theta^b \boldsymbol{A}^c) = 0.$$

(19.74)

这又分两种情况: gA_μ 很小或 gA_μ 不能看成小量. 对于前一种情况, 可以证明 $\theta = 0$. 把 θ 写成微扰展开的形式, $\theta = \theta^{(0)} + \theta^{(1)} + \cdots$, 代回上式, 得

$$\nabla^2\theta_a^{(0)} = 0,$$

$$\nabla^2\theta_a^{(1)} - gf^{abc}\nabla \cdot (\theta_b^{(0)} \boldsymbol{A}^c) = 0,$$

(19.75)

$$\cdots\cdots$$

[1]Gribov V N. Nucl. Phys. B, 1978, 139: 1.

从第一式知 $\theta^{(0)} = 0$, 又从第二式推出 $\theta^{(1)} = 0$, 等等. 对于大的 gA, 不能对 θ 做微扰展开. 此时需要对 (19.74) 式求解. 注意到它很像一个 Schrödinger 方程:

$$\nabla^2 \theta^a - g f^{abc} \nabla \cdot (\theta^b \boldsymbol{A}^c) = E\theta^a. \tag{19.76}$$

(19.76) 式中 θ 是一个在势场 $g\boldsymbol{A}$ 中运动的粒子的波函数. Gribov 研究了这种方程, 发现对于足够大的 $g\boldsymbol{A}$, 不但可以有 $E = 0$ 的解, 甚至可以有 $E < 0$ 的束缚态解.

一般认为, 对应着 Gribov 不确定性的现象并不影响微扰论, 因为它对应着大的 gA, 后者远离微扰展开的区间 (远离平庸的经典解路径), 因而对路径积分微扰计算的贡献可忽略. 有猜测认为 Gribov 拷贝与色禁闭有关联, 但是这一猜测仍然未被证实.

19.2.3 协变规范中的 Feynman 规则

所谓协变规范是指

$$f_a[A_\mu] = \partial^\mu A_\mu^a = 0. \tag{19.77}$$

利用无穷小规范变换的表示

$$A_\mu^{i\,\prime} = A_\mu^i + \epsilon^{ijk}\theta^j A_\mu^k - \frac{1}{g}\partial_\mu \theta^i, \tag{19.78}$$

得到

$$
\begin{aligned}
f_a[A_\mu^\theta] &= f_a[A_\mu] + \int \mathrm{d}^4 y [M_f(x,y)]_{ab}\theta_b(y) + O(\theta^2) \\
&= f_a[A_\mu] + \partial^\mu \left[\epsilon^{abc}\theta^b(x)A_\mu^c(x) - \frac{1}{g}\partial_\mu \theta^a(x) \right],
\end{aligned} \tag{19.79}
$$

即

$$
\begin{aligned}
M_f[x,y] &= -\frac{1}{g}\partial^\mu [\delta^{ab}\partial_\mu - g\epsilon^{abc}A_\mu^c]\delta^4(x-y) \\
&= -\frac{1}{g}\partial^\mu D_\mu^{ab}\delta^4(x-y).
\end{aligned} \tag{19.80}
$$

可以重新定义 C 场以吸收上面多余的因子, 于是完整的量子化的规范场生成泛函可以写为

$$
\begin{aligned}
Z[J, \eta, \eta^\dagger] = \int [\mathrm{d}A_\mu \mathrm{d}C \mathrm{d}C^\dagger] \exp \Bigg\{ \mathrm{i} \int \mathrm{d}^4 x \Bigg[\mathcal{L}(x) - \frac{1}{2\xi}(\partial^\mu A_\mu^a)^2 \\
+ C^{a\dagger}(-\partial^\mu D_\mu^{ab})C^b + J_\mu^a A^{a\mu} + \eta^{a\dagger}C^a + C^{a\dagger}\eta^a \Bigg] \Bigg\}.
\end{aligned} \tag{19.81}
$$

请注意鬼场的拉氏量并不是厄米的. 把 $Z[J, \eta, \eta^\dagger]$ 分为运动学部分和相互作用部分, 利用 (14.87) 式即可以做微扰展开, 而由双线性项可以得到传播子.

为计算规范场的传播子, 首先,

$$
\begin{aligned}
Z_0^A[J] &= \int [\mathrm{d} A_\mu] \exp \left\{ \mathrm{i} \int \mathrm{d}^4 x \left[\frac{1}{2} A_\mu^a (g^{\mu\nu} \partial^2 - (1 - \xi^{-1}) \partial^\mu \partial^\nu) \delta^{ab} A_\nu^b + J_\mu^a A^{a\mu} \right] \right\} \\
&= \int [\mathrm{d} A_\mu] \exp \left\{ \mathrm{i} \int \mathrm{d}^4 x \left[\frac{1}{2} A_\mu^a K_{ab}^{\mu\nu} A_\nu^b + J_\mu^a A^{a\nu} \right] \right\},
\end{aligned} \tag{19.82}
$$

其中

$$
K_{ab}^{\mu\nu} = [g^{\mu\nu} \partial^2 - (1 - \xi^{-1}) \partial^\mu \partial^\nu] \delta_{ab}. \tag{19.83}
$$

由 $K_{ab}^{\mu\nu}(x - y) = \delta^4(x - y) K_{ab}^{\mu\nu}$, 且比较 (14.88) $\sim$ (14.91) 式, 可得出

$$
Z_0^A[J] = \exp \left\{ -\frac{\mathrm{i}}{2} \int \mathrm{d}^4 x \mathrm{d}^4 y J_\mu^a(x) G_{ab}^{\mu\nu}(x - y) J_\nu^b(y) \right\}, \tag{19.84}
$$

其中

$$
\begin{aligned}
G_{ab}^{\mu\nu}(x - y) = \delta^{ab} \int \frac{\mathrm{d}^4 k}{(2\pi)^4} \mathrm{e}^{-\mathrm{i} k \cdot (x - y)} &\left[-\left(g^{\mu\nu} - \frac{k^\mu k^\nu}{k^2} \right) \right. \\
&\left. - \xi \frac{k^\mu k^\nu}{k^2} \right] \frac{1}{k^2 + \mathrm{i}\epsilon}.
\end{aligned} \tag{19.85}
$$

不难证明 $G_{\mu\nu}^{ab}$ 的确为 $K_{ab}^{\mu\nu}$ 的逆:

$$
\int \mathrm{d}^4 y K_{ab}^{\mu\nu}(x - y) G_{\nu\lambda}^{bc}(y - z) = g^\mu{}_\lambda \delta_a^c \delta^4(x - z). \tag{19.86}
$$

类似地,

$$
Z_0^C[\eta, \eta^\dagger] = \exp \left\{ -\mathrm{i} \int \mathrm{d}^4 x \mathrm{d}^4 y \eta^{a\dagger} G^{ab}(x - y) \eta^b(y) \right\}, \tag{19.87}
$$

且

$$
G^{ab}(x - y) = -\int \frac{\mathrm{d}^4 k}{(2\pi)^4} \frac{\mathrm{e}^{-\mathrm{i} k \cdot (x - y)}}{k^2 + \mathrm{i}\epsilon} \delta^{ab}. \tag{19.88}
$$

于是我们可以得到动量空间中的 Feynman 传播子的 Feynman 规则.

(1) 规范粒子的传播子:

$$
\mathrm{i} \Delta_{\mu\nu}^{ab}(k) = -\mathrm{i} \frac{g_{\mu\nu} - (1 - \xi) \dfrac{k^\mu k^\nu}{k^2}}{k^2 + \mathrm{i}\epsilon} \delta^{ab}. \tag{19.89}
$$

(2) 鬼场的传播子:

$$i\Delta^{ab}(k) = -i\delta^{ab}\frac{1}{k^2 + i\epsilon}.\qquad(19.90)$$

同样可以求出各种相互作用顶点的 Feynman 规则 (规定动量向外流动).

(1) 规范场的三点正规顶角:

$$i\Gamma^{abc}_{\mu\nu\lambda} = ig\epsilon^{abc}[(k_1 - k_2)_\lambda g_{\mu\nu} + (k_2 - k_3)_\mu g_{\nu\lambda} + (k_3 - k_1)_\nu g_{\lambda\mu}].\qquad(19.91)$$

(2) 规范场的四点正规顶角:

$$\begin{aligned}i\Gamma^{abcd}_{\mu\nu\lambda\rho} = ig^2[&\epsilon^{abe}\epsilon^{cde}(g_{\mu\lambda}g_{\nu\rho} - g_{\nu\lambda}g_{\mu\rho})\\ &+\epsilon^{ace}\epsilon^{bde}(g_{\mu\nu}g_{\lambda\rho} - g_{\lambda\nu}g_{\mu\rho})\\ &+\epsilon^{ade}\epsilon^{cbe}(g_{\mu\lambda}g_{\rho\nu} - g_{\rho\lambda}g_{\mu\nu})].\end{aligned}\qquad(19.92)$$

(3) 规范场与鬼场的相互作用顶角:

$$i\Gamma^{abc}_\mu = g\epsilon^{abc}k_{1\mu},\qquad(19.93)$$

其中 k_1 是入射鬼场的 4-动量.

作为练习, 请读者自行证明方程式 (19.91) ~ (19.93).

加入费米子的相互作用后, 有

(1) 费米子传播子:

$$i\Delta_{\rm F} = \frac{i}{\not{k} - m + i\epsilon};\qquad(19.94)$$

(2) 规范场 – 费米子相互作用顶角:

$$i\Gamma_\mu = igT^a\gamma_\mu.\qquad(19.95)$$

这一节我们讨论了协变规范, 其中引入了一个任意的规范参数 ξ. 然而物理上的可观测量, 如 S 矩阵元, 是规范不变的量, 应该与 ξ 的选取无关. 利用 BRS 对称性和 Ward 等式可以证明, 到微扰论的所有阶, 这一结论 (规范无关性) 都是正确的. 我们仅限于讨论在单圈水平上, 存在鬼场时理论是如何保持幺正性的.

§19.3 规范理论中的幺正性

鬼场的存在使得非 Abel 规范理论具有与以往我们见到的理论非常不同的性质. 首先要碰到的困惑是如何理解物理振幅的幺正性, 以及如何理解鬼场在保证理论的幺正性方面起的作用. 我们将看到, Ward 恒等式在保证概率守恒与可重整性方面有着重要作用.

19.3.1　Ward 恒等式与幺正性

Ward 恒等式, 在非 Abel 规范理论中也叫作 Slavnov–Taylor 恒等式, 在规范理论中非常重要, 保证了规范理论的可重整性和微扰振幅的幺正性. 这里我们并不给出严格的论证, 只是给出介绍性的讨论, 一般的讨论可见 Abers 和 Lee 的著名文献[①].

考虑一个与费米子耦合的 SU(2) 规范理论, 其中费米子填充基础表示. 概率守恒要求散射的 S 矩阵必须是幺正的, 即

$$S^{\dagger}S = SS^{\dagger} = 1. \tag{19.96}$$

或者, 对于任意入态、出态,

$$\sum_{n} S_{\text{in}} S_{\text{f}n}^{*} = \delta_{\text{if}}. \tag{19.97}$$

由

$$S_{\text{if}} = \delta_{\text{if}} + \mathrm{i}(2\pi)^4 \delta^4(p_{\text{i}} - p_{\text{f}}) T_{\text{if}}, \tag{19.98}$$

得

$$\text{Im} T_{\text{if}} = \frac{1}{2} \sum_{n} T_{\text{in}} T_{\text{f}n}^{*} (2\pi)^4 \delta^4(p_{\text{i}} - p_{\text{f}}). \tag{19.99}$$

对于存在鬼场的规范, 对 (19.99) 式的理解存在着困惑, 到底非物理的态起着什么样的作用? 值得指出的是, (19.99) 式是严格的非微扰的表达式, 但假设理论可以做微扰展开, 那么 (19.99) 式到微扰论的每一阶都是对的. 讨论 $2 \to 2$ 过程 $\bar{\text{f}}\text{f} \to \bar{\text{f}}\text{f}$. 到微扰论的最低阶 $(O(g^2))$, (19.99) 式中的中间态只能是物理的自由度, 即两个横向极化的胶子. 但在计算吸收部分时, 单圈图的中间态却可以是两个规范粒子或两个鬼粒子, 见图 19.1 (单个规范粒子的中间态不可能保持 4-动量的守恒, 因而对 (19.99) 式的右边没有贡献).

为了解决这个困惑, 我们来对 (19.99) 式的左边做微扰计算. 其最低阶贡献只能在 $O(g^4)$ 阶, 见图 19.2. 表面上看起来需要做圈图计算, 但是仅仅考虑吸收部分的话, 在 $O(g^4)$ 阶并不需要做圈图计算. 吸收部分的贡献来源于中间态在物理质壳时的贡献 (Cutkosky 规则). 这里不考虑如图 19.3 所示的中间态是费米子的过程, 不难理解除了一些非 Abel 群因子外, 对它们的分析与 QED 时的情况相同, 即这些图单独满足微扰幺正性.

[①]Abers E S and Lee B W. Phys. Rept., 1973, 9: 1.

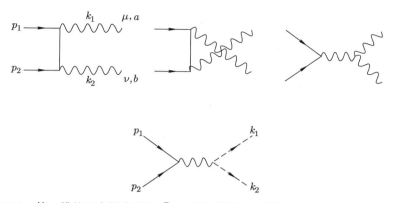

图 19.1 第一排的三个图给出了 $f\bar{f} \to$ 两个规范粒子的物理过程的 Feynman 图.

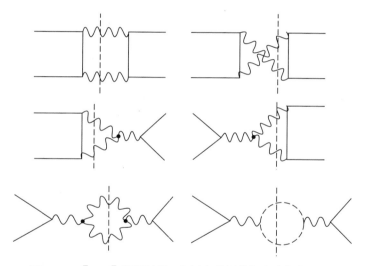

图 19.2 $f\bar{f} \to f\bar{f}$ 单圈过程: 中间态是规范场和鬼场的过程.

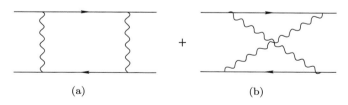

图 19.3 (a) 对 s 道的吸收部分有贡献; (b) 对 s 道不贡献吸收部分, 但在 t 道物理区间贡献吸收部分.

下面在 Feynman 规范 ($\xi = 1$ 的协变规范) 中来研究规范理论中的幺正性问题. Feynman 规范下规范粒子的传播子为 $\Delta_{\mu\nu}^{ab} = \delta^{ab}(-g_{\mu\nu})/(k^2 + \mathrm{i}\epsilon)$, 利用公式

$$\frac{1}{x \mp \mathrm{i}\epsilon} = \mathrm{P}\frac{1}{x} \pm \mathrm{i}\pi\delta(x) \tag{19.100}$$

(其中 "P" 表示取主值), 可知传播子的虚部正比于 $\pi\delta^{ab}g_{\mu\nu}\delta(k^2)\theta(\omega)$. 同样对于鬼态传播子有虚部 $\pi\delta^{ab}\delta(k^2)\theta(\omega)$. 由此虚部的表达式可知它们正好描述了中间态在质壳时的贡献, 因此在计算 Feynman 图的吸收部分时, 只需要把相应的传播子替换成相应的 δ 函数即可 (详细讨论参见本书上册 §7.2). 做了这个替换后, 对圈动量的积分被简化为一个对中间态粒子的相空间的积分. 幺正性条件 (19.99) 式被简化为

$$\int \mathrm{d}\rho_2 \left[\frac{1}{2}T_{\mu\nu}^{ab}T_{\mu'\nu'}^{ab*}g^{\mu\mu'}g^{\nu\nu'} - S^{ab}S^{ab*} \right] = \frac{1}{2}\int \mathrm{d}\rho_2 T_{\mu\nu}^{ab}T_{\mu'\nu'}^{ab*}P^{\mu\mu'}(k_1)P^{\nu\nu'}(k_2), \tag{19.101}$$

其中 $T_{\mu\nu}^{ab}$ 和 S^{ab} 分别是 $f\bar{f} \to A_\mu^a A_\nu^b$ 以及 $f\bar{f} \to C^{a\dagger}C^b$ 的振幅. (19.101) 式左边对应着 (19.99) 的左边, 右边对应着 (19.99) 式的右边, 且

$$\begin{aligned} P^{\mu\mu'}(\boldsymbol{k}_1) &= \sum_{\sigma=1,2} \epsilon_1^\mu(\boldsymbol{k}_1,\sigma)\epsilon_1^{\mu'*}(\boldsymbol{k}_1,\sigma) \\ P^{\nu\nu'}(\boldsymbol{k}_2) &= \sum_{\sigma=1,2} \epsilon_2^\mu(\boldsymbol{k}_2,\sigma)\epsilon_2^{\mu'*}(\boldsymbol{k}_2,\sigma). \end{aligned} \tag{19.102}$$

(19.102) 式中的 ϵ 是末态物理的规范粒子的极化矢量 (仅有两个独立分量). 引入矢量 η 与 k, $\epsilon(\boldsymbol{k},1)$, $\epsilon(\boldsymbol{k},2)$ 一起张成 4 维空间的基矢. η 与 $\epsilon_{1,2}$ 正交但 $\eta \cdot k \neq 0$, 且可令 $\eta^2 = 0$. 不难证明,

$$P_{\mu\nu} = -g_{\mu\nu} + Q_{\mu\nu}, \tag{19.103}$$

其中

$$Q_{\mu\nu} = (k_\mu\eta_\nu + k_\nu\eta_\mu)/k \cdot \eta. \tag{19.104}$$

它的作用是为了消去非横向极化的部分. 可以证明 Feynman 振幅之间存在着如下关系:

$$k_1^\mu T_{\mu\nu}^{ab} = -\mathrm{i}S^{ab}k_{2\nu}, \quad k_2^\nu T_{\mu\nu}^{ab} = -\mathrm{i}S^{ab}k_{1\mu}. \tag{19.105}$$

从 (19.105) 可以推出关系 $k_1^\mu T_{\mu\nu}^{ab}k_2^\nu = 0$. 事实上, 这些式子是下一节要讨论的 Ward 恒等式的特例, 而由这些 Ward 等式不难一般性地证明 (19.101) 式. 在做普遍的讨论以前, 我们先对于最低阶的微扰振幅, 证明 (19.105) 式.

现在我们来计算一下 19.2 图中的最低阶的单圈图贡献. 根据 Cutkosky 规则, 我们在这里只需要考虑 19.1 图中的各个树图贡献

$$
\begin{aligned}
T_{\mu\nu}^{ab} = & -\mathrm{i}g^2\bar{v}(\boldsymbol{p}_2)\frac{\tau^b}{2}\gamma_\nu\frac{1}{(\not{p}_1-\not{k}_1)-m}\frac{\tau^a}{2}\gamma_\mu u(\boldsymbol{p}_1) \\
& -\mathrm{i}g^2\bar{v}(\boldsymbol{p}_2)\frac{\tau^a}{2}\gamma_\mu\frac{1}{(\not{k}_1-\not{p}_2)-m}\frac{\tau^b}{2}\gamma_\nu u(\boldsymbol{p}_1) \\
& -g^2\epsilon^{abc}[(k_1-k_2)_\lambda g_{\mu\nu}+(k_1+2k_2)_\mu g_{\nu\lambda} \\
& -(2k_1+k_2)_\nu g_{\mu\lambda}]\frac{1}{(k_1+k_2)^2}\bar{v}(\boldsymbol{p}_2)\frac{\tau^c}{2}\gamma^\lambda u(\boldsymbol{p}_1),
\end{aligned}
\tag{19.106}
$$

$$
S^{ab} = -\mathrm{i}g^2\epsilon^{abc}\frac{1}{(k_1+k_2)^2}v(\bar{\boldsymbol{p}}_2)\frac{\tau^c}{2}\not{k}_1 u(\boldsymbol{p}_1),
\tag{19.107}
$$

其中 $T_{\mu\nu}^{ab}$ 是两费米子到规范玻色子的振幅, S^{ab} 是两费米子到鬼场粒子的振幅. 为证明 (19.105) 式, 首先来看一下 $k_1^\mu T_{\mu\nu}^{ab}$ 结构. 考虑 (19.106) 式中的前两项, 利用 $(\not{p}_1+m)\not{k}_1 u(\boldsymbol{p}_1)=(2p_1k_1)u(\boldsymbol{p}_1)$, 有

$$
\begin{aligned}
& -\mathrm{i}g^2\bar{v}(\boldsymbol{p}_2)\left(\frac{\tau^b\tau^a}{4}\gamma_\nu\frac{\not{p}_1-\not{k}_1+m}{(p_1-k_1)^2-m^2}\not{k}_1+\frac{\tau^a\tau^b}{4}\not{k}_1\frac{\not{k}_1-\not{p}_2+m}{(k_1-p_2)^2-m^2}\gamma_\nu\right)u(\boldsymbol{p}_1) \\
& = -\mathrm{i}g^2\frac{1}{4}\bar{v}(\boldsymbol{p}_2)[\tau^a,\tau^b]\gamma_\nu u(\boldsymbol{p}_1) = g^2\epsilon^{abc}\bar{v}(p_2)\frac{\tau^c}{2}\gamma_\nu u(\boldsymbol{p}_1),
\end{aligned}
\tag{19.108}
$$

而 (19.106) 式中的最后一项有如下形式:

$$
\begin{aligned}
& -g^2\epsilon^{abc}[2k_1\cdot k_2 g_{\nu\lambda}+(k_1-k_2)_\lambda k_{1\nu}-(2k_1+k_2)_\nu k_{1\lambda}]\frac{1}{(k_1+k_2)^2}\bar{v}(\boldsymbol{p}_2)\frac{\tau^c}{2}\gamma^\lambda u(\boldsymbol{p}_1) \\
& = -g^2\epsilon^{abc}\bar{v}(\boldsymbol{p}_2)\frac{\tau^c}{2}[\gamma_\nu+\frac{k_{1\nu}}{(k_1+k_2)^2}(\not{k}_1-\not{k}_2)-\frac{2k_{1\nu}+k_{2\nu}}{(k_1+k_2)^2}\not{k}_1]u(\boldsymbol{p}_1).
\end{aligned}
\tag{19.109}
$$

上式右边第一项与 (19.108) 式相消, 第二项和第三项中正比于 $k_{1\nu}$ 的项由能动量守恒 $k_1+k_2=p_1+p_2,(\not{p}-m)u(\boldsymbol{p})=0$, 以及 $(\not{p}+m)v(\boldsymbol{p})=0$, 知其为零, 只有正比于 $k_{2\nu}$ 的项有贡献, 且显而易见满足 (19.105) 式中的第一个公式. 同理, 第二个公式也可以通过相同的方式求得. 最后, 我们从 (19.101) 式左边开始并且利用上述结果 (均隐去群表示指标), 得

$$
\begin{aligned}
& T_{\mu\nu}T_{\mu'\nu'}^*\left[-g^{\mu\mu'}+\frac{(k_1^\mu\eta_1^{\mu'}+k_1^{\mu'}\eta_1^\mu)}{k_1^\lambda\eta_{1\lambda}}\right]\left[-g^{\nu\nu'}+\frac{(k_2^\nu\eta_2^{\nu'}+k_2^{\nu'}\eta_2^\nu)}{k_2^\lambda\eta_{2\lambda}}\right] \\
& = g^{\mu\mu'}g^{\nu\nu'}T_{\mu\nu}T_{\mu'\nu'}^*-4SS^*+2SS^*=g^{\mu\mu'}g^{\nu\nu'}T_{\mu\nu}T_{\mu'\nu'}^*-2SS^*.
\end{aligned}
\tag{19.110}
$$

再对方程两边末态相空间做积分就证明了 (19.101) 式.

从以上讨论我们可以看出, 鬼场的作用是消除中间态规范场中的非物理自由度. 对于 Abel 规范理论, 规范对称性导致的 Ward 等式 $k^\mu T_{\mu\nu}=0$ 已经足以保证

微扰幺正性的成立而并不出现鬼场. 对于非 Abel 规范场, 则必须有鬼场存在来保证微扰幺正性的成立.

19.3.2 BRS 变换和 Ward 恒等式

在非 Abel 规范理论中, 可以利用所谓的 Becchi, Rouet 和 Stora 发现的推广的规范变换来建立 Ward 等式①. 下面我们以 SU(2) 规范变换为例介绍这一方法. 拉氏量可以写为

$$\mathcal{L} = -\frac{1}{4}F^a_{\mu\nu}F^{a\mu\nu} + \bar{\psi}i\gamma^\mu D_\mu\psi - m\bar{\psi}\psi, \tag{19.111}$$

其中

$$D_\mu\psi = (\partial_\mu - igA^a_\mu T^a)\psi, \tag{19.112}$$

$$F^a_{\mu\nu} = \partial_\mu A^a_\nu - \partial_\nu A^a_\mu + g\epsilon^{abc}A^b_\mu A^c_\nu. \tag{19.113}$$

(19.111) 式在如下规范变换下不变:

$$\delta\psi = -iT^a\theta^a\psi,$$
$$\delta A^a_\mu = \epsilon^{abc}\theta^b A^c_\mu - \frac{1}{g}\partial_\mu\theta^a. \tag{19.114}$$

在做了量子化以后, 有效拉氏量还要加上规范固定项和鬼场的部分:

$$\mathcal{L}_{\text{eff}} = \mathcal{L} + \mathcal{L}_{\text{gf}} + \mathcal{L}_{\text{ghost}}, \tag{19.115}$$

其中

$$\mathcal{L}_{\text{gf}} = -\frac{1}{2\xi}(\partial^\mu A^a_\mu)^2, \tag{19.116}$$

$$\mathcal{L}_{\text{ghost}} = C^\dagger_a\partial^\mu[\delta_{ab}\partial_\mu - g\epsilon_{abc}A^c_\mu]C^b. \tag{19.117}$$

根据 (14.115) 式及之前的讨论, 也可以把鬼场的拉氏量改写为

$$\mathcal{L}_{\text{ghost}} = -\partial^\mu\rho_a(D_\mu\eta_a), \tag{19.118}$$

其中

$$D_\mu\eta^a = \partial_\mu\eta^a - g\epsilon^{abc}\eta^b A^c_\mu. \tag{19.119}$$

在 (19.117) 式中对鬼场做变换

$$C_a = (\rho_a + i\eta_a)/\sqrt{2}, \quad C^\dagger_a = (\rho_a - i\eta_a)/\sqrt{2}, \tag{19.120}$$

---

①Becchi C, Rouet A, and Stora R. Annals Phys., 1976, 98: 287.

利用 Grassmann 数的反对易性质 $\rho^2 = \eta^2 = 0$ 和 $\rho\eta = -\eta\rho$, 可以得到

$$\mathcal{L}_{\text{ghost}} = -\mathrm{i}\partial^\mu \rho_a (\mathrm{D}_\mu \eta_a) + \frac{1}{2}g\epsilon^{abc}(\partial^\mu A_\mu^c)C_a C_b^\dagger. \tag{19.121}$$

与 (19.118) 式所产生的 Feynman 顶角相比, (19.121) 式除了一个无关紧要的常数因子, 多了一项正比于规范粒子动量 k_μ 的项. 如果这一多余的顶角耦合到规范粒子外线, 那么由横向规范条件 $\epsilon_\mu \cdot k^\mu = 0$, 知其没有贡献. 如果耦合到规范粒子内线, 那么这一顶角总是与规范粒子的传播子乘在一起: $k^\mu D_{\mu\nu} \propto \xi k_\nu$. 但是规范场的纵向部分对物理振幅并不贡献.

值得注意的是, S_{eff} 在规范变换 (19.114) 式下并不是不变的, 但是它在如下的 BRS 变换下是不变的:

$$\begin{aligned}
\delta A_\mu^a &= \omega \mathrm{D}_\mu \eta^a, \\
\delta \psi &= \mathrm{i}g\omega(T^a \eta^a)\psi, \\
\delta \rho^a &= -\mathrm{i}\omega \partial^\mu A_\mu^a / \xi, \\
\delta \eta^a &= -g\omega\epsilon^{abc}\eta^b \eta^c / 2,
\end{aligned} \tag{19.122}$$

其中 ω 是一个与时空坐标无关的无穷小 Grassmann 数. 可以证明, 有效拉氏量 $\mathcal{L}_{\text{eff}}$ 在 (19.122) 式的变换下是不变的. 首先, 对于 $\mathcal{L}$, (19.122) 式相当于进行了一个普通的规范变换: $\theta^a = -g\omega\eta^a$, 因此是不变的. 需要考虑的仅仅是 $\mathcal{L}_{\text{gf}} + \mathcal{L}_{\text{ghost}}$:

$$\begin{aligned}
\delta\left[\frac{1}{2\xi}(\partial^\mu A_\mu^a)^2 + \mathrm{i}\partial^\mu \rho^a (\mathrm{D}_\mu \eta^a)\right] &= \frac{1}{\xi}(\partial^\lambda A_\lambda^a)\partial^\mu(\delta A_\mu^a) + \mathrm{i}\partial^\mu(\delta\rho^a)(\mathrm{D}_\mu \eta^a) \\
&\quad + \mathrm{i}\partial^\mu \rho^a \delta(\mathrm{D}_\mu \eta^a).
\end{aligned} \tag{19.123}$$

首先很容易看出等式右边的第一项和第二项合在一起仅贡献一个全导数项. 其次

$$\begin{aligned}
\delta(\mathrm{D}_\mu \eta^a) &= \delta(\partial_\mu \eta^a - g\epsilon^{abc}\eta^b A_\mu^c) \\
&= -g\omega\epsilon^{abc}\partial_\mu(\eta^b \eta^c)/2 \\
&\quad + g\epsilon^{abc}(\omega \mathrm{D}_\mu \eta^b)\eta^c + g\epsilon^{abc}A_\mu^b(-g\omega\epsilon^{cde}\eta^d \eta^e).
\end{aligned} \tag{19.124}$$

不难验证, 正比于 g 和 g^2 的项分别相消,

$$-g\omega\epsilon^{abc}(\partial_\mu \eta^b)\eta^c + g\omega\epsilon^{abc}(\partial_\mu \eta^b)\eta^c = 0,$$
$$g^2\omega\eta^c\eta^d A_\mu^e(\epsilon^{abc}\epsilon^{bde} - \epsilon^{cbd}\epsilon^{bea} - \epsilon^{dbe}\epsilon^{bac}) = 0,$$

其中第二个等式的成立是由于 Jocobi 恒等式

$$[[T^a, T^b], T^c] + [[T^b, T^c], T^a] + [[T^c, T^a], T^b] = 0. \tag{19.125}$$

利用 S_{eff} 的 BRS 不变性, 可以推导广义的 Ward 恒等式. 首先写出生成泛函

$$
\begin{aligned}
& Z[J, \alpha, \beta, \chi, \bar{\chi}, \kappa, \nu, \lambda, \bar{\lambda}] \\
& \quad = \int [\mathrm{d}A_\mu][\mathrm{d}\rho][\mathrm{d}\eta][\mathrm{d}\psi][\mathrm{d}\bar{\psi}] \exp\left\{ \mathrm{i} \int \mathrm{d}^4 x (\mathcal{L}_{\text{eff}} + \Sigma) \right\},
\end{aligned}
\tag{19.126}
$$

其中

$$
\begin{aligned}
\Sigma = {} & J_\mu A^\mu + \boldsymbol{\alpha} \cdot \boldsymbol{\rho} + \boldsymbol{\beta} \cdot \boldsymbol{\eta} + \bar{\chi}\psi + \bar{\psi}\chi + \boldsymbol{\kappa}_\mu \cdot \mathrm{D}^\mu \boldsymbol{\eta} \\
& + \frac{1}{2}\boldsymbol{\nu} \cdot (\boldsymbol{\eta} \times \boldsymbol{\eta}) + \bar{\lambda}\boldsymbol{T} \cdot \boldsymbol{\eta}\psi + \bar{\psi}\mathrm{T} \cdot \boldsymbol{\eta}\lambda.
\end{aligned}
\tag{19.127}
$$

利用 BRS 不变性, 得

$$
\int \mathrm{d}^4 x \int [\mathrm{d}A_\mu][\mathrm{d}\rho][\mathrm{d}\eta][\mathrm{d}\psi][\mathrm{d}\bar{\psi}](\delta\Sigma) \exp\left\{ \mathrm{i} \int \mathrm{d}^4 x'[\mathcal{L}(x') + \Sigma(x')] \right\} = 0, \tag{19.128}
$$

而

$$
\begin{aligned}
\delta\Sigma = {} & \boldsymbol{J}_\mu \cdot \delta\boldsymbol{A}^\mu + \boldsymbol{\alpha} \cdot \delta\boldsymbol{\rho} + \boldsymbol{\beta} \cdot \delta\boldsymbol{\eta} + \bar{\chi}\delta\psi + \delta\bar{\psi}\chi \\
& + \boldsymbol{\kappa}_\mu \cdot \delta(\mathrm{D}^\mu \boldsymbol{\eta}) + \frac{\boldsymbol{\nu}}{2} \cdot \delta(\boldsymbol{\eta} \times \boldsymbol{\eta}) + \bar{\lambda}\delta(\boldsymbol{T} \cdot \boldsymbol{\eta}\psi) + \delta(\bar{\psi}\boldsymbol{T} \cdot \boldsymbol{\eta})\lambda.
\end{aligned}
\tag{19.129}
$$

除了 $\mathrm{D}_\mu\boldsymbol{\eta}$ 的变分为零以外, 不难证明上式中其余所有复合算符的变分也为零:

$$
\begin{aligned}
& \delta(\eta^a \eta^b - \eta^b \eta^a) \\
& \quad = (-g\omega/2)(\epsilon^{acd}\eta^c\eta^d\eta^b + \epsilon^{bcd}\eta^c\eta^d\eta^a - \epsilon^{bcd}\eta^c\eta^d\eta^a - \epsilon^{acd}\eta^b\eta^c\eta^d) \\
& \quad = 0,
\end{aligned}
\tag{19.130}
$$

$$
\begin{aligned}
\delta(\boldsymbol{T} \cdot \boldsymbol{\eta}\psi) & = \boldsymbol{T} \cdot \delta\boldsymbol{\eta}\psi + \boldsymbol{T} \cdot \boldsymbol{\eta}\delta\psi \\
& = \boldsymbol{T} \cdot \left(-\frac{g}{2}\omega\boldsymbol{\eta} \times \boldsymbol{\eta} \right)\psi - \mathrm{i}g\omega(\boldsymbol{T} \cdot \boldsymbol{\eta})(\boldsymbol{T} \cdot \boldsymbol{\eta})\psi = 0.
\end{aligned}
\tag{19.131}
$$

因为

$$
\begin{aligned}
(\boldsymbol{T} \cdot \boldsymbol{\eta})(\boldsymbol{T} \cdot \boldsymbol{\eta}) & = T^a T^b \eta^a \eta^b = \frac{1}{2}(T^a T^b - T^b T^a)\eta^a \eta^b \\
& = \frac{\mathrm{i}}{2}\epsilon^{abc}T^c \eta^a \eta^b = \frac{\mathrm{i}}{2}\boldsymbol{T} \cdot (\boldsymbol{\eta} \times \boldsymbol{\eta}),
\end{aligned}
\tag{19.132}
$$

于是 Ward 等式可以写为

$$
\begin{aligned}
& \omega \int \mathrm{d}^4 x \int [\mathrm{d}A_\mu][\mathrm{d}\rho][\mathrm{d}\eta][\mathrm{d}\psi][\mathrm{d}\bar{\psi}](\boldsymbol{J}_\mu \cdot \mathrm{D}^\mu\boldsymbol{\eta} + \boldsymbol{\alpha} \cdot \partial^\mu \boldsymbol{A}_\mu/\xi - g\boldsymbol{\beta} \cdot (\boldsymbol{\eta} \times \boldsymbol{\eta})/2 \\
& \quad + \mathrm{i}g\bar{\chi}\boldsymbol{T} \cdot \boldsymbol{\eta}\psi - \mathrm{i}g\bar{\psi}\boldsymbol{T} \cdot \boldsymbol{\eta}\chi) \exp\left\{ \mathrm{i} \int \mathrm{d}^4 x[\mathcal{L}_{\text{eff}} + \Sigma] \right\} = 0,
\end{aligned}
\tag{19.133}
$$

或者

$$\int \mathrm{d}^4 x \left(J_\mu^a \frac{\delta}{\delta \kappa_\mu^a} + \frac{\alpha^a}{\xi} \partial^\mu \frac{\delta}{\delta J_\mu^a} - \frac{g}{2} \beta^a \frac{\delta}{\delta \nu^a} + \mathrm{i} g \bar{\chi} \frac{\delta}{\delta \lambda} - \mathrm{i} g \frac{\delta}{\delta \bar{\lambda}} \chi \right) W[J, \cdots, \lambda] = 0. \tag{19.134}$$

这就是 BRS 变化下得到的 Ward 等式. 它在规范理论可重整性的形式证明中起到了关键作用, 这里我们就不详细介绍了. 比起利用 (19.134) 式, 有些时候更为简洁的证明方式是利用 Green 函数本身在 BRS 变换下的性质. 作为一个练习, 下面利用 (19.134) 式来得出 (19.105) 式.

考虑四点函数 $\langle 0|T(\rho A_\nu \bar{\psi}\psi)|0\rangle$, 利用其在 BRS 变换下的不变性得出

$$\langle 0|T(\delta\rho A_\nu \bar{\psi}\psi)|0\rangle + \langle 0|T(\rho \delta A_\nu \bar{\psi}\psi)|0\rangle$$
$$+ \langle 0|T(\rho A_\nu \delta\bar{\psi}\psi)|0\rangle + \langle 0|T(\rho A_\nu \bar{\psi}\delta\psi)|0\rangle = 0. \tag{19.135}$$

由 (19.122) 式可知 $\delta\psi$ 与 $\delta\bar{\psi}$ 给出的是定义在同一个时空点的场算符的乘积, 反映到 Green 函数中, 有如

$$\langle 0|T(\rho(x_1) A_\nu(x_2) \bar{\psi}(x_3) \delta\psi(x_4))|0\rangle$$
$$= \mathrm{i}g\omega \langle 0|T(\rho(x_1) A_\nu(x_2) \bar{\psi}(x_3) \boldsymbol{T}\cdot\boldsymbol{\eta}(x_4)\psi(x_4))|0\rangle. \tag{19.136}$$

这样的 Green 函数涉及定义在同一个时空点的场算符的乘积, 不是很好处理. 但是为了证明 (19.105) 式只需要考虑在壳 T 矩阵元之间, 而不是 Green 函数之间的关系. 为得到前者, 需要将 Green 函数乘以费米子传播子的倒数 $(\not{k}_4 - m)$, 并且把费米子送到质壳上 $(\not{k}_4 = m)$. 从图 19.4 很容易理解由 (19.136) 式给出的贡献当外腿的费米子在质壳上时消失, 因为此时定义在同一时空点的两个场算符的乘积只能贡献出一割线, 而不能提供抵消零点 $(\not{k}_4 - m)$ 的极点 (即单费米子的传播子)[①]. 以此

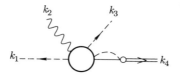

图 19.4   复合算符 Green 函数的贡献在截腿并取质壳条件以后消失.

类推, 所有的复合算符的 Green 函数均没有贡献. 于是,

$$\frac{1}{\xi} \langle 0|T(\partial^\mu A_\mu^a A_\nu^b \bar{\psi}\psi)|0\rangle + \langle 0|T(\rho^a \partial_\nu \eta^b \bar{\psi}\psi)|0\rangle = 0. \tag{19.137}$$

[①] 读者可以比较这里关于复合算符矩阵元的讨论与 §18.4 中的讨论. 两者技巧与思路类似, 因此阅读 §18.4 有助于理解这里的讨论. 不过这里由于 η 场携带费米场量子数, 所以不存在 $\eta\psi$ 再变回一个单费米子极点的可能性.

在 Feynman–'t Hooft 规范中 $(\xi = 1)$, 它相应于

$$k_1^\mu T_{\mu\nu}^{ab} = -\mathrm{i} S^{ab} k_{2\nu}, \tag{19.138}$$

即 (19.105) 式.

第二十章 量子色动力学

§20.1 QCD 的拉氏量

我们知道强相互作用是由量子色动力学 (QCD) 来描述的. QCD 的拉氏量可以表述为

$$\mathcal{L}_{\mathrm{QCD}} = -\frac{1}{4}F^a_{\mu\nu}F^{a\mu\nu} + \bar{q}(\mathrm{i}\gamma^\mu\mathrm{D}_\mu - m)q - \frac{1}{2\xi}(\partial_\mu A^{a\mu})^2 + \bar{C}^a\partial^\mu\mathrm{D}^{ab}_\mu C^b, \quad (20.1)$$

其中 q 表示夸克场, m 是夸克质量矩阵, $m = \mathrm{diag}(m_u, m_d, m_s, \cdots)$,

$$q(x) = \begin{pmatrix} u(x) \\ d(x) \\ s(x) \\ \vdots \end{pmatrix}. \quad (20.2)$$

u, d 夸克的质量比起 QCD 的能标 1 GeV 小很多, 因而 QCD 拉氏量中的质量项对于大多数物理过程是一个很小的量, 可以做微扰处理. 因此, u, d 夸克之间有一个近似的 SU(2) 转动不变性, 即同位旋对称性. s 夸克的质量较大, 约 150 MeV, 所以忽略 s 夸克质量的近似不是很好. $F_{\mu\nu}$ 是胶子场的场强,

$$F^a_{\mu\nu} = \partial_\mu A^a_\nu - \partial_\nu A^a_\mu + gf^{abc}A^b_\mu A^c_\nu, \quad (20.3)$$

$\mathrm{D}_\mu, \mathrm{D}^{ab}_\mu$ 表示协变微分,

$$\mathrm{D}_\mu = \partial_\mu - \mathrm{i}gT^c A^c_\mu, \quad (20.4)$$

$$\mathrm{D}^{ab}_\mu = \delta^{ab}\partial_\mu - gf^{abc}A^c_\mu. \quad (20.5)$$

在伴随表示中, $T^c_{ab} = -\mathrm{i}f^{abc}$. 关于 SU(3) 生成元的表达式和相关公式, 请参阅附录 A.

QCD 拉氏量的展开如下:

$$\begin{aligned} \mathcal{L} = &\bar{\psi}(\mathrm{i}\partial\!\!\!/ - m)\psi - \frac{1}{4}(\partial_\mu A^a_\nu - \partial_\nu A^a_\mu)^2 - \frac{1}{2\xi}(\partial_\mu A^{a\mu})^2 \\ &+ gA^a_\mu\bar{\psi}\gamma^\mu T^a\psi - gf^{abc}(\partial_\mu A^a_\nu)A^{b\mu}A^{c\nu} - g^2 f^{eab}f^{ecd}A^a_\mu A^b_\nu A^{c\mu}A^{d\nu} \\ &+ \bar{C}^a\partial^\mu(\delta^{ab}\partial_\mu - gf^{abc}A^c_\mu)C^b. \end{aligned} \quad (20.6)$$

由此可以得到传播子和 Feynman 规则. 比如对于胶子传播子, 有

$$i\Delta_{\mu\nu}^{ab} = -i\delta^{ab}\frac{g_{\mu\nu} - (1-\xi)\dfrac{k_\mu k_\nu}{k^2}}{k^2 + i\varepsilon}. \tag{20.7}$$

对于鬼场的传播子, 有

$$i\Delta^{ab}(k) = -i\delta^{ab}\frac{1}{k^2 + i\varepsilon}. \tag{20.8}$$

鬼场线带有方向性, 以区分鬼粒子和反鬼粒子.

§20.2　单圈重整化、渐近自由

20.2.1　QCD 的单圈重整化

设出现在拉氏量 (20.6) 中的场量和参数全为裸量, 以角标 0 作为记号. 裸量与重整化后的量之间的关系是

$$A_{0\mu} \equiv Z_3^{1/2} A_\mu, \quad \psi_0 \equiv Z_{\mathrm{F}}^{1/2}\psi, \quad g_0 \equiv Z_g\, g, \quad m_0 \equiv Z_m\, m \equiv (1 + \delta_m)m. \tag{20.9}$$

下面首先在 R_ξ 规范下计算费米子的波函数与质量重整化 (见图 20.1):

$$\begin{aligned}
-i\Sigma_{ij}(p) &= \int \frac{\mathrm{d}^D k \nu^{2\epsilon}}{(2\pi)^D} ig\gamma_\mu T^a \frac{i}{(\not p + \not k) - m} ig\gamma_\nu T^a (-i)\frac{g_{\mu\nu} - \dfrac{k_\mu k_\nu}{k^2}(1-\xi)}{k^2}\\
&= -\delta_{ij} C_{\mathrm{F}} g^2 \int \frac{\mathrm{d}^n k \nu^{2\epsilon}}{(2\pi)^n} \gamma_\mu \frac{1}{(\not p + \not k) - m} \gamma_\nu \frac{g_{\mu\nu} - \dfrac{k_\mu k_\nu}{k^2}(1-\xi)}{k^2}\\
&\equiv i\delta_{ij} C_{\mathrm{F}} g^2 \Sigma_\xi^{(2)}(p).
\end{aligned} \tag{20.10}$$

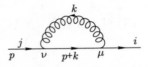

图 20.1　单圈夸克自能修正.

令

$$\Sigma_\xi^{(2)}(p) \equiv (\not p - m) A_\xi(p^2) + m B_\xi(p^2), \tag{20.11}$$

则

$$A_\xi = \frac{1}{16\pi^2}\left\{ \xi N_\epsilon - 1 - \int_0^1 \mathrm{d}x(1+\xi-2x)\ln\frac{xm^2-x(1-x)p^2}{\nu^2} \right.$$
$$\left. -(1-\xi)(p^2-m^2)\int_0^1 \mathrm{d}x\frac{x}{m^2-xp^2} \right\}, \tag{20.12}$$

$$B_\xi = \frac{1}{16\pi^2}\left\{ -3N_\epsilon + 1 + 2\int_0^1 \mathrm{d}x(1+x)\ln\frac{xm^2-x(1-x)p^2}{\nu^2} \right.$$
$$\left. -(1-\xi)(p^2-m^2)\int_0^1 \mathrm{d}x\frac{x}{m^2-xp^2} \right\}, \tag{20.13}$$

其中 $\epsilon = 2 - D/2$,

$$N_\epsilon = \frac{1}{\epsilon} - \gamma_{\mathrm{E}} + \ln 4\pi, \quad C_{\mathrm{F}} = \frac{N^2-1}{2N} = \frac{4}{3}. \tag{20.14}$$

ν 是一个任意的标度, 注意它仅仅出现在组合 $N_\epsilon + \ln\nu^2$ 中 (为方便书写起见, 本章以后定义 N_ϵ 为包括 $\ln\nu^2$ 项). 裸的传播子

$$S_\xi^0(p) = \frac{\mathrm{i}}{\not{p} - m + g^2 C_{\mathrm{F}}\Sigma^{(2)}(p)}$$
$$= \mathrm{i}\frac{1 - C_{\mathrm{F}}g^2 A_\xi(p^2)}{\not{p} - m(1 - C_{\mathrm{F}}g^2 B_\xi(p^2))} + 高阶项. \tag{20.15}$$

得到了正规化以后的裸的传播子, 下一步的手续是做重整化. 注意在(20.15) 式中 m, g 实际上均为裸量 m_0, g_0. 记住传播子是两点 Green 函数, 所以有

$$S^{\mathrm{r}}(p) = Z_{\mathrm{F}}^{-1}S^0(p, Z_m\, m, Z_g\, g). \tag{20.16}$$

代入 (20.9) 式后即可得到重整化以后的传播子

$$S^{\mathrm{r}}(p) = \mathrm{i}Z_{\mathrm{F}}^{-1}\frac{1 - C_{\mathrm{F}}g^2 A_\xi(p^2)}{\not{p} - Z_m\, m(1 - C_{\mathrm{F}}g^2 B_\xi(p^2))}. \tag{20.17}$$

重整化常数的选取有如下几种方案.

(1) 质壳重整化 (on-shell 重整化). 这一方案要求在粒子的 4-动量趋于质壳, 即 $\not{p} \to m$ 时,

$$S^{\mathrm{r}} \to \frac{\mathrm{i}}{\not{p} - m}. \tag{20.18}$$

这导致

$$\delta_m = C_{\mathrm{F}}g^2 B_\xi(m^2) \tag{20.19}$$

和

$$Z_{\mathrm{F}} = 1 - C_{\mathrm{F}} g^2 A_\xi(m^2),\tag{20.20}$$

即质壳重整化条件完全地决定了减除常数. 把上两式代回 (20.17) 式, 发现重整化后的传播子对任意标度 ν 的依赖完全消去了. 显然质壳重整化条件是物理的重整化条件. 但是对于 QCD 中的夸克场, 由于其并不存在所谓的 "质壳条件"[①]. 我们往往也采用 μ 重整化或 $\overline{\mathrm{MS}}$ 重整化条件.

(2) μ 重整化 (off-shell 重整化). 所谓的 μ 重整化方案, 一般是指不取质壳条件, 而是把减除点取在一个任意的质量量纲上, 即 $p^2 = \mu^2$, 甚至取在类空区间以避开物理区域的复杂的奇异行为, 并且有类似于 (20.18) 式的条件. 类似地有

$$\delta_m = C_{\mathrm{F}} g^2 B_\xi(\mu^2)\tag{20.21}$$

和

$$Z_{\mathrm{F}} = 1 - C_{\mathrm{F}} g^2 A_\xi(\mu^2).\tag{20.22}$$

重整化后的传播子依赖于任意标度 μ^2.

(3) MS 或 $\overline{\mathrm{MS}}$ 重整化方案. MS 重整化方案特指对于维数正规化而言, 仅仅减除掉正比于 $1/\epsilon$ 的发散项. $\overline{\mathrm{MS}}$ 重整化方案是指 (仅仅) 减除掉组合 N_ϵ. 注意此时仍然有一个任意的标度依赖性 ν. 此时

$$Z_{\mathrm{F}} = 1 - C_{\mathrm{F}} g^2 \frac{\xi}{16\pi^2} N_\epsilon, \quad \delta_m = -C_{\mathrm{F}} \frac{3g^2}{16\pi^2} N_\epsilon.\tag{20.23}$$

在 $\overline{\mathrm{MS}}$ 方案中, 质量重整化常数是规范无关的.

下面再讨论胶子、费米子的顶角耦合 (取 $\xi = 1$ 的规范), 如图 20.2 所示,

$$\begin{aligned}A_1 &= \int \frac{\mathrm{d}^D l \mu^{2\epsilon}}{(2\pi)^D} (igT_{ii'}^b \gamma^\nu) \frac{\mathrm{i}}{\not{p} - \not{l} - m} (ig\gamma_\mu T_{i'j'}^a) \frac{\mathrm{i}}{\not{p} + \not{q} - \not{l} - m} (ig\gamma_\nu T_{j'j}^b) \cdot \frac{-\mathrm{i}}{l^2}\\ &= g^3 \int \frac{\mathrm{d}^D l \mu^{2\epsilon}}{(2\pi)^D} \frac{\gamma^\nu(\not{p} - \not{l} + m)\gamma^\mu(\not{p} + \not{q} - \not{l} + m)\gamma_\nu}{[(p-l)^2 - m^2][(p+q-l)^2 - m^2]l^2} \{T^b T^a T^b\}_{ij}.\end{aligned}\tag{20.24}$$

利用 $T^b T^a T^b = T^b[T^a, T^b] + T^b T^b T^a = \mathrm{i}f^{abc}T^b T^c + C_{\mathrm{F}} T^a = C_{\mathrm{F}} T^a - \frac{1}{2} f^{abc} f^{bcd} T^d = \left(C_{\mathrm{F}} - \frac{1}{2} C_A\right) T^a$, 给出

$$A_1 = g^3 \left\{ C_{\mathrm{F}} - \frac{1}{2} C_A \right\} T_{ij}^a \Gamma_\mu^{(2)},\tag{20.25}$$

[①]对于一个稳定的夸克, 极点位置到微扰论的任意有限阶都有定义 (Tarrach R. Nucl. Phys. B, 1981, 183: 384). 然而当把某一类图到所有阶进行求和后, 发现极点质量的定义有一定的不确定性, 正比于 Λ_{QCD} (Bigi I, Shifman M, Uraltsev N, and Vainshtein A. Phys. Rev. D, 1994, 50: 2234).

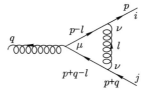

图 20.2　胶子–夸克–夸克三点顶角的单圈修正图 1, 一共有两个图.

其中 $\Gamma_\mu^{(2)}$ 是 (20.24) 式中最后一个等式右边的积分项. 它的发散可以很容易地计算出来:

$$
\begin{aligned}
A_1 &\doteq g^3 \left\{ C_{\mathrm{F}} - \frac{1}{2}C_A \right\} T_{ij}^a \, \Gamma(3) \int_0^1 x\mathrm{d}x\mathrm{d}y \\
&\quad \times \int \frac{\mathrm{d}^D l\, \nu^{2\epsilon}}{(2\pi)^D} \frac{\gamma_\nu \slashed{l}\gamma^\mu \slashed{l}\gamma^\nu}{\{[(p-l)^2 - m^2]\,x(1-y) + [(p-q-l)^2 - m^2]\,xy + l^2(1-x)\}^3} \\
&= 2g^3 \left\{ C_{\mathrm{F}} - \frac{1}{2}C_A \right\} T_{ij}^a \int_0^1 x\mathrm{d}x\mathrm{d}y \\
&\quad \times \int \frac{\mathrm{d}^D l\, \nu^{2\epsilon}}{(2\pi)^D} \frac{\gamma_\nu (2l^\mu \slashed{l} - l^2 \gamma^\mu)\gamma^\nu}{\{l^2 - 2l \cdot (xp + qxy) - xm^2 + xp^2 + 2xyp \cdot q + xyq^2\}^3} \\
&= 2g^3 \left\{ C_{\mathrm{F}} - \frac{1}{2}C_A \right\} T_{ij}^a \int_0^1 x\mathrm{d}x\mathrm{d}y \int \frac{\mathrm{d}^D l\, \nu^{2\epsilon}}{(2\pi)^D} \frac{(2-D)(2l^\mu \slashed{l} - l^2 \gamma^\mu)}{[l^2 - 2lx(p+qy) - \Delta]^3} \\
&\doteq 2g^3 \left\{ C_{\mathrm{F}} - \frac{1}{2}C_A \right\} T_{ij}^a \int_0^1 x\mathrm{d}x\mathrm{d}y(2-D) \\
&\quad \times \frac{\mathrm{i}\nu^{2\epsilon}}{(4\pi)^{D/2}}(-1)^3 \left(-\frac{\Gamma\!\left(2 - \dfrac{D}{2}\right)}{2\Gamma(3)} \right) \frac{(2-D)\gamma_\mu}{[\Delta + x^2(p+yq)^2]^{2-D/2}} \\
&= \mathrm{i}g T_{ij}^a \gamma^\mu \times \left\{ C_{\mathrm{F}} - \frac{1}{2}C_A \right\} \frac{g^2}{16\pi^2}\Gamma(\epsilon)(4\pi\nu^2)^\epsilon + \text{有限项} \\
&\doteq \mathrm{i}g T_{ij}^a \gamma_\mu \times \frac{g^2}{16\pi^2} \left\{ C_{\mathrm{F}} - \frac{1}{2}C_A \right\} N_\epsilon.
\end{aligned}
\tag{20.26}
$$

类似地可以证明 (见图 20.3)

$$
\begin{aligned}
A_2 &= gf^{acb} \int \frac{\mathrm{d}^D l\, \nu^{2\epsilon}}{(2\pi)^D} [(2q+p-l)_\nu g_{\mu\nu'} + (2l-2p-q)_\mu g_{\nu\nu'} + (p-l-q)_{\nu'} g_{\mu\nu}] \\
&\quad \times \frac{-\mathrm{i}}{(p-l)^2} \frac{-\mathrm{i}}{(p+q-l)^2} (\mathrm{i}g\gamma^\nu T_{ik}^b) \frac{\mathrm{i}}{\slashed{l}-m} \mathrm{i}g\gamma^{\nu'} T_{kj}^c \\
&\doteq \frac{C_A}{2} T_{ij}^a g^3 \int \frac{\mathrm{d}^D l\, \nu^{2\epsilon}}{(2\pi)^D} \frac{-2l^2 - 4l^\mu \slashed{l}}{[\cdots]^3}
\end{aligned}
$$

$$\doteq \frac{C_A}{4} g^3 T_{ij}^a (D+2) \gamma^\mu N_\epsilon \frac{\mathrm{i}}{(4\pi)^2}$$

$$\doteq \mathrm{i} g T_{ij}^a \gamma_\mu \times \frac{g^2}{16\pi^2} \left\{ \frac{3}{2} C_A \right\} N_\epsilon, \tag{20.27}$$

即

$$A_1 + A_2 \doteq \mathrm{i} g T_{ij}^a \gamma^\mu \frac{g^2}{16\pi^2} \{C_A + C_F\} N_\epsilon. \tag{20.28}$$

也就是说,

$$Z_{1\mathrm{F}} = Z_{\mathrm{F}}^{-1} Z_3^{-1/2} Z_g = 1 + \frac{\alpha_g}{4\pi}(C_A + C_F) N_\epsilon. \tag{20.29}$$

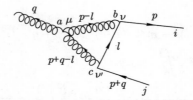

图 20.3　胶子–夸克–夸克三点顶角的单圈修正图 2, 一共有两个图.

下面计算规范场传播子的单圈自能修正. 首先计算费米子圈图 (见图 20.4):

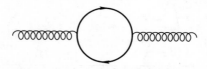

图 20.4　胶子的自能修正: 费米子圈的贡献.

$$\mathrm{i}\Pi_{\mu\nu}^{ab,\mathrm{f}}(q^2) = \mathrm{i}(q^2 g_{\mu\nu} - q_\mu q_\nu)\delta^{ab}\Pi^{\mathrm{f}}(q^2)$$

$$\doteq \mathrm{i}(q^2 g_{\mu\nu} - q_\mu q_\nu)\delta^{ab}\left(-\frac{g^2}{16\pi^2}\frac{4}{3}N_\mathrm{f} T_\mathrm{F} N_\epsilon + \cdots\right). \tag{20.30}$$

还有三个图, 它们的贡献是与 ξ 有关的, 我们取 $\xi = 1$ 的 't Hooft–Feynman 规范做演示. 首先看一看规范场的两个圈图 (见图 20.5, 其中含有四胶子顶点的圈图的贡献在维数正规化中为零, 不予考虑):

$$\Pi_{aa'}^{\mu\nu,\mathrm{gauge}}(q) = -\mathrm{i}\frac{g^2}{2} f^{abc} f^{a'bc} \int \frac{\mathrm{d}^D k}{(2\pi)^D} \frac{1}{k^2(k+q)^2}$$

$$\times [-(2k+q)^\mu g_{\alpha\beta} + (k-q)_\beta g_\alpha^\mu + (2q+k)_\alpha g_\beta^\mu]$$

$$\times [-(2k+q)^\nu g^{\alpha\beta} + (k-q)^\beta g^{\nu\alpha} + (2q+k)^\alpha g^{\nu\beta}]. \tag{20.31}$$

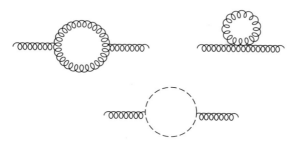

图 20.5   胶子的自能修正: 胶子圈和鬼场的贡献.

利用 $f^{abc}f^{a'bc} = \delta^{aa'}C_A$ 和维数正规化方法, 结果如下:

$$
\Pi^{\mu\nu}_{aa'}(q) = \delta_{aa'}C_A\frac{g^2}{32\pi^2}
$$
$$
\times\Bigg\{\left[\frac{19}{6}N_\epsilon - \frac{1}{2} - \int_0^1 \mathrm{d}x(11x^2 - 11x + 5)\ln(-x(1-x)q^2)\right]q^2 g^{\mu\nu}
$$
$$
-\left[\frac{11}{3}N_\epsilon + \frac{2}{3} - \int_0^1 \mathrm{d}x(-10x^2 + 10x + 2)\ln(-x(1-x)q^2)\right]q^\mu q^\nu\Bigg\}. \tag{20.32}
$$

很容易检查出上述结果不满足横向规范条件: $q_\mu\Pi^{\mu\nu}(q^2) \neq 0$. 比如

$$
\mathrm{Im}\Pi^{\mu\nu}_{aa'}(q) = \delta_{aa'}C_A\frac{g^2}{32\pi}\theta(q^2)\left[-\frac{19}{6}q^2 g^{\mu\nu} + \frac{22}{6}q^\mu q^\nu\right]. \tag{20.33}
$$

事实上, 这一结果还破坏了物理 S 矩阵应满足的幺正性, 其原因是不考虑鬼场时的相互作用的拉氏量会把物理态变到含有非物理极化的态. 解决这一问题的方案是引入鬼场使其与胶子场的非物理自由度的贡献相消:

$$
\Pi^{\mu\nu,\mathrm{ghost}}_{aa'} = \delta_{aa'}C_A \mathrm{i}g^2 \int \frac{\mathrm{d}^D k}{(2\pi)^D}\frac{k^\mu(k+q)^\nu}{k^2(k+q)^2}
$$
$$
= \delta_{aa'}\frac{g^2}{32\pi^2}C_A\Bigg\{\left[\frac{1}{6}N_\epsilon + \frac{1}{6} - \int_0^1 \mathrm{d}x x(1-x)\ln(-x(1-x)q^2)\right]q^2 g^{\mu\nu}
$$
$$
-\left[-\frac{1}{3}N_\epsilon + 2\int_0^1 \mathrm{d}x\, x(1-x)\ln(-x(1-x)q^2)\right]q^\mu q^\nu\Bigg\}. \tag{20.34}
$$

把规范场贡献与鬼场贡献相加得到总的结果如下:

$$
\Pi^{\mu\nu} = \delta_{aa'}\frac{g^2}{32\pi^2}C_A(-g^{\mu\nu}q^2 + q^\mu q^\nu)\left\{-\frac{10}{3}N_\epsilon - \frac{62}{9} + \frac{10}{3}\ln(-q^2)\right\}, \tag{20.35}
$$

满足横向规范条件和幺正性条件. 下面再给出在 R_ξ 规范下胶子自能发散项的贡献:

$$\mathrm{i}\Pi_{\mu\nu}^{ab}(q^2) = \mathrm{i}(q^2 g_{\mu\nu} - q_\mu q_\nu)\delta^{ab}\Pi(q^2)$$

$$\doteq \mathrm{i}\left(q^2 g_{\mu\nu} - q_\mu q_\nu\right)\delta^{ab}\left(-\frac{g^2}{16\pi^2}\left(-\frac{13}{6}+\frac{\xi}{2}\right)C_A N_\epsilon + \cdots\right). \quad (20.36)$$

由于规范场的传播子可以写成

$$\mathrm{i}\Delta_{\mu\nu}^{ab}(q) = \frac{-\mathrm{i}g_{\mu\nu}\delta^{ab}}{q^2(1-\Pi(q^2))}, \quad (20.37)$$

所以胶子场的波函数重整化常数可以写成

$$Z_3 \equiv \frac{1}{1-\Pi^{\mathrm{div}}(q^2)} = 1 + \Pi^{\mathrm{div}}(q^2) \quad (\text{单圈时})$$

$$= 1 - \frac{g^2}{16\pi^2}\left(\frac{4}{3}N_{\mathrm{f}}T_{\mathrm{F}} + \left(-\frac{13}{6}+\frac{\xi}{2}\right)C_A\right)N_\epsilon. \quad (20.38)$$

20.2.2　重整化群方程与跑动耦合常数、渐近自由

有了各种重整化常数的计算结果, 我们就可以计算单圈时的重整化群方程, 来研究各种耦合常数和质量在不同的能量标度下的演化规律. 由于 $g_0 = Z_g g$, 有

$$\nu\frac{\mathrm{d}}{\mathrm{d}\nu}g = \nu\frac{\mathrm{d}}{\mathrm{d}\nu}(Z_g^{-1}g_0) = -g_0 Z_g^{-2}\nu\frac{\mathrm{d}}{\mathrm{d}\nu}Z_g = -g\frac{\nu\frac{\mathrm{d}}{\mathrm{d}\nu}Z_g}{Z_g}. \quad (20.39)$$

在单圈时上式中最后一项可以化简为 $-g\nu\frac{\mathrm{d}}{\mathrm{d}\nu}Z_g$. 由于 ν 仅出现在

$$N_\epsilon = \frac{2}{4-n} - \gamma_{\mathrm{E}} + \ln 4\pi + \ln\nu^2,$$

即 $(4\pi)^\epsilon\Gamma(\epsilon)(\nu^2)^\epsilon$ 的组合中, 且 $\nu\frac{\mathrm{d}}{\mathrm{d}\nu}N_\epsilon = \nu\frac{\mathrm{d}}{\mathrm{d}\nu}\ln\nu^2 = 2$, 所以对于 QCD, 由

$$Z_g = Z_{1\mathrm{F}}Z_{\mathrm{F}}Z_3^{1/2} = 1 - \frac{\alpha_g}{4\pi}\left\{\frac{11}{6}C_A - \frac{2}{3}T_{\mathrm{F}}N_{\mathrm{f}}\right\}N_\epsilon,$$

根据重整化群方程一章的内容, 可以来计算单圈的重整化群方程. 计算方法并不唯一, 比如利用 §16.4 的方法:

$$a_1 = -\frac{g^3}{16\pi^2}\left(\frac{11}{6}C_A - \frac{2}{3}T_{\mathrm{F}}N_{\mathrm{f}}\right), \quad (20.40)$$

$$\nu\frac{\mathrm{d}}{\mathrm{d}\nu}g = \beta(g) = -a_1 + g\frac{\mathrm{d}a_1}{\mathrm{d}g} = -\frac{g^3}{16\pi^2}\left(\frac{11}{3}C_A - \frac{4}{3}T_{\mathrm{F}}N_{\mathrm{f}}\right). \quad (20.41)$$

(20.41) 式指出, 对于 QCD, $C_A = 3$, $T_{\mathrm{F}} = \frac{1}{2}$, 只要 N_{f} 不是太大, β 函数就是负的, 它意味着 $g = 0$ 是一个紫外固定点 (见 §16.5 中的讨论), 这就是著名的渐近自由.

§20.3 大 N_c 极限下的 QCD

本章前面的内容讨论了微扰 QCD 的一些基本知识. 由于非 Abel 场的渐近自由 (反过来就是红外禁闭) 性质, 微扰 QCD 的应用范围仅限于高能大横动量单举 (inclusive) 过程, 利用 QCD 研究低能强相互作用能够得到的结论非常有限. 然而在对 QCD 做了一定的简化、近似的情况下, 比如假设夸克禁闭, 我们还是可以利用 QCD 对强相互作用做一些有意义的讨论, 大 N_c 极限下的 QCD 就是这样的一个例子.

20.3.1 大 N_c 展开

考虑 QCD 在大 N_c 极限下的行为, 是最早由 't Hooft 建议的. 这一研究的精神是把 $SU_c(3)$ 改为 $SU(N_c)$. 相应地, SU(3) 的三维表示 $\underline{3}$ 和八维表示 $\underline{8}$ 变为 $\underline{N_c}$ (基础表示) 和 $\underline{N_c^2-1}$ (伴随表示), 即

$$\text{夸克:}\ q^j,\ (j=1,\cdots,N_c),$$
$$\text{胶子:}\ A_\mu^a,\ a=1,\cdots,N_c^2-1. \tag{20.42}$$

Witten 随后证明了, 在大 N_c 极限下, QCD 等价于一个具有无穷多自由介子的场论. 在 $SU(N_c)$ 群下, 胶子场为 $N \times N$ 无迹厄米矩阵 $A_\mu = A_\mu^a T^a$, 因此协变微商为

$$D_\mu = \partial_\mu + i\frac{g}{\sqrt{N_c}}A_\mu. \tag{20.43}$$

T^A 的归一化为

$$\operatorname{tr} T^\alpha T^\beta = \frac{1}{2}\delta^{\alpha\beta}. \tag{20.44}$$

在这里耦合常数取为 $g \to \dfrac{g}{\sqrt{N_c}}$, 这是为避免耦合常数在 $N_c \to \infty$ 时 "爆炸". 下面将要回到这一点. 这样我们得到的规范场胶子的场强

$$F_{\mu\nu} = \partial_\mu A_\nu - \partial_\nu A_\mu + i\frac{g}{\sqrt{N}}[A_\mu, A_\nu], \tag{20.45}$$

相应的拉氏量为

$$\mathcal{L} = -\frac{1}{2}\operatorname{tr}F_{\mu\nu}F^{\mu\nu} + \sum_{k=1}^{N_f} \bar{\psi}_k(i\slashed{D} - m_k)\psi_k. \tag{20.46}$$

通常所说的大 N_c 极限就是 N_f 固定, N_c 趋向无穷. 为避免微扰图爆炸, 把耦合常数 $g \to g/\sqrt{N_c}$. 这样 β 函数由头两项确定 ($g^2 N_c$ 固定), 保持 β 函数与 $N_c = 3$

时一致 (都有渐近自由). 如果用通常的耦合常数, 则有

$$\mu\frac{\mathrm{d}g}{\mathrm{d}\mu} = -b_0\frac{g^3}{16\pi^2} + O(g^5), \qquad b_0 = \frac{11}{3}N_c - \frac{2}{3}N_f, \qquad (20.47)$$

这里 b_0 是 $O(N_c)$ 的. 这个式子在大 N_c 极限下失去了意义. 因此我们用 $g/\sqrt{N_c}$ 替换 g, 因此得到

$$\mu\frac{\mathrm{d}g}{\mathrm{d}\mu} = -\left(\frac{11}{3} - \frac{2}{3}\frac{N_f}{N_c}\right)\frac{g^3}{16\pi^2} + O(g^5).$$

现在 β 函数在 $N_c \to \infty$ 极限下是一个有意义的式子了. 在这里 N_f 项是 $1/N_c$ 压低的, 以后我们也将看到, 有费米子圈的 Feynman 图的确是 $1/N_c$ 压低的.

我们接下来要讨论大 N_c 极限下的 QCD 的 Feynman 规则. 夸克场的传播子为

$$< \psi^i(x)\bar{\psi}^j(y) > = \delta^{ij}\mathrm{i}S(x-y). \qquad (20.48)$$

胶子的传播子为

$$< A_\mu^a(x)A_\nu^b(y) > = \delta^{ab}\mathrm{i}D_{\mu\nu}(x-y),$$

其中 a 和 b 是伴随表示的指标. 我们按基础表示的色指标重新定义胶子场: $(A_\mu)_j^i \equiv A_\mu^a(T^a)_j^i$, 则夸克–胶子耦合顶角为

$$\frac{g}{\sqrt{N_c}}\bar{\psi}^j\gamma_\mu\psi_k A_{\mu j}^k. \qquad (20.49)$$

胶子传播子是

$$\int \mathrm{d}^4x e^{\mathrm{i}q\cdot x}\langle 0|T(A_{\mu j}^i(x)A_{\nu l}^k(0))|0\rangle = \frac{1}{2}(\delta_l^i\delta_j^k - N_c^{-1}\delta_j^i\delta_l^k)\mathrm{i}D_{\mu\nu}(q), \qquad (20.50)$$

其中正比于 $1/N_c$ 的第二项必须存在以保证 $A_j^j = 0$ (如果是 U(N) 群则没有后面一项). 上式中应用了

$$\left(T^A\right)^a{}_b\left(T^A\right)^c{}_d = \frac{1}{2}\delta_d^a\delta_b^c - \frac{1}{2N_c}\delta_b^a\delta_d^c \quad (\mathrm{SU}(N_c)). \qquad (20.51)$$

按照上面的规则写出的 Feynman 图使得每一个胶子看起来像一个正反 $\bar{q}q$ 对, 如图 20.6 所示.

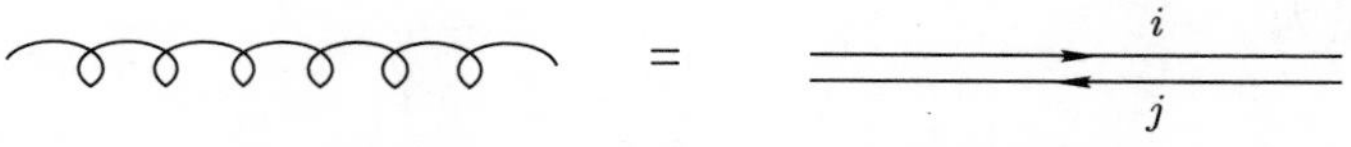

图 20.6　大 N_c 极限下胶子内线的双线表示.

看夸克–夸克散射图 20.7, 按胶子场的双线表示, 夸克线色指标在流动中是不变的. 亦可得到如图 20.8 的 Feynman 图表示. 为此我们分别来讨论如何得到

't Hooft 双线表示的 Feynman 图. 我们已经知道了耦合常数是 $g \to g/\sqrt{N_c}$. 接下来, 我们推导出相互作用顶点的双线表示. 从 $\mathrm{tr} F_{\mu\nu} F^{\mu\nu}$ 可以得到三胶子耦合项

$$\mathrm{tr} A_\mu A_\nu \partial_\mu A_\nu = A^a_{\mu b} A^b_{\nu c} \partial_\mu A^c_{\nu a}, \tag{20.52}$$

如图 20.8(d) 所示. 第一个胶子的下指标为第二个胶子的上指标, 第二个胶子的下指标是第三个胶子的上指标, 第三个胶子的下指标是第一个胶子的上指标, 每一个胶子场的出夸克场 (反夸克) 的指标与接下来的入夸克场 (夸克) 的指标收缩. 换句话说, 色守恒保证进入 Feynman 图中的带色指标的夸克线一旦进入, 就必定离开. 另外要注意的是, 由对称性可以得到不同的双线表示. 例如, 三胶子顶角除了上面式子讨论的情况以外, 还应当有在 $A_\mu \leftrightarrow A_\nu$ 替换下的三胶子作用. 因此, 我们得到的完全的三胶子顶角将如图 20.9 所示. 以此类推, 可以画出图 20.8(c), 20.8(e) 的夸克–胶子作用顶角和四胶子作用顶角.

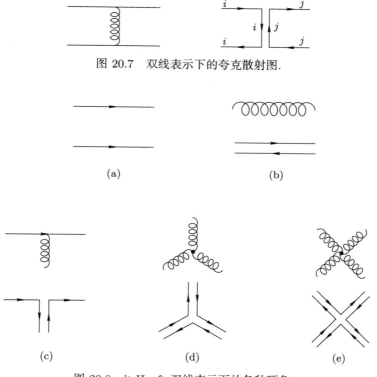

图 20.7　双线表示下的夸克散射图.

(a)   (b)

(c)   (d)   (e)

图 20.8　't Hooft 双线表示下的各种顶角.

用双线表示, 我们不难得到大 N_c QCD 的计算 N_c 阶数的规则. 比如考虑由胶子圈给出的胶子真空极化 (见图 20.10), 可以通过双线表示来求胶子真空极化的 N_c 阶

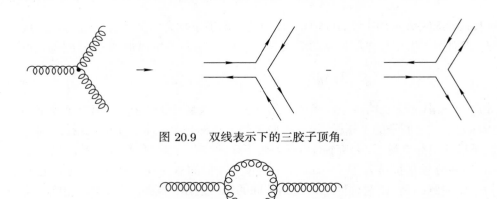

图 20.9　双线表示下的三胶子顶角.

图 20.10　大 N_c 下胶子的真空极化图.

数. 由前文知道, 每个耦合常数 g 是 $O\left(\dfrac{1}{\sqrt{N_c}}\right)$ 的. 其中对于夸克内圈, 要对色指标求和, $k = 1, \cdots, N$. 因此单圈图的胶子真空极化给出的是 $O(1)$. 与此同时, 我们也可以看到有任意胶子线的平面图①都在大 N_c 下给出同阶的贡献. 可以这样来看这个问题: 在平面 Feynman 图中增加一条胶子线, 若 Feynman 图仍然保持平面, 这样只是增加了两个顶点和一个闭合的夸克圈, 因此得到的因子为 $(1/\sqrt{N_c})^2 \times N_c = 1$, 不给出新的贡献. 接下来, 我们看非平面图 20.11. 计算 20.11 图的 N_c 的阶数, 可以得到 $(1/\sqrt{N_c})^6 N_c = 1/N_c^2$. 通过拓扑学的方法可以证明, 非平面图是 $1/N_c^2$ 压低的.

图 20.11　非平面图的一个例子.

值得一提的是, 所谓平面图里面胶子线必须画在夸克线的同一侧, 如图 20.12 所示, 其中图 (a) $\propto O(1)$, 而图 (b) $\propto 1/N_c^2$.

接下来, 我们注意到夸克内线和胶子内线不同, 和只含有胶子线的图比较起来, 每个内夸克圈给出一个 $1/N_c$ 因子, 如图 20.13 所示. 和相对应的胶子真空极化比较起来, 含有费米子内圈的胶子自能图, 用 't Hooft 的双线表示, 少了胶子真空极化中的一个色指标求和的费米子圈, 因此是 $1/N_c$ 压低的.

综上所述, 我们可以得到大 N_c QCD 的规则如下:

(1) 领头阶的贡献由含有最少夸克圈的平面图给出.

---

①所谓平面图指的是一个 Feynman 图中的任意一根线穿越另一根线时都必须发生相互作用.

(2) 每个夸克圈给出一个 $1/N_c$ 因子.

(3) 非平面图是 $1/N_c^2$ 压低的.

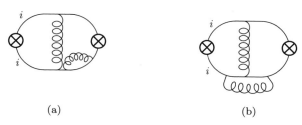

$$(a) \qquad\qquad (b)$$

图 20.12 (a) 平面图胶子线均可画在夸克线的内侧, 是 $O(1)$ 的; (b) 胶子线不能画在夸克线的
同一侧又不相交, 是非平面图, 因此是 $1/N_c^2$ 压低的.

图 20.13 费米子圈内线的 $1/N_c$ 压低.

20.3.2 大 N_c 极限下的谱

为了保证大 N_c 极限下的 QCD 有唯象学上的意义, 需要以下两点假设: (1) 禁闭仍然成立, (2) 仍有手征对称性的自发破缺. Coleman–Witten 定理使两个假设变为一个, 在此定理的证明中用到了反常的存在和大 N_c 极限下禁闭存在的假设, 并且用到 Goldstone 定理的逆定理来证明存在手征对称性的自发破缺[1] [2].

介子的波函数由 N_c 个 $\bar{Q}_i Q_i$ 组成, 并需要适当的归一化:

$$\frac{1}{\sqrt{N_c}} b_i^{(\alpha)\dagger} d_i^{(\beta)\dagger} |0\rangle, \tag{20.53}$$

其中 α, β 是味道指标. 这样 π 介子的衰变常数为 $f_\pi \propto \sqrt{N_c}$, 见图 20.14. 介子的传播子是 $O(1)$ 的.

衰变顶角见图 20.15, 三点顶角是 $O(1/\sqrt{N_c})$ 压低的, 这导致当 $N_c \to \infty$ 时, $\Gamma/M \to 0$. 在现实中大多数介子的实验值 Γ/M 为 $0.1 \sim 0.2$. 以此类推, 四个介子的顶角的行为是 $\propto 1/N_c$.

[1] Coleman S and Witten E. Phys. Rev. Lett., 1980, 45: 100.

[2] 另外, 假设存在禁闭, 't Hooft 指出, 由于有效理论必须给出和基本理论相同的反常, 这导致在一般情况下有效理论中存在着自发破缺 ('t Hooft G. Under the Spell of Gauge Principle. Singapore: World Scientific, 1994).

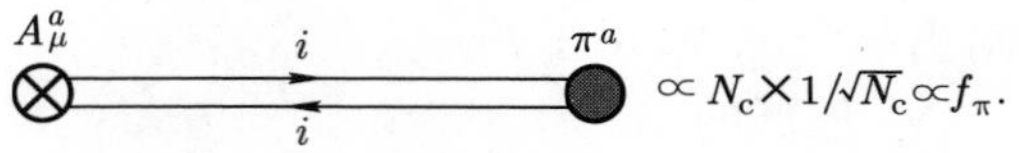

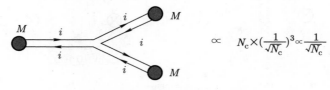

图 20.14   π 介子衰变常数的 N_c 依赖关系.

$$\propto \quad N_c \times (\frac{1}{\sqrt{N_c}})^3 \propto \frac{1}{\sqrt{N_c}}$$

图 20.15   三点顶角的 N_c 依赖.

胶球的波函数的归一化因子为 $1/N_c$, 传播子仍为 $O(1)$ 的. 胶球到两胶球的衰变顶角为 $O(1/N_c)$, 胶球到两介子的衰变顶角也为 $O(1/N_c)$. 在大 N_c 极限下, 重子的性质较为复杂. 重子由 N_c 个夸克组成 (构成一个全反对称的色波函数), 它的质量因此正比于 N_c. 进一步的讨论可见相关文献.

作为练习, 请读者证明胶球到两胶球的衰变顶角在大 N_c 极限下为 $O(1/N_c)$, 胶球到两介子的衰变顶角也为 $O(1/N_c)$.

§20.4   1+1 维 QCD

上面我们讨论了平面图、大 N_c QCD 等概念, 本节我们将应用所学到的概念来讨论所谓的 't Hooft 模型[1], 或 1+1 维 QCD. 特别要强调的是, 我们将在大 N_c 极限下讨论. 我们将看到这个极限极大地简化了计算, 使问题变为可解的.

首先要指出的是, 在二维情况下, 出现禁闭是自然甚至平庸的. 这不仅对于 QCD 是对的, 对于 1+1 维 QED (参见本书上册 §10.2 的介绍) 也同样是正确的. 回顾 QED 的拉氏量

$$\mathcal{L} = \frac{1}{2}F_{01}^2 + \bar{\psi}(\mathrm{i}\partial_\mu\gamma^\mu - eA_\mu\gamma^\mu - m)\psi, \tag{20.54}$$

其中 $F_{01} = \partial_0 A_1 - \partial_1 A_0$. 我们知道对于量子规范理论需要选取一个规范, 这里为方便起见, 选取轴规范, $A_1 = 0$, 于是 1+1 维 QED 拉氏量变为

$$\mathcal{L} = \frac{1}{2}(\partial_1 A_0)^2 + \bar{\psi}(\mathrm{i}\partial_\mu\gamma^\mu - eA_0\gamma^0 - m)\psi. \tag{20.55}$$

在此拉氏量里并没有出现规范场的时间导数, 即 A_0 所对应的共轭正则动量消失, 所以 A_μ 根本就不是一个动力学变量, 而可以认为是一个 c-函数, 因此可以利用运

---

[1] 't Hooft G. Nucl. Phys. B, 1974, 75: 461.

动方程 $\partial_1^2 A_0 = -e\psi^\dagger\psi = -ej^0$ 将其消去. 此运动方程的解为

$$A_0(x^0, x^1) = -\frac{e}{2} \int \mathrm{d}y^1 |x^1 - y^1| j^0(x^0, y^1). \tag{20.56}$$

这样电子的拉氏量变为

$$L = L_0 + \frac{e^2}{4} \int \mathrm{d}x^1 \mathrm{d}y^1 j_0(x^0, x^1) |x^1 - y^1| j^0(x^0, y^1). \tag{20.57}$$

显然电荷之间存在着一个线性势因而必然存在禁闭. 方程 (20.57) 也可以看成是流和流之间交换一个如下的光子传播子得到的:

$$\mathrm{i}D_{\mu\nu}(k) = -\frac{\mathrm{i}}{2}\delta_{\mu 0}\delta_{\nu 0} \int \mathrm{d}^2 x \mathrm{e}^{\mathrm{i}k \cdot x} |x^1| \delta(x^0) = \mathrm{i}\delta_{\mu 0}\delta_{\nu 0}\mathrm{P}\frac{1}{k_1^2}, \tag{20.58}$$

其中 P 代表主值积分,

$$\mathrm{P}\frac{1}{z^2} \equiv \frac{1}{2}\left[\frac{1}{(z+\mathrm{i}\epsilon)^2} + \frac{1}{(z-\mathrm{i}\epsilon)^2}\right]. \tag{20.59}$$

为了得到 (20.58) 式, 需要计算距离 $|x|$ 的 Fourier 变换. 可以证明,

$$\int \mathrm{d}x \mathrm{e}^{-\mathrm{i}p \cdot x} |x| = \frac{1}{(p+\mathrm{i}\epsilon)^2} + \frac{1}{(p-\mathrm{i}\epsilon)^2}.$$

上式

$$\begin{aligned}
左边 &= \int_0^\infty \mathrm{d}x x \mathrm{e}^{-\mathrm{i}px} - \int_{-\infty}^0 \mathrm{d}x x \mathrm{e}^{-\mathrm{i}px} \\
&= \mathrm{i}\frac{\partial}{\partial p}\left(\int_0^\infty \mathrm{d}x \mathrm{e}^{-\mathrm{i}px} - \int_{-\infty}^0 \mathrm{d}x \mathrm{e}^{-\mathrm{i}p \cdot x}\right).
\end{aligned} \tag{20.60}$$

为使上面的积分有意义, 对两项积分分别做变换 $p \to p - \mathrm{i}\epsilon, p \to p + \mathrm{i}\epsilon$, 则上式等于

$$\mathrm{i}\frac{\partial}{\partial p}\left(\frac{1}{\mathrm{i}p - \epsilon} + \frac{1}{\mathrm{i}p + \epsilon}\right) = -\frac{1}{(p+\mathrm{i}\epsilon)^2} - \frac{1}{(p-\mathrm{i}\epsilon)^2}.$$

于是即可得到 (20.58) 式[①].

现在我们转向 1+1 维 QCD 的讨论. 由于取了轴规范 $A_1 = 0$, 显然胶子运动学项中胶子之间的非 Abel 相互作用项消失了. 因此除了一些平庸的因子, 1+1 维 QCD 与上述 1+1 维 QED 是完全等价的. 于是对于 1+1 维 QCD, 类似地可以写出

$$L = L_0 + \frac{g^2}{N_c} \int \mathrm{d}x^1 \mathrm{d}y^1 j_{0a}^b(x^0, x^1) |x^1 - y^1| j_{0b}^a(x^0, y^1), \tag{20.61}$$

[①] 这样引入正规化因子 ϵ 的方法可以避免胶子传播子的红外发散, 见 Hagen C R. Nucl. Phys. B, 1975, 95: 477; Abdalla E, Cristina M, Abdalla B, and Rothe K. 2 Dimensional Quantum Field Theory. 2nd Edition. Singapore: World Scientific, 2001.

且

$$j_{0a}^b = \psi_a^\dagger \psi^b - \frac{\delta_a^b}{N_c} \psi_c^\dagger \psi^c. \tag{20.62}$$

胶子自相互作用的消失给讨论大 N_c 的平面图带来了极大的简化. 比如对于流流两点关联函数 (见图 20.16, 带阴影的圆圈表示夸克完全传播子), 由于没有三胶子或四胶子顶点, 且由于在大 N_c 展开的领头阶只能有平面图 (见 §20.3 的讨论), 最后存留下来的只能是图 20.16 里面所绘的那种梯形图. 类似地, 对于胶子自能函数 Σ, 图 20.17 给出了传播子 S_F 和自能函数 Σ 的联立的 DS 方程: 同样由于胶子线不能相交, 夸克自能函数与传播子只能是图 20.17 里面所描绘的那种样子. 还需要说明的是, 胶子传播子只能取最低阶形式, 因为额外的夸克圈是 $1/N_c$ 压低的, 而胶子–夸克–夸克三点顶角的辐射修正也是 $1/N_c$ 压低的 (平面图指的是胶子线必须在夸克线的同一边, 见 20.3.1 节的讨论).

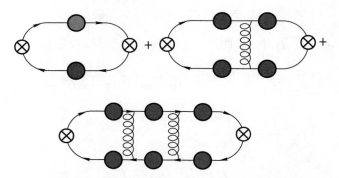

图 20.16　1+1 维 QCD 中大 N_c 领头阶情况下的流–流关联函数所对应的图.

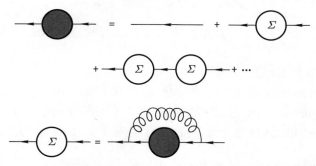

图 20.17　1+1 维 QCD 中大 N_c 领头阶情况下的夸克自能图.

　　下面我们来解由图 20.17 所定义的自能函数和传播子的 DS 方程组. 更方便的做法是利用光锥规范而不是轴规范, 前者保持 Lorentz 不变性而且计算更简单. 光

锥坐标的定义是

$$x^{\pm} = \frac{x^0 \pm x^1}{\sqrt{2}}, \tag{20.63}$$

于是 $x_{\pm} = x^{\mp}$. 相应地,

$$g^{+-} = g^{-+} = g_{+-} = g_{-+} = 1, \tag{20.64}$$

而其余的分量为零. 光锥规范条件是

$$A^+ = A_- = 0, \tag{20.65}$$

而光锥规范下胶子传播子为

$$\mathrm{i}D_{\mu\nu}(k) = \mathrm{i}\delta_{\mu+}\delta_{\nu-}\mathrm{P}\frac{1}{k_-^2}. \tag{20.66}$$

对于光锥分解 $(\not{p} = p_+\gamma^+ + p_-\gamma^-)$, γ 矩阵具有如下性质[①]:

$$(\gamma^+)^2 = (\gamma^-)^2 = 0, \quad \{\gamma^+, \gamma^-\} = 2,$$
$$\gamma^+ 1 \gamma^+ = \gamma^+\gamma^+\gamma^+ = 0, \quad \gamma^+\gamma^-\gamma^+ = 2\gamma^+. \tag{20.67}$$

在光锥规范下, 即 $A^+ = A_- = 0$ 时, 1+1 维 QCD 中的胶子–夸克相互作用顶角正比于 γ^+. 因此, 由图 20.17 中的自能表达式可知, 由于夸克传播子是夹在两个夸克–胶子相互作用顶点之间的, 利用 2 维 γ 矩阵的性质得知传播子分子中正比于 γ^+ 或正比于单位矩阵的项都没有贡献, 即只有正比于 γ^- 的项幸存下来. 换句话说, 自能函数中只有正比于 γ^+ 的项, $\Sigma(p) = \gamma^+\Sigma_+(p)$.

夸克的完全传播子可以表示为

$$\mathrm{i}S = \frac{\mathrm{i}}{p_+\gamma^+ + p_-\gamma^- - m + \gamma^+\Sigma_+(p)}. \tag{20.68}$$

分子分母同乘 $(p_+ + \Sigma_+)\gamma^+ + p_-\gamma^- + m$, 可得

$$\begin{aligned}
\mathrm{i}S(p) &= \frac{\mathrm{i}((p_+ + \Sigma_+)\gamma^+ + p_-\gamma^- + m)}{(p_+ + \Sigma_+)p_-\{\gamma^+, \gamma^-\} - m^2}, \\
&= \frac{\mathrm{i}p_-\gamma^-}{2p_+p_- + 2\Sigma_+p_- - m^2}. \tag{20.69}
\end{aligned}$$

由图 20.17 所给出的自能函数的 DS 方程为

$$-\mathrm{i}\Sigma(p) = 4g^2 \int \frac{\mathrm{d}k_+\mathrm{d}k_-}{(2\pi)^2}\mathrm{i}S(p-k)\mathrm{P}\frac{1}{k_-^2}. \tag{20.70}$$

[①] 见本书上册 §10.2 中 1+1 维 γ 矩阵的定义.

此方程的解具有形式 $\Sigma_+ = \Sigma_+(p_-)$. 为看出这个形式, 将完全传播子 (20.69) 代入 DS 方程, 可得

$$-\mathrm{i}\Sigma_+ = -g^2 \int \frac{\mathrm{d}k_+\mathrm{d}k_-}{2\pi^2} \frac{\mathrm{i}(p_- - k_-)}{2(p_+ - k_+)(p_- - k_-) + 2\Sigma_+(p_- - k_-) - m^2} \mathrm{P}\frac{1}{k_-^2}.$$

$$(20.71)$$

在上面方程里做积分变量替换 $p_+ - k_+ \to -k_+$, 则可以消掉 Σ_+ 对 p_+ 的依赖, 而使其仅仅依赖于 p_-. 事实上, 可以证明 $\Sigma_+ \propto \dfrac{\mathrm{i}}{p_-}$. 为看清这一点, 利用

$$\int \mathrm{d}x \frac{1}{x \pm \mathrm{i}\epsilon} = \int \mathrm{d}x \left[\mathrm{P}\frac{1}{x} \mp \mathrm{i}\pi\delta(x) \right] = \mp \mathrm{i}\pi,$$

得

$$\int \mathrm{d}p_+ \frac{p_-}{2p_+p_- - a + \mathrm{i}\epsilon} = -\mathrm{i}\frac{\pi}{2}\mathrm{sgn}\,p_-,$$

$$(20.72)$$

于是由夸克自能方程 (20.70) 导出

$$\begin{aligned}
&\frac{g^2}{2\pi} \int \mathrm{d}k_- \mathrm{sgn}(p_- - k_-)\mathrm{P}\frac{1}{k_-^2} \\
&= \frac{g^2}{2\pi} \int \mathrm{d}k_- \mathrm{sgn}(p_- - k_-)\frac{1}{2} \left(\frac{1}{(k_- + \mathrm{i}\epsilon)^2} + \frac{1}{(k_- - \mathrm{i}\epsilon)^2} \right) \\
&= \frac{g^2}{2\pi} \int_{-\infty}^{p_-} \frac{\mathrm{d}k_-}{2} \left(\frac{1}{(k_- + \mathrm{i}\epsilon)^2} + \frac{1}{(k_- - \mathrm{i}\epsilon)^2} \right) \\
&\quad - \frac{g^2}{2\pi} \int_{p_-}^{\infty} \frac{\mathrm{d}k_-}{2} \left(\frac{1}{(k_- + \mathrm{i}\epsilon)^2} + \frac{1}{(k_- - \mathrm{i}\epsilon)^2} \right) \\
&= \frac{g^2}{2\pi}\frac{1}{2} \left[\left(\frac{1}{k_- + \mathrm{i}\epsilon} + \frac{1}{k_- + \mathrm{i}\epsilon} \right) \Big|_{p_-}^{-\infty} - \left(\frac{1}{k_- + i\epsilon} + \frac{1}{k_- + i\epsilon} \right) \Big|_{\infty}^{p_-} \right] \\
&= -\frac{g^2 p_-}{\pi(p_-^2 + \epsilon^2)}.
\end{aligned}$$

$$(20.73)$$

由上式可以看出, 在 $\epsilon \to 0$ 时, 积分结果为

$$\Sigma_+ = -\frac{g^2}{4\pi} \int \mathrm{d}k_- \mathrm{sgn}(p_- - k_-)\mathrm{P}\frac{1}{k_-^2} = \frac{g^2}{2\pi p_-},$$

$$(20.74)$$

因此 $m^2 - p_- 2\Sigma_+ \equiv M^2$ 是一个常数, 而 M 即是经过重整化修正后的夸克质量, 且

$$M^2 = m^2 - \frac{g^2}{\pi}.$$

$$(20.75)$$

这个结论引发了一个问题, 即随着相互作用变强夸克可能成为 "快子". 但是这并不引起任何真正的问题, 我们将会看到, 夸克是否成为快子与禁闭产生的介子谱没有任何关系. 为了看清这一点, 我们来研究由图 20.18 所表示的 BS 方程[①]

$$\psi(p,q) = -4g^2 \mathrm{i} S(p-q) S(-q) \int \frac{\mathrm{d}k^2}{(2\pi)^2} \mathrm{P} \frac{1}{(k_- - q_-)^2} \psi(p,k), \qquad (20.76)$$

其中 ψ 是动量空间中的束缚态的 BS 波函数.

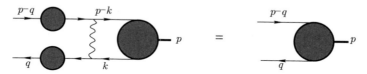

图 20.18   1+1 维 QCD 中大 N_c 领头阶情况下的介子所满足的 Bethe–Salpeter 方程.

定义

$$\phi(p, q_-) = \int \mathrm{d}q_+ \psi(p,q), \qquad (20.77)$$

则

$$\phi(p, q_-) = -\frac{\mathrm{i}g^2}{\pi^2} I(p, q_-) \int \mathrm{d}k_- \mathrm{P} \frac{1}{(k_- - q_-)^2} \phi(p, k_-), \qquad (20.78)$$

其中

$$
\begin{aligned}
I(p, q_-) &= \int \mathrm{d}q_+ S(p-q) S(-q) \\
&= \int \mathrm{d}q_+ \frac{(p-q)_-}{2(p-q)_+ (p-q)_- - M^2 + \mathrm{i}\epsilon} \frac{q_-}{2q_+ q_- - M^2 + \mathrm{i}\epsilon} \qquad (20.79)
\end{aligned}
$$

可以被积出来. 如果 p_- 落在 $[0, p_-]$ 区间之外, 被积函数的两个极点落在实轴的一侧, 则积分为零. 如果 p_- 不落在这个区间里, 则积分结果为

$$I(p, q_-) = -\pi \mathrm{i} \frac{1}{2p_+ - M^2/q_- - M^2/(p_- - q_-)}. \qquad (20.80)$$

代回积分方程 (20.76), 并做替换

$$2p_+ = \mu^2/p_-, \quad q_- = xp_-, \quad k_- = yp_-,$$

[①]根据 §15.4 中 BS 方程的讨论, 可以得到一般的 BS 方程应写为

$$S_A^{-1}\left(\frac{P_a}{2} + p\right) \chi_a(p) S_B^{-1}\left(\frac{P_a}{2} - p\right) = \int \mathrm{d}^4 p' K(p, p', P_a) \chi_a(p').$$

在大 N_c 极限下, $K(p, p', P_a)$ 可由最低阶树图的结果表示. 在这里由于 γ 代数非常简单, 可以等效地取费米子传播子和胶子–夸克–夸克三点顶角为标量函数.

其中 μ^2 是介子质量的平方, 则得到

$$\mu^2 \phi(x) = \left(\frac{M^2}{x} + \frac{M^2}{1-x} \right) \phi(x) - \frac{g^2}{\pi} \int_0^1 \mathrm{dy} \mathrm{P} \frac{1}{(x-y)^2} \phi(y), \qquad (20.81)$$

其中 $\phi(x)$ 定义在 $[0,1]$ 上并且在 $x = 0, 1$ 时值为零. 这个方程的物理意义是明确的, 它相当于光锥坐标系中束缚在 $[0,1]$ 区间内, 线性势的两粒子的 Schrödinger 方程. 夸克被限制在一个区间内, 这保证了方程只有分立谱, 也就是说系统不存在连续的夸克对. 由 (20.75) 式, 夸克质量平方 M^2 甚至可能是负的, 但是这与介子谱没有任何关系. 由方程 (20.81) 和恒等式

$$\int_0^1 \mathrm{dy} \mathrm{P} \frac{1}{(x-y)^2} = - \left(\frac{1}{x} + \frac{1}{1-x} \right),$$

可得

$$\mu^2 \int_0^1 \mathrm{dx} |\phi^2(x)| = m^2 \int_0^1 \mathrm{dx} |\phi^2(x)| \left(\frac{1}{x} + \frac{1}{1-x} \right) + \frac{g^2}{2\pi} \int_0^1 \mathrm{dx} \int_0^1 \mathrm{dy} \frac{|\phi(x) - \phi(y)|^2}{(x-y)^2}. \qquad (20.82)$$

这保证了只要 m^2 是正定的, 不管 g 如何, 介子质量平方 μ^2 总是正定的. 也就是说, 快子型的夸克并不导致快子型的介子, 其是否出现亦与禁闭现象无关.

方程 (20.81) 没有解析解, 但是对于大的 μ^2, 可以证明 $\mu^2 = \pi^2 n$ (n 是一个正整数) 是一个渐近解而且没有分立解, 因而谱表现出一个 Regge 极点的行为[①].

对于 1+1 维 QCD 的研究近年来取得了新进展[②]. 通过研究任意参考系下对于 π 介子规范不变的能量分解, 发现了一些有趣的性质: 当手征 π 介子的动量很软时, 胶子携带的能量和夸克能量以 $1/p$ 的形式发散, 虽然其和仍然是有限的. 并且在赝 Goldstone 玻色子的静止系, 对于 Gell-Mann-Oakes-Renner 关系的分解形式, 在接近手征极限时, 胶子能量及夸克能量对于夸克质量存在对数依赖.

---

① 见比如 Abdalla E and Alves N. Annals Phys., 1999, 277: 74.
② 见 Jia Y, Yu R, and Xiong X. Phys. Rev. D, 2018, 98: 074024, 以及该文中给出的参考文献.

第二十一章 微扰 QCD 的应用

在了解了 QCD 的一些基本方法和知识以后, 这里利用它来讨论 $e^+e^- \to$ 强子过程, 在这里我们将看到微扰 QCD 以及重整化群方程的应用可以有效地 (在非共振区间) 处理这一单举过程. 在 §21.2 中我们将介绍深度非弹实验中的无标度性和部分子模型, 然后在 §21.3 中将讨论如何在 QCD 的框架中理解并研究深度非弹实验.

§21.1 $e^+e^- \to$ 强子过程

对于最简单的 $e^+e^- \to \mu^+\mu^-$ 过程 (见图 21.1(a))[1],

$$\sigma(e^+e^- \to \mu^+\mu^-) = \frac{4\pi\alpha^2}{3q^4}\left(1 - \frac{4m_\mu^2}{q^2}\right)^{1/2}(2m_\mu^2 + q^2). \tag{21.2}$$

图 21.1 $e^+e^- \to \mu^+\mu^-$ 以及 $e^+e^- \to p\bar{p}$ 过程.

而对于 $e^+e^- \to$ 强子 (见图 21.2), 有

$$\sigma(e^+e^- \to \text{强子}) = \sum_{i\ \text{为色与味指标}} \sigma(e^+e^- \to q_i\bar{q}_i). \tag{21.3}$$

可以定义一个重要的物理量 (忽略掉一切质量项)

$$R \equiv \frac{\sigma(e^+e^- \to \text{强子})}{\sigma(e^+e^- \to \mu^+\mu^-)} = \sum_i e_i^2, \tag{21.4}$$

---

[1]对于 $e^+e^- \to p\bar{p}$ 过程 (见图 21.1(b)), 则有

$$\sigma(e^+e^- \to p\bar{p}) = \frac{4\pi\alpha^2}{3q^4}\left(1 - \frac{4m_p^2}{q^2}\right)^{1/2}(2m_p^2 G_E^2(q^2) + q^2 G_M^2(q^2)), \tag{21.1}$$

其中 G_E, G_M 分别是 $q^2 \geqslant 0$ 时的电、磁形状因子. 对于大的 q^2, $G_E(q^2) \propto G_M(q^2) \propto q^{-4}$. 所以当 $s \gg M_p^2$ 时, $\sigma(e^+e^- \to p\bar{p}) \propto s^{-5}$.

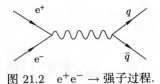

图 21.2　$e^+e^- \to$ 强子过程.

其中 e_i 是第 i 个夸克以电子电荷为单位的电荷. 比如到最低阶,

$$R = 3\left(\frac{4}{9} + \frac{1}{9} + \frac{1}{9}\right) = 2 \ (\sqrt{s} < 2m_{\rm c}),$$

$$R = 2 + 3\left(\frac{4}{9} + \frac{1}{9}\right) = \frac{11}{3} \ (\sqrt{s} > 2m_{\rm b}).$$

(21.5)

这个最低阶的估算与实验值的比较见图 21.3. 在 $e^+e^- \to$ 所有强子末态的过程中的喷注结构与部分子自旋 $1/2$ 的假设是一致的: 当 $4 \ {\rm GeV} < \sqrt{s} < 7.5 \ {\rm GeV}$ 时, $\mathrm{d}\sigma/\mathrm{d}\Omega \propto 1 + \cos^2\theta$, 当 $\sqrt{s}$ 更大时, 则要出现 3 喷注事例.

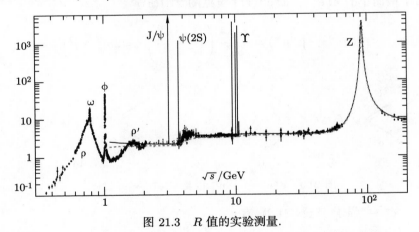

图 21.3　R 值的实验测量.

　　下面我们来考虑对 R 值计算的 QCD 修正. 考虑非极化过程 $e^+(p_1)e^-(p_2) \to n$, 只考虑电磁作用到最低阶, 有

$$< n|S_{\rm QCD+em}|e^+e^- >$$
$$= \frac{(ie)^2}{2!}\langle n|T\left\{\int \mathrm{d}^4x_1\mathrm{d}^4x_2\mathcal{L}_{\rm int}^{\rm em}(x_1)\mathcal{L}_{\rm int}^{\rm em}(x_2)\exp\left\{i\int \mathrm{d}^4x\mathcal{L}_{\rm int}^{\rm QCD}(x)\right\}\right\}|e^+e^-\rangle.$$

(21.6)

利用 QED 的 Feynman 规则, 可得

$$\mathcal{T}(e^+e^- \to n) = \frac{2\pi e^2}{q^2}\bar{v}(p_1,\sigma_1)\gamma_\mu u(p_2,\sigma_2)\langle n|J^\mu(0)|0\rangle,$$

(21.7)

其中 J^μ 是夸克场组成的电磁流. 所以截面可以写为

$$
\begin{aligned}
\sigma^{\text{tot}} &= \sum_n \sigma(\mathrm{e}^+\mathrm{e}^- \to n) \\
&= \frac{2\alpha^2}{s^3} 4\pi^2 l_{\mu\nu} \sum_n (2\pi)^4 \delta^4(p_1 + p_2 - p_n)\langle n|J^\nu(0)|0\rangle\langle n|J^\mu(0)|0\rangle^*.
\end{aligned}
\tag{21.8}
$$

注意这里对末态的求和符号包括了对末态动量的积分 (参见 §21.2). 上式中 (忽略电子质量)

$$
\begin{aligned}
l_{\mu\nu} &= \frac{1}{4}\sum_{\sigma_1\sigma_2} \bar{v}(p_1,\sigma_1)\gamma_\mu u(p_2,\sigma_2)[\bar{v}(p_1,\sigma_1)\gamma_\nu u(p_2,\sigma_2)]^* \\
&= \frac{1}{2}\{q_\mu q_\nu - q^2 g_{\mu\nu} - (p_1-p_2)_\mu (p_1-p_2)_\nu\}.
\end{aligned}
\tag{21.9}
$$

利用类似于 §21.2 中的技巧, 可以得到

$$
\begin{aligned}
\Delta^{\mu\nu} &= \sum_n (2\pi)^4 \delta^4(p_1+p_2-p_n)\langle 0|J^\mu(0)|n\rangle\langle n|J^\nu(0)|0\rangle \\
&= \int \mathrm{d}^4 x \mathrm{e}^{\mathrm{i}q\cdot x}\langle 0|[J^\mu(x),\, J^\nu(0)]|0\rangle.
\end{aligned}
\tag{21.10}
$$

另一方面两个流的关联函数 (光子自能) 的定义为

$$
\Pi^{\mu\nu}(q) = \mathrm{i}\int \mathrm{d}^4 x \mathrm{e}^{\mathrm{i}q\cdot x}\langle 0|TJ^\mu(x)J^\nu(0)|0\rangle.
\tag{21.11}
$$

利用光学定理, 可以证明

$$
\Delta^{\mu\nu} = 2\mathrm{Im}\Pi^{\mu\nu},
\tag{21.12}
$$

即 e⁺e⁻ 的总截面与光子传播子的吸收部分有关. 证明时仅保留到 $O(\alpha_e^2)$ 阶 (从本节上面给出的推导可以看出 (21.12) 式仅在电磁作用的最低阶下才是成立的). 所以计算 e⁺e⁻ 湮灭的总截面, 到 α_e^2 阶只需计算光子自能的虚部即可. 光子自能图到 QCD 的最低阶修正是一个两圈图的计算, 可以利用 QED 的计算结果得到 (忽略夸克质量项, 其贡献 $\sim m^2/s$). 根据 R 值的定义, 有

$$
R^0(s) = \frac{\sigma(\mathrm{e}^+\mathrm{e}^- \to \text{强子})}{\sigma^{(0)}(\mathrm{e}^+\mathrm{e}^- \to \mu^+\mu^-)} \quad (\text{最低阶} = N_c \sum_f e_f^2),
\tag{21.13}
$$

其中 $\sigma^{(0)}$ 是到 α_e 的最低阶的贡献: $\sigma^{(0)}(\mathrm{e}^+\mathrm{e}^- \to \mu^+\mu^-) = 4\pi^2\alpha_e^2/(3s)$ (忽略了夸克的质量). 计算到第二阶, 有

$$
R^{(1)} = N_c \sum_f e_f^2 \left(1 + \frac{\alpha_s}{\pi}\right).
\tag{21.14}
$$

从重整化的知识得知, 上式中的 α_s 依赖于一个任意的重整化标度 ν, 但是散射截面是一个物理量, 当然不应该依赖于一个人为的参数. 根据重整化群方程的基本理论, 解决这一问题的方案是将 $\alpha_s(\nu) \to \alpha_s(\sqrt{s})$. 在这里我们重温一下重整化群方程解决这一问题的基本思路. 首先, 利用 (21.11) 式和规范不变条件给出的关系 $\Pi^{\mu\nu} = (q^\mu q^\nu - g^{\mu\nu} q^2) \Pi(q^2)$ 得知, 标量函数 $\mathrm{Im}\Pi(s)$ 的量纲为零, 是一个物理量. 一般来说, 有 $\mathrm{Im}\Pi(s) = \mathrm{Im}\Pi(s, g(\nu), \nu)$, 于是它满足如下的重整化群方程:

$$\left[\nu \frac{\partial}{\partial \nu} + \beta(g) \frac{\partial}{\partial g} \right] \mathrm{Im}\Pi(s, g(\nu), \nu) = 0. \tag{21.15}$$

注意在上式中不出现任何反常量纲, 原因是 (21.11) 式给出的 Π 函数是两个守恒流的乘积. 流守恒保证了在做算符重整化时不需要引入额外的重整化常数.

　　为了看清楚这一点, 我们做如下考虑: 定义关联函数

$$G_\mu(p, q) \equiv \int \mathrm{d}^4 x \mathrm{d}^4 y \, e^{-iq \cdot x - ip \cdot y} \langle 0 | T(J_\mu(x) \psi(y) \psi^\dagger(0)) | 0 \rangle. \tag{21.16}$$

利用流代数 (等时对易关系) 容易证明,

$$-iq^\mu G_\mu(p, q) = \Delta(p + q) - \Delta(p), \tag{21.17}$$

其中

$$\Delta(p) \equiv \int \mathrm{d}^4 x \, e^{-ip \cdot x} \langle 0 | T(\psi(x) \psi^\dagger(0)) | 0 \rangle. \tag{21.18}$$

在考虑重整化时, 由于 (21.16) 式中除场算符以外还包含有定域的复合算符 J_μ, 所以其裸量和重整化后的量之间的关系为

$$G_\mu^r(p, q) = Z_\psi^{-1} Z_J^{-1} G_\mu(p, q), \tag{21.19}$$

而传播子的形式依旧,

$$\Delta^r(p) = Z_\psi^{-1} \Delta(p). \tag{21.20}$$

因此重整化以后的 Ward 等式可以写为

$$-iZ_J q^\mu G_\mu^r(p, q) = \Delta^r(p + q) - \Delta^r(p). \tag{21.21}$$

显然由上式可以看出, Z_J 不可能含有发散项, 也就是说我们并不需要对守恒流做重整.

　　根据量纲分析, 有 $\mathrm{Im}\Pi(s, g(\nu), \nu) = \mathrm{Im}\Pi(s/\nu^2, g(\nu))$, 因此在 (21.15) 式中对 ν 的偏导数可以换为对 s 的偏导数:

$$\left[\frac{\partial}{\partial t} - \beta(g) \frac{\partial}{\partial g} \right] \mathrm{Im}\Pi(s, g(\nu), \nu) = 0, \tag{21.22}$$

其中 $t = \ln\sqrt{s}$. 我们发现上式与跑动耦合常数所满足的重整化群方程是一样的, 仅仅是边条件不一样, 也就是说只要把由微扰计算得出的 $\mathrm{Im}\Pi(s)$ 中的 $\alpha_{\mathrm{s}}(\nu)$ 替换为 $\alpha_{\mathrm{s}}(\sqrt{s})$ 即可. 最终有

$$R^{(1)} = N_{\mathrm{c}} \sum_f e_f^2 \left(1 + \frac{\alpha_{\mathrm{s}}(\sqrt{s})}{\pi} + O(\alpha_{\mathrm{s}}^2) \right). \tag{21.23}$$

(21.23) 式保证了物理结果与重整化标度的无关. 回头看一看著名的跑动耦合常数的表达式

$$\alpha_{\mathrm{s}}(Q^2) = \frac{\alpha_{\mathrm{s}}(\mu^2)}{1 + 4\pi b \alpha_{\mathrm{s}}(\mu^2) \ln(Q^2/\mu^2)}, \quad b = \frac{1}{16\pi^2}\left(11 - \frac{2}{3}n_{\mathrm{f}} \right). \tag{21.24}$$

它指出了所谓的重整化群改进的微扰计算的结果实际上是收进了到微扰论所有阶的领头对数项的贡献.

为更好地理解重整化群的概念与其应用, 我们再从另一个角度来分析一下 e⁺e⁻ → 强子这一过程. 根据光学定理, e⁺e⁻ → 强子的截面可以用 $\mathrm{Im}\, T(\mathrm{e}^+\mathrm{e}^- \to \mathrm{e}^+\mathrm{e}^-)$ 来表示, 而 $T(\mathrm{e}^+\mathrm{e}^- \to \mathrm{e}^+\mathrm{e}^-)$ 到 α_{e} 的最低阶显然正比于光子的传播子:

$$D^{\mu\nu}(q) = D(q^2)\left(g^{\mu\nu} - \frac{q^\mu q^\nu}{q^2} \right) + \cdots, \tag{21.25}$$

其中被忽略的项依赖于规范的选取, 对物理过程没有任何贡献. 两点关联函数 $D(Q^2)(Q^2 = -q^2)$ 满足重整化群方程

$$\left[\nu\frac{\partial}{\partial\nu} + \beta_g\frac{\partial}{\partial g} + 2\gamma_A \right] D(Q^2) = 0, \tag{21.26}$$

其中 γ_A 是光子场的反常量纲,

$$\gamma_A = \frac{1}{2}\nu\frac{\partial}{\partial\nu}\ln Z_A(e, g, \nu). \tag{21.27}$$

到两圈的计算给出

$$\gamma_A = C\left(3\sum_f e_f^2 \right)\left[1 + \frac{3}{16\pi^2}C_{\mathrm{F}}\, g^2 + \cdots \right], \tag{21.28}$$

其中 C 是一个对我们考虑的过程无关紧要的常数因子. $D(Q^2)$ 的量纲为 -2, 所以它有如下的形式:

$$D(Q^2) = D(Q^2, g(\nu), \nu) = Q^{-2}\Lambda\left(\frac{Q}{\nu}, g(\nu) \right). \tag{21.29}$$

也就是说, (21.26) 式可改写为

$$\left[\frac{\partial}{\partial t} - \beta_g \frac{\partial}{\partial g} - 2\gamma_A + 2\right] D(Q^2) = 0, \tag{21.30}$$

其中 $t = \frac{1}{2}\ln Q^2/\nu^2$. 根据重整化群方程的一般解的理论, 有

$$
\begin{aligned}
D(Q^2) &= Q^{-2} \exp\left[2\int_0^t \gamma_A(g(t'))\mathrm{d}t'\right] \\
&= Q^{-2}\left[1 + 2C\left(3\sum_f e_f^2\right)\int_0^t\left(1 + \frac{3}{16\pi^2}C_F\, g^2(t')\right)\mathrm{d}t'\right] \\
&= Q^{-2}\left[1 + 2C\left(3\sum_f e_f^2\right)\left(t - \frac{3}{16\pi^2\,2b}C_F\ln\left[\frac{g^2(Q^2)}{g^2(\nu^2)}\right]\right)\right]\left(\frac{\mathrm{d}g}{\mathrm{d}t} = -bg^3\right) \\
&\approx Q^{-2}\left[1 + 2C\left(3\sum_f e_f^2\right)\left(t + \frac{3}{16\pi^2\,2b}C_F 4\pi b\alpha_s(Q^2)\ln Q^2/\nu^2\right)\right] \\
&\approx Q^{-2}\left[1 + 2C\left(3\sum_f e_f^2\right)\left(t + \frac{\alpha_s(Q^2)}{\pi}t\right)\right].
\end{aligned}
\tag{21.31}
$$

在上式中取吸收部分 (上式可看成先在欧氏动量空间得出, 再解析延拓到闵氏空间, t 于是出现一个虚部. 其中 $\alpha_s(q^2)$ 与 $\alpha_s(Q^2)$ 的差别 $\propto \alpha^2$, 可忽略, 即 $\alpha_s(q^2)$ 可看成实的), 推出

$$R^{(1)} = N_c \sum_f e_f^2\left(1 + \frac{\alpha_s(\sqrt{s})}{\pi} + O(\alpha_s^2)\right). \tag{21.32}$$

当然 R 值也可直接利用 Feynman 图计算散射截面得出. 如图 21.4 所示, 此时要计算 $e^+e^- \to \bar{q}q$ 和 $e^+e^- \to \bar{q}qg$ 两个图. 在这里出现了红外与共线发散的问题. 因为

$$\sigma(e^+e^- \to g\bar{q}q) = C_F\frac{\alpha_s}{2\pi}\sigma^{\text{Born}}(\bar{q}q)\int_{-1}^{+1}\mathrm{d}\cos\theta\int\frac{\mathrm{d}l_0}{l_0}\frac{4}{(1-\cos\theta)(1+\cos\theta)}, \tag{21.33}$$

其中 l_0 是 (在 e^+e^- 的质心系) 辐射胶子的能量, θ 是辐射胶子与夸克的夹角, 所以我们得知, 当辐射胶子很软 ($l_0 \to 0$) 时出现红外发散, 当发射胶子与 q 或 $\bar{q}$ 平行时出现共线发散. 可以证明图 21.4(a) 与图 21.4(b) 所产生的红外与共线发散合在一起互相抵消掉了. 这里的讨论与本书上册讨论 $e^+e^- \to \mu^+\mu^-$ 的红外发散情形十分类似, 就不再赘述了.

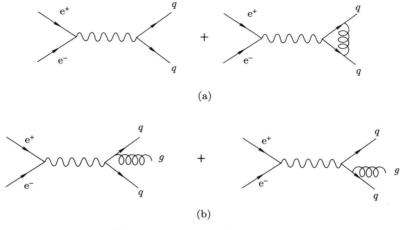

(a)

(b)

图 21.4 $e^+e^- \rightarrow q\bar{q}$ 与 $\bar{q}q + g$ 图.

§21.2 轻子与强子的深度非弹实验和部分子模型

21.2.1 深度非弹实验

讨论电子与核子的如下反应 (见图 21.5):

$$e(k) + N(p) \rightarrow e(k') + X(p_\mu). \tag{21.34}$$

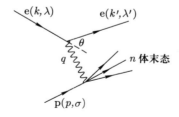

图 21.5 电子–质子散射示意图.

令 $q = k - k', \nu = p \cdot q/M = q_0, W^2 = (p + q)^2 = p_n^2$, 其中 (在实验室系) $p_\mu = (M, 0, 0, 0), k_\mu = (E, \boldsymbol{k}), k'_\mu = (E', \boldsymbol{k}')$. 这给出 $\nu = E - E'$ 是能量转移. 当可以忽略轻子质量时, $m_l \approx 0, q^2 = (k - k')^2 = -2(EE' - kk' \cos\theta) = -4EE' \sin^2 \dfrac{\theta}{2} \leqslant 0$, $Q^2 = -q^2$, 其中 θ 是轻子的散射角. 利用约化公式, 散射振幅可以表示为

$$T_n = e^2 \bar{u}(k', \lambda')\gamma^\mu u(k, \lambda)\frac{1}{q^2}\langle n|J_\mu^{\text{em}}(0)|p, \sigma\rangle. \tag{21.35}$$

对初态极化求平均、末态极化求和后得到微分散射截面

$$\mathrm{d}\sigma_n = \frac{1}{|\boldsymbol{v}|}\frac{1}{2M}\frac{1}{2E}\frac{\mathrm{d}^3\boldsymbol{k}'}{(2\pi)^3 2k_0'}\prod_{i=1}^n\frac{\mathrm{d}^3\boldsymbol{p}_i}{(2\pi)^3 2p_{i0}}\times\frac{1}{4}\sum_{\sigma,\lambda,\lambda'}|T_n|^2(2\pi)^4\delta^4(p+k-k'-p_n),$$

$$(21.36)$$

其中

$$p_n = \sum_{i=1}^n p_i.$$

对于单举过程,

$$\frac{\mathrm{d}^2\sigma}{\mathrm{d}\Omega\mathrm{d}E'} = \frac{\alpha^2}{q^4}\left(\frac{E'}{E}\right)l^{\mu\nu}W_{\mu\nu},\tag{21.37}$$

其中 (忽略轻子质量, $m_l = 0$)

$$l_{\mu\nu} = 2\left(k_\mu k_\nu' + k_\mu' k_\nu + \frac{q^2}{2}g_{\mu\nu}\right)\tag{21.38}$$

且

$$\begin{aligned}W_{\mu\nu}(p,q) &= \frac{1}{4M}\sum_\sigma\sum_n\int\prod_{i=1}^n\left[\frac{\mathrm{d}^3\boldsymbol{p}_i}{(2\pi)^3 2p_{i0}}\right]\\&\quad\times\langle p,\sigma|J_\mu^{\mathrm{em}}(0)|n\rangle\langle n|J_\nu^{\mathrm{em}}(0)|p,\sigma\rangle(2\pi)^3\delta^4(p_n-p-q)\\&=\frac{1}{4M}\sum_\sigma\int\frac{\mathrm{d}^4x}{2\pi}\mathrm{e}^{\mathrm{i}q\cdot x}\langle p,\sigma|J_\mu^{\mathrm{em}}(x)J_\nu^{\mathrm{em}}(0)|p,\sigma\rangle.\end{aligned}\tag{21.39}$$

得到上面第二个等式利用了如下技巧:

$$\begin{aligned}\delta^4(p_n-p-q) &= \int\frac{\mathrm{d}^4x}{(2\pi)^4}\mathrm{e}^{-\mathrm{i}(p_n-p-q)\cdot x},\\\langle p,\sigma|J_\mu^{\mathrm{em}}|n\rangle &= \langle p,\sigma|J_\mu^{\mathrm{em}}(0)|n\rangle\mathrm{e}^{-\mathrm{i}(p_n-p)\cdot x},\end{aligned}\tag{21.40}$$

以及恒等式

$$1 = \sum_n\int\prod_{i=1}^n\left[\frac{\mathrm{d}^3\boldsymbol{p}_i}{(2\pi)^3 2p_{i0}}\right]|n\rangle\langle n|.\tag{21.41}$$

我们又发现

$$\begin{aligned}\int\frac{\mathrm{d}^4x}{2\pi}\mathrm{e}^{\mathrm{i}q\cdot x}&\langle p,\sigma|J_\nu^{\mathrm{em}}(0)J_\mu^{\mathrm{em}}(x)|p,\sigma\rangle\\&=\sum_n\int\frac{\mathrm{d}^4x}{2\pi}\mathrm{e}^{\mathrm{i}(p_n-p+q)\cdot x}\langle p,\sigma|J_\nu(0)|n\rangle\langle n|J_\mu(0)|p,\sigma\rangle\\&=(2\pi)^3\sum_n\delta^4(p_n-p+q)\langle p,\sigma|J_\nu(0)|n\rangle\langle n|J_\mu(0)|p,\sigma\rangle.\end{aligned}\tag{21.42}$$

在实验室系中, 因为 $p_n^0 > p^0$, 知 $q_0 = \nu > 0$. 而能量 $= M - \nu \leqslant M$ 的中间态不可能存在, 即上面的项必为零. 所以我们得到

$$W_{\mu\nu}(p,q) = \frac{1}{4M} \sum_\sigma \int \frac{\mathrm{d}^4 x}{2\pi} \mathrm{e}^{\mathrm{i}q\cdot x} \langle p,\sigma|[J_\mu^{\mathrm{em}}(x), J_\nu^{\mathrm{em}}(0)]|p,\sigma\rangle. \tag{21.43}$$

由 $\partial_\mu J^{\mathrm{em}\mu} = 0$, 即 $q^\mu \langle p,\sigma|J_\mu^{\mathrm{em}}|n\rangle = 0$, 得到

$$q^\mu W_{\mu\nu} = q^\nu W_{\mu\nu} = 0. \tag{21.44}$$

由此我们可以写出

$$W_{\mu\nu}(p,q) = \left[-W_1 \left(g_{\mu\nu} - \frac{q_\mu q_\nu}{q^2} \right) + \frac{W_2}{M^2} \left(p_\mu - \frac{p\cdot q}{q^2} q_\mu \right) \left(p_\nu - \frac{p\cdot q}{q^2} q_\nu \right) \right], \tag{21.45}$$

其中 $W_{1,2}$ 是 Lorentz 不变的靶核子结构函数, 它们依赖于 q^2 和 ν. 这样, 我们可以把 (21.37) 式改写成

$$\frac{\mathrm{d}^2\sigma}{\mathrm{d}\Omega\mathrm{d}E'} = \frac{\alpha^2}{4E^2 \sin^4 \frac{\theta}{2}} \left(2W_1 \sin^2 \frac{\theta}{2} + W_2 \cos^2 \frac{\theta}{2} \right), \tag{21.46}$$

其中 θ 是轻子的散射角, 利用此式就可以测量 $W_{1,2}(q^2,\nu)$. 下面我们从弹性散射来看一看 $W_{1,2}$ 的结构:

$$\langle N(p')|J_\mu^{\mathrm{em}}(0)|N(p)\rangle = \bar{u}(\boldsymbol{p}') \left[\gamma_\mu F_1(q^2) + \mathrm{i}\sigma_{\mu\nu} q^\nu \frac{F_2(q^2)}{2M} \right] u(\boldsymbol{p}). \tag{21.47}$$

有

$$\begin{aligned} F_1^p(0) &= 1, \quad F_2^p(0) = 1.79, \\ F_1^n(0) &= 0, \quad F_2^n(0) = -1.91, \end{aligned} \tag{21.48}$$

其中上式中第一列代表电荷, 第二列代表 (反常) 磁矩. 利用 (21.47) 式, 即得到弹性散射对结构函数的贡献:

$$\begin{aligned} W_1^{\mathrm{el}} &= \delta(q^2 + 2M\nu) \frac{q^2}{2M} G_{\mathrm{M}}(q^2), \\ W_2^{\mathrm{el}}(q^2,\nu) &= \delta(q^2 + 2M\nu) \frac{2M}{1 - q^2/4M^2} \left[G_{\mathrm{E}}^2(q^2) - \frac{q^2}{4M^2} G_{\mathrm{M}}^2(q^2) \right], \\ G_{\mathrm{E}}(q^2) &= F_1(q^2) + \frac{q^2}{4M^2} F_2(q^2), \\ G_{\mathrm{M}}(q^2) &= F_1(q^2) + F_2(q^2). \end{aligned} \tag{21.49}$$

其中 G_E 叫作电形状因子, G_M 叫作磁形状因子. 在实验上发现它们可以很好地用如下的偶极 (dipole) 形式描述:

$$G_E(q^2) \approx \frac{G_M(q^2)}{\kappa_p} \approx \frac{1}{(1 - q^2/0.7\text{GeV}^2)^2}, \qquad (21.50)$$

其中 $\kappa_p = 2.79$ 是质子磁矩. 若质子无结构则应有 $G_E(q^2) = G_M(q^2) = 1$, 而 (21.50) 式指出了质子是有结构的, 当 $q^2 \to \infty$ 时, $G_E, G_M \propto \frac{1}{q^4}$. 另外, 如果所有的非弹性散射均有类似的 q^2 依赖性, 则总截面也应有类似的 q^2 依赖性, 但是对于大的末态不变质量 $w \gg M$, 实验上发现 q^2 依赖性缓和得多. 这一发现在历史上导致了部分子模型 (parton model) 的提出.

21.2.2 Bjorken 无标度性

定义

$$x = -\frac{q^2}{2M\nu} = \frac{Q^2}{2M\nu} \quad (0 \leqslant x \leqslant 1), \qquad (21.51)$$

x 的取值限制是因为 $w^2 = (p+q)^2 = q^2 + 2M\nu + M^2 \geqslant M^2$. 弹性散射对应于 $x = 1$. 还可以定义另外一个运动学变量:

$$y = \frac{\nu}{E} = 1 - \frac{E'}{E}. \qquad (21.52)$$

由 $0 \leqslant E' \leqslant E$, 推出 $0 \leqslant y \leqslant 1$, 有

$$\mathrm{d}x\mathrm{d}y = \frac{E'}{E} \frac{\mathrm{d}\Omega \mathrm{d}E'}{2\pi y M} \qquad (21.53)$$

以及

$$\begin{aligned} MW_1(q^2, \nu) &\equiv G_1\left(x, \frac{q^2}{M^2}\right), \\ \nu W_2(q^2, \nu) &\equiv G_2\left(x, \frac{q^2}{M^2}\right). \end{aligned} \qquad (21.54)$$

这导致

$$\frac{\mathrm{d}^2\sigma}{\mathrm{d}x\mathrm{d}y} = \frac{8\pi\alpha^2}{MEx^2y^2}\left[xy^2 G_1 + (1 - y - \frac{M}{2E}xy)G_2\right]. \qquad (21.55)$$

Bjorken 无标度性是说, 在大 Q^2 极限下, 当 x 固定时, G_1, G_2 仅是 x 的函数, 与 Q^2 无关, 即

$$\lim_{Q^2 \to \infty, x \text{ 固定}} G_i\left(x, \frac{Q^2}{M^2}\right) = F_i(x). \qquad (21.56)$$

$F_i(x)$ 成为无量纲的结构函数, 与任何标度无关. Bjorken 无标度性仅仅出现在 $Q^2 \geqslant$ 2 GeV^2 时 (对于 e-p 散射). 从中微子散射实验也可以得与上述情况类似的情形. 我们将在 §21.4 中讨论如何用现代场论的方法, 即 QCD 来理解这一结论, 但是在下一节首先遵循历史的足迹, 利用部分子模型来推导出无标度性.

21.2.3 部分子模型

假定:

(1) 核子由点状的部分子组成, 而把它们束缚在一起的力是弱的. 这样单举散射过程可以看成对部分子的弹性散射的非相干叠加.

(2) 在流与部分子相互作用的时间内, 可以忽略部分子之间的相互作用.

(3) 部分子的末态相互作用 (由部分子碎裂成强子) 所需时间较长, 因此在计算单举截面时可以被忽略.

(4) 部分子是在壳的, 自旋为 1/2, 并携带部分核子的动量 ξp, $0 \leqslant \xi \leqslant 1$, 而部分子所携带的横动量可以被忽略.

对于散射过程 e + p → e + X (见图 21.6), 把它看成电子、部分子的弹性散射的非相干求和. 首先计算电子与某一个部分子的弹性散射, 有

$$
\begin{aligned}
K_{\mu\nu}(\xi) &= \frac{1}{4\xi M} \sum_{\text{自旋}} \int \frac{\mathrm{d}^3 \boldsymbol{p}'}{(2\pi)^3 2p_0'} \langle \xi p, \sigma | J_\mu^{\mathrm{em}}(0) | p', \sigma' \rangle \langle p', \sigma' | J_\nu^{\mathrm{em}}(0) | \xi p, \sigma \rangle \\
&\quad \times (2\pi)^3 \delta^4(p' - \xi p - q) \\
&= \frac{1}{4\xi M} \sum_{\text{自旋}} \bar{u}(\xi \boldsymbol{p}) \gamma_\mu u(\boldsymbol{p}') \bar{u}(\boldsymbol{p}') \gamma_\nu u(\xi \boldsymbol{p}) \delta(p_0' - \xi p_0 - q_0)/2p_0'. \quad (21.57)
\end{aligned}
$$

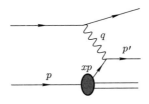

图 21.6 轻子与核子中的部分子散射.

由 $\delta(p_0' - \xi p_0 - q_0)/2p_0' = \theta(p_0')\delta\left[p_0'^2 - (\xi p_0 + q_0)^2\right] = \theta(p_0')\delta\left[p'^2 - (\xi p + q)^2\right] = \theta(\xi p_0 + q_0)\delta(2M\nu\xi + q^2) = \theta(\xi p_0 + q_0)\delta(\xi - x)/(2M\nu)$ (假定了在核子内部分子是在

壳的), 而

$$\frac{1}{2}\sum_{\text{自旋}}\bar{u}(\xi\boldsymbol{p})\gamma_\mu u(\xi\boldsymbol{p}+\boldsymbol{q})\bar{u}(\xi\boldsymbol{p}+\boldsymbol{q})\gamma_\nu u(\xi\boldsymbol{p})$$

$$=\frac{\xi}{2}\text{tr}\left[\not{p}\gamma_\mu(\xi\not{p}+\not{q})\gamma_\nu\right]$$

$$=4M^2\xi^2\left(\frac{p_\mu p_\nu}{M^2}\right)-2M\nu\xi g_{\mu\nu}+\cdots$$

(在上面的运算中已忽略了部分子的质量) 导致

$$K_{\mu\nu}(\xi)=\delta(\xi-x)\left(\frac{\xi}{\nu}\frac{p_\mu p_\nu}{M^2}-\frac{1}{2M}g_{\mu\nu}+\cdots\right). \tag{21.58}$$

令 $f(\xi)\mathrm{d}\xi$ 表示在 ξ 和 $\xi+\mathrm{d}\xi$ 之间的部分子数目, 则

$$W_{\mu\nu}=\int_0^1 f(\xi)K_{\mu\nu}(\xi)\mathrm{d}\xi=\frac{xf(x)}{\nu}\frac{p_\mu p_\nu}{M^2}-\frac{f(x)}{2M}g_{\mu\nu}+\cdots. \tag{21.59}$$

δ 函数使部分子被限制在质壳上, 使得结构函数仅依赖于 x:

$$\begin{aligned}MW_1 &\to F_1(x)=\frac{1}{2}f(x),\\\nu W_2 &\to F_2(x)=xf(x),\end{aligned} \tag{21.60}$$

给出 $2xF_1(x)=F_2(x)$. 这个关系叫作 Callan–Gross 关系, 是部分子带 1/2 自旋所导致的. 如果自旋为零, 则 $K_{\mu\nu}\propto\langle xp|J_\mu|xp+q\rangle\langle xp+q|J_\nu|xp\rangle\propto(2xp+q)_\mu(2xp+q)_\nu$. 由于没有正比于 $g_{\mu\nu}$ 的项, 可知 $F_1=0$ (此时仍然有 $q_\mu K^{\mu\nu}=0$). 相应的左手、右手结构函数也可类似地定义.

可以从夸克模型和夸克–胶子相互作用出发, 来定性地理解分布 $f(x)$. 首先, 从朴素的夸克模型出发, 每个 (组分) 夸克携带质子动量的三分之一, 所以 $f(x)\propto\delta(x-1/3)$. 夸克之间可以交换胶子使得夸克动量具有一定分布, 而不仅局限于 $x=1/3$ 处. 最后, 夸克还可以辐射虚胶子, 虚胶子又可以变成 $\bar{q}q$ 对. 这种轫致辐射产生的虚胶子的谱具有典型的特征, 即其辐射的胶子数密度反比于辐射出的胶子的动量[①]:

$$N(k)\mathrm{d}k\propto\mathrm{d}k/k. \tag{21.61}$$

因此部分子分布函数在小 x 处得到了增强.

夸克这一概念首先是为解释强子谱引进的假设, 我们需要检验的是高能深度非弹实验中引入的部分子的概念与谱学中的一致. 研究核子的内部结构, 可利用的

[①]从经典理论中很容易得到这一规律. 比如经典的电子理论中可以很容易地利用 Lienard-Wiechert 势求出电子轫致辐射的波数谱, 它具有 (21.61) 式的行为.

探针有光子和弱作用的规范玻色子, 前者与电磁流耦合, 后者与弱流耦合. 利用电子–核子散射、中微子–核子散射的知识, 以及实验数据, 可以对各种结构函数进行研究并得到各种求和规则, 其中最有意思的是所谓的动量求和规则. 夸克携带核子的部分动量, 即

$$\int_0^1 [u + d + s + \bar{u} + \bar{d} + \bar{s}]x\mathrm{d}x = 1 - \epsilon. \tag{21.62}$$

由实验知 $\epsilon \approx 0.5$, 即大约核子一半的动量是由胶子携带的. 这是一个很有意思的现象.

可以在场论的框架内讨论 Bjorken 无标度性与部分子模型, 因而把部分子模型放到一个更严格的基础上. 本章的后面部分将讨论这一问题.

§21.3 算符乘积展开, Wilson 系数

在讨论部分子模型时, 我们得到了轻子–质子散射的微分散射截面公式 (21.37), 以及质子结构张量函数 $W^{\mu\nu}$ 所满足的 (21.43) 式. 根据约化公式, 动量为 q, 极化为 ϵ_μ 的光子与质子的朝前散射振幅正比于 $\epsilon_\mu \epsilon_\nu T^{\mu\nu}$, 其中

$$T^{\mu\nu} = \mathrm{i} \int \mathrm{d}^4 x \mathrm{e}^{\mathrm{i}q \cdot x} \langle p, \sigma | T\{J^\mu(x)J^\nu(0)\} | p, \sigma \rangle. \tag{21.63}$$

利用光学定理可以进一步将 $W^{\mu\nu}$ 与虚光子、质子弹性散射 $\gamma^* + p \to \gamma^* + p$ 的朝前散射振幅相联系:

$$W^{\mu\nu} = \frac{1}{\pi} \mathrm{Im} T^{\mu\nu}. \tag{21.64}$$

根据上面的讨论知道, 在 Bjorken 极限

$$Q^2 = -q^2 \to \infty, \quad \nu \to \infty, \quad x = \frac{Q^2}{2M\nu} \quad \text{固定}$$

下, 结构函数 $W^{\mu\nu}$ 的行为取决于流算符的编时乘积或对易子对 $\mathrm{d}^4 x$ 积分后的行为. 由于被积函数中存在着振荡因子 $\mathrm{e}^{\mathrm{i}q \cdot x}$, 实际上对积分有贡献的区域仅仅局限在 $q \cdot x \approx 1$ 附近 (即一个高度振荡的被积函数对积分贡献为零). 我们考察 $q \cdot x$ 在 Bjorken 极限下的行为. 在实验室系中, $p = (M, \mathbf{0})$, $q = (q^0, 0, 0, q^3) = (\nu, 0, 0, \sqrt{\nu^2 + Q^2})$, 则

$$q \cdot x = \frac{1}{2}(\nu - \sqrt{\nu^2 + Q^2})(x^0 + x^3) + \frac{1}{2}(\nu + \sqrt{\nu^2 + Q^2})(x^0 - x^3)$$
$$\to -\frac{1}{2}Mx(x^0 + x^3) + \nu(x^0 - x^3), \tag{21.65}$$

也就是说对于积分有贡献的区域相当于

$$x^0 + x^3 \approx \frac{2}{Mx}, \quad x^0 - x^3 \approx \frac{1}{\nu}. \tag{21.66}$$

这样, 有

$$x^2 = (x^0 - x^3)(x^0 + x^3) - x_\perp^2 \approx \frac{2}{M\nu x} - x_\perp^2 = \frac{4}{Q^2} - x_\perp^2 \leqslant \frac{4}{Q^2}. \tag{21.67}$$

另一方面, 由 (21.43) 式中结构函数 $W^{\mu\nu}$ 的表达式知道, 类空时由于两个流的对易子必为零, 仅在 $x^2 > 0$ 时积分有贡献. 与 (21.67) 式比较得知, 在 Bjorken 极限下, 仅在光锥 $x^2 \approx 0$ 附近算符矩阵元才变得重要.

　　对于正负电子湮灭的讨论类似. 见 (21.10) 式, 在正负电子的质心系中 $\boldsymbol{q} = \boldsymbol{0}$. 在 $q^0 \to \infty$ 时对 (21.10) 式积分的贡献区域为 $x^0 \approx 0$. 由于 $x^2 > 0$, 所以这也意味着 $x \approx 0$.

　　总而言之, 我们发现高能过程中物理矩阵元的行为取决于 $x^2 \approx 0$ 或者 $x \approx 0$ 的区域, 因此研究流算符乘积在光锥上或者小距离处的行为变得至关重要. Wilson 建议[1], 任意两个有相互作用的场算符 $A(x)$ 和 $B(y)$ 的乘积均可以用下面的算符乘积展开来定义:

$$A(x)B(y) = \sum_i C_i(x - y)\mathcal{O}_i(x, y), \tag{21.68}$$

其中 (Wilson 系数) $C_i(x - y)$ 在 $x \to y$ 时是奇异的, 而双定域算符 $\mathcal{O}_i$ 则是非奇异的, Wilson 系数的奇异性随着算符扭度 (twist, 见稍后的讨论) 的增加而逐级减弱. 利用微扰论, 可以证明 Wilson 算符展开的合法性[2].

　　为了更好地理解算符乘积展开, 我们来讨论几个自由场时的例子. 回顾在本书上册讨论 Wick 展开时学到的知识:

$$T(\phi(x)\phi(y)) = \langle 0|T(\phi(x)\phi(y))|0\rangle + : \phi(x)\phi(y) :,$$

其中第一项 $\langle 0|T(\phi(x)\phi(y))|0\rangle = \mathrm{i}\Delta_\mathrm{F}(x - y)$ 是自由传播子, 是奇异的, 而第二项是场算符的正规乘积, 是正则或非奇异的. 自由的 Feynman 传播子在光锥区间的渐近行为是

$$\Delta_\mathrm{F}(x - y) \to -\frac{\mathrm{i}}{4\pi^2} \frac{1}{(x - y)^2 - \mathrm{i}\epsilon}. \tag{21.69}$$

对于自由费米场的 Feynman 传播子, 类似地有

$$S_\mathrm{F}(x) \to \frac{1}{4\pi^2} \frac{\mathrm{i}\not{x}}{(x^2 - \mathrm{i}\epsilon)^2}. \tag{21.70}$$

[1] Wilson K. Phys. Rev., 1969, 179: 1499.

[2] Zimmermann W. Annals Phys., 1973, 77: 536; 570.

一个稍微复杂一点的例子是两个费米子矢量流的编时乘积. 利用 Wick 定理, 可得

$$T\{J_\mu(x)J_\nu(0)\} = -\mathrm{tr}(\langle 0|T\psi(0)\bar\psi(x)|0\rangle\gamma_\mu\langle 0|T\psi(x)\bar\psi(0)|0\rangle\gamma_\nu)$$
$$+ :\bar\psi(x)\gamma_\mu\langle 0|T\psi(x)\bar\psi(0)\rangle\gamma_\nu\psi(0): + :\bar\psi(0)\gamma_\nu\langle 0|T\psi(0)\bar\psi(x)|0\rangle\gamma_\mu\psi(x):$$
$$+ :\bar\psi(x)\gamma_\mu\psi(x)\bar\psi(0)\gamma_\nu\psi(0):. \tag{21.71}$$

将 (21.70) 式代入 (21.71) 式并整理, 得到

$$T\{J_\mu(x)J_\nu(0)\} = \frac{x^2 g_{\mu\nu} - 2x_\mu x_\nu}{\pi^4(x^2 - i\epsilon)^4} + \frac{ix^\alpha(g_{\mu\alpha}g_{\nu\rho} + g_{\mu\rho}g_{\nu\alpha} - g_{\mu\nu}g_{\alpha\rho})}{2\pi^2(x^2 - i\epsilon)^2}\mathcal{O}_V^\rho(x,0)$$
$$+ \frac{x^\alpha}{2\pi^2(x^2 - i\epsilon)^2}\epsilon_{\mu\alpha\nu\rho}\mathcal{O}_A^\rho(x,0) + \mathcal{O}_{\mu\nu}(x,0), \tag{21.72}$$

其中各种正规乘积算符定义为

$$\mathcal{O}_V^\mu = :\bar\psi(x)\gamma^\mu\psi(0) - \bar\psi(0)\gamma^\mu\psi(x):,$$
$$\mathcal{O}_A^\mu = :\bar\psi(x)\gamma^\mu\gamma_5\psi(0) + \bar\psi(0)\gamma^\mu\gamma_5\psi(x):, \tag{21.73}$$
$$\mathcal{O}^{\mu\nu} = :\bar\psi(x)\gamma^\mu\psi(x)\bar\psi(0)\gamma^\nu\psi(0):.$$

算符乘积展开 (21.72) 式中的系数包括了短距离的奇异性, 并且随着展开, 各系数的奇异性逐渐降低, 而其中的各种正规乘积算符则包含了大距离时编时乘积算符的信息.

我们亦可以进一步把上述正则的正规乘积算符定域化, 比如

$$:\phi(x)\phi(0): = :\phi(0)\phi(0): + \sum_{N=1}\frac{1}{N!}x^{\mu_1}x^{\mu_2}\cdots x^{\mu_N}:\phi(0)\partial^{\mu_1}\partial^{\mu_2}\cdots\partial^{\mu_N}\phi(0):. \tag{21.74}$$

这样就得到了完全定域化的复合算符乘积展开:

$$T\{A(x)B(0)\} = \sum_{j,N}C_{j,N}(x)x_{\mu_1}x_{\mu_2}\cdots x_{\mu_N}\mathcal{O}_{\mu_1\cdots\mu_N}^j(0). \tag{21.75}$$

我们对算符乘积展开可以做一量纲分析. 设算符 A, B 的量纲分别是 d_A, d_B, Wilson 系数的量纲是 $d_{C_{j,N}}$, 算符 $\mathcal{O}_{\mu_1\cdots\mu_N}^j$ 的量纲是 $d_{\mathcal{O}_{j,N}}$, 则

$$d_A + d_B = d_{C_{j,N}} + d_{\mathcal{O}_{j,N}} - N. \tag{21.76}$$

定义一个算符的扭度为其量纲与其自旋 N 之差 $(d_{\mathcal{O}_{j,N}} - N)$, 则

$$d_{C_{j,N}} = d_A + d_B - \text{twist}, \tag{21.77}$$

即一个算符的扭度决定了 Wilson 系数 $C_{j,N}$ 的奇异程度. 在高能情形下, 只有那些最奇异的项的贡献是重要的, 也就是说仅考虑低扭度算符的贡献即可.

下面一节将利用算符乘积展开和 QCD 的知识重新审视部分子模型一章中的内容, 而在 §21.5 节中将主要讨论如何利用 QCD 来计算对标度性的修正.

§21.4 从部分子模型到 QCD

在 §21.2 中我们讨论了部分子模型以及 Bjorken 无标度性等. 这一节里我们将指出, 对于 QCD 这样的渐近自由理论, 其树图结果就能导出部分子模型, 后者对应着算符乘积展开的最低阶结果. 我们首先以最简单的正负电子湮灭为例说明这一点. 最后也讨论一下稍微复杂一些的电子–质子深度非弹过程. 利用关系式

$$T\{J_\mu(x)J_\nu(0)\} - T\{J_\mu(x)J_\nu(0)\}^\dagger = \varepsilon(x_0)[J_\mu(x), J_\nu(0)],$$

其中 $\varepsilon(x_0)$ 代表符号函数的意思, 将 (21.72) 式代入并整理, 得到

$$\begin{aligned}
\varepsilon(x_0)[J_\mu(x), J_\nu(0)] = {} & \frac{\mathrm{i}}{3\pi^3}(2x_\mu x_\nu - x^2 g_{\mu\nu})\delta^{(3)}(x^2) \\
& + \frac{1}{\pi}x^\alpha \delta^{(1)}(x^2)(g_{\mu\alpha}g_{\nu\rho} + g_{\mu\rho}g_{\nu\alpha} - g_{\mu\nu}g_{\alpha\rho})\mathcal{O}_V^\rho(x,0) \\
& - \frac{\mathrm{i}}{\pi}x^\alpha \delta^{(1)}(x^2)\epsilon_{\mu\alpha\nu\rho}\mathcal{O}_A^\rho(x,0) + \mathcal{O}_{\mu\nu}(x,0) - \mathcal{O}_{\nu\mu}(0,x),
\end{aligned}$$

$$(21.78)$$

其中 $\delta^{(n)}(x^2)$ 代表 delta 函数对 x^2 的 n 阶微商.

考虑正负电子湮灭过程. 将 (21.10) 式代入 (21.78) 式, 得

$$\begin{aligned}
\Delta_{\mu\nu} &= \int \mathrm{d}^4x \mathrm{e}^{\mathrm{i}q\cdot x}\langle 0|[J_\mu(x), J_\nu(0)]|0\rangle \\
&= \int \mathrm{d}^4x \mathrm{e}^{\mathrm{i}q\cdot x}\varepsilon(x_0)\frac{\mathrm{i}}{3\pi^3}(2x_\mu x_\nu - x^2 g_{\mu\nu})\delta^{(3)}(x^2).
\end{aligned}$$

$$(21.79)$$

这里的计算比较简单, 因为正规乘积的真空期望值为零, 所以 (21.78) 式中只有第一项留了下来. 定义积分

$$\begin{aligned}
I_n &= \int \mathrm{d}^4x \mathrm{e}^{\mathrm{i}q\cdot x}\varepsilon(x_0)\delta^{(n)}(x^2) \\
&= \frac{\mathrm{i}\pi^2}{4^{n-1}(n-1)!}(q^2)^{n-1}\varepsilon(q_0)\theta(q^2),
\end{aligned}$$

$$(21.80)$$

代回 (21.79) 式, 即得

$$\Delta_{\mu\nu} = \frac{1}{6\pi}(q_\mu q_\nu - q^2 g_{\mu\nu})\varepsilon(q_0)\theta(q^2).$$

$$(21.81)$$

由于物理的正负电子散射总有 $q^0 > 0, q^2 > 0$, 代回截面公式 (21.8), 即得

$$R = N_c \sum_i e_i^2 \theta(q^2),$$

与部分子模型的结果 (21.4) 和 (21.13) 式完全一致.

电子–质子散射的情况则比上面的正负电子湮灭的情况更为复杂, 原因是此时需要考虑算符在质子态, 而不是真空态上的矩阵元, 这样 (21.72) 式等号右边的三个算符项均不为零. 然而为了简化, 我们首先忽略最后一个不太奇异的项 (即 $\mathcal{O}_{\mu\nu}$) 的贡献. 另外我们指出, (21.72) 式等号右边的第一项对电子–质子散射不贡献, 原因是此项仅表示两个正反夸克自由传播子组成圈图的贡献, 因而与质子是不连通的, 所以可以略去. 于是结构函数 $W_{\mu\nu}$ 仅剩 $\mathcal{O}_V$ 和 $\mathcal{O}_A$ 两项贡献, 但是后者的贡献正比于 $\epsilon_{\mu\alpha\nu\rho}$, 对于 μ, ν 指标是反对称的, 而 (21.37) 式中与 $W^{\mu\nu}$ 相乘的轻子流 $L_{\mu\nu}$ 对于 μ, ν 指标是对称的, 所以 $\mathcal{O}_A$ 项亦没有贡献. 最后我们得到

$$W_{\mu\nu} = \frac{1}{2\pi} \int d^4x e^{iq\cdot x}\epsilon(x_0)\frac{1}{\pi}\delta^{(1)}(x^2)x^\alpha(g_{\mu\alpha}g_{\nu\rho} + g_{\mu\rho}g_{\nu\alpha} - g_{\mu\nu}g_{\alpha\rho})$$
$$\times \langle P|\mathcal{O}_V^\rho(x,0)|P\rangle. \tag{21.82}$$

在 (21.82) 式中做如同 (21.74) 和 (21.75) 式那样的操作, 即可得到包含矩阵元 $\langle P|\mathcal{O}_{V;\mu_1\cdots\mu_n}^\rho|P\rangle$ 的表达式, 而对其 Lorentz 结构的分析表明, 这样的矩阵元只能具有如下形式:

$$\langle P|\mathcal{O}_{V\mu_1\cdots\mu_n}^\rho|P\rangle = a_n P^\rho P_{\mu_1}\cdots P_{\mu_n} + \text{含有 } g_{\mu_i\mu_j} \text{ 的项}. \tag{21.83}$$

(21.83) 式中含有 $g_{\mu_1\mu_2}$ 的项中每一个这样的 $g_{\mu_1\mu_2}$ 会在 (21.82) 式中增加一个 x^2 因子, 因而降低奇异性, 所以可以忽略. 仅仅考虑领头项的贡献, 有

$$W^{\mu\nu} = \frac{1}{2\pi^2}(g_{\mu\alpha}g_{\nu\rho} + g_{\mu\rho}g_{\nu\alpha} - g_{\mu\nu}g_{\alpha\rho})P^\rho \int d^4x e^{iq\cdot x}x^\alpha\epsilon(x_0)\delta^{(1)}(x^2)f(P\cdot x), \tag{21.84}$$

其中

$$f(z) \equiv \sum_{n=0}^\infty \frac{a_n z^n}{n!}.$$

将其 Fourier 变换式 $f(x) = \int_{-\infty}^{+\infty} d\xi \tilde{f}(\xi)e^{ix\xi}$ 代回 (21.84) 式并利用 (21.80) 式, 得到

$$W_{\mu\nu}(P,q) = \int_{-\infty}^{+\infty} d\xi[-(P\cdot q + \xi M^2)g_{\mu\nu} + 2\xi P_\mu P_\nu + P_\mu q_\nu + P_\nu q_\mu]$$
$$\times \epsilon(q_0 + \xi P_0)\delta((q+\xi P)^2)\tilde{f}(\xi). \tag{21.85}$$

在 $Q^2 \to \infty$, $\nu \to \infty$, x 固定的 Bjorken 极限下, 上式进一步约化成 $(P \cdot q = M\nu)$

$$W_{\mu\nu} = \frac{1}{2}\tilde{f}(x)\left[\frac{q_\mu q_\nu}{q^2} - g_{\mu\nu} + \frac{2x}{P \cdot q}\left(P_\mu - \frac{P \cdot q}{q^2}q_\mu\right)\left(P_\nu - \frac{P \cdot q}{q^2}q_\nu\right)\right]. \quad (21.86)$$

与 (21.45) 式及 (21.54) 式做比较, 我们即在 QCD 的框架内证明了 Bjorken 无标度性 (21.56) 式, 及 Callan–Gross 关系 (21.60) 式.

§21.5 QCD 对无标度性的修正, 结构函数的演化方程

从前面的讨论可以得知, 标度无关性的出现是由于假定了强子内部的部分子为点粒子, 且它们之间无相互作用. 实验告诉我们, 标度无关性仅仅在大的 Q^2 处才近似成立, 严格来说强子的结构函数是依赖于 Q^2 的, 即

$$F_i(x) \to F_i(x, Q^2). \quad (21.87)$$

从量子场论的角度来看, 应该自然地考虑部分子之间的相互作用, 而 QCD 渐近自由的性质给这种近似的无标度性提供了坚实的理论基础, 微扰 QCD 应该能够给出结构函数的标度依赖性.

为讨论标度无关性的破坏, 考虑到质子中含有夸克、反夸克和胶子, 我们来讨论 (21.54) 式中的结构函数 $G_{q_i}(x, Q^2)$.

定义味道单态的结构函数

$$G^{\mathrm{S}}(x, Q^2) = \sum_{i=1}^{n_{\mathrm{f}}}[G_{q_i}(x, Q^2) + G_{\bar{q}_i}(x, Q^2)], \quad (21.88)$$

和非单态分布函数

$$G_i^{\mathrm{NS}}(x, Q^2) = G_{q_i}(x, Q^2) + G_{\bar{q}_i}(x, Q^2). \quad (21.89)$$

注意单态分布函数与胶子分布函数 G_g 均是味无关的结构函数, 可以把两者写到一起, 定义

$$\underline{G}(x, Q^2) \equiv \begin{pmatrix} G^S(x, Q^2) \\ G_g(x, Q^2) \end{pmatrix}. \quad (21.90)$$

QCD 如图 21.7 所示的相互作用导致了分布函数的演化方程 $(\tau = \ln(Q^2/\Lambda_{\mathrm{QCD}}^2))$

$$\frac{\mathrm{d}G_i^{\mathrm{NS}}(x, Q^2)}{\mathrm{d}\tau} = \frac{\alpha_{\mathrm{s}}(Q^2)}{2\pi}P_{q \leftarrow q} \otimes G_i^{\mathrm{NS}}(x, Q^2), \quad (21.91)$$

$$\frac{\mathrm{d}\underline{G}}{\mathrm{d}\tau} = \frac{\alpha_{\mathrm{s}}(Q^2)}{2\pi}\underline{P} \otimes \underline{G}(x, Q^2), \quad (21.92)$$

其中

$$\underline{P}(z) = \begin{pmatrix} P_{q\leftarrow q}(z) & 2N_f P_{q\leftarrow g}(z) \\ P_{g\leftarrow q}(z) & P_{g\leftarrow g}(z) \end{pmatrix} \tag{21.93}$$

且卷积 $\otimes$ 的定义为

$$A \otimes B = \int_0^1 \frac{\mathrm{d}y}{y} A(\frac{z}{y}) B(y). \tag{21.94}$$

式 (21.91) 式中的碎裂函数 (splitting function) 的计算由 Gribov 和 Lipatov[1], Altarelli 和 Parisi[2]给出. 方程 (21.91) 式也是由他们的名字命名的. 碎裂函数的具体表达式如下:

$$P_{q\leftarrow q} = \frac{4}{3} \left[\frac{1+z^2}{(1-z)_+} + \frac{3}{2}\delta(1-z) \right], \tag{21.95}$$

$$P_{q\leftarrow g} = \frac{1}{2} \left[z^2 + (1-z)^2 \right], \tag{21.96}$$

$$P_{g\leftarrow q} = \frac{4}{3} \frac{1 + (1-z)^2}{z}, \tag{21.97}$$

$$P_{g\leftarrow g} = 6 \left[\frac{z}{(1-z)_+} + \frac{1-z}{z} + z(1-z) + \frac{11 - \frac{2}{3}N_f}{12}\delta(1-z) \right], \tag{21.98}$$

其中公式中的下标 "+" 号是在积分的意义下定义的, 即

$$\int_0^1 \mathrm{d}z \frac{f(z)}{(1-z)_+} = \int_0^1 \mathrm{d}z \frac{f(z) - f(1)}{1-z}. \tag{21.99}$$

GLAP 方程 (21.91) 式告诉我们, 给定了初值后分布函数随 Q^2 变化的规律可以被定出, 而初值可以由分析实验数据来给出. 研究表明, GLAP 方程能够正确地解释分布函数的无标度性破坏和随 Q^2 的演化.

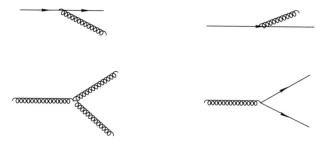

图 21.7   QCD 相互作用对分布函数随 Q^2 演化的修正.

[1]Gribov V N and Lipatov L N. Sov. J. Nucl. Phys., 1972, 15: 438.
[2]Altarelli G and Parisi G. Nucl. Phys. B, 1977, 126: 298.

　　最后应该提醒读者注意的是, §21.3 和本节以上的内容均是在讨论自由场的算符乘积展开. 那么如何处理有相互作用的场的展开呢? 利用重整化群方法可以一般地证明, 对于渐近自由的理论, 有相互作用时的 Wilson 系数可以用自由场时计算出的 Wilson 系数乘以一个由相应算符的反常量纲决定的因子来给出, 即在大 Q^2 (或大 $t = \ln(Q^2/\mu^2)$) 时,

$$C_{j,N}\left(\frac{q^2}{\mu^2}, g\right) = \tilde{C}_{i,N}(1, \bar{g}(t) = 0) \exp^{-\int_0^t dt' \gamma_{j,N}(\bar{g}(t'))} . \tag{21.100}$$

由于篇幅原因, 我们对此不再做更多的讨论, 有兴趣的读者可以阅读相关的书籍. 在 §21.1 中, 我们事实上已经讨论了重整化群方程在这一问题上的应用的一个简单例子.

第二十二章　量子反常

§22.1　$\pi^0 \to 2\gamma$ 衰变与 Adler–Bell–Jakiw 反常

$\pi^0 \to 2\gamma$ 的衰变可以由如下有效拉氏量来描述:

$$\mathcal{L}_{\pi^0 \to 2\gamma} = g\pi^0 \epsilon^{\mu\nu\rho\lambda} F_{\mu\nu} F_{\rho\lambda}, \tag{22.1}$$

其中 g 的量纲为 $[M]^{-1}$. 由此有效拉氏量可以得出宽度

$$\Gamma(\pi^0 \to 2\gamma) = \frac{m_\pi^3 g^2}{\pi}, \tag{22.2}$$

而朴素的估计给出

$$g \approx \frac{e^2}{16\pi^2 f_\pi}. \tag{22.3}$$

为得到上式考虑了如下事实, 即首先这个过程至少是一圈图, 第二利用了 Goldberger–Treiman 关系 $g_{\pi NN}/M_N \approx g_A/f_\pi$ (见本书上册 §11.7 的讨论), 和 $g_A \approx 1$ 这一事实. 但是本书上册 §11.4 中对流代数的讨论告诉我们, 上述估计是不对的, 因为 $T(\pi^0 \to 2\gamma) \propto k_\mu A^\mu$, 在软 π 极限下它 $\to 0$ (核子只出现在圈图上), 因此

$$g \approx \frac{e^2}{16\pi^2 f_\pi} \left(\frac{m_\pi^2}{M_N^2} \right). \tag{22.4}$$

然而由 (22.4) 式估算出的宽度是 $\Gamma \approx 1.9 \times 10^{13}\ \text{s}^{-1}$ (由 (22.3) 式则得 $\Gamma \approx 4.4 \times 10^{16}\ \text{s}^{-1}$), 而实验上测得的值是

$$\Gamma_{\pi^0 \to 2\gamma} = (1.19 \pm 0.08) \times 10^{16}\ \text{s}^{-1}. \tag{22.5}$$

这一明显的悖论最早是由 Bell 和 Jakiw 在利用线性 σ 模型研究 $\pi^0 \to 2\gamma$ 衰变时得到的.

下面我们将通过仔细的计算来探讨反常的根源. 具体讨论过程是标准的, 见比如 Cheng 和 Li 的书. 我们首先引入两个关联函数:

$$T_{\mu\nu\lambda}(k_1, k_2, q) = \mathrm{i} \int \mathrm{d}^4 x_1 \mathrm{d}^4 x_2 \mathrm{e}^{\mathrm{i}(k_1 \cdot x_1 + k_2 \cdot x_2)} \langle 0|T(V_\mu(x_1) V_\nu(x_2) A_\lambda(0))|0\rangle \tag{22.6}$$

和

$$T_{\mu\nu}(k_1, k_2, q) = \mathrm{i}\int \mathrm{d}^4x_1\mathrm{d}^4x_2\mathrm{e}^{\mathrm{i}(k_1\cdot x_1 + k_2\cdot x_2)}\langle 0|T(V_\mu(x_1)V_\nu(x_2)P(0))|0\rangle, \quad (22.7)$$

其中 $V_\mu(x) = \bar{\psi}\gamma_\mu\psi$, $A_\mu(x) = \bar{\psi}\gamma_\mu\gamma_5\psi$, $P(x) = \bar{\psi}\gamma_5\psi$. 且 $q = k_1 + k_2$. 流守恒条件是 $\partial_\mu V^\mu = 0$, $\partial_\mu A^\mu = 2\mathrm{i}mP$. 利用 $\partial_x^\mu T(J_\mu(x)O(y)) = T(\partial^\mu J_\mu(x)O(y)) + [J_0(x), O(y)]\delta(x^0 - y^0)$ 和 $[V_0(x), A_0(y)]\delta(x_0 - y_0) = 0$ (这里所讨论的流的 Γ^a 均对易, 因此 $[q^\dagger\Gamma^a q, q^\dagger\Gamma^b q] = q^\dagger[\Gamma^a, \Gamma^b]q$), 推出

$$\begin{aligned} k_1^\mu T_{\mu\nu\lambda} = k_2^\nu T_{\mu\nu\lambda} = 0, \\ q^\lambda T_{\mu\nu\lambda} = 2m T_{\mu\nu}. \end{aligned} \quad (22.8)$$

然而进一步的分析指出, 上面给出的看起来很自然的表达式是有问题的. 事实上, 重整化效应将破坏上面的和轴矢流有关的 Ward 等式. 图 22.1(a) 给出

$$T_{\mu\nu\lambda} = \mathrm{i}\int \frac{\mathrm{d}^4p}{(2\pi)^4}(-1)\mathrm{tr}\left\{\frac{\mathrm{i}}{\not{p}-m}\gamma_\lambda\gamma_5\frac{\mathrm{i}}{\not{p}-\not{q}-m}\gamma_\nu\frac{\mathrm{i}}{\not{p}-\not{k}_1-m}\gamma_\mu + (\mu, k_1 \longleftrightarrow \nu, k_2)\right\}, \quad (22.9)$$

而图 22.1(b) 给出

$$T_{\mu\nu} = \mathrm{i}\int \frac{\mathrm{d}^4p}{(2\pi)^4}(-1)\mathrm{tr}\left\{\frac{\mathrm{i}}{\not{p}-m}\gamma_5\frac{\mathrm{i}}{\not{p}-\not{q}-m}\gamma_\nu\frac{\mathrm{i}}{\not{p}-\not{k}_1-m}\gamma_\mu + (\mu, k_1 \longleftrightarrow \nu, k_2)\right\}, \quad (22.10)$$

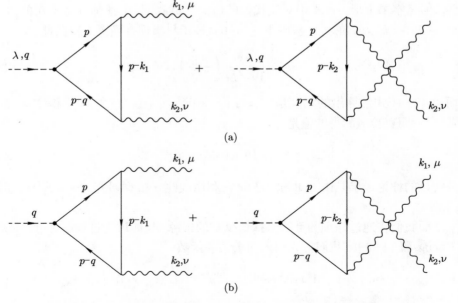

图 22.1   (a) $T_{\mu\nu\lambda}$ 的最低阶 Feynman 图; (b) $T_{\mu\nu}$ 的最低阶 Feynman 图.

并假设做了适当的正规化使上述积分有限. 计算 $q^\lambda T_{\mu\nu\lambda}$ 并利用 $\not{q}\gamma_5 = \gamma_5(\not{p} - \not{q} - m) + (\not{p} - m)\gamma_5 + 2m\gamma_5$, 得出

$$q^\lambda T_{\mu\nu\lambda} = 2m T_{\mu\nu} + \Delta_{\mu\nu}, \qquad (22.11)$$

其中

$$\Delta_{\mu\nu} = \int \frac{\mathrm{d}^4 p}{(2\pi)^4} \mathrm{tr}\left\{ \frac{\mathrm{i}}{\not{p} - m}\gamma_5\gamma_\nu \frac{\mathrm{i}}{\not{p} - \not{k}_1 - m}\gamma_\mu - \frac{\mathrm{i}}{\not{p} - \not{k}_2 - m}\gamma_5\gamma_\nu \frac{\mathrm{i}}{\not{p} - \not{q} - m}\gamma_\mu \right.$$
$$\left. + (\mu, k_1 \longleftrightarrow \nu, k_2) \right\}. \qquad (22.12)$$

在上两式中, 如能做积分平移 $p \to p - k_2$, 或 $p \to p - k_1$, 则被积函数消掉为零. 但是 $\Delta_{\mu\nu}$ 是线性发散的, 因而积分变量不能做平移. 比如 $\Delta_{\mu\nu}$ 的表达式中的第一项可以写为

$$-4\mathrm{i}\epsilon_{\alpha\nu\beta\mu}k_1^\beta \int \frac{\mathrm{d}^4 p}{(2\pi)^4} \frac{p^\alpha}{(p^2 - m^2)((p - k_1)^2 - m^2)},$$

即 $\Delta_{\mu\nu}$ 是动量平移后的线性发散的积分之差. 至于线性发散的积分不能做积分变量平移可由下面的讨论看出来:

$$\Delta(a) = \int_{-\infty}^{+\infty} \mathrm{d}x [f(x + a) - f(x)]$$
$$= \int_{-\infty}^{+\infty} \mathrm{d}x \left[af'(x) + \frac{a^2}{2}f''(x) + \cdots \right]$$
$$= a[f(\infty) - f(-\infty)] + \frac{a^2}{2}[f'(\infty) - f'(-\infty)] + \cdots.$$

如果 $\displaystyle\int_{-\infty}^{+\infty}$ 收敛或者最多是对数发散, 则 $0 = f(\pm\infty) = f'(\pm\infty) = \cdots = \Delta(a)$. 但是对于线性发散 $f(\pm\infty) \neq 0$, 所以 $\Delta(a) = a[f(+\infty) - f(-\infty)]$ 一般不为零. 对于 n 维积分,

$$\Delta(a) = \int \mathrm{d}^n r [f(\boldsymbol{r} + \boldsymbol{a}) - f(\boldsymbol{r})]$$
$$= \int \mathrm{d}^n r \left[a_i \frac{\partial}{\partial r_i} f(\boldsymbol{r}) + \frac{1}{2}(a_i \partial_i)(a_j \partial_j) f(\boldsymbol{r}) + \cdots \right]$$
$$= \boldsymbol{a} \cdot \oint_{S_n} f(R) \mathrm{d}\boldsymbol{S}, \qquad (22.13)$$

其中 $S_n(R)$ 是半径为 R 的 $n - 1$ 维球面, $\int \mathrm{d}\Omega_d = 2\pi^{d/2}/\Gamma(d/2)$. 对于 4 维闵氏空间 $S_4(R) = 2\pi^2 R^3$,

$$\Delta(a) = a^\tau \int \mathrm{d}^4 r \partial_\tau f(\boldsymbol{r}) = 2\mathrm{i}\pi^2 a^j \lim_{R \to \infty} R^2 R_j f(R). \qquad (22.14)$$

由于 $T_{\mu\nu\lambda}$ 线性发散, 它的取值与跑动动量的取值有关. 一般地, 令 $p \to p+a$, 且 a 是 k_1 和 k_2 的任意线性组合, 即

$$a = \alpha k_1 + (\alpha - \beta)k_2, \tag{22.15}$$

并令

$$\Delta_{\mu\nu\lambda}(a) \equiv T_{\mu\nu\lambda}(a) - T_{\mu\nu\lambda}(0), \tag{22.16}$$

则

$$
\begin{aligned}
\Delta_{\mu\nu\lambda} &= (-1)\int \frac{\mathrm{d}^4 p}{(2\pi)^4} a_\tau \frac{\partial}{\partial p_\tau} \mathrm{tr}\left[\frac{1}{\not p - m}\gamma_\lambda \gamma_5 \frac{1}{\not p - \not a - m}\gamma_\nu \frac{1}{\not p - \not k_1 - m}\gamma_\mu \right. \\
&\quad \left. + (\mu, k_1 \longleftrightarrow \nu, k_2)\right] \\
&= -\mathrm{i}\frac{2\pi^2 a^\tau}{(2\pi)^4}\lim_{p\to\infty} p^2 p_\tau \mathrm{tr}\{\gamma_\alpha \gamma_\lambda \gamma_5 \gamma_\beta \gamma_\nu \gamma_\delta \gamma_\mu\} p^\alpha p^\beta p^\delta / p^6 + (\mu, k_1 \longleftrightarrow \nu, k_2) \\
&= \mathrm{i}\frac{2\pi^2 a_\sigma}{(2\pi)^4}\lim_{p\to\infty} \frac{p^\sigma p^\rho}{p^2} 4\mathrm{i}\epsilon_{\mu\nu\lambda\rho} + (\mu, k_1 \longleftrightarrow \nu, k_2).
\end{aligned}
$$

上面推导中的第二个等式后只取了最奇异的项. 由于是面积分, 对所有的方向取平均, $p^\sigma p^\rho / p^2 \to 1/4\delta^{\sigma\rho}$. 上面的推导最后给出

$$
\begin{aligned}
\Delta_{\mu\nu\lambda} &= \frac{1}{8\pi^2}\epsilon_{\rho\mu\nu\lambda}(\alpha k_1 + (\alpha - \beta)k_2)^\rho + (k_1, \mu \longleftrightarrow k_2, \nu) \\
&= \frac{\beta}{8\pi^2}\epsilon_{\rho\mu\nu\lambda}(k_1 - k_2)^\rho, \tag{22.17}
\end{aligned}
$$

即

$$T_{\mu\nu\lambda}(a) = T_{\mu\nu\lambda}(0) - \frac{\beta}{8\pi^2}\epsilon_{\mu\nu\lambda\rho}(k_1 - k_2)^\rho. \tag{22.18}$$

由 (22.12) 式知, $\Delta_{\mu\nu}$ 也是两项之差, 所以得出

$$
\begin{aligned}
\Delta_{\mu\nu} &= -k_2^\tau \int \frac{\mathrm{d}^4 p}{(2\pi)^4} \frac{\partial}{\partial p^\tau}\left[\frac{\mathrm{tr}\{(\not p + m)\gamma_5 \gamma_\nu (\not p - \not k_1 + m)\gamma_\mu\}}{(p^2 - m^2)((p - k_1)^2 - m^2)} \right] + (\mu, k_1 \longleftrightarrow \nu, k_2) \\
&= -k_2^\tau \int \frac{\mathrm{d}^4 p}{(2\pi)^4} \frac{\partial}{\partial p^\tau}\left[\frac{-\mathrm{tr}\{\not p \gamma_5 \gamma_\nu \not k_1 \gamma_\mu\}}{(p^2 - m^2)((p - k_1)^2 - m^2)} \right] + (\mu, k_1 \longleftrightarrow \nu, k_2) \\
&= +\frac{k_2^\tau}{(2\pi)^4} 2\mathrm{i}\pi^2 \lim_{p\to\infty} \frac{p^\tau}{p^2}\mathrm{tr}\{\gamma_\alpha \gamma_5 \gamma_\nu \gamma_\beta \gamma_\mu p^\alpha k_1^\beta\} + (\mu, k_1 \longleftrightarrow \nu, k_2) \\
&= -\frac{1}{4\pi^2}\epsilon_{\mu\nu\alpha\beta}k_1^\alpha k_2^\beta. \tag{22.19}
\end{aligned}
$$

由 (22.11) 式 (注意 $\Delta_{\mu\nu}$ 项是有限的) 得出

$$q^\lambda T_{\mu\nu\lambda}(\beta) = 2m T_{\mu\nu}(0) - \frac{1-\beta}{4\pi^2} \epsilon_{\mu\nu\alpha\beta} k_1^\alpha k_2^\beta. \tag{22.20}$$

由此得出的一个 (匆忙的) 结论是, 只要选取 $\beta = 1$, 即保持轴矢流的 Ward 等式. 但是这样对于积分变量的选取却破坏了矢量流的 Ward 等式, 这可由下面的讨论看出:

$$\begin{aligned}
k_1^\mu T_{\mu\nu\lambda}(0) = (-1) \int \frac{\mathrm{d}^4 p}{(2\pi)^4} \Bigg\{ &\mathrm{tr}\left[\frac{1}{\not{p}-m} \gamma_\lambda \gamma_5 \frac{1}{\not{p}-\not{q}-m} \gamma_\nu \frac{1}{\not{p}-\not{k}_1-m} \not{k}_1 \right] \\
&+ \mathrm{tr}\left[\frac{1}{\not{p}-m} \gamma_\lambda \gamma_5 \frac{1}{\not{p}-\not{q}-m} \not{k}_1 \frac{1}{\not{p}-\not{k}_2-m} \gamma_\nu \right] \Bigg\} \\
= (-1) \int \frac{\mathrm{d}^4 p}{(2\pi)^4} &\mathrm{tr}\left[\gamma_\lambda \gamma_5 \frac{1}{\not{p}-\not{q}-m} \gamma_\nu \frac{1}{\not{p}-\not{k}_1-m} - \gamma_\lambda \gamma_5 \frac{1}{\not{p}-\not{k}_2-m} \gamma_\nu \frac{1}{\not{p}-m} \right].
\end{aligned} \tag{22.21}$$

我们再一次发现这是一个表面项, 所以

$$\begin{aligned}
k_1^\mu T_{\mu\nu\lambda}(0) &= k_1^\tau \int \frac{\mathrm{d}^4 p}{(2\pi)^4} \frac{\partial}{\partial p^\tau} \left(\frac{\mathrm{tr}\left[\gamma_\lambda \gamma_5 (\not{p}-\not{k}_2+m) \gamma_\nu (\not{p}+m) \right]}{((p-k_2)^2-m^2)(p^2-m^2)} \right) \\
&= \frac{k_1^\tau}{(2\pi)^4} 2\mathrm{i}\pi^2 \lim_{p\to\infty} \frac{p_\tau}{p^2} \mathrm{tr}(\gamma_5 \gamma_\lambda \gamma_\alpha \gamma_\nu \gamma_\beta) k_2^\alpha p^\beta \\
&= -\frac{1}{8\pi^2} \epsilon_{\lambda\sigma\nu\rho} k_1^\rho k_2^\sigma,
\end{aligned} \tag{22.22}$$

或者

$$k_1^\mu T_{\mu\nu\lambda}(\beta) = k_1^\mu [\Delta_{\mu\nu\lambda} + T_{\mu\nu\lambda}(0)] = \frac{1+\beta}{8\pi^2} \epsilon_{\nu\lambda\sigma\rho} k_1^\sigma k_2^\rho. \tag{22.23}$$

矢量流的守恒应该是更基本的物理要求, 因此必须选取 $\beta = -1$ 以保证矢量流的 Ward 等式. 这样就不可避免地导致轴矢流 Ward 等式的破坏:

$$q^\lambda T_{\mu\nu\lambda} = 2m T_{\mu\nu} - \frac{1}{2\pi^2} \epsilon_{\mu\nu\rho\sigma} k_1^\sigma k_2^\rho. \tag{22.24}$$

在 $m = 0$ 时, 轴矢流 Ward 等式不再成立, 即 $q^\lambda T_{\mu\nu\lambda} \neq 0$, 说明手征对称性被破坏, 在本书上册第十一章中所讨论的软 π 定理在这里不再适用. 事实上, 在 $m = 0$ 并且 $q \to 0$ 时,

$$T_{\mu\nu\lambda}(q) \to \frac{\mathrm{i}}{2\pi^2} \epsilon_{\mu\nu\rho\sigma} k_1^\sigma k_2^\rho \frac{q^\lambda}{q^2+\mathrm{i}\epsilon}, \tag{22.25}$$

即在手征极限下轴矢流的矩阵元存在着一个反常的极点项 (anomalous pole). 通过上面对量子反常的推导过程可以看出, 反常与费米子质量的存在与否无关. 另外, 虽

然我们只讨论了单圈图对反常的贡献, 但 Adler 和 Bardeen 证明了高圈图对反常项无贡献[①]. 在坐标空间 (22.24) 式的算符形式写成

$$\partial_\lambda A^\lambda(x) = 2im\bar{\psi}\gamma_5\psi(x) + \frac{1}{4\pi^2}\tilde{F}_{\mu\nu}F^{\mu\nu}. \tag{22.26}$$

对于非 Abel 流的关联函数的计算, 设

$$V_\mu^a \equiv \bar{\psi}T^a\gamma_\mu\psi, \quad A_\mu^b \equiv \bar{\psi}T^b\gamma_\mu\gamma_5\psi,$$
$$P^c \equiv \bar{\psi}T^c\gamma_5\psi, \tag{22.27}$$

其中 a, b, c 为味道指标. 令

$$T_{\mu\nu\lambda}^{abc}(k_1, k_2, q) = i\int d^4x_1 d^4x_2 e^{i(k_1 \cdot x_1 + k_2 \cdot x_2)}\langle 0|T(V_\mu^a(x_1)V_\nu^b(x_2)A_\lambda^c(0))|0\rangle,$$

$$T_{\mu\nu}^{abc}(k_1, k_2, q) = i\int d^4x_1 d^4x_2 e^{i(k_1 \cdot x_1 + k_2 \cdot x_2)}\langle 0|T(V_\mu^a(x_1)V_\nu^b(x_2)P^c(0))|0\rangle, \tag{22.28}$$

则有

$$q^\lambda T_{\mu\nu\lambda}^{abc} = 2m T_{\mu\nu}^{abc} - \frac{1}{2\pi^2}\epsilon_{\mu\nu\rho\sigma}k_1^\rho k_2^\sigma D^{abc}, \tag{22.29}$$

其中 $D^{abc} = \frac{1}{2}\mathrm{tr}[\{T^a, T^b\}T^c]$.

在得到反常的表达式后, 现在我们回过头来讨论如何正确估算 $\pi^0 \to 2\gamma$ 的衰变. 这一过程的衰变振幅为

$$\langle \gamma(k_1, \epsilon_1)\gamma(k_2, \epsilon_2)|\pi^0(q)\rangle = i(2\pi)^4\delta^4(q - k_1 - k_2)\epsilon_1^\mu(\boldsymbol{k}_1)\epsilon_2^\nu(\boldsymbol{k}_2)T_{\mu\nu}(k_1, k_2, q),$$
$$\tag{22.30}$$

其中

$$T_{\mu\nu}(k_1, k_2, q) = e^2\int d^4z \int d^4y e^{ik_1 \cdot z + ik_2 y}\langle 0|T(J_\mu^{em}(z)J_\nu^{em}(y))|\pi^0(q)\rangle, \tag{22.31}$$

且 $J_\mu^{em} = \bar{q}\gamma_\mu Qq(x)$, $A_\mu^3(x) = \bar{q}\gamma_\mu\gamma_5\frac{\lambda^3}{2}q(x)$, $Q = \mathrm{diag}(2/3, -1/3, -1/3)$. 考虑

$$T_{\mu\nu\lambda}(k_1, k_2, q) = \int d^4x d^4y e^{ik_2 \cdot y - iq \cdot x}\langle 0|T(A_\lambda^3(x)J_\nu^{em}(y)J_\mu^{em}(0))|0\rangle \tag{22.32}$$

它满足 Ward 等式,

$$q^\lambda T_{\mu\nu\lambda}(k_1, k_2, q) = -i\int d^4x d^4y e^{ik_2 \cdot y - iq \cdot x}\{\langle 0|T(\partial^\lambda A_\lambda^3(x)J_\nu^{em}(y)J_\mu^{em}(0))|0\rangle$$
$$+ \langle 0|T(\delta(x^0 - y^0)[A_0^3(x), J_\nu^{em}(y)]J_\mu^{em}(0))|0\rangle$$
$$+ \langle 0|T(\delta(x_0)[A_0^3(x), J_\mu^{em}(0)]J_\nu^{em}(y))|0\rangle\}. \tag{22.33}$$

---

① Adler S and Bardeen W. Phys. Rev., 1969, 182: 1517.

因为 Q 是 λ_3 和 λ_8 的线性组合, λ_3 和 λ_8 均为对角, 对易关系为零, 即 $f_{38a} = 0$, 也即上式中的对易关系均为零. 对 PCAC 的朴素的应用导致

$$T_{\mu\nu}(k_1, k_2, q) = \frac{-\mathrm{i}e^2(-q^2 + m_\pi^2)}{f_\pi m_\pi^2} \int \mathrm{d}^4 x \mathrm{d}^4 y \mathrm{e}^{\mathrm{i}k_2 \cdot y - \mathrm{i}q \cdot x}$$
$$\times \langle 0|T\{\partial_\lambda A^\lambda(x) J_\nu^{\mathrm{em}}(y) J_\mu^{\mathrm{em}}(0)\}|0\rangle. \tag{22.34}$$

这导致 $T_{\mu\nu}(q^2 = 0) \to 0$. 而利用经过修正的 PCAC, 有

$$q^\lambda T_{\mu\nu\lambda}(k_1, k_2, q) = \frac{f_\pi m_\pi^2}{e^2(m_\pi^2 - q^2)} T_{\mu\nu}(k_1, k_2, q) - \frac{\mathrm{i}D}{2\pi^2} \epsilon_{\mu\nu\rho\sigma} k_1^\rho k_2^\sigma. \tag{22.35}$$

这导致

$$\lim_{q \to 0} T_{\mu\nu}(k_1, k_2, q) = \frac{\mathrm{i}e^2 D}{2\pi^2 f_\pi} \epsilon_{\mu\nu\rho\sigma} k_1^\rho k_2^\sigma, \tag{22.36}$$

而 $D = \frac{1}{2}\mathrm{tr}\left\{\{Q, Q\}\frac{\lambda_3}{2}\right\} = \frac{1}{6}$. 最后我们有

$$\Gamma(\pi^0 \to 2\gamma; m_\pi = 0) = \frac{N_c e^2 D}{2\pi^2 f_\pi}. \tag{22.37}$$

与实验比较得出 $N_c = 3$. 在历史上这是第一个夸克有三种颜色的证据.

关于重整化程序与反常的关系, 我们可以做以下讨论:

(1) 经典水平下的对称性被量子修正所破坏, 导致了反常. 反常来自大动量区域 (表面项的贡献), 但是它导致了在 $q^2 = 0$ 处的反常极点, 所以也是一个低能现象.

(2) 以前的推导有一点问题, 因为要使所有的推导有意义, 必须先做正规化. 那么能否找到一种正规化手续使得积分保持有限, 从而可以随意对积分动量做平移而不会有任何问题? 结论是不行的. 比如 Pauli–Villars 正规化破坏手征不变性. 维数正规化也是有问题的, 因为 $\gamma_5 = \mathrm{i}\epsilon_{\mu\nu\rho\sigma}\gamma^\mu\gamma^\nu\gamma^\rho\gamma^\sigma$, 而四维反对称张量 $\epsilon_{\mu\nu\rho\sigma}$ 只能定义在 4 维空间. 对于 $n - 4$ 维中的 γ 矩阵, $[\gamma_5, \gamma^\alpha] = 0$, 导致了反常.

(3) 高圈图对反常不贡献. 因为高圈图含有光子内线, 只需要对光子传播子做正规化 (高阶导数正规化) 即可使三角图有限而可以做动量平移. 而光子传播子的正规化可以通过手征不变的形式进行, 比如以 QED 为例可以做以下正规化手续:

$$-\frac{1}{4}F_{\mu\nu}F^{\mu\nu} \to -\frac{1}{4}F_{\mu\nu}\left(1 + \left(\frac{\mathrm{D}_\mu \mathrm{D}^\mu}{\Lambda^2}\right)\right)F^{\mu\nu}. \tag{22.38}$$

(4) 反常流如果与规范场耦合会破坏规范不变性导致的 Ward–Takahashi 等式或 Slavnov–Taylor 等式, 而后者是规范理论可重整性 (与 S 矩阵幺正性) 的保证, 所

以与规范场耦合的流的反常必须相消 (但是不和规范场耦合的整体流则不需担心).
这一要求在标准模型的构造中得到了应用.

下面我们再简单介绍一下计算反常的其他方法, 包括 Schwinger 利用背景场方法计算反常, Fujikawa 用路径积分计算反常等方法, 以及反常与规范场整体拓扑性质的关系 (Atiyah–Singer 指标定理). 关于量子反常还有一些其他的美妙的讨论在这里没有介绍, 比如反常与 Dirac 海的关系.

§22.2　量子反常的其他计算方法

22.2.1　利用背景场方法计算反常

背景场方法最早是由 Schwinger 提出的. 在这一节的讨论中我们将使用 1, 2, 3, 4 度规[①]. 在 Chan 的文章中有关于背景场方法的应用与讨论[②].

手征流的反常与流作为定域场算符乘积所产生的奇异性有关. 以 QED 为例, 我们可以做手续

$$J_\mu^5 = i\bar{\psi}(x)\gamma_\mu\gamma_5\psi(x) \to i\bar{\psi}(x+\varepsilon)\gamma_\mu\gamma_5\psi(x)$$

来避免由于场算符定义在一点所引起的奇异性 (可以看作一种正规化的方法). 但是上述方法破坏了流的定域规范不变性, 所以正确的手续是

$$J_\mu^5(x,\varepsilon) \equiv i\bar{\psi}(x+\varepsilon)\gamma_\mu\gamma_5\psi(x)\mathrm{e}^{\mathrm{i}e\int_x^{x+\varepsilon}\mathrm{d}y_\mu A^\mu(y)},$$
$$J^5(x,\varepsilon) \equiv \bar{\psi}(x+\varepsilon)i\gamma_5\psi(x)\mathrm{e}^{\mathrm{i}e\int_x^{x+\varepsilon}\mathrm{d}y_\mu A^\mu(y)}. \tag{22.39}$$

由费米子场的运动方程得到

$$\partial_\mu J_\mu^5(x,\varepsilon) = 2m J^5(x,\varepsilon) + J_\mu^5(x,\varepsilon)ieF_{\mu\nu}(x)\varepsilon_\nu. \tag{22.40}$$

我们将看到 $\varepsilon \to 0$ 时, $J_\mu^5(x,\varepsilon)$ 有 ε^{-1} 的奇异性,

$$\lim_{\varepsilon\to 0} <J_\mu^5(x,\varepsilon)>^A = \lim_{\varepsilon\to 0} <i\bar{\psi}(x+\varepsilon)\gamma_\mu\gamma_5\psi(x)>^A$$
$$= -\lim_{\varepsilon\to 0}\mathrm{tr}(\gamma_\mu\gamma_5 S_F^A(x,x+\varepsilon)), \tag{22.41}$$

其中 S_F^A 是坐标空间中费米子在背景场中的传播子, 它满足如下的方程:

$$[\not\partial - ie\not\!A + m]S_F^A(x,y) = \delta^4(x-y),$$
$$[\not\partial + m]S_F(x,y) = \delta^4(x-y). \tag{22.42}$$

[①] 即 $(x_1, x_2, x_3, x_4) = (\boldsymbol{x}, \mathrm{i}t)$, $g_{\mu\nu} = \mathrm{diag}(1,1,1,1)$.
[②] Chan L H. Phys. Rev. Lett., 1985, 54: 1222.

可以把 $S_{\rm F}^A$ 以如下方式展开:

$$
\begin{aligned}
S_{\rm F}^A(x'-x) = {}& S_{\rm F}(x'-x) + \int {\rm d}^4 x_1 S_{\rm F}(x'-x_1){\rm i}e\!\!\!/\!A(x_1)S_{\rm F}(x_1-x) \\
& + \int {\rm d}^4 x_1 {\rm d}^4 x_2 S_{\rm F}(x'-x_1){\rm i}e\!\!\!/\!A(x_1)S_{\rm F}(x_1-x_2){\rm i}e\!\!\!/\!A(x_2)S_{\rm F}(x_1-x) \\
& + \cdots .
\end{aligned}
\tag{22.43}
$$

转到动量空间, 有

$$
\begin{aligned}
S_{\rm F}^A(p',p) &= \int {\rm d}^4 x' {\rm d}^4 x\, S_{\rm F}^A(x',x){\rm e}^{-{\rm i}p'\cdot x'+{\rm i}p\cdot x}, \\
A_\mu(q) &= \int {\rm d}^4 x\, {\rm e}^{-{\rm i}q\cdot x} A_\mu(x),
\end{aligned}
\tag{22.44}
$$

则

$$
\begin{aligned}
S_{\rm F}^A(p',p) = {}& (2\pi)^4 \delta^4(p'-p) S_{\rm F}(p) + \frac{1}{(2\pi)^4}\int {\rm d}^4 q\, S_{\rm F}(p'){\rm i}e\!\!\!/\!A(q)S_{\rm F}(p)\delta^4(p'-p-q) \\
& + \frac{1}{(2\pi)^4}\int {\rm d}^4 q_1 {\rm d}^4 q_2\, S_{\rm F}(p'){\rm i}e\!\!\!/\!A(q_1)S_{\rm F}(p'-q_1){\rm i}e\!\!\!/\!A(q_2)S_{\rm F}(p)\delta(p'-p-q_1-q_2) \\
& + \cdots .
\end{aligned}
\tag{22.45}
$$

由此推出

$$
\begin{aligned}
{\rm tr}\{\gamma_\mu\gamma_5 S_{\rm F}^A(x,x+\varepsilon)\} = {}& -{\rm i}e\frac{1}{(2\pi)^8}\int {\rm d}^4 q\, {\rm e}^{{\rm i}q\cdot x}\int {\rm d}^4 p\, {\rm e}^{-{\rm i}p\cdot\varepsilon}\frac{{\rm tr}(\gamma_\mu\gamma_5 q\!\!\!/\,A\!\!\!/\,p\!\!\!/)}{[(p+q^2)+m^2][p^2+m^2]} \\
& + O(1) + \cdots ,
\end{aligned}
\tag{22.46}
$$

其中

$$
\int {\rm d}^4 p\frac{p_\nu {\rm e}^{-{\rm i}p\cdot\varepsilon}}{[(p+q^2)+m^2][p^2+m^2]} = {\rm i}\frac{\partial}{\partial\varepsilon_\nu}\int {\rm d}^4 p\frac{{\rm e}^{-{\rm i}p\varepsilon}}{[(p+q^2)+m^2][p^2+m^2]}.
\tag{22.47}
$$

(22.47) 式等号右边的积分等于

$$
\begin{aligned}
(2\pi)^4\int\frac{{\rm d}^4 p}{(2\pi)^4}\frac{{\rm e}^{-{\rm i}p\cdot\varepsilon}}{(p^2+m^2)^2} + \cdots &= (2\pi^4)\frac{\partial}{\partial m^2}\Delta_F(x)|_{x=\varepsilon} + \cdots \\
&= {\rm i}\pi^2\ln\varepsilon^2 .
\end{aligned}
\tag{22.48}
$$

上式中只保留了在 $\varepsilon \to 0$ 时奇异的项. 我们得到

$$
\lim_\varepsilon \langle J_\mu^5(x,\varepsilon)\rangle_A = -\frac{e}{4\pi^2\varepsilon^2}\epsilon_{\mu\nu\rho\sigma}F_{\rho\sigma}\varepsilon_\nu .
\tag{22.49}
$$

代入流散度方程并对 ε 的可能方向取平均: $\varepsilon_\mu\varepsilon_\nu \to \frac{1}{4}\delta_{\mu\nu}\varepsilon^2$, 即可得到轴矢流的散度的反常方程.

22.2.2　反常的路径积分表述

这里的方法是由 Fujikawa 提出的[①]. 考虑一个规范相互作用, 其生成泛函为

$$W[J_\mu^a, \eta, \bar\eta] = N \int [\mathrm{d}\bar\psi][\mathrm{d}\psi][\mathrm{d}A_\mu^a] \exp\left\{ \mathrm{i} \int \mathrm{d}^4 x (\mathcal{L} + \bar\eta\psi + \bar\psi\eta + J_\mu^a A^{\mu a}) \right\}. \quad (22.50)$$

考虑定域的场变换

$$\psi(x) \longrightarrow U(x)\psi(x), \quad \bar\psi(x) \longrightarrow \bar\psi(x)\gamma_0 U^\dagger(x)\gamma_0, \quad (22.51)$$

生成泛函 (22.50) 式中费米场泛函积分的测度在 (22.51) 式的变换下的变化为

$$[\mathrm{d}\psi][\mathrm{d}\bar\psi] \longrightarrow ([\det\mathcal{U}][\det\bar{\mathcal{U}}])^{-1}[\mathrm{d}\psi\mathrm{d}\bar\psi], \quad (22.52)$$

其中

$$\begin{aligned}
\mathcal{U}_{xn,ym} &\equiv U(x)_{nm}\delta^4(x-y), \\
\bar{\mathcal{U}}_{xn,ym} &\equiv (\gamma_0 U^\dagger(x)\gamma_0)_{nm}\delta^4(x-y),
\end{aligned} \quad (22.53)$$

而

$$U(x) = \mathrm{e}^{\mathrm{i}\gamma_5\alpha(x)t}. \quad (22.54)$$

注意这里我们仅讨论规范场不与 (22.51) 式所给出的流耦合的情形: $[t, t^a] = 0$, 且有 $\bar{\mathcal{U}} = \mathcal{U}$, 所以 $[\mathrm{d}\psi\mathrm{d}\bar\psi] \longrightarrow [\det\mathcal{U}]^{-2}[\mathrm{d}\psi\mathrm{d}\bar\psi]$. 对于无穷小变换

$$\mathcal{U} = 1 + \mathrm{i}\alpha(x)\gamma_5 t\delta^4(x-y),$$

利用公式 $\det\mathcal{U} = \exp\mathrm{tr}\ln\mathcal{U}$, 得

$$[\mathrm{d}\psi][\mathrm{d}\bar\psi] \longrightarrow \exp\left\{ \mathrm{i} \int \mathrm{d}^4 x \alpha(x)\mathcal{A}(x) \right\}[\mathrm{d}\psi][\mathrm{d}\bar\psi], \quad (22.55)$$

其中

$$\mathcal{A}(x) = -2\mathrm{tr}\{\gamma_5 t\}\delta^4(x-y)|_{y=x}. \quad (22.56)$$

也就是说, 泛函积分测度在手征变换 (22.51) 式下要变, 且等价于拉氏量在手征变换下变为 $\mathcal{L} \to \mathcal{L} + \alpha(x)\mathcal{A}(x)$. 在 (22.56) 式中, $\mathrm{tr}\{\gamma_5 t\} = 0$, 而 $\delta^4(x-x) = \infty$. 为正确计算 $\mathcal{A}(x)$, 需要做一个规范不变的正规化以使发散的 δ 函数有意义:

$$\mathcal{A}(x) = -2[\mathrm{tr}\{\gamma_5 t f(-\not{D}_x^2/M^2)\}\delta^4(x-y)]_{x\to y}, \quad (22.57)$$

---

①Fujikawa K. Phys. Rev. Lett., 1979, 42: 1195.

其中 D_x 是协变的 Dirac 算子,

$$i\slashed{D}_x = i\slashed{\partial} - t^\alpha \slashed{A}^\alpha, \tag{22.58}$$

且 f 是任意的光滑的函数, 有边条件

$$f(0) = 1, \quad f(\infty) = 0,$$
$$sf'(s) = 0, \ (s = 0, \infty). \tag{22.59}$$

于是

$$
\begin{aligned}
\mathcal{A}(x) &= -2 \int \frac{\mathrm{d}^4 k}{(2\pi)^4} \left[\mathrm{tr} \left\{ \gamma_5 t f \left(-\frac{\slashed{D}_x^2}{M^2} \right) \right\} e^{ik\cdot(x-y)} \right] \Bigg|_{y \to x} \\
&= -2 \int \frac{\mathrm{d}^4 k}{(2\pi)^4} \mathrm{tr} \left\{ \gamma_5 t f \left(-\frac{[i\slashed{k} + \slashed{D}_x]^2}{M^2} \right) \right\} \\
&= -2M^4 \int \frac{\mathrm{d}^4 k}{(2\pi)^4} \mathrm{tr} \left\{ \gamma_5 t f \left(- \left[i\slashed{k} + \frac{\slashed{D}_x}{M} \right]^2 \right) \right\},
\end{aligned} \tag{22.60}
$$

其中在最后一个等式中做了变换 $k \to kM$. 由

$$- \left[i\slashed{k} + \frac{\slashed{D}_x}{M} \right]^2 = k^2 - 2\frac{ik \cdot D_x}{M} - \left(\frac{\slashed{D}_x}{M} \right)^2$$

可知, 在 (22.60) 式中最后一个等号右边对函数 $f(x)$ 在 $x = k^2$ 处进行展开后, 不为零的项必须满足: (1) 至少有四个 γ 矩阵; (2) $\leqslant M^{-4}$ $(M \to \infty)$. 所以有

$$\mathcal{A}(x) = - \int \frac{\mathrm{d}^4 k}{(2\pi)^4} f''(k^2) \mathrm{tr}\{\gamma_5 t \slashed{D}_x^4\}. \tag{22.61}$$

做欧氏转动 $k_0 = ik_4$, 并利用边条件 (22.59) 式, 得

$$
\begin{aligned}
\int \mathrm{d}^4 k f''(k^2) &= i \int_0^\infty 2\pi^2 k^3 \mathrm{d}k f''(k^2) = i\pi^2 \int_0^\infty \mathrm{d}s s f''(s) \\
&= -i\pi^2 \int_0^\infty \mathrm{d}s f'(s) = i\pi^2.
\end{aligned} \tag{22.62}
$$

又由

$$
\begin{aligned}
\slashed{D}_x^2 &= \frac{1}{4} \{D^\mu, D^\nu\} \{\gamma_\mu, \gamma_\nu\} + \frac{1}{4} [D^\mu, D^\nu][\gamma_\mu, \gamma_\nu] \\
&= D_x^2 - \frac{i}{4} t_\alpha F_\alpha^{\mu\nu} [\gamma_\mu, \gamma_\nu],
\end{aligned} \tag{22.63}
$$

推出

$$\mathcal{A}(x) = \frac{1}{16\pi^2} \epsilon_{\mu\nu\rho\sigma} F_\alpha^{\mu\nu} F_\beta^{\rho\sigma} \mathrm{tr}\{t^\alpha t^\beta t\}. \tag{22.64}$$

假设拉氏量在相对应的整体变换下不变, 则对于定域的无穷小变换,

$$\delta S = \int d^4 x J_5^\mu(x) \partial_\mu \alpha(x),$$

$$\delta \int [d\psi\, d\bar\psi] e^{iS} = i \int d^4 x \int [d\psi\, d\bar\psi][\mathcal{A}(x)\alpha(x) + J_5^\mu \partial_\mu \alpha(x)]e^{iS}. \tag{22.65}$$

由于积分变量的替换不引起任何改变, 有

$$\langle \partial_\mu J_5^\mu(x) \rangle^A = \mathcal{A}(x), \tag{22.66}$$

其中

$$\langle \mathcal{O} \rangle^A = \frac{\int [d\psi\, d\bar\psi]\, \mathcal{O}\, e^{iS}}{\int [d\psi\, d\bar\psi]e^{iS}}. \tag{22.67}$$

22.2.3　Atiyah–Singer 指标定理

在路径积分表示中做欧氏转动

$$x^0 \to i x_4, \quad i\gamma_0 \to \gamma_4,$$

$$A_0 \to -i A_4^E, \tag{22.68}$$

则

$$i\slashed{D} - m \to -i\slashed{\partial}_E + \slashed{A}_E - m \equiv -\slashed{D}_E - m,$$

$$d^4 x \to d^4 x_E, \quad \slashed{A}_E = t^\alpha A_\mu^\alpha \gamma_\mu. \tag{22.69}$$

算符 $\slashed{D}_E$ 是反厄米的, 也即 $i\slashed{D}_E$ 是厄米的. 利用厄米算符的性质, $i\slashed{D}_E$ 有本征函数 ϕ_n, 其相应的本征值 λ_n 为实数:

$$i\slashed{D}_E \phi_n(x) = \lambda_n \phi_n(x),$$

$$\int d^4 x \phi_m^\dagger(x)\phi_n(x) = \delta_{mn}, \tag{22.70}$$

$$\sum_k \phi_k(x)\phi_k(y) = \delta^4(x-y)I \ (I \text{ 为 } 4 \text{ 乘 } 4 \text{ 单位矩阵}).$$

我们这里仅讨论 Abel 反常, 即 t 与 $i\slashed{D}_E$ 对易, 所以可以选择 ϕ_k 以使 $t\phi_k = t_k\phi_k$. 利用以上准备可以把 $\mathcal{A}$ 改写为

$$\mathcal{A}(x) = -2 \lim_{M\to\infty} \text{tr} \left\{ \gamma_5 t f\left(-\frac{\slashed{D}_x^2}{M^2}\right) \sum_n \phi_n(x)\phi_n^\dagger(y) \right\}\bigg|_{y\to x}$$

$$= -2 \lim_{M\to\infty} \sum_n t_n f(\lambda_n^2/M^2)\phi_n^\dagger(x)\gamma_5\phi_n(x), \tag{22.71}$$

其中插入了正规子 $f(x)$ 以保证级数收敛. 由于 γ_5 与 $\mathrm{i}\slashed{D}_E$ 反对易, 对于具有本征值 λ_k, t_k 的本征函数 ϕ_k, 有 $\gamma_5\phi_k = \phi_{-k}$, 其中 ϕ_{-k} 表示其本征值为 $-\lambda_k, t_k$. 所以由正交条件得出只有 $\mathrm{i}\slashed{D}_E$ 的零模解对积分 $\int \mathrm{d}^4x \mathcal{A}(x)$ 有贡献:

$$\int \mathrm{d}^4x \mathcal{A}(x) = -2 \int \mathrm{d}^4x \left[\sum_u (t_u \phi_u^\dagger \phi_u) - \sum_v (t_v \phi_v^\dagger \phi_v) \right], \tag{22.72}$$

其中 ϕ_u, ϕ_v 分别是具有正负手征性的零本征值的态,

$$\mathrm{i}\slashed{D}_E \phi_{u,v} = 0, \quad \gamma_5 \phi_u = \phi_u, \quad \gamma_5 \phi_v = -\phi_v. \tag{22.73}$$

由归一化条件得

$$\int \mathrm{d}^4x \mathcal{A}(x) = -2 \int \mathrm{d}^4x \left[\sum_u t_u - \sum_v t_v \right]. \tag{22.74}$$

当 t 为单位矩阵时, 得到

$$n_+ - n_- = \frac{1}{32\pi^2} \int \mathrm{d}^4x_E \mathrm{tr}(F^{\mu\nu} F_{\mu\nu}). \tag{22.75}$$

这就是所谓的 Atiyah-Singer 指标定理, 它指出上式的右边是一个拓扑不变量. 其背后的几何意义超出了本书的范围, 有兴趣的读者可以阅读相应的书籍和文献.

最后我们考虑下, 在上述推导 Atiyah-Singer 指标定理的讨论中, 不用 $\mathrm{i}\slashed{D}$ 而用 $\mathrm{i}\slashed{\partial}$ 会如何? 它是否会得到矛盾的结果? 比如

$$\sum_n \mathrm{d}^4x \phi_n \gamma_5 \phi_n \neq 0 = \sum_k \int \mathrm{d}^4x \phi_k \gamma_5 \phi_k, \tag{22.76}$$

其中等号右边的下标 k 表示平面波基矢. 这里我们仅简单地指出, 当收敛性不好时不同表象之间的变换是不允许的.

§22.3   QCD 的瞬子解 —— θ 真空

在讨论瞬子 (instanton) 之前, 我们首先简单介绍一下同伦 (homotopy) 这一数学概念.

设 $f_0(x), f_1(x)$ 是两个连续函数, 定义域为 X, 值域为 Y, 那么映射 $f_0, f_1 : X \to Y$ 称为同伦的, 若 f_0 可以通过连续变换变形为 f_1, 即存在一个含参数 t 的连续函数 $F(x,t)$,

$$F : X \times [0,1] \to Y,$$

使得

$$F(x,0) = f_0(x), \quad F(x,1) = f_1(x). \tag{22.77}$$

映射 F 称为同伦映射. 所有与 f_0 同伦的映射构成一个等价类, 记为 $[f]$. 所有同伦类的集合记为 $\pi_X(Y)$. 集合 $\pi_X(Y)$ 在适当的乘法下构成群, 称为同伦群. 当 $X = S^n$ 时, 相应的同伦群称为 n 阶同伦群, 并简记为 $\pi_n(Y)$.

举一个简单的例子, 设 X 是单位圆, 用 $\{\theta\}$ 表示, Y 为模为 1 的复数的集合 $\mathrm{e}^{\mathrm{i}\theta}$. 这个映射等价于 $S^1 \to S^1$, 即单位圆到单位圆的映射. 设

$$f_0(\theta) = \mathrm{e}^{\mathrm{i}(n\theta+\theta_0)}, \quad f_1(\theta) = \mathrm{e}^{\mathrm{i}(n\theta+\theta_1)}.$$

这两个函数是同伦的, 因为可以构造同伦映射

$$F(\theta,t) = \mathrm{e}^{\mathrm{i}\{n\theta+(1-t)\theta_0+t\theta_1\}}.$$

但是不同 n 的函数却不是同伦的 (因为 θ 和 $\theta + 2\pi$ 必须是等价的). 不同的同伦类由缠绕数 (winding number) n 来标记. 这个缠绕数也叫作 Pontryagin 指标. 根据 f 的构造, 它也可以由如下公式算出:

$$n = \int_0^{2\pi} \frac{\mathrm{d}\theta}{2\pi} \left[-\mathrm{i}\frac{1}{f(\theta)} \frac{\mathrm{d}f(\theta)}{\mathrm{d}\theta} \right]. \tag{22.78}$$

更为复杂的例子在下一节的讨论中可以找到.

22.3.1　瞬子解

本节我们讨论四维欧氏空间中孤子解的问题, 这样的解不仅在空间上局域, 也在 "时间" 上局域, 因此被 't Hooft 称为 "瞬子". 四维欧氏空间 E^4 的边界是三维球面 S^3, 而 SU(2) 群空间也是 S^3, 因此如果存在 $S^3 \to S^3$ 的非平庸的映射的话, 就有可能存在拓扑非平庸的 SU(2) 规范场的解. 事实上这样的非平庸的映射的确存在:

$$\pi_3(S^3) = \mathcal{Z} = \{\pm 1, \pm 2, \pm 3, \cdots\}, \tag{22.79}$$

故而在纯规范理论中的确有可能存在瞬子解.

考虑四维欧氏空间中 SU(2) 不变的规范场作用量

$$S_{\mathrm{E}} = \int \mathrm{d}^4 x \mathcal{L}_{\mathrm{E}}, \tag{22.80}$$

其中拉氏量

$$\mathcal{L}_{\mathrm{E}} = \frac{1}{2}\mathrm{tr}(F_{\mu\nu}F_{\mu\nu}), \tag{22.81}$$

而

$$F_{\mu\nu} = \partial_\mu A_\nu - \partial_\nu A_\mu - \mathrm{i}g[A_\mu, A_\nu], \tag{22.82}$$

规范场方程为

$$\mathrm{D}_\mu F_{\mu\nu} = \partial_\mu F_{\mu\nu} - \mathrm{i}g[A_\mu, F_{\mu\nu}] = 0. \tag{22.83}$$

显然, 最小作用量的解, 也即真空为 $F_{\mu\nu} = 0$. 由于无穷远边界处场需要取真空值, 这意味着此时 A_μ 是纯规范场,

$$A_\mu = \frac{\mathrm{i}}{g} U^{-1} \partial_\mu U, \tag{22.84}$$

其中 $U \in \mathrm{SU}(2)$. 由此可见, 真空是无限简并的, 其集合构成 SU(2) 群. 方程 (22.79) 告诉我们, 系统存在以整数 n 表征的瞬子解, 这里 n 代表映射的缠绕数. 为了说明这一点, 定义荷

$$Q = \frac{g^2}{16\pi^2} \int \mathrm{d}^4 x \, \mathrm{tr}(\tilde{F}_{\mu\nu} F_{\mu\nu}), \tag{22.85}$$

其中 $\tilde{F}_{\mu\nu}$ 是 $F_{\mu\nu}$ 的对偶张量,

$$\tilde{F}_{\mu\nu} = \frac{1}{2} \epsilon_{\mu\nu\rho\sigma} F_{\rho\sigma}. \tag{22.86}$$

通过计算发现,

$$\mathrm{tr}(\tilde{F}_{\mu\nu} F_{\mu\nu}) = 2\epsilon_{\mu\nu\rho\sigma} \partial_\mu \mathrm{tr}\left[A_\nu \partial_\rho A_\sigma - \frac{2}{3} \mathrm{i}g A_\nu A_\rho A_\sigma \right] \equiv 4\partial_\mu K_\mu \tag{22.87}$$

是一个全导数, 其中流 K_μ 不是规范不变的, $\partial_\mu K_\mu = \frac{1}{4} \mathrm{tr} \tilde{F}_{\mu\nu} F_{\mu\nu} = \frac{1}{8} \tilde{F}^a_{\mu\nu} F^a_{\mu\nu}$. 这样 (22.85) 式定义的荷 Q 可以写成一个边界 S^3 上的面积分,

$$Q = \frac{g^2}{4\pi^2} \oint_{S^3} \mathrm{d}\sigma_\mu K_\mu. \tag{22.88}$$

荷 Q 其实就是表征瞬子拓扑性质的拓扑荷. 为看清楚这一点, 考察在无穷远边界处 K_μ 的值. 利用 (22.82) 式和在边界 S^3 上 $F_{\mu\nu} = 0$, 可得

$$\epsilon_{\mu\nu\rho\sigma} \partial_\rho A_\sigma \to \mathrm{i}g \epsilon_{\mu\nu\rho\sigma} A_\rho A_\sigma \quad (r \to \infty). \tag{22.89}$$

代入 (22.88) 式并利用 (22.84) 式, 得到

$$\begin{aligned} Q &= \frac{\mathrm{i}g^3}{24\pi^2} \oint_{S^3} \mathrm{d}\sigma_\mu \epsilon_{\mu\nu\rho\sigma} \mathrm{tr}(A_\nu A_\rho A_\sigma) \\ &= \frac{1}{24\pi^2} \oint_{S^3} \mathrm{d}\sigma_\mu \epsilon_{\mu\nu\rho\sigma} \mathrm{tr}[(U^{-1}\partial_\nu U)(U^{-1}\partial_\rho U)(U^{-1}\partial_\sigma U)] \\ &= \frac{1}{24\pi^2} \int_G \mathrm{d}\mu(G), \end{aligned} \tag{22.90}$$

其中 $G = \mathrm{SU}(2), \mu(G)$ 为群上的不变测度 (见 (19.52) 式及讨论). 因为三维球面 S^3 的面积为 $24\pi^2$, 因此 (22.90) 式表示群 $\mathrm{SU}(2)$ 覆盖到 S^3 的次数, 也即缠绕数, $Q = n$. 可见 Q 确实是一个拓扑不变量, 它的非平庸值 $(n \neq 0)$ 标志了瞬子.

为给出瞬子解的具体表达式, 首先注意到不等式

$$\mathrm{tr}(F_{\mu\nu} \pm \tilde{F}_{\mu\nu})^2 \geqslant 0, \tag{22.91}$$

又因

$$\epsilon_{\mu\nu\rho\sigma}\epsilon_{\mu\nu\alpha\beta} = 2(\delta_{\rho\alpha}\delta_{\sigma\beta} - \delta_{\rho\beta}\delta_{\sigma\alpha}), \tag{22.92}$$

于是 $\tilde{F}_{\mu\nu}\tilde{F}_{\mu\nu} = F_{\mu\nu}F_{\mu\nu}$. 因此得到

$$\mathrm{tr}F_{\mu\nu}F_{\mu\nu} \geqslant |\mathrm{tr}F_{\mu\nu}\tilde{F}_{\mu\nu}|, \tag{22.93}$$

这样

$$S_{\mathrm{E}} = \frac{1}{2}\int \mathrm{d}^4 x \mathrm{tr}F_{\mu\nu}F_{\mu\nu} \geqslant \frac{1}{2}\int \mathrm{d}^4 x |\mathrm{tr}F_{\mu\nu}\tilde{F}_{\mu\nu}| = \frac{8\pi^2}{g^2}|Q|, \tag{22.94}$$

等号仅在

$$F_{\mu\nu} = \pm \tilde{F}_{\mu\nu} \tag{22.95}$$

时取到. 上式称为自对偶方程. 它意味着当规范场强自对偶或反自对偶时作用量取极小值, 这正是我们所感兴趣的. 因此, 求瞬子解转变为求解自对偶方程 (22.95).

假设规范场有形式

$$A_{\mu}(x) = \frac{\mathrm{i}}{g}f(r)U^{-1}(x)\partial_{\mu}U(x), \tag{22.96}$$

其中 $U \in \mathrm{SU}(2)$ 且具有形式

$$U(x) = \frac{1}{r}(x_4 + \mathrm{i}\boldsymbol{x} \cdot \boldsymbol{\tau}), \quad r = \sqrt{x_1^2 + x_2^2 + x_3^2 + x_4^2}, \tag{22.97}$$

而 $f(r)$ 满足边界条件

$$f(r) \to 1, \quad r \to \infty. \tag{22.98}$$

将 (22.96) 式代入 (22.95) 式中的正自对偶式, 得到

$$r\frac{\mathrm{d}f}{\mathrm{d}r} = 2f(1 - f). \tag{22.99}$$

考虑边界条件 (22.98), 得到[①]

$$f(r) = \frac{r^2}{r^2 + \lambda^2},$$ (22.100)

其中 λ 是任意具有长度量纲的常数. 这样我们就求出了一个瞬子解

$$A_\mu(x) = \frac{\mathrm{i}}{g}\frac{r^2}{r^2+\lambda^2}U^{-1}(x)\partial_\mu U(x).$$ (22.101)

把它代入 (22.90) 式, 发现 $Q = 1$. 事实上, 可以证明若将上式中的 U 换作 U^n, 求得的拓扑荷 $Q = n$, 比如 $n = -1$ 正好对应于反自对偶的方程.

22.3.2 瞬子解的意义, 隧穿与 θ 真空

瞬子解会导致拓扑性质不同的真空之间的隧穿, 因此导致了复杂的真空结构 (θ 真空).

我们首先对瞬子解的物理意义做一定分析. 瞬子是运动方程的解, 它与普通的孤子不同, 时间变量参与进来了. 对瞬子解的自然理解是在时间方向上的某种演化. 如图 22.2 所示, 把 S^3 重新画为超曲面 I, II, III 包围的区域: I 和 II 分别代表 $x_4 = +\infty$ 和 $x_4 = -\infty$ 的边界, 圆柱区域 III 链接区域 I, II, 这样

$$Q = \frac{1}{24\pi^2}\left[\int_{\mathrm{I,II}}\mathrm{d}^3\boldsymbol{\sigma}\varepsilon_{4ijk}\mathrm{tr}(\bar{A}_i\bar{A}_j\bar{A}_k) + \int_{-\infty}^{+\infty}\mathrm{d}x_4\int_{\mathrm{III}}\mathrm{d}^2\sigma_i\varepsilon_{i\nu\kappa\lambda}\mathrm{tr}(\bar{A}_\nu\bar{A}_\kappa\bar{A}_\lambda)\right],$$ (22.102)

其中 $\bar{A}_\mu = \mathrm{i}gA_\mu$.

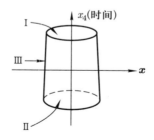

图 22.2 瞬子解的物理意义.

根据 (22.101) 式, 除了 $x_4 \to \pm\infty$, A_μ 在全空间并不是一个纯规范, 在 V_4 内 $F_{\mu\nu} \neq 0$. (22.101) 式是运动方程的一个解, 可以用来计算 Q 值. 我们可以利用 Q 值的规范不变性来简化计算. 为此我们寻找一个规范变换以使得 $A_4' = 0$, 这将导致

[①]Belavin A A, et al. Phys. Lett. B, 1975, 59: 85.

(22.102) 式中对圆柱体 III 的积分为零 (由于四阶反对称张量因子的存在, 被积函数中要出现一次 A_4'). 这样的规范变换是

$$A_\mu' = U A_\mu U^{-1} - \mathrm{i}\partial_\mu U U^{-1} \tag{22.103}$$

且

$$\begin{aligned} U &= \exp\left\{\frac{\mathrm{i}\boldsymbol{x}\cdot\boldsymbol{\tau}}{\sqrt{r^2+\lambda^2}}\theta\right\}, \\ \theta &= \tan^{-1}\left\{\frac{x_4}{\sqrt{r^2+\lambda^2}} - \frac{\pi}{2}\right\}. \end{aligned} \tag{22.104}$$

由 A_μ 的表达式 (22.101) 和 (22.97) 式, 可证 $A_4' = 0$. 此时 A_i 的表达式比较复杂, 在 $x_4 \to \pm\infty$ 时,

$$\begin{aligned} A_i' &\longrightarrow \mathrm{i}g_n^{-1}\partial_i g_n, \quad x_4 \to +\infty, \\ A_i' &\longrightarrow \mathrm{i}g_{n-1}^{-1}\partial_i g_{n-1}, \quad x_4 \to -\infty, \end{aligned} \tag{22.105}$$

其中 $g_n = (g_1)^n$,

$$g_1 = \exp\left\{-\mathrm{i}\pi\frac{\boldsymbol{x}\cdot\boldsymbol{\tau}}{\sqrt{r^2+\lambda^2}}\right\}. \tag{22.106}$$

显然 g_n 是 SU(2) 群的元素, 但 g_n 和 g_{n-1} 并不是同伦的, 因此当 x_4 从负无穷变化到正无穷时, 瞬子代表了从一个真空 (g_{n-1}) 到另一个拓扑不等价的真空 (g_n) 的跃迁. 拓扑荷 (或者叫 Pontryagin 指标) 的变化为 $\Delta Q = n - (n-1) = 1$.

从上面的讨论可以知道, Yang–Mills 场的真空是无穷简并的, 由无穷多拓扑不等价的真空构成, 而瞬子表示了从一个真空到另一个不同的真空的跃迁. 两个真空之间的体积 V_4 中, 由于 $F_{\mu\nu} \neq 0$, 所以空间能量并不为零, 在经典理论中这种跃迁是禁戒的, 但是在量子理论中由于隧穿效应的存在, 跃迁是可以发生的. 跃迁概率可以用量子力学里面的 WKB 近似来计算[①].

在零级近似下可以得出势垒穿透的 WKB 振幅为

$$\exp\left\{-\frac{1}{\hbar}\int[2m(V-E)]^{1/2}\mathrm{d}x\right\} = \exp\left\{-\frac{1}{\hbar}S_\mathrm{E}\right\}. \tag{22.107}$$

对于瞬子解, 欧氏作用量的值为

$$S_\mathrm{E} = \frac{1}{2}\int \mathrm{tr}\{F_{\mu\nu}F_{\mu\nu}\} = \frac{8\pi^2}{g^2}Q. \tag{22.108}$$

[①] 见比如曾谨言. 量子力学, 卷 II. 5 版. 北京: 科学出版社, 2014.

因此从一个真空到另一个拓扑量子数改变了的真空的隧穿振幅正比于

$$e^{-\frac{8\pi^2}{g^2}}, \tag{22.109}$$

而这导致了在规范理论中真空是无穷简并的. 这些简并的真空态分属于不同的同伦类, 并且相互之间可以跃迁. 规范变换 g_1 导致

$$g_1|n\rangle = |n+1\rangle, \tag{22.110}$$

而规范不变性意味着 g_1 与哈密顿量对易:

$$[g_1, H] = 0. \tag{22.111}$$

真正的物理真空因此可写为

$$|0\rangle_\theta = \sum_{n=-\infty}^{+\infty} e^{in\theta}|0\rangle_n. \tag{22.112}$$

这样构造的物理真空态 $|0\rangle_\theta$ 保证了其是规范变换 g_1 或 g_n 的本征态①:

$$g_1 : |0\rangle_\theta \to e^{-i\theta}|0\rangle_\theta. \tag{22.113}$$

如 (22.112) 式所定义的真空叫作 θ 真空. 在物理上它具有重要的意义. 首先, 因为真空态是复的, 它破坏了 T 不变. 又由 CPT 定理, CP 也是破坏的. 另外由于在 P 变换下 $g \to g^{-1}$, 所以 P 也是破坏的, 除非 $\theta = 0$. 目前实验上给出的 T 破坏的上限为 $\theta < 10^{-9}$. 如果 θ 不为零, 为什么它的数值这么小还是一个没有确定答案的问题.

从 θ 真空出发, 真空到真空的跃迁矩阵元在路径积分表达式中可写为 ($Z[J,\theta] \equiv I[J,\theta]\delta(\theta'-\theta)$)

$$\begin{aligned}Z[J,\theta] &= \langle\theta'|e^{-iH(t'-t)}|\theta\rangle \\ &= \sum_{m,n} e^{im\theta'}e^{-in\theta}\langle m|e^{-iH(t'-t)}|n\rangle_J \\ &= \sum_{n,m} e^{-i(n-m)\theta}e^{im(\theta'-\theta)}\int [dA]_{n-m}e^{i\int d^4x\{\mathcal{L}+JA\}}.\end{aligned} \tag{22.114}$$

①这种改变同伦类的规范变换, 如 g_n, 也叫作 "大规范变换" (large gauge transformation), 而普通的规范变换能够连续退化到单位变换, 并不改变同伦类.

因此, 由 (22.108) 式得出[①]

$$I[J, \theta] = \sum_{\nu} e^{-i\nu\theta} \int [dA]_\nu e^{i \int \{\mathcal{L} + JA\}}$$

$$= \sum_{\nu} \int [dA]_\nu e^{i \int \{\mathcal{L} + \theta \frac{g^2}{16\pi^2} \mathrm{tr}(F_{\mu\nu}\tilde{F}^{\mu\nu}) + JA\}}. \tag{22.116}$$

于是 QCD 的拉氏量, 由于瞬子解和 θ 真空的存在, 被改写为

$$\mathcal{L}_{\mathrm{eff}} = \mathcal{L} + \theta \frac{g^2}{16\pi^2} \mathrm{tr}(F_{\mu\nu}\tilde{F}^{\mu\nu}). \tag{22.117}$$

上式中后面的一项, 由于是全导数, 微扰计算时被扔掉了. 然而由于非平庸的瞬子解在无穷远处并不消失, 因此在非 Abel 规范理论中此项贡献并不消失.

当有无质量费米子出现的时候, 't Hooft 论证, 由于量子反常的存在,

$$\partial^\mu J^5_\mu = \frac{N_{\mathrm{F}} g^2}{16\pi^2} F^a_{\mu\nu} \tilde{F}^{a\mu\nu},$$

与 (22.85) 式做比较, 得

$$\int d^4 x \partial_\mu J^{5\mu} = 2N_{\mathrm{F}} Q. \tag{22.118}$$

因此当处于一个 $Q = 1$ 的瞬子场时, 轴矢量荷会得到一个贡献

$$\Delta Q^5 = 2N_{\mathrm{F}}, \tag{22.119}$$

这会导致重子流或者轻子流守恒破坏的过程, 然而这些过程的概率正比于 $e^{-16\pi^2/g^2}$, 在数值上非常小而难以观察到.

围绕着瞬子解和 θ 真空有较为丰富的物理讨论, 在本书中不做更多介绍, 有兴趣的读者可以进一步阅读相关的文献.

[①]任何一组正交归一完备函数集都可以用来构成 δ 函数. 特别地 ($\theta \in [0, 2\pi)$),

$$\delta(\theta - \theta') = \frac{1}{2\pi} \sum_{n=-\infty}^{+\infty} e^{-in(\theta - \theta')}. \tag{22.115}$$

第二十三章 从四费米子模型到弱电统一规范理论

这一章将讨论如何从 β 衰变的四费米子相互作用出发, 最终建立起 $\mathrm{SU_w}(2)$ $\times \mathrm{U}_Y(1)$ 标准模型. 我们将参照 Cheng 和 Li 一书中的讲法, 通过对微扰幺正性的恢复来搭建起标准模型. 在本书作者看来, 这一方法是十分有意义和颇具启发性的.

§23.1 四费米子相互作用

在 Pauli 提出中微子假说后不久, Fermi 即提出了一个描述中子 β 衰变 $\mathrm{n} \to$ $\mathrm{p} + \mathrm{e}^- + \bar{\nu}$ 的唯象的拉氏量:

$$\mathcal{L}_{\mathrm{F}} = -\frac{G_{\mathrm{F}}}{\sqrt{2}} \bar{p} \gamma_\lambda n \cdot \bar{e} \gamma^\lambda \nu + h.c., \tag{23.1}$$

其中 G_{F} 是费米耦合常数, 具有 [质量]$^{-2}$ 的量纲:

$$G_{\mathrm{F}} \approx 10^{-5} m_{\mathrm{p}}^{-2}. \tag{23.2}$$

随后的实验相继发现了 π-μ 和 μ-e 衰变, 且它们具有类似的耦合系数. 这使人们逐渐认识到存在着一种新的相互作用, 即弱相互作用. 李政道、杨振宁以及吴健雄等人对弱相互作用中宇称破坏的发现, 最终导致了所谓 $V - A$ 理论的建立, 也即 (23.1) 式需要改写为

$$\mathcal{L}_{\mathrm{F}} = -\frac{G_{\mathrm{F}}}{\sqrt{2}} J_\lambda^\dagger \cdot J^\lambda + h.c., \tag{23.3}$$

其中

$$J^\lambda = J_{\mathrm{l}}^\lambda + J_{\mathrm{h}}^\lambda. \tag{23.4}$$

J_{l}^λ 是轻子流, 可以很容易地写出:

$$J_{\mathrm{l}}^\lambda = \bar{\nu}_e \gamma^\lambda (1 - \gamma_5) e + \bar{\nu}_\mu \gamma^\lambda (1 - \gamma_5) \mu . \tag{23.5}$$

对于强子流 J_{h}^λ 的问题, 在历史上要麻烦一些, 原因是已知的夸克还有 s 夸克, 具有和 d 夸克相同的电荷数. 如果我们把强子流写成

$$J_{\mathrm{h}}^\lambda = \bar{u} \gamma^\lambda (1 - \gamma_5)(d \cos \theta_{\mathrm{C}} + s \sin \theta_{\mathrm{C}}), \tag{23.6}$$

那么四费米子相互作用 (23.3) 式会导致味道数改变的中性流过程, 比如 $\bar{u}u \to \bar{d}s$. 而这样的过程在实验上发现是高度压低的, 不应该在树图水平上发生. 这一问题使得 Glashow, Iliopoulis 和 Maiani 提出, 存在一种在当时还是假设的 c 夸克, 且强子流的完全表达式应写成

$$J_{\rm h}^\lambda = \bar{u}\gamma^\lambda(1 - \gamma_5)(d\cos\theta_{\rm C} + s\sin\theta_{\rm C}) + \bar{c}\gamma^\lambda(1 - \gamma_5)(s\cos\theta_{\rm C} - d\sin\theta_{\rm C}), \quad (23.7)$$

其中 $\theta_{\rm C}$ 叫作 Cabibbo 角, $\theta_{\rm C} \approx 13°$. 上面的四费米子拉氏量消除了在树图水平上的味道数改变的中性流. 1973 年, 丁肇中、Richter 等人发现了 c 夸克存在的直接证据.

在低能时, (23.3) 式给出了对弱相互作用的很好的描述. 然而 (23.3) 式不可能是故事的全部. 一种否定四费米子理论的可能的理由是, 因为四费米子相互作用的有效耦合系数具有 [质量]$^{-2}$ 的量纲, 它不是一个可重整的理论, 在计算单圈图时所引起的发散, 不可能由具有树图结构的抵消项来抵消. 根据正统的重整化理论, 在计算单圈图时, 不得不引进新的抵消项, 其代价是又要引进新的耦合常数. 在计算更高阶图时也会发生类似的情况. 因此一个不可重整的理论往往意味着需要无穷多的参数来描述, 从而大大地降低了理论的预言能力. 可是, 如果真的发生了这种情况, 只能抱怨我们不够幸运, 而不能反过来否定这种不可重整的拉氏量. 事实上, 我们在讨论手征微扰理论时, 已经遇到过类似的物理上存在的例子. 我们知道, 可重整性并不是一个如旧式的教科书中所坚持的, 建立正确的物理理论的必要条件, 相反, 可重整性是一个物理后果. 它的物理诠释是: 一个拉格朗日理论, 除了耦合系数、质量等几个有限的物理量外, 对高能物理, 或场的高频分量不再敏感. 这一点可以由带有紫外截断 Λ 参量的有效场论 (一个这样的例子是 Nambu–Jona-Lasinio 模型) 来清楚地看到. 在一个带有截断参量的有效场理论中, 由于不再有紫外发散, 物理振幅是有限的, 因此不再需要引入新的抵消项, 从而理论的可预言性不会有问题. 此时在正统意义下的可重整理论和不可重整理论的主要区别是, 前者对截断参量的依赖是最小和最不敏感的.

虽然从原则上讲, (23.3) 式的不可重整性并不是排斥它的根本理由, 但是不可重整的理论模型带来了一个严重的物理问题, 它对紫外截断的依赖的敏感性导致 (23.3) 式并不适用于描述高能区的物理. 这可以由 Born 近似对幺正性的破坏来看出: 考虑由 (23.3) 式所描述的 $\nu_\mu e \to \nu_e \mu$ 过程. 在 Born 近似下, 散射振幅仅含有 $J = 1$ 的分波且其截面 $\sigma \propto sG_{\rm F}^2$. 而根据本书上册 §12.1 的讨论, 分波矩阵元的幺正性告诉我们, 在大的 s 下应该有 $\sigma \propto \dfrac{1}{s}$. 即大约在 $\sqrt{s} \sim G_{\rm F}^{-1} \approx 300\text{ GeV}$ 时 Born 近似破坏了分波振幅的幺正性.

需要注意的是, 上面所说的对幺正性的破坏仅仅是就 Born 近似而言的, 假设

我们能够计算振幅到所有阶, 幺正性应该是会保持的 (记住只要哈密顿量是厄米的, 散射振幅就是幺正的). 因此以上关于 Born 近似幺正性破坏的讨论只说明了一件事, 即在高能时 ($\sqrt{s} \approx 300$ GeV), 高圈图的贡献一定会自动地变得非常重要来满足幺正性的约束. 自然界中产生这种强力贡献的最经济的办法也许是由 S 矩阵的极点提供的, 换句话说, 树图水平上幺正性破坏的能标处, 或该能标之下某处必然有新的物理粒子出现. 为了看清楚这一点, 我们可以进行如下具有启发性的分析: 为使 Born 近似下的振幅恢复幺正性, 最朴素办法是利用本书上册 13.2.1 节中介绍的 K 矩阵幺正化方法. 从新得到的振幅中, 我们的确在适当的能量附近找到了一个极点, 换句话说, 一个新粒子. 我们也许可以这样归纳一下: 当已知的物理用一个不可重整的拉氏量来描述时, 总是隐含着在能量更高一些的标度上存在着新的物理. 令人感慨的是, 自然界似乎的确是这样安排其规律的. 下一节将要讨论的问题与此紧密相关.

§23.2 幺正性的改进与中间玻色子假说

由 (23.3) 式给出的是流–流耦合的点相互作用理论, 它可能是由交换一个重的矢量粒子所诱导出的. 我们尝试性地把拉氏量写成

$$\mathcal{L} = g(J_\mu W^\mu + h.c.). \tag{23.8}$$

这个拉氏量也叫作中间矢量玻色子模型. 在能量很低的情况下, 由于传播子 $1/(M_W^2 - k^2) \to 1/M_W^2$, 所以的确上述拉氏量把 (23.3) 式给出的四费米子拉氏量作为低能极限, 只要满足关系 $g^2/M_W^2 = G_F/\sqrt{2}$. 在高能时传播子的动量依赖关系开始起作用以使微扰振幅满足幺正性的限制. 我们猜测这个传递相互作用的场是一个带有质量的规范场, 或有质量的 Yang-Mills 场. 自由的相互作用场的拉氏量可以尝试地写为

$$\mathcal{L}_W = -\frac{1}{4}(\partial_\mu W_\nu^+ - \partial_\nu W_\mu^+)(\partial^\mu W^{\nu-} - \partial^\nu W^{\mu-}) + M_W^2 W_\mu^+ W^{\mu-}. \tag{23.9}$$

由此可以给出 W^μ 的传播子:

$$i\Delta_{\mu\nu}(k) = -i\frac{g_{\mu\nu} - k_\mu k_\nu/M_W^2}{k^2 - M_W^2 + i\epsilon}. \tag{23.10}$$

有质量的矢量场与光子场不一样的是有三个自由度: 两个横向的, 一个纵向的. 其传播子在 $k \to \infty$ 时趋于 $O(1)$, 因此相互作用仍然是不可以重整的. 这可以从过程 $\nu\bar{\nu} \to W_L^+ W_L^-$ 看出, 其中 W_L 是纵向极化的. 对这个过程的讨论下面会涉及.

§23.3　SU(2) × U(1) 规范群

到目前为止, 我们已知的相互作用可以尝试用 (23.8) 式来表示, 当然还需要包括电磁相互作用:

$$\mathcal{L}_{\mathrm{em}} = e J_\lambda^{\mathrm{em}} A^\lambda, \quad J_\lambda^{\mathrm{em}} = -\bar{e}\gamma_\lambda e. \tag{23.11}$$

问题是我们可以把拉氏量 (23.8) 式和上式组合起来描述弱电物理吗? 现在我们有三个流, $J^\dagger, J$ 和 J_{em}, 以及和它们耦合的三个规范场, $W^\pm$ 和光子场 A_μ. 具有三个生成元的最简单的群是 SU(2). 但是我们将看到, 已知的三个流不可能构成一个封闭的代数. 为此定义弱、电的荷为

$$
\begin{aligned}
T_+(t) &= \frac{1}{2}\int \mathrm{d}^3\boldsymbol{x} J_0(x) = \frac{1}{2}\int \mathrm{d}^3\boldsymbol{x}\nu_{\mathrm{e}}^\dagger(1-\gamma_5)e, \\
T_-(t) &= (T_+(t))^\dagger, \\
Q(t) &= \int \mathrm{d}^3\boldsymbol{x} J_0^{\mathrm{em}}(x) = -\int \mathrm{d}^3\boldsymbol{x} e^\dagger e.
\end{aligned}
\tag{23.12}
$$

利用费米场的正则等时对易关系

$$\{\psi_i^\dagger(\boldsymbol{x},t), \psi_j(\boldsymbol{x}',t)\} = \delta_{ij}\delta^3(\boldsymbol{x}-\boldsymbol{x}'), \tag{23.13}$$

我们可以很容易地导出

$$[T_+(t), T_-(t)] = 2T_3(t) , \tag{23.14}$$

其中

$$T_3(t) = \frac{1}{4}\int \mathrm{d}^3\boldsymbol{x}[\nu_{\mathrm{e}}^\dagger(1-\gamma_5)\nu_{\mathrm{e}} - e^\dagger(1-\gamma_5)e]. \tag{23.15}$$

由于 $T_3 \neq Q$, 所以 $T_\pm$ 和 Q 并不构成一个封闭的代数. 原因很简单, 为了使 Q 成为 SU(2) 的生成元, 一个 SU(2) 的多重态的电荷之和必须为零, 相应于生成元必须是无迹的. 而在这里的二重态是 ν_e 和 e. 另外的问题是 $T_\pm(t)$ 具有 $V-A$ 的形式, 而 Q 却是纯粹的矢量形式.

事实上我们从幺正性的讨论可以论证, 应该有一个中性的有质量的规范玻色子. 考虑过程 $\bar{\nu}\nu \to W^+W^-$, 其最低阶的 Feynman 图如图 23.1 所示[①], 振幅为

$$
\begin{aligned}
T^{\mathrm{tree}}(\bar{\mathrm{v}}\mathrm{v} \to \mathrm{W}^+\mathrm{W}^-) &= -\mathrm{i}\bar{v}(\boldsymbol{p}')(-\mathrm{i}g\epsilon')(1-\gamma_5)\frac{\mathrm{i}}{\not{p}-\not{k}-m_{\mathrm{e}}}(-\mathrm{i}g\epsilon)(1-\gamma_5)u(\boldsymbol{p}) \\
&= -2g^2\bar{v}(\boldsymbol{p}')\frac{\epsilon'(\not{p}-\not{k})\epsilon(1-\gamma_5)}{(p-k)^2-m_{\mathrm{e}}^2}u(\boldsymbol{p}).
\end{aligned}
\tag{23.16}
$$

[①]论证 (23.8) 式的拉氏量对 $\bar{\mathrm{v}}\mathrm{v} \to \mathrm{W}^+\mathrm{W}^-$ 树图幺正性的破坏的工作, 见 Gell-mann M, Goldberger M L, Kroll N, and Low F E. Phys. Rev., 1969, 179: 1518; Weinberg S. Phys. Rev. Lett., 1971, 27: 1688.

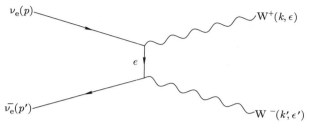

图 23.1 $\bar{v}v \to W^+W^-$ 最低阶的 Feynman 图.

(23.16) 式中的极化矢量 $\epsilon^{(1)}, \epsilon^{(2)}$ 和 $\epsilon^{(3)}$ 在 W 的静止系中可以这样选取: $\epsilon_0^{(i)} = 0, \epsilon_j^{(i)} = \delta_{ij}$, 其中角标 3 代表 z 轴. 当设 W 沿 z 轴运动时, $p_\mu = (E, 0, 0, k)$, 极化矢量可以由静止系中的极化矢量做 Lorentz 变换得到, 即 $\epsilon^{(1)}, \epsilon^{(2)}$ 不变, $\epsilon^{(3)} = (k, 0, 0, E)/M_W$. 不难验证这样的三个极化矢量之间满足正交条件 $\epsilon^{(i)} \cdot \epsilon^{(j)} = -\delta_{ij}$ 和横向极化条件 $\epsilon^{(i)} \cdot p = 0$. 于是, 在大动量的极限下, 有

$$\epsilon_\mu^{(3)} \to k_\mu/M_W + O(M_W/E),$$

注意这个式子并不依赖于参考系的选取. 将其代入 (23.16) 式, 可得

$$T^{\text{tree}}(\bar{v}v \to W^+W^-) \approx \frac{2g^2}{M_W^2}\bar{v}(\boldsymbol{p}')\slashed{k}'(1-\gamma_5)u(\boldsymbol{p}). \tag{23.17}$$

在得到上式时, 利用了条件 $(\slashed{p}-\slashed{k})\slashed{k}u(\boldsymbol{p}) = (2p\cdot k - k^2)u(\boldsymbol{p})$. 下面来证明上式给出的振幅仅含有 $J=1$ 的分波. 为此我们如下选择动量的表示式:

$$\begin{aligned} p &= (E, 0, 0, E), \quad p' = (E, 0, 0, -E), \\ k &= (E, \boldsymbol{k}), \quad k' = (E, -\boldsymbol{k}), \end{aligned} \tag{23.18}$$

其中

$$\boldsymbol{k}/|\boldsymbol{k}| = (\sin\theta, 0, \cos\theta). \tag{23.19}$$

由于 ν 和 $\bar{\nu}$ 有相反的螺旋度, 有[①]

[①] 螺旋度的定义为 $h = \dfrac{\boldsymbol{p}}{|\boldsymbol{p}|} \cdot \boldsymbol{s}, h = 1/2$ 表示右旋, $h = -1/2$ 表示左旋. $\boldsymbol{s}$ 为自旋矩阵, $s^i = \dfrac{1}{4}\epsilon^{ijk}\sigma^{jk}, i, j, k = 1, 2, 3$, 且 $\sigma_{\mu\nu} = \dfrac{\mathrm{i}}{2}[\gamma_\mu, \gamma_\nu]$. 在 γ 代数的 Dirac 表示中,

$$\gamma^0 = \begin{pmatrix} 1 & 0 \\ 0 & -1 \end{pmatrix}, \quad \boldsymbol{\gamma} = \begin{pmatrix} 0 & \boldsymbol{\sigma} \\ -\boldsymbol{\sigma} & 0 \end{pmatrix}, \quad \gamma_5 = \begin{pmatrix} 0 & 1 \\ 1 & 0 \end{pmatrix}, \quad \boldsymbol{s} = \frac{1}{2}\begin{pmatrix} \boldsymbol{\sigma} & 0 \\ 0 & \boldsymbol{\sigma} \end{pmatrix}. \tag{23.20}$$

$$u(\boldsymbol{p}) = \sqrt{E}\begin{pmatrix} 1 \\ \dfrac{\boldsymbol{\sigma}\cdot\boldsymbol{p}}{E} \end{pmatrix}\chi_{-1/2} = \sqrt{E}\begin{pmatrix} 1 \\ \sigma_z \end{pmatrix}\chi_{-1/2},$$

$$\bar{v}(\boldsymbol{p}') = \sqrt{E}\chi_{1/2}^{+}\left(\dfrac{\boldsymbol{\sigma}\cdot\boldsymbol{p}'}{E}, -1\right) = \sqrt{E}\chi_{1/2}^{+}(-\sigma_z, -1),$$

$$(23.21)$$

其中

$$\chi_{1/2} = \begin{pmatrix} 1 \\ 0 \end{pmatrix}, \quad \chi_{-1/2} = \begin{pmatrix} 0 \\ 1 \end{pmatrix},$$

即 $\hat{h}\,u(\boldsymbol{p}) = -\dfrac{1}{2}u(\boldsymbol{p})$, $\hat{h}\,v(\boldsymbol{p}) = \dfrac{1}{2}v(\boldsymbol{p})$. (23.17) 式改为

$$\bar{v}(\boldsymbol{p}')\slashed{k}'(1-\gamma_5)u(\boldsymbol{p}) = E\chi_{1/2}^{\dagger}(-1,-1)\begin{pmatrix} E & \boldsymbol{\sigma}\cdot\boldsymbol{k} \\ -\boldsymbol{\sigma}\cdot\boldsymbol{k} & -E \end{pmatrix}\begin{pmatrix} 1 & -1 \\ -1 & 1 \end{pmatrix}\begin{pmatrix} 1 \\ -1 \end{pmatrix}\chi_{-1/2}$$

$$= -4E\chi_{1/2}^{\dagger}(E-\boldsymbol{\sigma}\cdot\boldsymbol{k})\chi_{-1/2} = 4Ek\sin\theta, \quad (23.22)$$

于是我们有, 当 $E\to\infty$ 时, 树图的 $\bar{\nu}\nu$ 到 W 粒子对的纵向分量 $\mathrm{W}_s^+\mathrm{W}_s^-$ 的散射振幅 $T\approx G_{\mathrm{F}}E^2\sin\theta$. 初、末态粒子具有自旋时的分波展开具有如下形式[1]:

$$T_{\lambda_3\lambda_4,\lambda_1\lambda_2}(E,\theta) = 16\pi\sum_{J=M}^{\infty}(2J+1)T_{\lambda_3\lambda_4,\lambda_1\lambda_2}^{J}(E)d_{\mu\lambda}^{J}(\theta), \quad (23.23)$$

其中 $\lambda_1 = -\lambda_2 = 1/2$, $\lambda_3 = \lambda_4 = 0$ (纵向极化分量), $\lambda = \lambda_1 - \lambda_2 = 1$, $\mu = \lambda_3 - \lambda_4 = 0$, $M = \max(\lambda, \mu) = 1$. 函数 $d_{\mu\lambda}^{J}$ 是一般的转动矩阵, $d_{01}^{1}(\theta) = \sin\theta$. 现在很清楚地发现 T 是一个纯粹的 $J=1$ 的振幅, 且破坏幺正限 $|T^{J=1}(E)| < 1$. 为了消除这种坏的高能行为, 可以在 u 或 s 道引入新的图. 比如在 s 道引入新的中性矢量粒子所对应的图, 如图 23.2 所示. 假设中性矢量粒子同样具有 $V-A$ 的结构, 耦合常数为 f, 而 ZWW 耦合具有 Yang–Mills 场自耦合的结构:

$$L_{\alpha\mu\nu} = -\mathrm{i}f'[(k'-k)_\alpha g_{\mu\nu} - (2k'+k)_\nu g_{\alpha\mu} + (2k+k')_\mu g_{\alpha\nu}],$$

则 s 道交换中性矢量粒子的图产生贡献

$$T_s(\bar{\nu}\nu \to \mathrm{W}_s^+\mathrm{W}_s^-) = -\mathrm{i}\bar{v}(\boldsymbol{p}')(-\mathrm{i}f\gamma_\beta)(1-\gamma_5)u(\boldsymbol{p})L_{\alpha\mu\nu}\epsilon^{\prime\mu}(\boldsymbol{k}')\epsilon^{\nu}(\boldsymbol{k})$$

$$\times\mathrm{i}[-g^{\alpha\beta} + (k+k')^\alpha(k+k')^\beta/M_{\mathrm{Z}}^2]/[(k+k')^2 - M_{\mathrm{Z}}^2].$$

$$(23.24)$$

---

[1]可参考本书上册 §6.5 和 §12.5 的讨论.

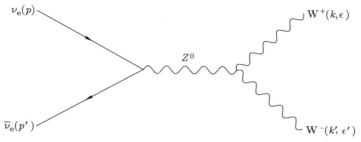

图 23.2 $\nu_e\bar{\nu}_e \to W^+W^-$ 的 s 道湮灭图.

我们有

$$\epsilon'^{\mu}\epsilon^{\nu}L_{\alpha\mu\nu} = -\mathrm{i}f'[(k'-k)_{\alpha}\epsilon' \cdot \epsilon - 2k' \cdot \epsilon\epsilon'_{\alpha} + 2k \cdot \epsilon'\epsilon_{\alpha}]$$

$$\approx -\frac{-\mathrm{i}f'}{M_{\mathrm{W}}^2}[(k-k')_{\alpha}k \cdot k']. \tag{23.25}$$

于是,

$$T_s \approx \frac{-ff'}{M_{\mathrm{W}}^2}\bar{v}(\boldsymbol{p}')k\!\!\!/'(1-\gamma_5)u(\boldsymbol{p}). \tag{23.26}$$

如果选取 $ff' = 2g^2$, 就可以消掉 (23.17) 式的贡献[1].

事实上, 如果要求所有过程中破坏幺正性的贡献都被消掉, 那么就会得到一个可重整的理论. 也就是说, 为了改善微扰幺正性的行为而不得不引进新的物理 (场自由度). 这一结论将在 §23.8 中再次得到. 但是这种有启发性的思考方法并不能唯一定出新的物理, 能实现的是扩充理论使其成为一个自洽、封闭的可重整理论, 而扩充的方式并不一定唯一. 比如可以构造一个树图时没有中性流、可重整的 SU(2) 规范理论, 并以 (23.1) 式为其低能极限[2].

自然所选择的是具有 SU(2) × U(1) 对称性的规范理论. 规范场的拉氏量写为

$$\mathcal{L}_{\mathrm{gauge}} = -\frac{1}{4}F_{\mu\nu}^i F^{i\mu\nu} - \frac{1}{4}B_{\mu\nu}B^{\mu\nu}, \tag{23.27}$$

其中

$$F_{\mu\nu}^i = \partial_{\mu}W_{\nu}^i - \partial_{\nu}W_{\mu}^i + g\epsilon^{ijk}W_{\mu}^j W_{\nu}^k \quad (i,j,k=1,2,3), \tag{23.28}$$

$$B_{\mu\nu} = \partial_{\mu}B_{\nu} - \partial_{\nu}B_{\mu}. \tag{23.29}$$

---

[1] Joglekar S, Annals Phys., 1974, 83: 427; Cornwall J M, Levin D N, and Tiktopoulos G. Phys. Rev. D, 1974, 10: 1145.

[2] 见比如注① 里的第一个文献.

在这里我们回避了规范粒子的质量问题. 如果我们明显加入质量项, 则会破坏理论的可重整性, 或等价地在 $W_L W_L \to W_L W_L$ 过程中产生对幺正性的破坏 (在树图水平上). 这个问题将会由所谓的自发破缺的 Higgs 机制解决. 我们将在 §23.8 中再次讨论这一问题. 在讨论 Higgs 机制之前, 我们首先对规范场与物质场的耦合方式做进一步的讨论.

§23.4　费米子与规范场的耦合

首先考虑最轻的费米子, 它们是 e, ν_e 和 u, d. 由于有质量规范场是 $V - A$ 耦合, 即与左手费米子耦合, 所以左手和右手应该填充不同的表示. 于是第一代的费米子一共有 15 个两分量的自由度 (每个夸克有三个色自由度),

$$\psi = \nu_{eL}, e_L, e_R, u_L, u_R, d_L, d_R, \tag{23.30}$$

其中 $e_L = \frac{1}{2}(1 - \gamma_5)e$, $e_R = \frac{1}{2}(1 + \gamma_5)e$. 下面的工作将是定出它们在 $SU(2) \times U(1)$ 下的量子数.

我们知道 $SU(2)$ 群的弱荷是

$$
\begin{aligned}
T_+ &= \int (\nu_{eL}^\dagger e_L + u_L^\dagger d_L) \mathrm{d}^3 \boldsymbol{x}, \\
T_- &= (T_+)^\dagger, \\
T_3 &= \frac{1}{2} \int (\nu_{eL}^\dagger \nu_{eL} - e_L e_L^\dagger + u_L^\dagger u_L - d_L^\dagger d_L) \mathrm{d}^3 \boldsymbol{x}.
\end{aligned}
\tag{23.31}
$$

从这些表达式得知,

$$l_L \equiv \begin{pmatrix} \nu_{eL} \\ e_L \end{pmatrix}, \quad q_L \equiv \begin{pmatrix} u_L \\ d_L \end{pmatrix} \tag{23.32}$$

是 $SU(2)$ 的二重态, 且 e_R, u_R 和 d_R 是单态. 而 $U(1)$ 群的选取应该使得电荷是 $U(1)$ 荷 (记为 Y) 与 T_3 的线性组合. 电荷的表示式是

$$
\begin{aligned}
Q &= \int \left(-e^\dagger e + \frac{2}{3} u^\dagger u - \frac{1}{3} d^\dagger d \right) \mathrm{d}^3 \boldsymbol{x} \\
&= \int \left(-e_L^\dagger e_L - e_R^\dagger e_R + \frac{2}{3} u_L^\dagger u_L + \frac{2}{3} u_R^\dagger u_R - \frac{1}{3} d_L^\dagger d_L - \frac{1}{3} d_R^\dagger d_R \right) \mathrm{d}^3 \boldsymbol{x}.
\end{aligned}
\tag{23.33}
$$

我们注意到,

$$
\begin{aligned}
Q - T_3 = \int \bigg[&-\frac{1}{2}(\nu_{eL}^\dagger \nu_{eL} + e_L^\dagger e_L) + \frac{1}{6}(u_L^\dagger u_L + d_L^\dagger d_L) \\
&- e_R^\dagger e_R + \frac{2}{3} u_R^\dagger u_R - \frac{1}{3} d_R^\dagger d_R \bigg] \mathrm{d}^3 \boldsymbol{x}
\end{aligned}
\tag{23.34}
$$

给予每一个 SU(2) 二重态的上下分量同样的量子数, 因而与 SU(2) 的生成元对易: $[Q - T_3, T_i] = 0$ ($i = 1, 2, 3$). 所以可以选择 $Y/2 = (Q - T_3)$ 作为 U(1) 荷的生成元 并且把 Y 叫作弱超荷. 为了得到正确的电荷数, 我们还需要赋予各个场如下的弱超荷:

$$
\begin{aligned}
& Y(l_{\mathrm{L}}) = -1, \quad Y(e_{\mathrm{R}}) = -2, \\
& Y(q_{\mathrm{L}}) = 1/3, \quad Y(u_{\mathrm{R}}) = 4/3, \quad Y(d_{\mathrm{R}}) = -2/3.
\end{aligned}
\tag{23.35}
$$

于是规范粒子与费米子的耦合可以写成

$$
\mathcal{L}_{\mathrm{fermi}} = \bar{\psi} \mathrm{i} \gamma^{\mu} \mathrm{D}_{\mu} \psi,
\tag{23.36}
$$

且

$$
\mathrm{D}_{\mu} \psi = \left(\partial_{\mu} - \mathrm{i} g \boldsymbol{T} \cdot \boldsymbol{W}_{\mu} - \mathrm{i} g' \frac{Y}{2} B_{\mu} \right) \psi.
\tag{23.37}
$$

比如,

$$
\begin{aligned}
\mathrm{D}_{\mu} l_{\mathrm{L}} &= \left(\partial_{\mu} - \mathrm{i} \frac{g}{2} \boldsymbol{\tau} \cdot \boldsymbol{W} + \mathrm{i} \frac{g'}{2} B_{\mu} \right) l_{\mathrm{L}}, \\
\mathrm{D}_{\mu} e_{\mathrm{R}} &= (\partial_{\mu} + \mathrm{i} g' B_{\mu}) e_{\mathrm{R}}.
\end{aligned}
\tag{23.38}
$$

这里需要注意的是, 不能给出规范不变的费米子双线性项 (即质量项). 质量项要靠 Higgs 场的 Yukawa 耦合给出, 我们将在后面讨论这一点.

§23.5　反常相消

在第二十二章中, 我们详细地讨论了三个手征流耦合时产生的反常. 从技术上 讲, 这个反常可以由计算三角图的反常得到. 如果产生反常的流是整体的, 那么反 常的存在是无害的, 现实中的例子即是 $\pi^0 \rightarrow 2\gamma$ 衰变. 如果流与规范场耦合, 如现在 这里所发生的那样, 那么此时反常会破坏规范理论的可重整性, 因而是有害的, 必 须消去. 只要使左手流与右手流的反常相等即可以做到这一点. 规范场与流的耦合 可以一般地写为

$$
\mathcal{L}_{\mathrm{int}} = g A_{\mu}^{a} (\bar{\psi}_{\mathrm{L}} \gamma^{\mu} T_{\mathrm{L}}^{a} \psi_{\mathrm{L}} + \bar{\psi}_{\mathrm{R}} \gamma^{\mu} T_{\mathrm{R}}^{a} \psi_{\mathrm{R}}).
\tag{23.39}
$$

正如在弱作用中发生的那样, T_{L}^{a} 与 T_{R}^{a} 不一定是一样的. 由于反常的贡献不会由 L 与 R 的混合给出 (反常的存在与质量项无关, $L\left(= \dfrac{1 - \gamma^5}{2}\right)$, $R\left(= \dfrac{1 + \gamma^5}{2}\right)$ 与 γ

矩阵交换位置时变为 R, L 且 $L \cdot R = 0$), 所以反常相消条件可以一般地写成, 对于任意的 a, b, c,

$$D_{\mathrm{L}}^{abc} = D_{\mathrm{R}}^{abc}, \tag{23.40}$$

其中

$$D_{\mathrm{L}}^{abc} = \frac{1}{2}\mathrm{tr}[\{T_{\mathrm{L}}^a, T_{\mathrm{L}}^b\}T_{\mathrm{L}}^c], \quad D_{\mathrm{R}}^{abc} = \frac{1}{2}\mathrm{tr}[\{T_{\mathrm{R}}^a, T_{\mathrm{R}}^b\}T_{\mathrm{R}}^c]. \tag{23.41}$$

对于单群, 反常相消的最简单例子是所谓的类矢量型 (vector-like) 规范理论, 比如 QCD. 此时对于所有的 a, 均有 $T_{\mathrm{L}}^a = T_{\mathrm{R}}^a$, 于是反常自动相消. 即使 $T_{\mathrm{L}}^a \neq T_{\mathrm{R}}^a$, 如果 D_{L}^{abc} 和 D_{R}^{abc} 分别为零 (此时费米子的表示称为安全的), 那么也不会出现问题. 当费米子的表示是实表示时, 就对应着这种情况. 因为一个实表示与它的厄米共轭是等价的:

$$T^a = -U^{-1}T^{a*}U, \tag{23.42}$$

其中 U 是一个任意的幺正矩阵. 于是有

$$\begin{aligned} D^{abc} &= \frac{1}{2}\mathrm{tr}(\{T^a, T^b\}T^c) = -\frac{1}{2}\mathrm{tr}(\{T^{a*}, T^{b*}\}T^{c*}) \\ &= -\frac{1}{2}\mathrm{tr}(\{T^a, T^b\}T^c) = -D^{abc}, \end{aligned} \tag{23.43}$$

即 $D_{\mathrm{L}}^{abc} = 0$ 和 $D_{\mathrm{R}}^{abc} = 0$. 例如 SU(2) 群的表示都是实表示或赝实表示, 即 SU(2) 群的表示都是 "安全" 的. 反过来的情形并不一定成立. 特殊情况下复表示也可以是安全的 (如 SU(3) 的 $\underline{10}$). 有趣的是, 单群中只有 SU(N) ($N \geqslant 3$) 含有不安全的表示.

标准模型的群结构是 $\mathrm{SU}_{\mathrm{c}}(3) \times \mathrm{SU}_{\mathrm{w}}(2) \times \mathrm{U}_Y(1)$. 根据上述讨论, 只需注意 SU(3)^2 × U(1), SU(2)^2 × U(1) 和 U(1)^3 三种情况. 把前面得到的弱超荷的值代入, 发现反常全部相消, 保证了标准模型的可重整性. 事实上也可以反过来思考这一问题, 即利用反常相消的要求和一些别的辅助条件来唯一地决定各种费米子的弱超荷, 相关讨论可参见有关文献[①].

§23.6 自发破缺与 Higgs 机制

23.6.1 Higgs 机制

对称性自发破缺的概念在我们讨论描述强相互作用的线性 σ 模型时已经涉及过. 这里需要把 $\mathrm{SU}_{\mathrm{w}}(2) \times \mathrm{U}_Y(1)$ 的对称性破缺到 $\mathrm{U}_{\mathrm{em}}(1)$, 即只保留电磁对称性. 为

[①]比如 He X G, et al. Phys. Rev. D, 1989, 40: 3146.

此引入一个复标量场, 它是一个 $SU_w(2)$ 和 $U_Y(1)$ 场的表示. 选择 $SU(2)$ 最简单的基础表示, 由于真空必须有 $U_{em}(1)$ 的对称性, 标量的二重态必须要含有一个中性分量, 也即

$$\Phi = \begin{pmatrix} \phi^+ \\ \phi^0 \end{pmatrix}, \tag{23.44}$$

它的弱超荷为 $Y = 2(Q - T_3) = 1$, 叫作 Higgs 场. 它的 $SU_w(2) \times U_Y(1)$ 变换如下:

$$\Phi \to e^{-i\boldsymbol{\theta} \cdot \boldsymbol{T} - i\theta \frac{Y}{2}} \Phi = e^{-i\boldsymbol{\theta} \cdot \boldsymbol{\tau}/2 - i\theta/2} \Phi. \tag{23.45}$$

描述 Higgs 场部分的拉氏量则为

$$\mathcal{L}_{\text{Higgs}} = (D_\mu \Phi)^\dagger D^\mu \Phi - V(\Phi^\dagger \Phi), \tag{23.46}$$

其中

$$\begin{aligned} D_\mu \Phi &= \left(\partial_\mu - \frac{i}{2} g \boldsymbol{\tau} \cdot \boldsymbol{W}_\mu - \frac{i}{2} g' B_\mu \right) \Phi, \\ V(\Phi^\dagger \Phi) &= -\mu^2 \Phi^\dagger \Phi + \lambda (\Phi^\dagger \Phi)^2. \end{aligned} \tag{23.47}$$

在 (23.47) 式中, 当 $\mu^2, \lambda > 0$ 时, 我们得到了真空的自发破缺, 标量场获得一个不为零的真空期望值,

$$\langle \Phi \rangle_0 \equiv \langle 0 | \Phi | 0 \rangle = \begin{pmatrix} 0 \\ \dfrac{v}{\sqrt{2}} \end{pmatrix}, \quad v = \left(\frac{\mu^2}{\lambda} \right)^{1/2}. \tag{23.48}$$

为了看出标量粒子的自发破缺的确给出 $W^\pm, Z^0$ 粒子的质量, 我们利用极坐标分解对 Φ 场重新进行参数化 (当然物理结果是不依赖于如何进行参数化的),

$$\Phi(x) = U(\xi)^{-1} \begin{pmatrix} 0 \\ \dfrac{v + H(x)}{\sqrt{2}} \end{pmatrix} = e^{2i\xi^i(x)T^i/v} \begin{pmatrix} 0 \\ \dfrac{v + H(x)}{\sqrt{2}} \end{pmatrix}. \tag{23.49}$$

由于我们要构造的理论具有定域的规范不变性, 因而可以做一个由 (23.49) 式所定义的定域规范变换:

$$\begin{aligned} \Phi(x) &\to \Phi'(x) = U \Phi(x) = \begin{pmatrix} 0 \\ \dfrac{v + H(x)}{\sqrt{2}} \end{pmatrix}, \\ W_\mu &\to W'_\mu = U W_\mu(x) U^{-1} - \frac{1}{ig} U \partial_\mu U^{-1}, \\ B'_\mu &= B_\mu, \\ \psi'_L &= U \psi_L, \quad \psi'_R = \psi_R. \end{aligned} \tag{23.50}$$

这个幺正变换的结果只是在拉氏量中以 $(v+H)/\sqrt{2}$ 代替 $\Phi(x)$, 其余的场量变换为带撇的. 所以 Higgs 场的拉氏量在幺正规范下可简化为 (为方便书写起见, 去掉场量上的一撇)

$$
\begin{aligned}
\mathcal{L}^u_{\text{gauge}} = \frac{1}{2}(0, v+H) & \left(\overleftarrow{\partial}_\mu + \mathrm{i}g W^\alpha_\mu T^\alpha + \frac{\mathrm{i}}{2}g' B_\mu \right) \\
& \times \left(\partial^\mu - \mathrm{i}g W^{\mu\beta} T^\beta - \frac{\mathrm{i}}{2}g' B^\mu \right) \binom{0}{v+H} - V(v+H). \quad (23.51)
\end{aligned}
$$

规范粒子的质量项可以从上面得出:

$$
\begin{aligned}
\mathcal{L}_{\text{MYM}} &= \frac{v^2}{2}(0,1)\left(\frac{g}{2}\boldsymbol{\tau}\cdot\boldsymbol{W}_\mu + \frac{g'}{2}B_\mu \right)\left(\frac{g}{2}\boldsymbol{\tau}\cdot\boldsymbol{W}^\mu + \frac{g'}{2}B^\mu \right)\binom{0}{1} \\
&= \frac{v^2}{8}(0,1)\left(\begin{array}{cc} 2eA_\mu + \dfrac{g^2-g'^2}{\sqrt{g^2+g'^2}}Z_\mu & \sqrt{2}gW^+_\mu \\ \sqrt{2}gW^-_\mu & -\sqrt{g^2+g'^2}Z_\mu \end{array} \right)^2 \binom{0}{1} \\
&= \frac{1}{4}g^2v^2 W^+_\mu W^{-\mu} + \frac{g^2+g'^2}{8}v^2 Z_\mu Z^\mu, \quad (23.52)
\end{aligned}
$$

其中 A_μ 是光子场, 是自发破缺后幸存下来的无质量规范场, 且

$$
\begin{aligned}
& W^+_\mu = \frac{1}{\sqrt{2}}(W^1_\mu + \mathrm{i}W^2_\mu), \quad W^-_\mu = \frac{1}{\sqrt{2}}(W^1_\mu - \mathrm{i}W^2_\mu), \\
& Z_\mu = W^3_\mu \cos\theta_{\text{W}} - B_\mu \sin\theta_{\text{W}}, \quad A_\mu = B_\mu \cos\theta_{\text{W}} + W^3_\mu \sin\theta_{\text{W}}, \quad (23.53) \\
& \tan\theta_{\text{W}} \equiv \frac{g'}{g}.
\end{aligned}
$$

其中 θ_{W} 叫作 Weinberg 角. 从 (23.52) 式得知, 规范粒子的质量为

$$
M_{\text{W}} = \frac{1}{2}gv, \quad M_{\text{Z}} = \frac{1}{2}\sqrt{g^2+g'^2}\,v, \quad (23.54)
$$

且它们满足关系

$$
\rho \equiv \frac{M^2_{\text{W}}}{M^2_{\text{Z}}\cos^2\theta_{\text{W}}} = 1. \quad (23.55)
$$

这个关系式 (仅在树图水平上满足, 在圈图水平上为近似满足) 是自发破缺后所谓的剩余 SU(2) 对称性保证的. 值得指出的是, (23.51) 式中减少的三个 Goldstone 场自由度并没有真正消失, 而是通过 (23.50) 式被规范场 "吃" 掉了. 与此同时, 一个无质量的规范场获得了质量, 其独立的自由度数由两个增到三个. 所以总的规范场的自由度数并没有变化, 只是 Goldstone 场现在变成了规范场的纵向分量.

除了使规范场获得质量外, 标量场与费米场的 Higgs-Yukawa 耦合在自发破缺时也使费米场获得了质量. 为看清这一点, 首先须指出, 由于左手场与右手场具有不同的 $U_Y(1)$ 量子数, 在现有理论中不可能直接写出费米场的质量项. Higgs 场与费米场耦合的, 满足 $SU_w(2) \times U_Y(1)$ 不变性的 Yukawa 相互作用的最一般形式的拉氏量可以写成

$$\mathcal{L}_{\text{Yukawa}} = f^e \bar{l}_L \Phi e_R + f^u \bar{q}_L \tilde{\Phi} u_R + f^d \bar{q}_L \Phi d_R + h.c., \tag{23.56}$$

其中

$$\tilde{\Phi} = i\tau_2 \Phi^* = \begin{pmatrix} \bar{\phi}^0 \\ -\phi^- \end{pmatrix} \tag{23.57}$$

也是 $SU_w(2)$ 群的基础表示, 且 $Y(\tilde{\Phi}) = -1$. 如果不引进 $\tilde{\Phi}$ 场, 则不能给出 u 夸克场 (也包括中微子) 的质量. 在幺正规范下导出费米子的质量项, 有

$$\mathcal{L}^u_{\text{Yukawa}} = \frac{v+H}{\sqrt{2}}[f^e \bar{e}_L e_R + f^u \bar{u}_L u_R + f^d \bar{d}_L d_R] + h.c.. \tag{23.58}$$

23.6.2 超导的 Meissner 效应

在讨论 Higgs 机制的同时, 我们来回顾一下超导的 Meissner 效应和 Landau 的二阶相变理论. 令人感叹的是, 表面上看起来不相关的物理现象, 其机制却有着内在的一致性.

1911 年, Onnes 在液氦温度下研究金属电阻与温度的关系时, 发现在 $T=4.2\,\text{K}$ 时, 水银样品的电阻突然从 $0.125\,\Omega$ 降到零. 这种现象叫作超导电性, 临界温度记为 T_c. 实验发现在 T_c 以上金属为正常态, T_c 以下金属进入了超导态, 此时金属中的直流电阻突然消失. 与直流电阻消失相关的另一个现象是, 当把超导体放入磁场中时, 超导体完全把磁感线排出到体外. 这个现象是 Meissner 在 1933 年发现的, 因此叫作 Meissner 效应. Meissner 效应表明, 在超导体内部 $B=0$. 实验进一步表明, 磁场只能透入超导体表面一定的深度, 该深度记为 δ_L. 值得指出的是, 超导体的磁性质, 即 Meissner 效应要比超导体的电性质, 即零电阻性意义更深刻.

超导的同位素效应 ($T_c \propto M^{-1/2}$) 的发现最终导致关于超导的正确的物理图像的建立: 由于电子同晶格的相互作用, 使每两个电子产生间接的吸引力, 从而结合成称为 Cooper 对的束缚态. 每一个 Cooper 对都有一定的结合能 Δ (约 $10^{-8} \sim 10^{-4}$ eV). 在 $kT < \Delta$ 时, 热运动不会破坏 Cooper 对; 在 $kT > \Delta$ 时, 热运动把 Cooper 对拆散. 所以 $T_c \sim \dfrac{\Delta}{k}$ 是超导态的临界温度, Δ 称为能隙. 本来在常温下晶格对电子的散射是电阻率的根源, 但是在低温下晶格与电子的相互作用使电子处于有序的状态, 此时的电流是 Cooper 对的有序流动, 从而导致超导.

超导现象本质上是一种量子现象, 但对金属介质的本构关系做了合理的假设后, 完全可以在唯象学的水平上用经典理论进行研究. 下面我们来简单介绍一下 London 对超导现象的研究.

超导的二流体模型把超导体看成普通的导体, 但超导体内存在两种电流: 一种是普通电流 j_n, 具有耗散性质; 一种是 Cooper 对形成的超导电流 j_s, 总电流 $j = j_s + j_n$. 超导体满足的方程为

$$
\begin{aligned}
&\nabla \cdot \boldsymbol{E} = \rho/\varepsilon_0, \\
&\nabla \times \boldsymbol{E} = -\mu_0 \frac{\partial \boldsymbol{H}}{\partial t}, \\
&\nabla \cdot \boldsymbol{H} = 0, \\
&\nabla \times \boldsymbol{H} = (\boldsymbol{j}_n + \boldsymbol{j}_s) + \varepsilon_0 \frac{\partial \boldsymbol{E}}{\partial t}.
\end{aligned}
\tag{23.59}
$$

对于普通电流有 Ohm 定律给出的本构方程 $\boldsymbol{j}_n = \sigma \boldsymbol{E}$, 而超导电流 $\boldsymbol{j}_s$ 与电场的关系为

$$
m \frac{\mathrm{d}\boldsymbol{v}}{\mathrm{d}t} = -e\boldsymbol{E},
\tag{23.60}
$$

即在无电阻的超导体中电场使电子做加速运动. 设单位体积内有 n_s 个超导电子, 则

$$
\boldsymbol{j}_s = -n_s e\boldsymbol{v}.
$$

为简略起见, 忽略掉 $\mathrm{d}\boldsymbol{v}/\mathrm{d}t$ 中的非线性项, 则得到线性化的 London 第一方程:

$$
\boldsymbol{E} = \frac{m_e}{n_s e^2} \frac{\partial}{\partial t} \boldsymbol{j}_s.
\tag{23.61}
$$

London 第一方程可以解释超导体的零电阻性质: 若超导电流是恒定的, 则推出 $\boldsymbol{E} = 0$, 并利用 Ohm 定律得知 $\boldsymbol{j}_n = 0$, 也即超导体内只有无损耗的超导电流. 而 Meissner 效应可由下面的考虑来解释. 忽略掉正常电流, 联立线性化的 London 第一方程和 Maxwell 方程组, 容易发现 $\boldsymbol{B}$ 和 $\boldsymbol{E}$ 均 (于是 A_μ 也同样) 满足如下波动方程:

$$
\left[\Box + \frac{n_s \mu_0 e^2}{m_e} \right] \boldsymbol{B} = 0.
\tag{23.62}
$$

经典的 London 理论认为, Meissner 效应应归结为外磁场在超导体表面层内感生了超导电流, 其大小和分布恰好把外磁场屏蔽掉. 然而从场论的角度来理解, 可以认为超导电流的存在好像是赋予了电磁场一个等效质量 $m_A = \sqrt{\dfrac{n_s \mu_0 e^2}{m_e}}$, 而使其变成了一个有质量的矢量场. 而有质量场的传播有一个衰减因子 $\mathrm{e}^{-m_A r}$, 对应着穿透深度为 $\delta_L = 1/m_A$.

23.6.3 Landau 的二阶相变的理论

为了描述超导体中出现的新现象, 即电子凝聚成电子对, 我们引入一个描述凝聚的波函数: $\psi(\boldsymbol{r},t) = |\psi(\boldsymbol{r},t)|e^{i\Phi}$, $|\psi|^2 = n_s$. 超导电流与相位 Φ 的梯度之间有简单的正比关系 $\boldsymbol{j}_s = \dfrac{e}{2m}n_s\nabla\Phi$. 当存在外磁场时, 根据电磁规范不变性, 上式被改写为 $\boldsymbol{j}_s = \dfrac{e}{2m}n_s(\nabla\Phi - 2e\boldsymbol{A})$. Ginzburg 和 Landau 写出了如下的自由能的表达式:

$$F = F_n + \int dV \left\{ \frac{|\nabla_A\psi|^2}{4m} + \frac{1}{2}a|\psi|^2 + \frac{1}{4}b|\psi|^4 \right\}. \tag{23.63}$$

上式中 $\nabla_A = \nabla - 2ie\boldsymbol{A}$ 是保持电磁规范不变性的协变导数. (23.63) 式很好地在唯象学水平描写了具有二阶相变的系统, 条件是系统的温度离相变温度不远. (23.63) 式中最重要的参数是

$$a = \frac{\alpha}{2}(T - T_c). \tag{23.64}$$

在 $T > T_c$ 时, 系统在 $|\psi| = 0$ 时达到平衡状态, 此时没有超导态. 但是当 $T < T_c$ 时, 系统的平衡状态由自由能取极小决定:

$$|\psi|^2 = -a/b = \alpha(T_c - T)/b. \tag{23.65}$$

把 ψ 等于常数代回自由能的表达式, 发现出现了光子场的质量项, 正比于 $\frac{1}{2}m_A^2\boldsymbol{A}^2$①. 这里得到了与上一小节最后的观察一致的结果.

上面的讨论又导致了一个非常重要的概念, 即对称性的自发破缺. 本来拉氏量在如下电磁规范变换

$$\psi \to e^{ie\chi}\psi, \quad \psi^* \to e^{-ie\chi}\psi^*,$$
$$\boldsymbol{A} \to \boldsymbol{A} + \nabla\chi \tag{23.66}$$

下是不变的. 但对于超导态, 这个电磁规范变换不变性看起来是被破坏了, 因为我们此前声称在自由能中会出现如 $\frac{1}{2}m_A^2\boldsymbol{A}^2$ 这样的项, 它显然在 (23.66) 式下是变化的. 必须指出的是, 与粒子物理和场论中一样, "自发" 这个词在这里具有特定的意义, 即自由能、拉氏量或运动方程具有某种不变性, 但系统的基态 (对于上面的例子, 即 $\psi = c$) 却不满足这种不变性.

与自发破缺相对应的是显式破缺. 它说的是为了破缺某种对称性, 可以直接在拉氏量中加上一个在对称变换下不是不变量的项. 如本章前面所介绍的, "对称性

① 更为准确地说, 电磁场吸收了相位 Φ 这一自由度, 变成了一个有质量矢量场 (注意无质量矢量场, 如光子场只有两个自由度, 而有质量矢量场有三个自由度).

自发破缺" 在粒子物理和场论中是一个极其重要的概念. 事实上根据量子场论目前的认识水平, 它提供了所有动力学质量产生的根据.

在上面讨论超导的 Ginzburg–Landau 理论时, 实际上我们遇到了两个极为重要的概念: 第一是自发破缺, 第二是光子如何由无质量的情形过渡到具有一个等效质量的情形. 后者在量子场论中的对应就是我们刚刚讨论过的 Higgs 机制.

Ginzburg–Landau 理论仅仅是一个唯象理论, 注意这里的 ψ 是两个电子构成的玻色场. BCS 理论则试图在电子波函数的水平 (即更微观的水平上) 讨论超导. BCS 理论可以看成是一个四费米子相互作用理论. 两个电子之间, 由于与晶格的相互作用, 形成了一个弱束缚态, 即 Cooper 对. 超导的 BCS 理论与本书上册 11.3.1 节中所讨论的 Nambu–Jona-Lasinio 模型更为类似.

§23.7 量子化后的拉氏量与 R_ξ 规范

前面讨论了幺正规范下 Higgs 场是如何给出规范粒子和费米子的质量的. 但是幺正规范下理论的可重整性并不明显. 在一般的规范条件下, 并不要消去非物理的标量场. 下面我们介绍 R_ξ 规范. 它是一个具有普遍性的, 很一般的规范形式, 在理论和实际计算中都具有重要意义.

由 (23.48) 式, Higgs 场具有一个非零的真空期望值. 我们对 (23.46) 式中的 Φ 场做一个平移:

$$\Phi(x) \to \boldsymbol{v} + \Phi(x),\ \Phi(x) = \begin{pmatrix} \phi^+ \\ \phi^0 \end{pmatrix} = \begin{pmatrix} \phi^+ \\ \dfrac{\phi_1 + \mathrm{i}\phi_2}{\sqrt{2}} \end{pmatrix},\quad \boldsymbol{v} = \begin{pmatrix} 0 \\ v/\sqrt{2} \end{pmatrix}, \quad (23.67)$$

则

$$\mathcal{L}_{\mathrm{Higgs}} = (\mathrm{D}_\mu \Phi)^\dagger \mathrm{D}^\mu \Phi - V(\Phi^\dagger \Phi) \tag{23.68}$$

$$\begin{aligned}
(\mathrm{D}_\mu \Phi)^\dagger \mathrm{D}^\mu \Phi = {}&\partial_\mu \Phi^\dagger \partial^\mu \Phi \\
&- \frac{\mathrm{i}}{2}\partial_\mu \Phi^\dagger (g\boldsymbol{\tau}\cdot\boldsymbol{W}^\mu + g' B^\mu)(\Phi+\boldsymbol{v}) + \frac{\mathrm{i}}{2}(\Phi+\boldsymbol{v})^\dagger(g\boldsymbol{\tau}\cdot\boldsymbol{W}^\mu + g' B^\mu)\partial_\mu \Phi \\
&+ \frac{1}{4}(\Phi+\boldsymbol{v})^\dagger(g\boldsymbol{\tau}\cdot\boldsymbol{W}^\mu + g' B^\mu)(g\boldsymbol{\tau}\cdot\boldsymbol{W}_\mu + g' B_\mu)(\Phi+\boldsymbol{v}).
\end{aligned}$$

上式中第二个等式后的第三行给出了已由 (23.52) 式给出的规范粒子的质量项, 以及形如 ϕ-A-A 和 ϕ-ϕ-A-A 的三点和四点相互作用项. 第二行除了给出形如 ϕ-$\partial_\mu\phi$-A^μ 的三点相互作用外, 需要注意的是还给出了 $\partial_\mu\phi \cdot A^\mu$ 的二次项. 这表明拉氏量中的规范场和 ϕ 场自由度并不正交, 存在着混合, 因此需要重新定义场量来消除运动学项中的混合部分.

巧妙的是, 上述非对角的运动学项可以用 R_ξ 规范下的规范固定项来消去:

$$\mathcal{L}_{\mathrm{gf}} = -\frac{1}{2\xi}(\boldsymbol{F}[W])^2 - \frac{1}{2\xi}(F[B])^2, \tag{23.69}$$

其中

$$\begin{aligned}\boldsymbol{F}[W] &= \partial^\mu \boldsymbol{W}_\mu + \mathrm{i}g\xi\left(\boldsymbol{\Phi}^\dagger\frac{\boldsymbol{\tau}}{2}\boldsymbol{v} - \boldsymbol{v}^\dagger\frac{\boldsymbol{\tau}}{2}\boldsymbol{\Phi}\right),\\ F[B] &= \partial^\mu B_\mu + \mathrm{i}\frac{g'}{2}\xi\left(\boldsymbol{\Phi}^\dagger\boldsymbol{v} - \boldsymbol{v}^\dagger\boldsymbol{\Phi}\right).\end{aligned} \tag{23.70}$$

规范固定项展开以后会出现非对角的二次项, 导致了规范场与 Goldstone 场的混合. 但是容易证明, 它与在 $\mathcal{L}_{\mathrm{Higgs}}$ 中出现的非对角的二次项共同构成一个全散度项, 因而对作用量没有贡献.

以前的讨论中给出的各项拉氏量还不是完整的, 规范场的量子化还需给出鬼场的作用量. 标准的方法给出鬼场的作用量

$$\begin{aligned}S = \int \mathrm{d}^4 x \{&-\overline{C}_+\partial^2 C_+ - \overline{C}_-\partial^2 C_- - \overline{C}_Z\partial^2 C_Z - \overline{C}_\gamma\partial^2 C_\gamma\\ &-\xi\left(M^2 + \frac{g}{2}M\phi_1\right)\left(\overline{C}_+C_+ + \overline{C}_-C_- + \frac{1}{c^2}\overline{C}_ZC_Z\right) - \frac{\mathrm{i}}{2}gM\xi\phi_2(\overline{C}_+C_+ - \overline{C}_-C_-)\\ &+\mathrm{i}g(\overline{C}_+\partial^\mu C_+ - \overline{C}_-\partial^\mu C_-)(cZ_\mu + sA_\mu)\\ &+\mathrm{i}gW_\mu^+(\overline{C}_3\partial_\mu C_- - \overline{C}_+\partial_\mu C_3) - \mathrm{i}gW_\mu^-(\overline{C}_3\partial_\mu C_+ - \overline{C}_-\partial_\mu C_3)\\ &-\frac{\xi}{2c}Mgs[\phi^+(\overline{C}C_- + \overline{C}_+C) + \phi^-(\overline{C}C_+ + \overline{C}_-C)]\}, \end{aligned} \tag{23.71}$$

其中

$$c = \cos\theta_{\mathrm{W}}, \quad s = \sin\theta_{\mathrm{W}}, \quad C_\pm = \frac{1}{\sqrt{2}}(C_1 \pm \mathrm{i}C_2),$$
$$C_3 = \cos\theta_{\mathrm{W}}C_Z + \sin\theta_{\mathrm{W}}C_\gamma, \quad C = \cos\theta_{\mathrm{W}}C_\gamma - \sin\theta_{\mathrm{W}}C_Z.$$

最终 R_ξ 规范下描述弱电相互作用的标准模型的拉氏量写为

$$\mathcal{L}_{\mathrm{EW}} = \mathcal{L}_{\mathrm{gauge}} + \mathcal{L}_{\mathrm{fermi}} + \mathcal{L}_{\mathrm{Higgs}} + \mathcal{L}_{\mathrm{gf}} + \mathcal{L}_{\mathrm{ghost}}. \tag{23.72}$$

由此可以得出在 R_ξ 规范下的 Feynman 规则, 其中 $\xi = \infty$ 又叫作幺正规范, $\xi = 1$ 叫作 Feynman-'t Hooft 规范, $\xi = 0$ 叫作 Landau 规范. 由方程 (23.72) 给出的, 描述弱电相互作用的具有破缺规范对称性的理论的可重整性的证明, 是由 't Hooft 和 Lee 给出的[①].

[①]'t Hooft and Veltman M. Nucl. Phys. B, 1972, 44: 189. 't Hooft. Nucl. Phys. B, 1971, 33: 823; 1971, 35: 167. Lee B W. Phys. Rev. D, 1972, 5: 823. Lee B W and Zinn-Justin J. Phys. Rev. D, 1972, 5: 3121; 3137; 3155.

§23.8　幺正性与 Higgs 粒子的质量上限

这一节讨论的主要是 Lee 等人的工作[①], 目的是通过对 $W_L W_L \to W_L W_L$ 散射的分波振幅的幺正性分析给出 Higgs 粒子的质量上限. 这一限制是通过要求标准模型在任意能量标度下都可以做微扰展开而得到的. 在 Higgs 粒子被实验确认发现以后, 这一节的内容也许显得稍微过时了. 但是作者认为, 其物理思想和方法仍然具有意义和启发性, 所以值得加以介绍.

我们在幺正规范下讨论树图水平下的 $W_L W_L \to W_L W_L$ 散射. 其 Feynman 图如图 23.3 所示. 设 q 是质心系中规范粒子的动量, 图 23.3 中每一个具体的图高能量下对散射振幅的贡献可以按照 q/M_W 的幂次来表示, 其中最坏的高能行为是 $\propto (q/M_W)^4$. 因此每一个图对 J 分波振幅的贡献可写为

$$a_J = A(q/M_W)^4 + B(q/M_W)^2 + C. \tag{23.73}$$

单个图的坏的高能行为只影响到 $J = 0, 1, 2$ 分波. 可以证明在每一种情况下, 由于规范对称性导致了点相互作用和 s, t 道的 $\gamma + Z$ 交换对 A 项的贡献互相抵消. 对于 $J = 2$ 的分波, B 项仍然是由纯粹的规范相消给出的. 但是对于 $J = 0, 1$ 道, Higgs 粒子的交换起到了关键的作用, 证明这一结论的技术同样类似于 §23.3 中所用的.

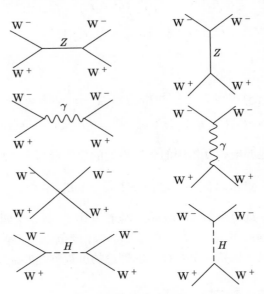

图 23.3　纵向规范玻色子散射的树图贡献.

[①]Lee B W, Guigg C, and Thacker H R. Phys. Rev. D, 1977, 16: 1519.

上面的讨论指出了 (23.73) 式中的 A 和 B 项是如何相消掉的. 现在仍然留下的有 C 项. C 项具有可接受的高能渐近行为, 但是在数值上并不一定是小量, 因此仍然对 (树图下) 幺正性构成威胁. 点相互作用和 $\gamma + Z$ 交换对 C 项的贡献正比于 α_{W} $(= G_{\mathrm{F}} M_{\mathrm{W}}^2 \sqrt{2} = \alpha / \sin^2 \theta)$, 因而在此可忽略 (除了在 Z 的极点附近). Higgs 粒子的交换图在其质量很大时可以产生 $O(1)$ 的贡献, 从而带来潜在的危险,

$$T(\mathrm{W}_{\mathrm{L}}^+ \mathrm{W}_{\mathrm{L}}^- \rightarrow \mathrm{W}_{\mathrm{L}}^+ \mathrm{W}_{\mathrm{L}}^-) = -\sqrt{2} G_{\mathrm{F}} M_H^2 \left(\frac{s}{s - M_H^2} + \frac{t}{t - M_H^2} \right). \tag{23.74}$$

基于类似的理由, 对 $\mathrm{Z}_{\mathrm{L}} \mathrm{Z}_{\mathrm{L}} \rightarrow \mathrm{Z}_{\mathrm{L}} \mathrm{Z}_{\mathrm{L}}$ 和 $\mathrm{Z}_{\mathrm{L}} \mathrm{Z}_{\mathrm{L}} \rightarrow \mathrm{W}_{\mathrm{L}}^+ \mathrm{W}_{\mathrm{L}}^-$ 的散射振幅可以只考虑 Higgs 粒子交换的贡献:

$$T(\mathrm{Z}_{\mathrm{L}} \mathrm{Z}_{\mathrm{L}} \rightarrow \mathrm{Z}_{\mathrm{L}} \mathrm{Z}_{\mathrm{L}}) = -\sqrt{2} G_{\mathrm{F}} M_H^2 (\frac{s}{s - M_H^2} + \frac{t}{t - M_H^2} + \frac{u}{u - M_H^2}), \tag{23.75}$$

$$T(\mathrm{Z}_{\mathrm{L}} \mathrm{Z}_{\mathrm{L}} \rightarrow \mathrm{W}_{\mathrm{L}}^+ \mathrm{W}_{\mathrm{L}}^-) = -\sqrt{2} G_{\mathrm{F}} M_H^2 \frac{s}{s - M_H^2}. \tag{23.76}$$

有 Higgs 粒子在外腿上出现的那些散射振幅, 这里就不再介绍了, 有兴趣的读者可以参考 Lee 等人的原始文献. 事实上, Lee 等人更为仔细地分析了各种可能的道, 得到的结论是: 在树图水平上, 幺正性问题最后主要归结为, 需要研究的仅是 $\mathrm{W}_{\mathrm{L}}^+ \mathrm{W}_{\mathrm{L}}^-$, $\mathrm{Z}_{\mathrm{L}} \mathrm{Z}_{\mathrm{L}}$ 和 HH 三个道组成的 3×3 振幅矩阵. 对于 $J = 0$ 分波, 可以把它们列出来:

$$t_0(\mathrm{W}_{\mathrm{L}}^+ \mathrm{W}_{\mathrm{L}}^- \rightarrow \mathrm{W}_{\mathrm{L}}^+ \mathrm{W}_{\mathrm{L}}^-) = -\frac{G_{\mathrm{F}} M_H^2}{8\pi\sqrt{2}} \left[2 + \frac{M_H^2}{s - M_H^2} - \frac{M_H^2}{s} \ln(1 + \frac{s}{M_H^2}) \right],$$

$$t_0(\mathrm{Z}_{\mathrm{L}} \mathrm{Z}_{\mathrm{L}} \rightarrow \mathrm{Z}_{\mathrm{L}} \mathrm{Z}_{\mathrm{L}}) = -\frac{G_{\mathrm{F}} M_H^2}{8\pi\sqrt{2}} \left[3 + \frac{M_H^2}{s - M_H^2} - \frac{2M_H^2}{s} \ln(1 + \frac{s}{M_H^2}) \right], \tag{23.77}$$

$$t_0(\mathrm{W}_{\mathrm{L}}^+ \mathrm{W}_{\mathrm{L}}^- \rightarrow \mathrm{Z}_{\mathrm{L}} \mathrm{Z}_{\mathrm{L}}) = -\frac{G_{\mathrm{F}} M_H^2}{8\pi\sqrt{2}} \left[1 + \frac{M_H^2}{s - M_H^2} \right].$$

我们发现在做了替换

$$\sqrt{2} G_{\mathrm{F}} = 1/v^2, \quad \lambda = \frac{G_{\mathrm{F}} M_H^2}{\sqrt{2}} \tag{23.78}$$

和 $\mathrm{W}_{\mathrm{L}}^\pm \rightarrow \pi^\pm, \mathrm{Z}_{\mathrm{L}} \rightarrow \pi^0$ 后, 上面这些振幅与 §18.1 中的 π 介子场的两两散射分波振幅是完全一致的 (当然, 对于后者要令 $m_\pi = 0$). 这种一致并非偶然. 首先, 标准模型中的 Higgs 场部分具有一个 O(4) 对称性, 它与描述低能强相互作用的手征 $\mathrm{SU}(2) \times \mathrm{SU}(2)$ 群局域上是等价的. 这可由忽略了规范场耦合的拉氏量 (23.46) 式看出, 它与 $\mathrm{SU}(2) \times \mathrm{SU}(2)$ 线性 σ 模型是完全等价的. 其次, 散射振幅形式上的一致性是 §23.9 将要介绍的普遍定理的一个特例.

分波矩阵的幺正性要求弹性道 $\mathrm{W}_{\mathrm{L}}^+ \mathrm{W}_{\mathrm{L}}^- \rightarrow \mathrm{W}_{\mathrm{L}}^+ \mathrm{W}_{\mathrm{L}}^-$ 的散射振幅

$$|t_0(\mathrm{W}_{\mathrm{L}}^+ \mathrm{W}_{\mathrm{L}}^- \rightarrow \mathrm{W}_{\mathrm{L}}^+ \mathrm{W}_{\mathrm{L}}^-)| \leqslant 1. \tag{23.79}$$

在 $s \gg M_H^2$ 时,

$$t_0(\mathrm{W}_\mathrm{L}^+\mathrm{W}_\mathrm{L}^- \to \mathrm{W}_\mathrm{L}^+\mathrm{W}_\mathrm{L}^-) \to -\frac{G_\mathrm{F} M_H^2}{4\pi\sqrt{2}}. \tag{23.80}$$

这导致

$$M_H^2 \leqslant \frac{4\pi\sqrt{2}}{G_\mathrm{F}} \approx 1 \ \mathrm{TeV}^2. \tag{23.81}$$

对此上限的正确表述是, 仅当 $M_H < 1$ TeV 时, 树图近似下的振幅的幺正性才能得以保持, 也就是说微扰论才是可靠的. 换句话说, 对于标准模型, 在 $s < 1$ TeV 以内必定会出现新的物理, 或者是质量小于 1 TeV 的 Higgs 粒子, 或者由于弱作用在 $O(1)$ TeV 变得很强, 从而产生丰富的新物理现象. 因此有理由相信在 LHC 上应该能够发现与弱电对称性破缺机制有关的新物理现象, 其中包括一个轻的 Higgs 粒子的可能性[1].

还可以讨论弱同位旋的本征态之间的散射振幅. 在 $J = 0$ 时由 (18.21) 式中的前两式 (令 $m_\pi = 0, m_\sigma \to M_H$ 及做 (23.78) 式的替换) 给出. 由 §18.1 的讨论得知, 在 $s \ll M_H^2$ 时, $t_0^0 \propto s$ 是吸引相互作用, 而 t_0^2 振幅为负, 因而是排斥作用并且其强度为 t_0^0 的一半, 又由于广义的玻色对称性, $t_0^1 \equiv 0$. 在 M_H 很大时, Lee 等人利用 N/D 方法来处理树图时的弱同位旋的本征态之间的散射振幅, 讨论了恢复幺正性以后的振幅的极点轨迹. 他们发现, 当 M_H 很大时, Higgs 粒子的极点并不趋向无穷远, 而是在复平面上兜了一个圈子, 滞留在复平面上 $|\sqrt{s}| \sim O(1)$ TeV 的某处. 当然在 M_H 远大于 1 TeV 时, N/D 方法本身也并不可靠, 所以以上结论最多仅具有定性上的参考价值.

§23.9　等价定理

这里介绍一个有趣的定理[2], 叫作等价定理. 它的数学表述形式是, 对于 $s \gg M_\mathrm{W}^2$,

$$T(V_\mathrm{L}, \cdots) = T(\phi, \cdots) + O(M_\mathrm{W}/\sqrt{s}). \tag{23.82}$$

这个公式的物理表述是, 在入射粒子能量远远大于 W 粒子质量时, 规范粒子纵向分量的散射振幅与相应 Goldstone 粒子的散射振幅相同. 这个定理形式上的证明很

[1] 自然的选择的确是一个轻 Higgs 粒子, $M_H = 125$ GeV.
[2] Cornwall J, Levin D N, and Tiktopoulos G. Phys. Rev. D, 1974, 10: 1145.

简单. 首先写出在 Feynman-'t Hooft 规范下的生成泛函的表达式:

$$W[J_{\mathrm{L}}] = -\mathrm{i}\ln \int [\mathrm{d}V_L \mathrm{d}\phi \cdots] \exp\{\mathrm{i}(S_{\mathrm{eff}}[V_\mu, \phi, \cdots] + \int \mathrm{d}^4 x J_{\mathrm{L}} V_{\mathrm{L}})\}$$
$$\times \prod \delta(\partial_\mu V^\mu + \mathrm{i}M_{\mathrm{W}}\phi), \tag{23.83}$$

其中 S_{eff} 包含了 Faddeev–Popov 鬼项. 规范场的纵向分量 V_{L} 定义为

$$\tilde{V}_{\mathrm{L}}(k) = \epsilon_{\mathrm{L}}^\mu \tilde{V}_\mu(k), \quad \epsilon_{\mathrm{L}}^\mu = \frac{1}{M}(|\boldsymbol{k}|, k_0 \frac{\boldsymbol{k}}{|\boldsymbol{k}|}), \tag{23.84}$$

其中 k_μ 是矢量介子的 4–动量, $\tilde{V}_\mu(k)$ 是 $V_\mu(x)$ 的 Fourier 变换. 规范固定项 $\partial_\mu V^\mu + \mathrm{i}M_{\mathrm{W}}\phi$ 意味着

$$\frac{k^\mu}{M}\tilde{V}_\mu(k) = \tilde{\phi}(k), \tag{23.85}$$

而 (23.84) 式导致

$$\tilde{V}_{\mathrm{L}}(k) = \frac{k^\mu}{M}\tilde{V}_\mu(k) + O\left(\frac{M}{k_0}\right) = \tilde{\phi}(k) + O\left(\frac{M}{k_0}\right). \tag{23.86}$$

于是 (23.83) 式可以改写为

$$W[J_{\mathrm{L}}] = -\mathrm{i}\ln \int [\mathrm{d}V_L \mathrm{d}\phi \cdots] \exp\left\{\mathrm{i}S_{\mathrm{eff}}[V_\mu, \phi, \cdots] + \mathrm{i}\int \mathrm{d}^4 k \tilde{J}_{\mathrm{L}}(-k)\left(\tilde{\phi}(k)\right.\right.$$
$$\left.\left. +O\left(\frac{M}{k_0}\right)\right)\right\} \prod \delta(\partial_\mu V^\mu + \mathrm{i}M_{\mathrm{W}}\phi). \tag{23.87}$$

由此出发即可以证明等价定理 (23.82) 式.

§23.10　CKM 矩阵与 CP 破坏

在前面的讨论中出现的费米子有轻子 e, ν_{e} 和夸克 u, d, 它们统称为第一代费米子. 作为一个基本的实验事实, 我们知道除了第一代以外, 还存在着另外两代费米子: μ, ν_μ, c, s (第二代) 和 τ, ν_τ, t, b (第三代). 除了质量更重以外, 它们具有和第一代费米子同样的弱电和强相互作用性质 (每一代费米子之间都存在反常相消). 至于为什么自然会选择三代重复的费米子, 现在还完全不清楚. 不管怎样, 由于三代费米子填充同样的规范群表示, 具有相同的量子数的不同的费米子之间可以有混合, 如我们在讨论 GIM 机制时已经发现的那样. 换句话说, 弱作用的本征态并不一定与质量本征态一致. 定义

$$U \equiv \begin{pmatrix} u \\ c \\ t \end{pmatrix}, \quad D \equiv \begin{pmatrix} d \\ s \\ b \end{pmatrix}, \quad L \equiv \begin{pmatrix} e \\ \mu \\ \tau \end{pmatrix}, \quad N \equiv \begin{pmatrix} \nu_e \\ \nu_\mu \\ \nu_\tau \end{pmatrix}, \tag{23.88}$$

且 V_U, V_D, V_L, V_N 是任意的 3×3 幺正矩阵. 设 U, D, L, N 是弱相互作用的本征态, 则一个一般的 $\mathcal{L}_{\text{Yukawa}}$ 可以写成

$$\mathcal{L}_{\text{Yukawa}} = f_{ij}^L \bar{l}_L^i \Phi L_R^j + f_{ij}^U \bar{q}_L^i \tilde{\Phi} U_R^j + f_{ij}^D \bar{q}_L^i \Phi D_R^j + h.c., \tag{23.89}$$

其中 $l_L^i = (N_L^i, L_L^i)^{\mathrm{T}}$, $q^i = (U_L^i, D_L^i)^{\mathrm{T}}$. 在 Higgs 场自发破缺以后, 费米子获得质量, 形式为

$$-\bar{L}_L^i M_{ij}^L L_R^j - \bar{U}_L^i M_{ij}^U U_R^j - \bar{D}_L^i M_{ij}^D D_R^j + h.c.,$$

且 $M_{ij} = -\dfrac{v}{\sqrt{2}} f_{ij}$ 是一个任意的 3×3 的矩阵, 这是因为没有任何理由要求 Higgs 场对于不同代之间没有耦合. 质量矩阵的对角化可以通过对费米子场做适当的转动得到. 根据代数中的一个定理, 任意矩阵 M 可以用两个幺正矩阵来对角化: $M = V_L M_d V_R^\dagger$ 其中 M_d 是半正定的实对角矩阵, 也就是费米场的质量矩阵. 因此只要做转动

$$\begin{aligned}
L_L &= V_L^L L'_L, & L_R &= V_R^L L'_R, \\
U_L &= V_L^U U'_L, & U_R &= V_R^U U'_R, \\
D_L &= V_L^D D'_L, & D_R &= V_R^D D'_R,
\end{aligned} \tag{23.90}$$

就可以使夸克质量矩阵对角化. L', U' 和 D' 即为质量本征态. 然而弱作用的本征态并不是质量本征态. 在存在三代时, (23.36) 式可写为

$$\begin{aligned}
\mathcal{L}_{\text{fermi}} = \sum_i \bigg\{ & (\bar{U}_L^i, \bar{D}_L^i) \left(\mathrm{i}\slashed{\partial} + g\frac{\boldsymbol{\tau}}{2} \cdot \slashed{\boldsymbol{W}} - \frac{g'}{6}\slashed{B} \right) \begin{pmatrix} U_L^i \\ D_L^i \end{pmatrix} \\
& + \bar{U}_R^i \left(\mathrm{i}\slashed{\partial} + \frac{2}{3}g'\slashed{B} \right) U_R^i + \bar{D}_R^i \left(\mathrm{i}\slashed{\partial} - \frac{1}{3}g'\slashed{B} \right) D_R^i \\
& + (\bar{N}_L^i, \bar{L}_L^i) \left(\mathrm{i}\slashed{\partial} + g\frac{\boldsymbol{\tau}}{2} \cdot \slashed{\boldsymbol{W}} - \frac{g'}{2}\slashed{B} \right) \begin{pmatrix} N_L^i \\ L_L^i \end{pmatrix} + \bar{L}_R^i (\mathrm{i}\slashed{\partial} - g'\slashed{B}) L_R^i \bigg\}.
\end{aligned} \tag{23.91}$$

把上面的表达式改为由质量本征态来表示, 则需要做 (23.90) 式的替换. 替换的结果是, 除了费米子换成相应的带撇的场量外, $W^\pm$ 与左手夸克场的耦合要产生改变, 其余所有的项不变:

$$\begin{aligned}
\sum_i (\bar{U}_L^i, \bar{D}_L^i) \left(g\frac{\tau_1}{2}\slashed{W}_1 + g\frac{\tau_2}{2}\slashed{W}_2 \right) \begin{pmatrix} U_L^i \\ D_L^i \end{pmatrix} &= \sum_i (\bar{U}_L^i, \bar{D}_L^i) \frac{g}{\sqrt{2}} \begin{pmatrix} 0 & \slashed{W}^- \\ \slashed{W}^+ & 0 \end{pmatrix} \begin{pmatrix} U_L^i \\ D_L^i \end{pmatrix} \\
&= \frac{g}{\sqrt{2}} \sum_i (\bar{U}_L^i \slashed{W}^+ D_L^i + \bar{D}_L^i \slashed{W}^- U_L^i) \to \frac{g}{\sqrt{2}} \bar{U}_L'^j V_{ji}^{U\dagger} V_{ik}^D \slashed{W}^+ D_L'^k + h.c.,
\end{aligned} \tag{23.92}$$

其中 $i,j,k=1,2,3$ 是 "代" (generation) 空间中的指标, 最后一项重复指标意味着求和. 所谓 Cabibbo–Kobayashi–Maskawa 矩阵 U^{CKM} 是一个 "代" 空间中的 3×3 幺正矩阵,

$$U^{\text{CKM}} \equiv V_{\text{L}}^{U\dagger} V_{\text{L}}^{D}. \tag{23.93}$$

一个 $n\times n$ 的幺正矩阵由 n^2 个独立参数来描述. 但是, 在对 U^{CKM} 矩阵元的描述中, 真正物理上有意义的参数并没有那么多. 原因是每一个 $U_{\text{L}}^{\prime i}$ 和 $D_{\text{L}}^{\prime i}$ 在定义上还可以差一个任意的相因子, 这些任意的相因子 (只有 $2n-1=5$ 个不独立) 可以被利用来减少 U^{CKM} 的独立参数个数, 所以最终的独立自由度数是 $(n-1)^2=4$ 个. Kobayashi 和 Maskawa 指出, 这四个独立的自由度数中, 有一个用来描述复相角的参数不能被消掉, 它刻画了标准模型的 CP 破坏. 除了这个 CP 破坏的机制以外, 是否还存在着别的 CP 破坏的物理来源? CP 破坏的进一步的根源是什么? 人们为探讨这些问题做了许多努力, 但答案仍然是不清楚的.

　　中微子质量的发现使得这里的讨论有点陈旧, 然而可以很容易地把中微子质量 (至少是 Dirac 质量) 包括进来, 此时轻子部分也会有相应的 CKM 矩阵.

第二十四章　标准模型的重整化

这一章将通过在单圈水平上的考察和计算, 来验证标准模型的可重整性.

电弱统一理论含有较多的为理论本身所不能确定的参数, 除 CKM 矩阵的四个独立参数外, 它们是: $SU_w(2)$ 和 $U_Y(1)$ 的耦合常数 g, g'; Higgs 场的势函数中的参数 μ^2, λ; 费米子-Higgs Yukawa 耦合常数 g_f (如中微子无质量, 则共计有 9 个). 在树图水平上有已知的关系

$$
\begin{aligned}
& v = \sqrt{\mu^2/\lambda}, \quad M_H = \mu\sqrt{2}, \\
& M_W = \frac{1}{2}gv, \quad M_Z = \frac{1}{2}v\sqrt{g^2 + g'^2}, \\
& m_f = g_f v, \\
& e = \frac{gg'}{\sqrt{g^2 + g'^2}} \quad \left(g = \frac{e}{s_W}, g' = \frac{e}{c_W} \right),
\end{aligned}
\tag{24.1}
$$

其中 $c_W \equiv \cos\theta_W$, $s_W \equiv \sin\theta_W$. 利用方程 (24.1) 式可以把弱电标准模型拉氏量中的原始参数用一组物理的参数取代, 即

$$
(g, g', \mu, \lambda, g_f) \rightarrow (e, M_W, M_Z, M_H, m_f).
\tag{24.2}
$$

这样做的好处在于后者是实验的直接可观测量 (对于轻夸克质量采用流代数给出的值). 在做具体物理矩阵元的计算时, 原则上可以用任何一种减除方案, 如 MS, $\overline{\text{MS}}$, 质壳重整化等. 由于微扰论只能算到有限阶, 用不同的重整化方案对同一物理量做重整化计算可以有不可忽略的差异, 因此在电弱理论中一般约定采用质壳重整化方案, 并将 e, M_Z, M_W, M_H, m_f 作为独立重整化参数. 注意 s_W 和 $SU(2)$ 耦合常数 g 并非独立参数. 在 Z, W 玻色子质量固定后, s_W 由下式确定:

$$
s_W^2 \equiv 1 - \frac{M_W^2}{M_Z^2}.
\tag{24.3}
$$

可以证明这个定义独立于具体过程并适用于微扰论的所有阶. 而 g 由下式确定:

$$
g = \frac{e}{s_W}.
\tag{24.4}
$$

因此, 一旦电荷, W, Z 玻色子质量被重整化, 则 $s_W(c_W)$ 和 g 的重整化由下面的关

系给出:

$$s_0 = s + \delta s,$$
$$c_0 = c + \delta c, \qquad (24.5)$$
$$g_0 = g + \delta g,$$

其中

$$\frac{\delta s}{s} = \frac{1}{2}\frac{c^2}{s^2}\left(\frac{\delta M_{\mathrm{Z}}^2}{M_{\mathrm{Z}}^2} - \frac{\delta M_{\mathrm{W}}^2}{M_{\mathrm{W}}^2}\right),$$
$$\frac{\delta c}{c} = -\frac{1}{2}\left(\frac{\delta M_{\mathrm{Z}}^2}{M_{\mathrm{Z}}^2} - \frac{\delta M_{\mathrm{W}}^2}{M_{\mathrm{W}}^2}\right), \qquad (24.6)$$
$$\frac{\delta g}{g} = \frac{\delta e}{e} - \frac{1}{2}\frac{c^2}{s^2}\left(\frac{\delta M_{\mathrm{Z}}^2}{M_{\mathrm{Z}}^2} - \frac{\delta M_{\mathrm{W}}^2}{M_{\mathrm{W}}^2}\right).$$

在上述重整化参数中, $e, M_{\mathrm{Z}}, M_{\mathrm{W}}, M_H$ 可由实验测定. 为了得到有限的传播子和相互作用顶点, 拉氏量中的裸场也必须用重整化场来重新定义. 我们把裸拉氏量分解为重整化拉氏量和抵消项两部分:

$$\mathcal{L}_0 = \mathcal{L} + \delta\mathcal{L}. \qquad (24.7)$$

从 $\mathcal{L}$ 和 $\delta\mathcal{L}$ 可分别导出树图水平的 Feynman 规则和抵消项 Feynman 规则 (含传播子及顶点). 对于标准模型, 我们给出如下场的重整化定义:

$$\psi_{j0}^{\mathrm{L}} = (Z_{\mathrm{L}}^j)^{1/2}\psi_j^{\mathrm{L}} = \left(1 + \frac{1}{2}\delta Z_{\mathrm{L}}^j\right)\psi_j^{\mathrm{L}},$$
$$\psi_{j0}^{\mathrm{R}} = (Z_{\mathrm{R}}^j)^{1/2}\psi_j^{\mathrm{R}} = \left(1 + \frac{1}{2}\delta Z_{\mathrm{R}}^j\right)\psi_j^{\mathrm{R}}, \qquad (24.8)$$
$$\phi_0 = Z_\phi^{1/2}\phi = (1 + \delta_\phi)\phi, \qquad H_0 = Z_\phi^{1/2}(H + v\delta_t),$$
$$W_0^\pm = Z_W^{1/2}W^\pm = (1 + \delta_W)W^\pm, \qquad (24.9)$$
$$Z_0 = (1 + \delta_Z)Z + \delta_{0A}A, \qquad A_0 = (1 + \delta_A)A + \delta_{A0}Z.$$

除了这些条件以外, 还需要一个重整化条件:

$$v_0 = (1 + \delta_v)v. \qquad (24.10)$$

在上面引入的重整化常数由重整化条件决定. 我们采用的重整化条件包括电荷重整化条件及质壳条件, 前者与 QED 完全相同, 而所谓质壳条件是指:

(1) 物理的质量等于传播子的极点的实部.

(2) 在传播子极点处的留数等于 1.

应用上述条件在单圈水平上可以分别固定各种重整化常数, 包括场的重整化常数、质量重整化常数以及电荷重整化常数. 标准模型的重整化中要碰到的与 QED 和 QCD 不同的特殊情况有两个, 第一个是所谓的蝌蚪图. 根据后面 §24.1 和 §24.2 中所讨论的, 在实际计算中我们不需要考虑蝌蚪图. 再看规范场的质量重整化常数和波函数重整化常数, 定义如下 1PI 两点函数: 对于 W 玻色子,

$$-\mathrm{i}\Pi_{\mu\nu}^{0}(q) = -\mathrm{i}\Pi_{\mu\nu}(q) + (-\mathrm{i}\delta\Pi_{\mu\nu}(q)), \tag{24.11}$$

其中

$$\Pi_{\mu\nu}(q) = \left(g_{\mu\nu} - \frac{q_\mu q_\nu}{q^2}\right)\Pi_{\mathrm{T}}(q^2) + \frac{q_\mu q_\nu}{q^2}\Pi_{\mathrm{L}}(q^2). \tag{24.12}$$

纵向部分 Π_{L} 由于对物理矩阵元没有贡献, 可以不予讨论, 而横向部分

$$\Pi_{\mathrm{T}}(q) = [-\delta M_{\mathrm{W}}^2 + (q^2 - M_{\mathrm{W}}^2)2\delta_W] + \tilde{\Pi}(q^2) \ (\text{有限}). \tag{24.13}$$

由质壳重整化条件, 有

$$\begin{aligned}
&\mathrm{Re}\,\tilde{\Pi}_{\mathrm{T}}(M_{\mathrm{W}}^2) = 0, \\
&\mathrm{Re}\,\frac{\partial\tilde{\Pi}_T(q^2)}{\partial q^2}\bigg|_{q^2=M_{\mathrm{W}}^2} = 0.
\end{aligned} \tag{24.14}$$

对于 Z 玻色子, 光子 A 及其混合的重整化 1PI 两点函数 (图 24.1), 有

$$-\mathrm{i}\hat{\Pi}_{\mu\nu}^{ab}(q) = -\mathrm{i}\Pi_{\mu\nu}^{ab}(q) + (-\mathrm{i}\delta\Pi_{\mu\nu}^{ab}(q)), \tag{24.15}$$

其中

$$\begin{aligned}
&\Pi_{\mu\nu}^{ab}(q) = \left(g_{\mu\nu} - \frac{q_\mu q_\nu}{q^2}\right)\Pi_{\mathrm{T}}^{ab}(q^2) + \frac{q_\mu q_\nu}{q^2}\Pi_{\mathrm{L}}^{ab}(q^2)\ (a,b=A,Z,\ M_A^2=0), \\
&\delta\Pi_{\mu\nu}^{AA}(q) = g_{\mu\nu}[2\delta_A q^2] \\
&\delta\Pi_{\mu\nu}^{ZZ}(q) = g_{\mu\nu}[-\delta M_Z^2 + (q^2-M_Z^2)2\delta_Z], \\
&\delta\Pi_{\mu\nu}^{AZ}(q) = g_{\mu\nu}[(q^2-M_Z^2)\delta_{0A} + q^2\delta_{A0}].
\end{aligned} \tag{24.16}$$

类似地, 质壳重整化条件可表为①

$$\begin{aligned}
&\mathrm{Re}\,\tilde{\Pi}_{\mathrm{T}}^{ZZ}(M_Z^2) = 0, \quad \mathrm{Re}\,\tilde{\Pi}_{\mathrm{T}}^{AA}(0) = 0, \\
&\mathrm{Re}\,\frac{\partial\tilde{\Pi}_{\mathrm{T}}^{ZZ}(q^2)}{\partial q^2}\bigg|_{q^2=M_Z^2} = 0, \quad \mathrm{Re}\,\frac{\partial\tilde{\Pi}_{\mathrm{T}}^{AA}(q^2)}{\partial q^2}\bigg|_{q^2=0} = 0, \\
&\mathrm{Re}\,\tilde{\Pi}_{\mathrm{T}}^{AZ}(0) = 0, \quad \mathrm{Re}\,\tilde{\Pi}_{\mathrm{T}}^{AZ}(M_Z^2) = 0.
\end{aligned} \tag{24.17}$$

①这种处理只是一种近似, 当考虑到有限质量的效应时, 事实上质壳重整化变得比较复杂. 相关讨论可以参见 Passarino G, Sturm C, and Uccirati S. Nucl. Phys. B, 2010, 834: 77.

上述公式中最后这一行值得解释一下. 考虑光子和 Z 玻色子的混合, 当两者都离壳时, 实际上我们不能判断这条线到底是光子还是 Z 玻色子. 仅仅当光子处于质壳 $q^2 = 0$ 上, 或者 Z 处于质壳 $q^2 = M_Z^2$ 上时, 我们才能清楚地定义光子和 Z, 并且把两者区分开来. 也就是说, 在光子处于质壳上时, 它与 Z 没有混合. 同理当 Z 处于质壳时, 它和光子也没有混合.

图 24.1 A-Z 混合的自能图.

下面的讨论将集中在单圈水平上, R_ξ 规范下计算标准模型各种重整化常数, 得到了结果以后, 就可以推出跑动耦合常数所满足的重整化群方程. 为了计算方便起见, 我们将仅仅局限于 $\overline{\text{MS}}$ 方案[①]. 我们将分别讨论标准模型拉氏量的各个部分. 作为复习, 我们首先回顾一下自发破缺 $\lambda\phi^4$ 理论的单圈重整化, 然后再加入与规范场的耦合.

§24.1 自发破缺 $\lambda\phi^4$ 理论的单圈重整化

标准模型的单圈计算比起一般的规范理论要更复杂一些. 原因有两个: 首先它是一个自发破缺的理论, 其次不同的规范场 (如 W_3 和 B) 有混合, 在树图水平上定义的标量场的 VEV 和规范场的混合角在圈图时要重新定义. 下面我们来具体地讨论这些问题.

首先, 我们来看一个简单一些的例子: $O(N)$ 的 $\lambda\phi^4$ 理论 (定义 $\Phi = (\phi_1, \cdots, \phi_N)^{\mathrm{T}}$),

$$\mathcal{L} = \frac{1}{2}\partial_\mu \Phi^{\mathrm{T}}\partial^\mu \Phi - V(\Phi),$$
$$V(\Phi) = \frac{\lambda}{4}\left(\Phi^{\mathrm{T}}\Phi - \frac{\mu^2}{\lambda}\right)^2, \tag{24.18}$$

有 $\langle \Phi^{\mathrm{T}}\Phi \rangle = \mu^2/\lambda = v^2$. 设它的解为 $\langle \phi_i \rangle = v_i$, 且 $\sum_{i=1}^{N} v_i^2 = v^2$, 做变换 $\phi_i \to \phi_i + v_i$, 有 $V(\phi) \to \frac{\lambda}{4}(\phi_i^2 + 2v_i\phi_i)^2 = \frac{\lambda}{4}(\phi_i\phi_i)^2 + \lambda v_j\phi_j\phi_i^2 + \lambda v_i v_j\phi_i\phi_j$. 于是标量粒子的质量矩阵为 $M_{ij} = \lambda v_i v_j$. 由于矩阵 M_{ij} 的秩为 1, 令 $v_i = \delta_{i1}v$, 使质量矩阵对角化. 重新令 $\Phi^2 = \sum_{i=2}^{N}\phi_i^2, \phi_1 = \phi$, 则

[①]Bardin 和 Passarino 的书 (The Standard Model in the Making. Oxford: Clarendon Press, 1999) 中给出了最小标准模型在单圈水平上包含有限项的详细结果.

$$V(\phi) = \frac{1}{2}m^2\phi^2 + \frac{m^2}{8v^2}(\phi^4 + 2\phi^2\Phi^{\mathrm{T}}\Phi + (\Phi^{\mathrm{T}}\Phi)^2) + \frac{m^2}{2v}\phi^3 + \frac{m^2}{2v}\phi\Phi^{\mathrm{T}}\Phi, \quad (24.19)$$

其中 $m^2 = 2\lambda v^2$. 为使结果更具一般性, 我们在上式中再手动加上一项 $\frac{1}{2}M_i^2\phi_i\phi_i$. 上述理论的 Feynman 规则如图 24.2 所示. 容易得到以上 Feynman 规则. 比如对于

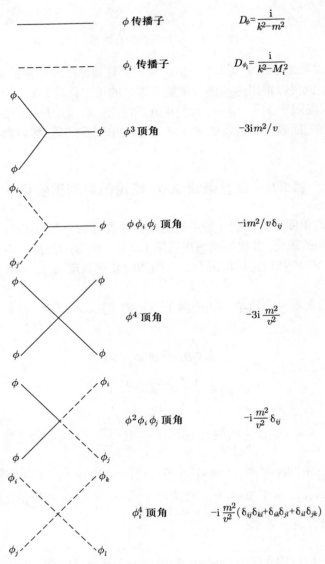

——————	ϕ 传播子	$D_\phi = \dfrac{\mathrm{i}}{k^2 - m^2}$
- - - - - -	ϕ_i 传播子	$D_{\phi_i} = \dfrac{\mathrm{i}}{k^2 - M_i^2}$
	ϕ^3 顶角	$-3\mathrm{i}m^2/v$
	$\phi\phi_i\phi_j$ 顶角	$-\mathrm{i}m^2/v\,\delta_{ij}$
	ϕ^4 顶角	$-3\mathrm{i}\dfrac{m^2}{v^2}$
	$\phi^2\phi_i\phi_j$ 顶角	$-\mathrm{i}\dfrac{m^2}{v^2}\delta_{ij}$
	ϕ_i^4 顶角	$-\mathrm{i}\dfrac{m^2}{v^2}(\delta_{ij}\delta_{kl}+\delta_{ik}\delta_{jl}+\delta_{il}\delta_{jk})$

图 24.2 破缺 $O(N)$ 理论的 Feynman 规则.

$\phi_i\phi_j\phi_k\phi_l$ 顶角, 拉氏量中相应的项为 $\dfrac{m^2}{8v^2}(\Phi^{\mathrm{T}}\Phi)^2$. 对正规顶角生成泛函做泛函微商

$$\frac{\delta^4}{\delta\phi_i\delta\phi_j\delta\phi_k\delta\phi_l}(\mathrm{i}\Gamma) = \frac{-\mathrm{i}\delta^4}{\delta\phi_i\delta\phi_j\delta\phi_k\delta\phi_l}\left(\frac{m^2}{8v^2}(\Phi^{\mathrm{T}}\Phi)^2\right),$$

即可得到相应的顶角的 Feynman 规则. 现在考虑单圈修正, 在树图水平上, 根据定义, 有

$$\langle\phi\rangle = 0. \tag{24.20}$$

但是在考虑单圈修正后, 由于有如图 24.3 所示的蝌蚪图的贡献 (出现蝌蚪图的贡献表明在单圈时真空的位置出现了移动, ϕ 场的 VEV 不再为零), 需要重新定义 ϕ 场以使其 VEV 保持为零, 所以在重整化以后应有[1]

$$\begin{aligned}
\phi &\to Z_\phi^{\frac{1}{2}}(\phi + v\delta_t) \\
\Phi &\to Z_\phi^{\frac{1}{2}}\Phi \quad (Z_\phi^{\frac{1}{2}} = 1 + \delta_\phi) \\
m &\to (1 + \delta_m)m \\
v &\to (1 + \delta_v)v,
\end{aligned} \tag{24.21}$$

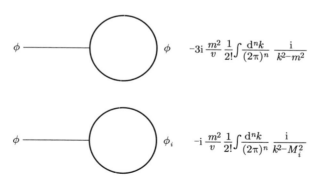

图 24.3   单圈修正对 ϕ 场真空期望值的贡献.

其中第一式产生一个抵消项来消除蝌蚪图的贡献. 为看清这一点, 我们来看经

---

①此式中 ϕ 和 Φ 的波函数重整化常数是一样的, 因为重整化并不破坏自发破缺理论的对称性, 见 §17.2 的讨论.

(24.21) 式变换后单圈下的有效势的表达式 (忽略 $O(\delta^2)$ 项):

$$
\begin{aligned}
V(\phi) = &\frac{1}{2}m^2(1 + 2\delta_m + 2\delta_\phi)\phi^2 + \frac{m^2}{8v^2}(1 + 4\delta_\phi + 2\delta_m - 2\delta_v) \\
&\times(\phi^4 + 2\phi^2\Phi^{\mathrm{T}}\Phi + (\Phi^{\mathrm{T}}\Phi)^2) + \frac{m^2}{2v}(1 + 3\delta_\phi + 2\delta_m - \delta_v)(\phi^3 + \phi\Phi^{\mathrm{T}}\Phi) \\
&+ m^2 v\phi\delta_t + \frac{m^2}{2v}\delta_t(\phi^3 + \phi\Phi^{\mathrm{T}}\Phi) + \frac{3}{2}m^2\delta_t\phi^2 + \frac{m}{2}\delta_t\Phi^{\mathrm{T}}\Phi.
\end{aligned}
\tag{24.22}
$$

上式中第三行第一项会产生如图 24.4 所示贡献. 要求单圈修正后 ϕ 场的 VEV 仍然为零, 即此图与蝌蚪图的贡献必须完全相消, 即得到蝌蚪图方程:

$$
\mathrm{i}m^2 v\delta_t = \frac{m^2}{2v}(3A(m) + A(M_i)) \doteq \mathrm{i}\frac{m^2}{2v}(3m^2 + \sum M_i^2)\Delta,
\tag{24.23}
$$

$$
\phi \;\text{———————}\; \bullet \qquad -\mathrm{i}m^2 v\delta_\epsilon
$$

图 24.4　单圈时的单点 Green 函数抵消项.

并由其得出

$$
\delta_t \doteq \Delta\left(\frac{3m^2}{2v^2} + \sum\frac{M_i^2}{2v^2}\right),
\tag{24.24}
$$

其中

$$
\begin{aligned}
A(m) &\equiv \int\frac{\mathrm{d}^n k\,\nu^{2\epsilon}}{(2\pi)^n}\frac{1}{k^2 - m^2} = \frac{\mathrm{i}}{16\pi^2}m^2(\Gamma(\epsilon) + 1)\left(\frac{4\pi\nu^2}{m^2}\right)^\epsilon \\
&\doteq \mathrm{i}m^2\Delta,\,(\Delta \doteq \frac{1}{16\pi^2}N_\epsilon = \frac{1}{16\pi^2}(\Gamma(\epsilon) + \ln 4\pi)).
\end{aligned}
\tag{24.25}
$$

做如上抵消后就不需要考虑蝌蚪图的贡献了. 本章后面有时也把 $-g^2\Delta$ 记为 Δ_g.

其余的重整化常数可由计算三点顶角和波函数的重整化得到. 现讨论如下.

(1) ϕ^3 顶角的重整化. 定义

$$
\begin{aligned}
B_0(k^2, m_1^2, m_2^2) &= \int\frac{\mathrm{d}^n q\nu^{2\epsilon}}{(2\pi)^n}\frac{1}{(q^2 - m_1^2)((q - k)^2 - m_2^2)} \\
&= \frac{\mathrm{i}\nu^{2\epsilon}}{(4\pi)^{n/2}}\Gamma(\epsilon)\int_0^1\mathrm{d}x\,[(1 - x)m_1^2 + xm_2^2 - x(1 - x)k^2]^{-\epsilon} \\
&= \frac{\mathrm{i}}{16\pi^2}\left[N(\epsilon) - \int_0^1\mathrm{d}x\ln[(1 - x)m_1^2 + xm_2^2 - x(1 - x)k^2]\right] \\
&\doteq \mathrm{i}\Delta.
\end{aligned}
\tag{24.26}
$$

上式中的积分项可以积出来, 有

$$\overline{B}_0(s, m_1^2, m_2^2) \equiv \int_0^1 \mathrm{d}x \ln[(1-x)m_1^2 + xm_2^2 - x(1-x)s]$$

$$= -2 + \ln\left[m_1 m_2\right] + \frac{m_1^2 - m_2^2}{2s} \ln\left[\frac{m_1^2}{m_2^2}\right]$$

$$+ \frac{\lambda(s, m_1^2, m_2^2)}{s} \ln\left[\frac{m_1^2 + m_2^2 - s - \lambda(s, m_1^2, m_2^2)}{2m_1 m_2}\right], \quad (24.27)$$

其中

$$\lambda(s, m_1^2, m_2^2) = \sqrt{s^2 + m_1^4 + m_2^4 - 2sm_1^2 - 2sm_2^2 - 2m_1^2 m_2^2}. \quad (24.28)$$

在 $m_1 = m_2 = m$ 时, 上面的表达式得到了简化: $\lambda(s, m^2, m^2) = \sqrt{s(s-4m^2)}$, 且

$$\overline{B}_0(s, m^2, m^2) = -2 + \ln\left[m^2\right] + \rho \ln\left[\frac{\rho+1}{\rho-1}\right], \quad (24.29)$$

其中 $\rho = \sqrt{1 - 4m^2/s}$ 是熟知的两体相空间因子. 函数 $\overline{B}_0$ 的吸收部分为 $\mathrm{Im}\overline{B}_0 = \rho$, 因此满足一次减除的色散关系:

$$\overline{B}_0(s) = \overline{B}_0(s_0) + \frac{s - s_0}{\pi} \int_{4m^2}^{\infty} \frac{\mathrm{Im}\overline{B}_0(s')}{(s'-s)(s'-s_0)} \mathrm{d}s'. \quad (24.30)$$

对三点顶角有发散贡献的图如图 24.5 所示. 有三个传播子内线的图对发散无贡献, 可忽略. 要求由 (24.22) 式给出抵消项以抵消图 24.5 导致的发散, 可得

$$3\delta_\phi + 2\delta_m - \delta_v + \delta_t = \Delta\left[\frac{9m^2}{2v^2} + \frac{m^2}{2v^2}(N-1)\right]. \quad (24.31)$$

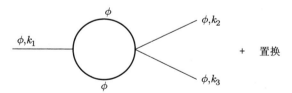

$$\frac{1}{2}\left(-3\mathrm{i}\frac{m^2}{v}\right)\left(-3\mathrm{i}\frac{m^2}{v^2}\right)\left(\mathrm{i}^2 B_0(k_i, m, m)\right) = \frac{9m^4}{2v^3} B_0(k_i, m, m)$$

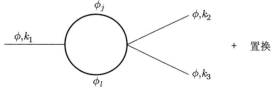

$$\frac{1}{2}\left(-\mathrm{i}\frac{m^2}{v}\delta_{jl}\right)\left(-\mathrm{i}\frac{m^2}{v^2}\delta_{jl}\right)\left(\mathrm{i}^2 \sum_i B_0(k_i, M_j, M_l)\right) = \sum_j^{N-1}\frac{m^4}{2v^3}\sum_i B_0(k_i, M_j, M_j)$$

图 24.5　Higgs 三点自作用图.

(2) 波函数重整化.

图 24.6 中几个图之和为

$$\frac{m^4}{2v^2}\left(9B_0(k,m,m) + \sum_1^{N-1} B_0(k,M_i,M_i) + 3\frac{A(m^2)}{m^2} + \sum \frac{A(M_i)}{m^2}\right)$$

$$\doteq \mathrm{i}\Delta\frac{m^4}{2v^2}\left(9 + (N-1) + 3 + \sum\frac{M_i^2}{m^2}\right). \tag{24.32}$$

注意到上述表达式中的发散项并没有正比于 k^2 的项, 而

$$\mathcal{L}_{\mathrm{ct}}^2 = \delta_\phi \partial_\mu\phi\partial^\mu\phi - m^2(\delta_\phi + \delta_m + \frac{3}{2}\delta_t)\phi^2, \tag{24.33}$$

或者 $\mathrm{i}\Gamma_{\mathrm{ct}}^2 = 2\mathrm{i}k^2\delta_\phi - 2\mathrm{i}m^2\left(\delta_\phi + \delta_m + \frac{3}{2}\delta_t\right).$ 所以

$$\delta_\phi = 0, \tag{24.34}$$

且推出

$$\delta_m + \frac{3}{2}\delta_t = \Delta\left\{\frac{11+N}{4}\frac{m^2}{v^2} + \frac{\sum M_i^2}{4v^2}\right\}. \tag{24.35}$$

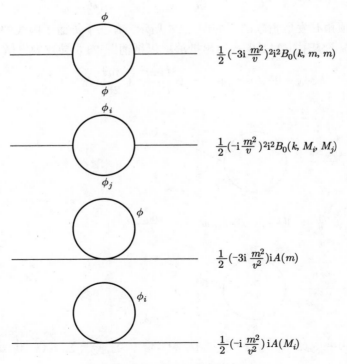

图 24.6   Higgs 两点函数图.

联立 (24.24)、(24.31) 和 (24.35) 式, 如果令 $M_i = 0$, 则有

$$\delta_t = \frac{3m^2}{2v^2}\Delta, \quad \delta_m = \frac{N+2}{4v^2}m^2\Delta, \quad \delta_\phi = 0, \quad \delta_v = -\frac{3m^2}{2v^2}\Delta. \tag{24.36}$$

由 (24.36) 式可得 $\delta_t + \delta_v = 0$, 但是当耦合到规范场时, 这个结果不再成立. 对于 ϕ^4 的顶角 $\lambda = m^2/2v^2$, 有

$$\delta_\lambda = 2(\delta_m - \delta_v) = (N+8)\lambda\Delta. \tag{24.37}$$

于是可以得出各种 β 函数. $N = 1$ 时,

$$16\pi^2\beta_\lambda = 18\lambda^2. \tag{24.38}$$

标准模型相当于 $N = 4$ 的情形,

$$16\pi^2\beta_\lambda = 24\lambda^2. \tag{24.39}$$

§24.2 Higgs 场部分的单圈重整化 (R_ξ 规范)

Higgs 场的拉氏量如下:

$$\mathcal{L}_{\text{Higgs}} = \frac{1}{2}D_\mu\Phi^\dagger D^\mu\Phi - V(\Phi), \tag{24.40}$$

其中

$$V(\Phi) = -\frac{1}{2}\mu^2\Phi^\dagger\Phi + \lambda(\Phi^\dagger\Phi)^2. \tag{24.41}$$

下面来讨论它的单圈重整化.

24.2.1 蝌蚪图的相消条件

要求单圈水平上蝌蚪图的贡献为零. 圈中跑动的粒子可以为费米子 (相互作用顶角为 $-igm_i/(2M)$), $W^\pm$ (相互作用顶角为 $igMg_{\mu\nu}$), $Z, \phi_1, \phi_2, \phi_\pm, C_\pm, C_z$ 等, 而抵消项的顶角为 $-ig^{-1}Mm_H^2\delta_t\phi_1$. 要求 $\langle\phi_1\rangle = 0$ 可以定出 δ_t:

$$\begin{aligned}
-i\delta_t = &-\frac{ng^2m_i^2}{2M^2m_H^2}A(m_i^2) \\
&-\frac{g^2}{4M^2}[2A(\xi M^2) + 3A(m_H^2) + A(\xi\frac{M^2}{c^2})] \\
&-\frac{ng^2}{m_H^2}A(M^2) - \frac{ng^2}{2c^2m_H^2}A(\frac{M^2}{c^2}) + \frac{g^2}{m_H^2}(A(\xi M^2) + \frac{1}{2c^2}A(\xi\frac{M^2}{c^2})) \\
&+\frac{g^2}{m_H^2}(1-\xi)[M^2B_0(0, M^2, \xi M^2) + \frac{M^2}{2c^4}B_0(0, \frac{M^2}{c^2}, \xi\frac{M^2}{c^2})],
\end{aligned} \tag{24.42}$$

其中第一行是费米子圈, 第二行分别是 ϕ_2, ϕ_1 和 $\phi_\pm$ 的贡献, 第三行和第四行表示了 $W^\pm, Z$ 和鬼场的贡献. 鬼场的贡献仅仅是将第三行最后一项中原有的一个乘积因子 $(1-\xi)$ 换为 1, 且其中的

$$A(a^2) \equiv \int \frac{\mathrm{d}^n k \nu^{2\epsilon}}{(2\pi)^n} \frac{1}{k^2 - a^2}, \quad B_0(0, a^2, b^2) \equiv \int \frac{\mathrm{d}^n k \nu^{2\epsilon}}{(2\pi)^n} \frac{1}{(k^2 - a^2)(k^2 - b^2)},$$

$$\tag{24.43}$$

也即

$$A(m^2) = \mathrm{i} m^2 \Delta + \mathrm{i} \frac{m^2}{16\pi^2} - \mathrm{i} \frac{m^2}{16\pi^2} \ln m^2,$$

$$B_0(0, a^2, b^2) = \mathrm{i} \Delta - \mathrm{i} \frac{1}{16\pi^2} \int_0^1 \mathrm{d}x \ln(xa^2 + (1-x)b^2).$$

$$\tag{24.44}$$

可以看出 δ_t 是依赖于 ξ 的,

$$\delta_t \doteq -\left[3\frac{M^2}{m^2} + \frac{3}{2c^4}\frac{M^2}{m^2} + \frac{3m^2}{4M^2} + \xi\left(\frac{1}{2} + \frac{1}{4c^2}\right) \right] \Delta_g.$$

$$\tag{24.45}$$

在计算完 δ_t 后则不再需要考虑关于 Higgs 场 ϕ_1 的蝌蚪图贡献.

24.2.2 Higgs 场的波函数及质量重整化

由 (24.41) 式可得

$$V(\phi) = \frac{m^2}{2}\left(\phi_1 + \frac{g}{4M}\bar{\phi}'\phi'\right)^2.$$

$$\tag{24.46}$$

利用 (24.21) 式, 得

$$V(\phi) = \frac{1}{2}m^2(1 + 2\delta_m + 2\delta_\phi + \delta_t)\phi_1^2 + \frac{m^2 g^2}{32M^2}(\bar{\phi}'\phi')^2(1 + 2\delta_m + 2\delta_g - 2\delta_M + 4\delta_\phi)$$

$$+ \frac{gm^2}{4M}(1 + \delta_g + 2\delta_m - \delta_M + 3\delta_\phi + \frac{\delta_t}{2})\phi_1\bar{\phi}'\phi' + \frac{M}{g}m^2\delta_t\phi_1 + \frac{m^2}{4}\delta_t\bar{\phi}'\phi',$$

$$\tag{24.47}$$

其中 $\bar{\phi}'\phi' = \phi_1^2 + \phi_2^2 + \bar{\phi}^{+'}\phi^{+'}$, 且

$$M = gv/2, \quad v^2 = \frac{\mu^2}{4\lambda} = \frac{4}{g^2}M^2, \quad m^2(m_H^2) = 2\mu^2 = 8\lambda v^2.$$

有关的抵消项的拉氏量为 $\mathcal{L} = \delta_\phi \partial_\mu \phi_1 \partial^\mu \phi_1 - \frac{m^2}{2}(2\delta_m + 2\delta_\phi + \frac{3}{2}\delta_t)\phi_1^2$, 抵消项的 Feynman 顶角为 $\mathrm{i} 2\delta_\phi(k^2 - m^2) - \mathrm{i}\left(2\delta_m + \frac{3}{2}\delta_t\right)m^2$. 对 Higgs 场自能的圈图贡献有

自作用项六个图 (见图 24.7), Higgs 场与规范场的作用项六个图 (见图 24.8). Higgs
场与鬼场的作用项共两个图 (见图 24.9), 其中带电鬼场圈图的贡献为

$$2 \times (-1) \left(-\frac{\mathrm{i}}{2} g\xi M \right)^2 \int \frac{\mathrm{d}^n q}{(2\pi)^n} \frac{\mathrm{i}}{q^2 - \xi M^2} \frac{\mathrm{i}}{(q-k)^2 - \xi M^2}, \tag{24.48}$$

中性鬼场圈图的贡献为

$$(-1) \left(-\frac{\mathrm{i}}{2c^2} g\xi M \right)^2 \int \frac{\mathrm{d}^n q}{(2\pi)^n} \frac{\mathrm{i}}{q^2 - \xi M^2/c^2} \frac{\mathrm{i}}{(q-k)^2 - \xi M^2/c^2}. \tag{24.49}$$

最后相加得出

$$\delta_\phi = -\frac{3-\xi}{2} \left(\frac{1}{4c^2} + \frac{1}{2} \right) \Delta_g,$$

$$2\delta_m + \frac{3}{2}\delta_t = \left\{ -\frac{15m^2}{8M^2} + \frac{1}{c^2} \left(\frac{3}{4} - \frac{3}{8}\xi \right) + \left(\frac{3}{2} - \frac{3}{4}\xi \right) - \frac{9M^2}{2m^2} \left(\frac{1}{2c^4} + 1 \right) \right\} \Delta_g. \tag{24.50}$$

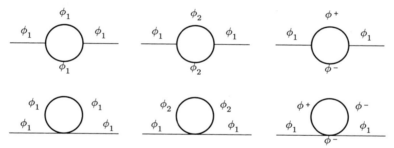

图 24.7   标量场自作用对 Higgs 自能的单圈图贡献.

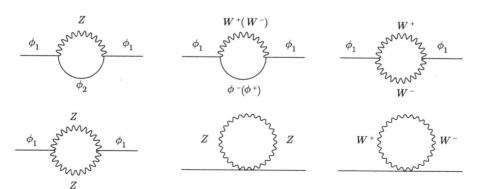

图 24.8   规范场对 Higgs 自能的单圈图贡献.

图 24.9   鬼场对 Higgs 自能的单圈图贡献.

由以前得到的 δ_t 值可求出 δ_m, 发现它与 ξ 无关,

$$\delta_m = \left[-\frac{3m^2}{8M^2} + \frac{3}{8c^2} + \frac{3}{4} \right] \Delta_g. \tag{24.51}$$

它也可以改写为

$$\delta_m = \frac{\Delta}{16\pi^2} \left\{ 12\lambda - \frac{9}{8}g^2 - \frac{3}{8}g'^2 \right\}, \tag{24.52}$$

由其可以得到在 MS 方案中,

$$\gamma_m = \frac{1}{16\pi^2} \left\{ 24\lambda - \frac{9}{2}g^2 - \frac{3}{2}g'^2 \right\}. \tag{24.53}$$

24.2.3   单圈的 Higgs 场的传播子

上面一节讨论了 Higgs 场的波函数与质量重整化. 在这里我们给出包括有限项的计算. 通过计算可以验证传播子极点的 ξ 无关性, 并理解质量重整化的基本技巧.

Higgs 场的自能由图 24.7, 图 24.8, 图 24.9 等相加给出. 首先给出 $\xi = 1$ 规范下的未重整时的 Higgs 场自能的表达式:

$$
\begin{aligned}
-\mathrm{i}\tilde{\Sigma}_{HH}^{\xi=1}(k^2) = \frac{g^2}{8c^2} \Bigg\{ & \left(\frac{m_H^4}{M_Z^4} + 4(D-1) - 4\frac{k^2}{M_Z^2} \right) M_Z^2 B_0(k^2, M_Z, M_Z) \\
& + 9\frac{m_H^4}{M_Z^2} B_0(k^2, m_H, m_H) \\
& + 2c^2 \left(\frac{m_H^4}{M^4} + 4(D-1) - 4\frac{k^2}{M^2} \right) M^2 B_0(k^2, M, M) + 3\frac{m_H^2}{M_Z^2} A(m_H) \\
& + 2c^2 \left(\frac{m_H^2}{M^2} + 2D - 2 \right) A(M) + \left(\frac{m_H^2}{M_Z^2} + 2D - 2 \right) A(M_Z) \Bigg\}. \tag{24.54}
\end{aligned}
$$

由于 Higgs 场真空期望值在每一圈水平上必须严格为零, 所以蝌蚪项对自能的贡献

项 $-\frac{3}{2}\mathrm{i}\delta_t m_H^2$ 可以在自能函数中加入, 而不含有任何的 (依赖于减除方案的) 任意性. 由 (24.42) 式得出, 在 $\xi = 1$ 时

$$-\mathrm{i}\delta\Sigma_{HH}^{\xi=1}(k^2) = -\frac{3}{2}\mathrm{i}\delta_t m_H^2 = \frac{g^2}{8c^2}\left\{ A(M)\left[-6\frac{m_H^2}{M_Z^2} - 12c^2 D + 12c^2\right]\right.$$
$$\left. +A(M_Z)\left[-3\frac{m_H^2}{M_Z^2} - 6D + 6\right] + A(m_H)\left[-9\frac{m_H^2}{M_Z^2}\right]\right\}. \quad (24.55)$$

将其并入 (24.54) 式, 得到加入了蝌蚪图贡献的 Higgs 场自能函数在 $\xi = 1$ 时的表达式:

$$-\mathrm{i}\Sigma_{HH}^{\xi=1}(k^2) = \frac{g^2}{8c^2}\left\{ \left(\frac{m_H^4}{M_Z^4} + 12 - 4\frac{k^2}{M_Z^2}\right) M_z^2 B_0(k^2, M_Z, M_Z) + 9\frac{m_H^4}{M_Z^2} B_0(k^2, m_H, m_H)\right.$$
$$+2c^2\left(\frac{m_H^4}{M^4} + 12 - 4\frac{k^2}{M^2}\right) M^2 B_0(k^2, M, M) - 6\frac{m_H^2}{M_Z^2}A(m_H)$$
$$\left. -4c^2\left(\frac{m_H^2}{M^2} + 6\right)A(M) - 2\left(\frac{m_H^2}{M_Z^2} + 6\right)A(M_Z)\right\}. \quad (24.56)$$

对于 R_ξ 规范, 需要在上面的表达式中补充一项[①]:

$$-\mathrm{i}\Sigma_{HH}^{add} = \frac{g^2}{8M^2}(m_H^2 - k^2)\{(m_H^2 + k^2)[B_d(\xi_Z^{\frac{1}{2}}M_Z, \xi_Z^{\frac{1}{2}}M_Z, M_Z, M_Z)$$
$$+2B_d(\xi^{\frac{1}{2}}M, \xi^{\frac{1}{2}}M, M, M)] - 2A_d(\xi_Z^{\frac{1}{2}}M_Z, M_Z) - 4A_d(\xi^{\frac{1}{2}}M, M)\},$$
$$(24.57)$$

其中

$$B_d(m_1, m_2, m_3, m_4) = B_0(k^2, m_1, m_2) - B_0(k^2, m_3, m_4) ,$$
$$A_d(m_1, m_2) = A(m_1) - A(m_2). \quad (24.58)$$

利用 (24.56)、(24.57) 式不难证明 24.2.2 节中 δ_ϕ 与 δ_m 的表达式. 另外, 从 (24.57) 式一眼可以看出, 在质壳上 (对应着裸质量) 规范依赖的部分消失. 单圈水平下的详细计算指出这一结论具有普遍性, 归纳为一个定理: 对应于所有物理粒子的自能函数, 在动量取在 (裸的) 质壳上时, 规范依赖完全消失, 并且等于 $\xi = 1$ 时的值.

重整化后的 Higgs 粒子的传播子为

$$\Delta_H^r(p^2) = \frac{1}{p^2 - m^2 - \Sigma_{HH}(p^2) + 2\delta_\phi(p^2 - m^2) - 2\delta_m m^2}, \quad (24.59)$$

_____

[①] 见 Bardin 和 Passarino 的书.

其中的 m 并不表示 Higgs 粒子的物理质量, 而是重整化质量. 物理质量记为 M_H, 是传播子 $\Delta_H^{\mathrm{r}}(p^2)$ 的极点:

$$M_H^2 - m^2 - \Sigma_{HH}(M_H^2) + 2\delta_\phi(M_H^2 - m^2) - 2\delta_m m^2 = 0. \tag{24.60}$$

注意这个方程的解 M_H 并不一定为实数. 如果 (24.60) 式有实数解, 那么取一个简单的质壳重整化条件

$$2\delta_m m^2 = -\Sigma_{HH}(m^2), \quad 2\delta_\phi = \Sigma'_{HH}(m^2), \tag{24.61}$$

就可以得到重整化的传播子, 且 m 就是物理质量, 并与规范无关. 此时把传播子在极点 m 处展开, 不难证明传播子的留数也与规范无关, 但展开式的高阶项可以与 ξ 有关.

一般的情况下, 我们把 Higgs 粒子极点记为 $M_H \equiv M_h - \frac{\mathrm{i}}{2}\Gamma_h$. 除了为束缚态的特殊情形外, 它是在非物理平面上的 S 矩阵元的极点. S 矩阵元的规范无关性保证了 M_H 不依赖于规范参数 ξ 的选取, 但传播子 (24.59) 本身一般来说却是规范依赖的. S 矩阵元的规范无关性体现在, 如果将其中的传播子在其极点处展开, 那么首先其极点位置和留数是规范无关的, 剩下的 (规范依赖) 项只有与 S 矩阵元中的其余部分 (比如 1PI 图的贡献) 结合在一起才能保证规范依赖性的相消.

24.2.4 ϕ_1^3 顶角的重整化

ϕ_1^3 项的 Feynman 顶角是 $-\mathrm{i}\dfrac{3gm^2}{2M}$. 所有单圈修正加起来以后的发散项为

$$-\mathrm{i}\Delta_g\left\{\frac{3}{2}g^3M(3+\xi^2)\left(\frac{1}{2c^4}+1\right)+3\xi\frac{g^3m^2}{4M}\left(-1-\frac{1}{2c^2}\right)+3\xi^2\frac{g^3M}{2}\left(-1-\frac{1}{2c^4}\right)\right\}, \tag{24.62}$$

而抵消项为

$$-\mathrm{i}\frac{3gm^2}{2M}\left(\delta_g + 2\delta_m - \delta_M + 3\delta_\phi + \frac{1}{2}\delta_t\right) \equiv -\mathrm{i}\frac{3gm^2}{2M}\delta_3. \tag{24.63}$$

这推出

$$\delta_3 = \delta_g + 2\delta_m - \delta_M + 3\delta_\phi + \frac{1}{2}\delta_t$$
$$= -\Delta_g\left\{3\frac{M^2}{m^2}\left(1+\frac{1}{2c^4}\right)+\frac{3m^2}{2M^2}-\frac{\xi}{4c^2}-\frac{\xi}{2}\right\}. \tag{24.64}$$

关于 Higgs 场的辐射修正, 存在着一个 "屏蔽" 定理 (screening theorem)[1]: 在单圈水平上, 除了具有 Higgs 外腿的那些图外, 物理可观测量对 Higgs 质量仅具有

---

[1] Veltman M. Acta. Phys. Polon. B, 1977, 8: 475.

对数依赖关系. 正比于 Higgs 质量平方的项可以被吸收到参数的重新定义中去, 因而不能被观测到. 这个定理使得试图通过辐射修正计算来确定 Higgs 粒子质量的努力变得非常困难.

§24.3 规范场部分的单圈重整化 (R_ξ 规范)

下面列出在 R_ξ 规范中标准模型拉氏量的重整化常数 (计算过程稍后给出):

$$\delta_W = -\frac{25 - 6\xi}{12}\Delta_g,$$

$$\delta_Z = -\left(\frac{4 - \xi}{2}c^2 + \frac{1}{6} - \frac{1}{12c^2}\right)\Delta_g,$$

$$\delta_A = -\frac{4 - \xi}{2}s^2\Delta_g, \tag{24.65}$$

$$\delta_{0A} = \frac{3 + \xi}{2}cs\Delta_g, \quad \delta_{A0} = -\left(\frac{11 - \xi}{2}cs + \frac{s}{6c}\right)\Delta_g,$$

$$\delta_c = \left(\frac{7}{2}s^2 + \frac{s^2}{12c^2}\right)\Delta_g,$$

且它们之间有关系式

$$\delta_c = \frac{s}{2c}(\delta_{0A} - \delta_{A0}),$$

$$2cs(\delta_Z - \delta_A) = (c^2 - s^2)(\delta_{0A} + \delta_{A0}), \tag{24.66}$$

$$\frac{2s}{c}(\delta_W - \delta_A) = \delta_{0A} + \delta_{A0},$$

还有

$$\delta_t = -\left[3\frac{M^2}{m^2} + \frac{3}{2c^4}\frac{M^2}{m^2} + \frac{3m^2}{4M^2} + \xi\left(\frac{1}{2} + \frac{1}{4c^2}\right)\right]\Delta_g$$

$$\delta_\phi = -\frac{3 - \xi}{2}\left(\frac{1}{4c^2} + \frac{1}{2}\right)\Delta_g,$$

$$\delta_m = \left(-\frac{3m^2}{8M^2} + \frac{3}{8c^2} + \frac{3}{4}\right)\Delta_g, \tag{24.67}$$

$$\delta_M = \left(\frac{17}{6} - \frac{3}{8c^2} + \frac{3M^2}{2m^2} + \frac{3M^2}{4c^4m^2} + \frac{3m^2}{8M^2}\right)\Delta_g,$$

$$\delta_g = \frac{43}{12}\Delta_g.$$

其余的重整化常数可以从上面给定的量中导出来.

24.3.1　Z 规范玻色子的自能重整化

相应的抵消项拉氏量为

$$\mathcal{L}^{\mathrm{ct}} = \delta_Z Z_\mu(\partial^2 g^{\mu\nu} - \partial^\mu\partial^\nu)Z_\nu + \frac{M^2}{2c^2}Z_\mu Z^\mu(2\delta_W + 2\delta_M - 2\delta_c + \delta_t). \quad (24.68)$$

抵消项对应的顶角为 $-2\mathrm{i}\delta_Z(k^2 g^{\mu\nu} - k^\mu k^\nu) + \mathrm{i}\frac{M^2}{c^2}g^{\mu\nu}(2\delta_Z + 2\delta_M - 2\delta_c + \delta_t)$. 单圈图贡献见图 24.10, 计算得出

$$\delta_Z = -\Delta_g\left(\frac{4-\xi}{2}c^2 + \frac{1}{6} - \frac{1}{12c^2}\right),$$
$$2\delta_Z + 2\delta_M - 2\delta_c + \delta_t = -\Delta_g\left[\frac{1}{4c^2} + \frac{1}{2} - c^2\right](3+\xi). \quad (24.69)$$

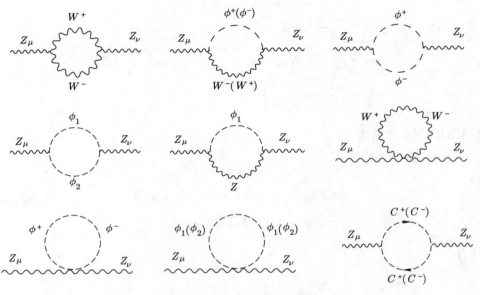

图 24.10　Z 规范场的自能图.

24.3.2　Z 规范玻色子与光子场的混合项的重整化

抵消项拉氏量

$$\mathcal{L}^{\mathrm{ct}} = (\delta_{A0} + \delta_{0A})Z^\mu(\partial^2 g_{\mu\nu} - \partial_\mu\partial_\nu)A^\nu + \frac{M^2}{c^2}\delta_{0A}Z_\mu A^\mu, \quad (24.70)$$

其中第一项是从规范粒子的运动学项出来的, 而第二项是从 Z 的质量项出来的. 单圈图修正如图 24.11 所示, 计算结果如下:

$$\delta_{0A} = \frac{3+\xi}{2}cs\Delta_g, \quad \delta_{A0} + \delta_{0A} = -\left[(4-\xi)cs + \frac{s}{6c}\right]\Delta_g, \quad (24.71)$$

推出 $\delta_{A0} = -\left(\dfrac{s}{6c} + \dfrac{11-\xi}{2}cs\right)\Delta_g$. 由 (24.66) 式和 δ_Z 的结果可以推出 δ_c、δ_A 和 δ_W 的表达式, 而不再需要做圈图计算了, 结果列在 (24.65) 式中. 进一步由 (24.69) 式可以推出 δ_M 的表达式. 结论是: δ_M, δ_m 和 δ_c 的表达式是规范无关的, 而其余的重整化常数是规范相关的.

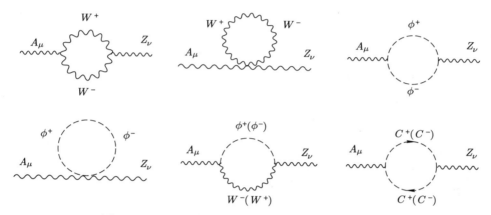

图 24.11　光子场及光子–Z 玻色子混合的单圈自能图.

§24.4　标准模型中跑动耦合常数所满足的重整化群方程

有了各种重整化常数后可以在与质量无关的最小减除方案中计算出标准模型的跑动耦合常数所满足的重整化群方程, 结果如下:

$$16\pi^2\frac{\mathrm{d}\lambda}{\mathrm{d}t} = 24\lambda^2 + 12\lambda g_t^2 - 6g_t^4 - (9g_2^2 + 3g_1^2)\lambda + \frac{9}{8}g_2^4 + \frac{3}{4}g_2^2 g_1^2 + \frac{3}{8}g_1^4, \quad (24.72)$$

$$16\pi^2\frac{\mathrm{d}g_t}{\mathrm{d}t} = \left(\frac{9}{2}g_t^2 - 8g_s^2 - \frac{9}{4}g_2^2 - \frac{17}{12}g_1^2\right)g_t, \quad (24.73)$$

$$16\pi^2\frac{\mathrm{d}g_s}{\mathrm{d}t} = -7g_s^3, \quad (24.74)$$

$$16\pi^2\frac{\mathrm{d}g_2}{\mathrm{d}t} = -\frac{19}{6}g_2^3, \quad (24.75)$$

$$16\pi^2\frac{\mathrm{d}g_1}{\mathrm{d}t} = \frac{41}{6}g_1^3. \quad (24.76)$$

在上述方程中只保留了 t 夸克的 Yukawa 耦合常数 g_t ($g_t = \sqrt{2}m_t/v$). 注意在上述方程中每一个 Yukawa 耦合都要理解成乘以一个阈因子: $\theta = \theta(t - \ln(m_t/M_z))$. 这里的 θ 函数正确反映了物理阈效应. 值得注意的是, 在 §16.4 中得到的质量无关的重整化群方程并不能够正确反映出阈效应. 重整化群方程中的质量参数所起的作用

可以由 §16.3 中的 (16.49) 式理解:

$$\beta\left(\lambda, \frac{\mu}{\nu}\right) = \frac{3\lambda^2}{16\pi^2} \int_0^1 \mathrm{d}x \frac{\nu^2 x(1-x)}{\mu^2 + \nu^2 x(1-x)} + O(\lambda^3)$$

$$\equiv \frac{3\lambda^2}{16\pi^2} \Theta\left(\frac{\mu}{\nu}\right). \tag{24.77}$$

当 $\nu \gg \mu$, 也即能标跑动到远远大于粒子质量时, $\Theta \to 1$. 而当 $\nu \ll \mu$, 也即能标跑动到远远小于粒子质量时, $\Theta \to 0$. 因此, 可以用阶梯函数来近似代替 Θ, 这虽然简单, 但却是较为精确的, 反映了物理质量的阈效应.

标准模型重整化群方程的两圈计算在文献中也已给出, 但是发现两圈图的贡献直到 Planck 能标时都是非常小的.

*24.4.1　有效势的单圈修正与真空稳定性

下面将讨论有效势的量子修正, 并且在此基础上利用重整化群方法来改善其可靠性. 我们指出, 利用标准模型的真空稳定性的要求, 以及 $\lambda\phi^4$ 耦合常数的 "平庸性" 限制, 可以来讨论对重的费米子或 Higgs 粒子的质量限制.

有效势的单圈水平下的计算最早是由 Coleman 和 Weinberg 给出的[①]:

$$V(\phi_c) = V_0 + V_1, \tag{24.78}$$

其中

$$V_0 = -\frac{1}{2}\mu^2\phi_c^2 + \frac{1}{4}\lambda\phi_c^4 \tag{24.79}$$

且

$$V_1 = \frac{1}{64\pi^2} \sum_i (-1)^F \eta_i \mathcal{M}^4(\phi_c) \ln \frac{\mathcal{M}^2(\phi_c)}{M^2}. \tag{24.80}$$

(24.80) 求和是对模型中的所有粒子进行的, F 是费米子数, η_i 是粒子 i 所具有的自由度数, $\mathcal{M}^2(\phi_c)$ 是当标量场具有真空期望值 ϕ_c 时一个场所具有的质量. 在 V_1 的表达式中, 我们忽略了那些可以被吸收到 V_0 的项, 这些项是由重整化条件决定的. 在标准模型中, 对于 W 玻色子, $\mathcal{M}^2(\phi_c) = \frac{1}{4}g^2\phi_c^2$, 对于 Z 玻色子, $\mathcal{M}^2(\phi_c) = \frac{1}{4}(g^2 + g'^2)\phi_c^2$, 对于 Higgs 玻色子, $\mathcal{M}^2(\phi_c) = -\mu^2 + 3\lambda\phi_c^2$, 对于 Goldstone 玻色子, $\mathcal{M}^2(\phi_c) = -\mu^2 + \lambda\phi_c^2$, 对于 t 夸克, $\mathcal{M}^2(\phi_c) = \frac{1}{2}h^2\phi_c^2$. 当 ϕ 很大时, 平方项可忽略, 且势变为

$$V = \frac{1}{4}\lambda\phi^4 + B\phi^2 \ln(\phi^2/M^2), \tag{24.81}$$

[①]Coleman S and Weinberg E. Phys. Rev. D, 1974, 7: 1888.

其中

$$B = \frac{3}{64\pi^2}\left[4\lambda^2 + \frac{1}{16}(3g^4 + 2g^2g'^2 + g'^4) - h^4\right]. \tag{24.82}$$

从中可以得知在 ϕ 很大的地方, 如果 B 小于零, 则势没有下界. 这就给出了真空稳定性对粒子质量的限制.

虽然单圈有效势的表达式是标准的, 但是它并不能够正确地用来讨论真空稳定性问题. 设 $\alpha = [\max(\lambda, g^2, h^2)]/(4\pi)$, 按圈图展开实际上是按 α 的幂次展开, 但同时也是按 $\ln(\phi_c^2/M^2)$ 的幂次展开, 因为每一个圈动量积分有一个对数发散, 在重整化后变为一个 $\ln(\phi_c^2/M^2)$. 于是, n 圈时的势具有如下形式的项:

$$\alpha^{n+1}[\ln(\phi^2/M^2)]^n. \tag{24.83}$$

为使展开有意义, 展开参数必须小于 1. 对于任意的 ϕ 值, 可以选取 M 以使对数因子保持为小量. 但是如果我们对一个很大的能量变化范围 $\phi_1 \sim \phi_2$ 都感兴趣, 那么必须保证 $\alpha\ln(\phi_1/\phi_2)$ 是小量. 在讨论真空稳定性时, 我们必须同时在弱电能标和很大的能标下考察有效势, 此时对数项通常会很大, 因此单圈结果并不可靠.

更可靠的, 不出现大的对数因子的展开是找出有效势的重整化群方程的解. 这一方程是由如下观测得出的, 即有效势不依赖于任意的重整化质量参数 $M, \mathrm{d}V/\mathrm{d}M = 0$. 利用链式法则, 有

$$\left[M\frac{\partial}{\partial M} + \beta(g_i)\frac{\partial}{\partial g_i} - \gamma\phi\frac{\partial}{\partial\phi}\right]V = 0, \tag{24.84}$$

其中 $\beta = M\mathrm{d}g_i/\mathrm{d}M$, 并且每一个耦合常数和质量参数都有一个相应的 β 函数. γ 函数是反常量纲. (24.84) 式的重要之处在于它是严格的. 如果我们知道严格的 β 函数和反常量纲, 也就知道了 V 到所有能量标度的严格解. β 和 γ 是按耦合常数展开的, 只要耦合常数足够小, $g_i \ll 1$, 那么 $V(\phi)$ 就可以足够准确, 而并不需要考虑 $g_i\ln(\phi/M) \ll 1$ 的要求.

比如在无质量的 $\lambda\phi^4$ 理论中, 重整化群方程可以严格求解:

$$V = \frac{1}{4}\lambda'(t,\lambda)G^4(t,\lambda)\phi^4, \tag{24.85}$$

其中 $t = \ln(\phi/M)$, 且 $\lambda'(t,\lambda)$ 是方程

$$\frac{\mathrm{d}\lambda'}{\mathrm{d}t} = \frac{\beta(\lambda')}{(1+\gamma(\lambda'))} \tag{24.86}$$

的解, 而边界条件由重整化条件决定. $G(t,\lambda)$ 的定义是 $\exp\left(-4\int_0^t \mathrm{d}t'\gamma(\lambda')/(1+\right.$

$\gamma(\lambda')\Big)$. 在 $\gamma = 0$ 且 $\beta = $ 常数时, $G = 1$ 且 $\lambda' = \beta t + $ 常数. $t = \ln(\phi/M)$ 给出单圈有效势中的 $\phi^4 \ln(\phi/M)$ 项.

对于有质量的情形, 情况要复杂得多, 此时的重整化群方程为

$$\left[M\frac{\partial}{\partial M} + \beta_\lambda \frac{\partial}{\partial \lambda} + \beta(g_i)\frac{\partial}{\partial g_i} + \beta_{\mu^2}\mu^2 \frac{\partial}{\partial \mu^2} - \gamma\phi\frac{\partial}{\partial\phi} \right] V = 0. \tag{24.87}$$

也许可以把方程的解尝试写为

$$V(\phi) = \frac{1}{2}\mu^2(t)g^2(t)\phi^2 + \frac{1}{4}\lambda(t)G^4(t)\phi^4, \tag{24.88}$$

其中各项系数为满足一阶常微分方程的跑动耦合常数. 但是这样的写法是不正确的, 原因是对于无质量的理论, 唯一的标度是 ϕ, 所以所有的对数项只可能形式为 $t = \ln(\phi^2/M^2)$. 有质量的理论存在着另外一个标度, 因而存在着形如 $\ln((-\mu^2 + 3\lambda\phi^2)/M^2)$ 的对数项, 从而导致并不存在一个对数项的简单求和. 另外此时有效势中的常数项 (宇宙学常数项) 的标度依赖关系也是不可忽略的. 对于大的 ϕ, 可以忽略质量项和常数项, 但是有效势在其极小值附近的结构变得重要. (24.88) 式并不精确. Bando 等和 Ford 等[①] 研究了有额外的对数项的有质量理论的处理方法. 他们得到的一般结论是, 如果考虑 L 圈的有效势, 利用 $L+1$ 圈的 β 和 γ 函数, 所有对数项都可以正确表达, 从领头阶一直到 L 阶次的次领头阶. 包括所有领头阶及次领头阶的标准模型的有效势 ('t Hooft 规范) 为

$$V(\phi) = -\frac{1}{2}\mu^2\phi^2 + \frac{1}{4}\lambda\phi^4 + \frac{1}{16\pi^2}\left[\frac{3}{2}W^2\left(\ln\frac{W}{M^2} - \frac{5}{6}\right) + \frac{3}{4}Z^2\left(\ln\frac{Z}{M^2} - \frac{5}{6}\right) \right.$$
$$\left. + \frac{1}{4}H^2\left(\ln\frac{H}{M^2} - \frac{3}{2}\right) + \frac{3}{4}G^2\left(\ln\frac{G}{M^2} - \frac{3}{2}\right) - 3T^2\left(\ln\frac{T}{M^2} - \frac{3}{2}\right) \right], \tag{24.89}$$

其中 $W \equiv g^2\phi^2/4$, $Z \equiv (g^2 + g'^2)\phi^2/4$, $H \equiv -\mu^2 + 3\lambda\phi^2$, $G \equiv -\mu^2 + \lambda\phi^2$, $T = h^2\phi^2/2$. 这个势中所有的耦合常数都依据 $t = \ln\phi/M$ 跑动. 利用两圈的 β 和 γ 函数, 上面的势中所有的领头和次领头阶对数项都被包括进来了. 计算表明[②], 势 (24.89) 式的极小值以及质量等对于 M 的选取并不敏感.

值得指出的是, 有效势是规范依赖的 (最早是由 Jakiw 指出的), 那么为什么可以从规范依赖的势中得到 Higgs 质量限呢? $V(\phi)$ 是规范有关的, 但可以证明, 其平

[①]Bando M, Kugo T, Maekawa N, and Nakano H. Phys. Lett. B, 1993, 301: 83; Prog. Theor. Phys., 1993, 90: 405. Ford C, Jones D R T, Stephenson D W, and Einhorn M B. Nucl. Phys. B, 1993, 395: 17.

[②]Casas J A, Espinosa J R, Quiros M, and Riotto A. Nucl. Phys. B, 1995, 436: 3; (E) Nucl. Phys. B, 1995, 439: 466.

方发散的部分至少到单圈是规范无关的[1]. 在 Coleman–Weinberg 模型中, 对于有效势在 R_ξ 规范中的两圈计算表明, Higgs 质量的 ξ 依赖性最后消掉了[2].

有效势不是规范不变的, 但是有效势有一个独特的性质, 即虽然其极值或真空期望值 v 本身是规范依赖的, 但有效势在此处的取值却是规范不变的[3].

标准模型有效势有一个非常重要的应用, 见图 24.12, 其中上面的那条线叫作平庸性限 (triviality bound), 下面的那条线叫作真空稳定性限 (vacuum stability bound). 对于 Higgs 粒子的质量 $m_H = 125$ GeV, 大约在 $\Lambda = 10^{11}$ GeV 处会遇到真空稳定性的限制. 也就是说, 物理真空大约在 10^{11} GeV 处破坏了真空稳定性, 这意味着在到达这一能量之前, 一定会出现新物理.

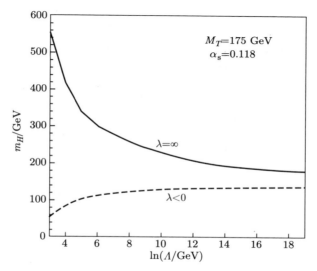

图 24.12 Higgs 质量的平庸性限 (图中的上面一条线) 与真空稳定性限 (下面一条线) (Frampton P H, Hung P Q, and Sher M. Phys. Rept., 2000, 330: 263), 其中 M_T 是顶夸克质量.

[1] Fukuda R and Kugo T. Phys. Rev. D, 1976, 13: 3469.
[2] Kang J S. Phys. Rev. D, 1974, 10: 3455.
[3] Nielsen N K. Nucl. Phys. B, 1975, 101: 173.

第二十五章 Higgs 粒子及相关讨论

§25.1 Le Jour de Gloire est Arrivé[①]——Higgs 粒子的发现

自从 1964 年 Higgs, Englert 等人提出所谓的 Higgs 机制以来, 物理学家经过近五十年的不懈努力, 终于在位于日内瓦湖畔的大型强子对撞机 (LHC) 上找到了标准模型中最后一个粒子 —— Higgs 粒子.

2012 年 7 月 4 日, 欧洲核子研究中心 (CERN) 宣布, 大型强子对撞机上的 CMS 合作组探测到了质量为 125.3 ± 0.6 GeV 的新玻色子 (超过背景期望值 4.9 个标准差), 另一个合作组 ATLAS 测量到质量为 126.5 GeV 的新玻色子 (5 个标准差). 2013 年 3 月 14 日, 欧洲核子研究中心发布新闻稿表示, 先前探测到的新粒子是 Higgs 玻色子. Higgs 玻色子是物质质量之源, 由于这一特殊重要地位, 它也被赋予了一个别称 —— "上帝粒子".

这是一个载入史册的时刻.

在 LHC 上 125 GeV 的 Higgs 粒子的发现主要是通过 $H \to 2\gamma$ 这一道进行的. 其最低阶图是一个单圈图, 如图 25.1 表示. 我们首先来计算一下这一最低阶的过程. 写出拉氏量

$$\mathcal{L}_{\text{int}} = \frac{-gm_f}{2M_W}\bar{\psi}\psi H + gM_W W^{+\mu}W^-_\mu H - \frac{gm_H^2}{M_W}\phi^+\phi^- H. \tag{25.1}$$

由此拉氏量出发, H 的衰变宽度为[②],

$$\Gamma(H \to 2\gamma) = \frac{\alpha^2 g^2}{1024\pi^3}\frac{m_H^3}{M_W^2}\left|\sum_i N_{\text{c},i}Q_iF_i\right|^2, \tag{25.2}$$

其中 $i = 1/2, 1, 0$. Q_i 和 $N_{\text{c},i}$ 分别是相应的以 e 为单位的电荷数和颜色数. 定义 $\tau = \frac{4m_f^2}{m_H^2}$, 有

$$\begin{aligned}
F_1 &= 2 + 3\tau + 3\tau(2 - \tau)f(\tau), \\
F_{\frac{1}{2}} &= -2\tau[1 + (1 - \tau)f(\tau)], \\
F_0 &= \tau[1 - \tau f(\tau)],
\end{aligned} \tag{25.3}$$

[①]来自《马赛曲》, 意为 "光荣一天来到了".

[②]Vainshtein A I, Voloshin M B, Zakharov V L, and Shifman M S. Sov. J. Nucl. Phys., 1979, 30: 711; Okum L B. Leptons and Quarks. Amsterdam: North-Holland, 1982.

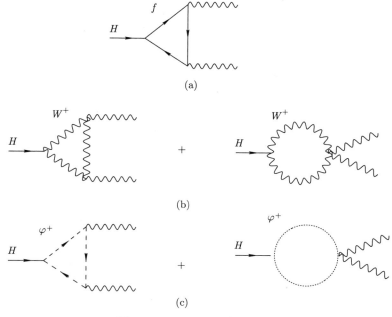

图 25.1 $H \to 2\gamma$ 最低阶过程.

其中

$$f(\tau) = \left[\arcsin\left(\frac{1}{\sqrt{\tau}}\right)\right]^2 \quad (\tau \geqslant 1)$$

$$= -\frac{1}{4}\left[\ln\left(\frac{1+\sqrt{1-\tau}}{1-\sqrt{1-\tau}}\right) - \mathrm{i}\pi\right]^2 \quad (\tau \leqslant 1). \tag{25.4}$$

在重的圈粒子质量的极限下,

$$F_0 \to -\frac{1}{3}, \quad F_{\frac{1}{2}} \to -\frac{4}{3}, \quad F_1 \to 7.$$

由此知道 W 粒子圈的贡献是主要的.

　　$H \to 2\gamma$ 领头阶的 QCD 修正如图 25.2 和图 25.3 所示. 由前面的讨论知道, QCD 修正的主要贡献来自于 t 夸克圈. 这个过程是比较典型的, 有助于我们熟悉和掌握重整化的例子. $H \to 2\gamma$ 是一个维数为 5 的算符, 因此它应该没有发散. 具体到图的分析, 本来三角图导致的线性发散, 由于电磁规范不变性, 降低了两次动量幂次, 因而是收敛的. 但是图 25.2 中的每一个子图都是发散的, 必须做重整化. 我们首先来分析抵消项拉氏量产生的 Feynman 图贡献, 如图 25.3 所示.

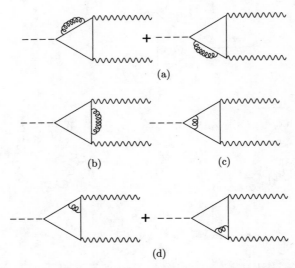

图 25.2 $H \to 2\gamma$ 过程的 QCD 修正. 图中还应包括费米子圈的逆时针跑动 (或光子交换) 图.

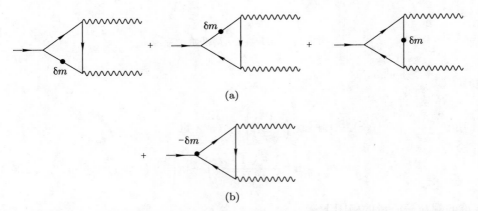

图 25.3 $H \to 2\gamma$ 过程的 QCD 修正抵消项图. 图中还应包括费米子圈的逆时针跑动 (或光子
交换) 图.

抵消项拉氏量本身的形式为

$$\delta\mathcal{L} = (Z_1 - 1)\{\bar{\psi}\left[i\slashed{\partial} - m(1 + \frac{\sqrt{2}}{v}H)\right]\psi - \bar{\psi}Qe\slashed{A}\psi\} + \delta m\bar{\psi}\left(1 + \frac{\sqrt{2}}{v}H\right)\psi,$$

(25.5)

其中 $Z_1 - 1$ 和 δm 是 $O(\alpha_s)$ 阶的发散, 且 QED 的 Ward 等式已经用到了上式中.

式 (25.5) 式和原始拉氏量产生出的夸克传播子为

$$iS(p) = \frac{i}{\not{p} - m} \left[(\not{p} - m)(1 + (Z_1 - 1)) + \delta m \right] \frac{1}{\not{p} - m}. \tag{25.6}$$

不难证明, 此式的正比于 $Z_1 - 1$ 的项, 与抵消项拉氏量 (25.5) 式中的标量粒子–费米子耦合以及光子–费米子耦合项给出的正比于 $Z_1 - 1$ 的贡献互相抵消了 (它们的贡献都简单的是单圈图乘以 $Z_1 - 1$ 因子), 于是, 留下的抵消项图仅如图 25.3 所示. 令 A 为费米子单圈图的贡献,

$$A_0 = F_\mathrm{s} \frac{iQ^2 \alpha_e N_\mathrm{c}}{4\pi\sqrt{2}s} F_{\mu\nu} F^{\mu\nu},$$

其中 $F_\mathrm{s} = -4/3$ (对于自旋 1/2 费米子), $\alpha_e = \dfrac{e^2}{4\pi}$, 则通过计算得到图 25.3(a) 和图 25.3(b) 的贡献分别为

$$A(a) = \frac{\delta m}{m}(1 + \epsilon) A_0, \quad A(b) = -\frac{\delta m}{m} A_0, \tag{25.7}$$

于是抵消项 Feynman 图的净贡献为

$$A_\mathrm{ct} = C_\mathrm{F} \frac{3\alpha_\mathrm{s}}{2\pi} A_0 \quad \left(C_\mathrm{F} = \frac{4}{3} \right), \tag{25.8}$$

是一个有限的量 (这具有偶然性, 重整化理论仅保证图 25.3 与图 25.2 的贡献之和是有限的, 即不再需要更高阶的抵消项).

图 25.2 的计算是复杂和冗长的. 在 $\tau = \dfrac{4M_f^2}{m_H^2} \gg 1$ 的近似下, 有[1]:

$$\begin{aligned}
A(a) + A(b) &= -\frac{3C_\mathrm{F}}{4\pi} \alpha_\mathrm{s} \left[4\Gamma(\epsilon) + \frac{67}{54} \right] A_0, \\
A(c) &= -\frac{3C_\mathrm{F}}{4\pi} \alpha_\mathrm{s} \left[-\frac{8}{3}\Gamma(\epsilon) + \frac{97}{54} \right] A_0, \\
A(d) &= -\frac{3C_\mathrm{F}}{4\pi} \alpha_\mathrm{s} \left[-\frac{4}{3}\Gamma(\epsilon) - \frac{1}{27} \right] A_0.
\end{aligned} \tag{25.9}$$

它们加起来为一个有限贡献 (这是必需的, 因为抵消项图的贡献亦是有限的), 与图 25.3 的贡献合在一起, 最后给出在大 τ 极限下 $H \to 2\gamma$ 贡献的 QCD 修正[2]:

$$A(H \to 2\gamma) = \left(1 - \frac{3\alpha_\mathrm{s}}{4\pi} C_\mathrm{F} \right) A_0, \tag{25.10}$$

其中跑动耦合常数 $\alpha_\mathrm{s} = \alpha_\mathrm{s}(m_H^2)$.

---

[1] Zheng H Q and Wu D D. Phys. Rev. D, 1990, 42: 3760.
[2] 大 τ 极限对于 125 GeV 的 Higgs 粒子来说是一个很好的近似.

§25.2　矢量对称性的自发破缺与复合 Higgs 粒子模型

25.2.1　精细调节与大规范等级问题

在学习 $\lambda\phi^4$ 理论与标准模型重整化时, 我们了解到 Higgs 粒子的自能修正是平方发散的. 这从一个正统的重整化理论来看是无关紧要的, 因为平方发散也好, 对数发散也好, 都不是物理的, 它们最终将被移去而不具有任何可观测的意义. 但是从动量截断场论的观点来看, 平方发散会带来一个很严重的问题. 假设动量截断 Λ 代表了新物理出现的能标, 那么物理的 Higgs 粒子的质量 (或重整化质量)m_H 可写为

$$m_H^2 = m_{H0}^2 + O(\Lambda^2), \tag{25.11}$$

其中下标 0 代表裸量. 上式左边的 Higgs 粒子的质量为 125 GeV, 而右边 Λ 的标度如果取成 Planck 能标 10^{18} GeV, 则为得到左边的小量, 在 Λ 附近的新物理效应必须在小数点后十几位的程度上互相抵消. 考虑到在能标 Λ 处的新物理中的物理量的自然量级是 $O(\Lambda)$, 这个相消是极不自然的. 这个观察是 't Hooft 最早提出的所谓大规范等级和自然性 (naturalness) 问题. 如果场论的确是截断版本的, 那么自然性问题的确是一个严重的问题.

另一方面, 我们反复强调过, 可重整性的物理诠释是: 更深层次的物理处在一个较高的能标上. 也就是说弱电能标的物理可以用 (可重整的) 标准模型来描述, 仅仅意味着一种可能性, 就是标准模型之外的新物理的确应该在一个相对较高的能标上, 即 $\Lambda \gg 1$ TeV, 因此自然性问题在标准模型中是很难回避的. 历史上人们对超对称性抱以厚望, 其原因就在于超对称性玻色子对 Higgs 粒子自能的平方发散项的贡献与费米子的相应贡献恰好互相抵消, 因而在超对称理论中不存在所谓的自然性问题. 但是超对称粒子在实验中到目前为止并未被发现, 对超对称粒子的质量下限的限制大约为几个 TeV. 如果这个下限继续提高, 那么即使未来找到了超对称粒子, 仍然需要对自然性问题做出解释[①].因此以超对称性为基础, 在微扰论水平上解决自然性问题的方案似乎变得不具有吸引力.

25.2.2　类矢量型对称性的自发破缺 —— 一个四费米子相互作用的模型

除了上面一节中讨论的, 与 Higgs 粒子自能平方发散紧密相关的规范等级与精细调节问题, 一个基本的标量粒子还面临着另一个问题, 即平庸性问题. 在讨论标准模型重整化问题的时候我们讨论过, 如果 m_H 足够大, Higgs 粒子的自相互作用

[①]玻色子与费米子质量的不同导致了超对称的破缺, 因此如果质量差过大, 会重新导致精细调节 (fine-tuning) 与自然性问题.

耦合常数 λ 随着能标的升高会最终爆炸掉. 这会导致标准模型在某一高能标处失去意义[1], 至少是在微扰论的水平上[2]. 历史上, 这一观察曾导致许多人认为不存在基本的标量粒子.

在本节我们讨论一种替代模型. 在这个模型里, Higgs 粒子是由重的矢量型费米子复合而成的, 并且是轻的. 模型可以容纳一个大的规范等级, 因而可以在低能时严格回到标准模型, 并且精细调节问题由于费米子质量可以取得较低, 因而不再那么严重. 具体来说, 我们通过一个四费米子相互作用场论模型来实现

大的规范等级 ↔ 低能有效理论的可重整性, 轻 Higgs 粒子

之间的关联. 首先需要知道的是, 手征类型的理论不可能实现这种关联. 比如 "人工色" (technicolor) 模型, 它与 QCD 的手征微扰理论类似: $v \sim f_\pi$, 于是 $\Lambda_{\mathrm{NP}} \sim 4\pi f_\pi \sim O(1)\mathrm{TeV}$, 即新物理的能标不可能很高. 这自然导致不可重整项的无法忽略的贡献, 就如我们在手征微扰理论里面看到的那样. 而现在实验上观察到的新物理下限约为 $\Lambda_{\mathrm{NP}} > O(10)\mathrm{TeV}$, 因此手征自发破缺理论似乎与实验有冲突.

下面讨论的是一种矢量型对称性自发破缺的模型[3]. 设有两个费米子 ψ_1^i 和 ψ_2^i, 它们均是 (弱) 同位旋二重态, 并且带 "色荷" $i = 1, \cdots, N_c$. 我们假设 N_c 是个大数, 同时设 ψ_1 与 ψ_2 的质量相同, 为 M, 并记

$$\Psi^i \equiv \begin{pmatrix} \psi_1^i \\ \psi_2^i \end{pmatrix}.$$

我们写出如下的四费米子拉氏量:

$$L = \bar{\Psi}^i (\mathrm{i}\partial\!\!\!/ - M)\Psi^i - \frac{G}{N_c \Lambda^2}[(\bar{\Psi}^i \rho_3 \Psi^i)^2 + (\bar{\Psi}^i \rho_1 \boldsymbol{\tau} \Psi^i)^2], \tag{25.12}$$

不难证明它在如下的 SU(2) × SU(2) 变换下不变:

$$\Psi \to \mathrm{e}^{\mathrm{i}\boldsymbol{\alpha}\cdot\boldsymbol{\tau} + \mathrm{i}\rho_2\boldsymbol{\beta}\cdot\boldsymbol{\tau}}\Psi, \tag{25.13}$$

其中 $\boldsymbol{\tau}$ 是弱同位旋空间的生成元, ρ_i 是 "宇称二重态" (parity doublet) 空间 (即 ψ_1 与 ψ_2 所张成的空间) 中的 Pauli 矩阵. 为了和弱电物理对应, 这两个 SU(2) 矩阵一个将规范化, 另一个将保持为整体对称性 (因而可以轻度破坏). 注意这里的费米子都是矢量型的, 即每一个费米子 ψ_1 或 ψ_2 的左手和右手都填充规范群同样的表示.

---

[1] 对于 125 GeV 的 Higgs 粒子, 这一能标在 10^{11} GeV 处, 但不是由平庸性, 而是由真空稳定性引起的.

[2] 请参考 §17.4 的讨论. 在那里我们发现, 即使耦合常数爆炸掉, 理论仍然可以很好地定义, 但是会导致依赖于不同正规化方案的其他问题.

[3] Zheng H Q. Phys. Rev. D, 1995, 52: 6500.

更具体地说, 可以令 ψ_2 (的左手和右手分量) 为 $\mathrm{SU_w}(2)$ 的二重态, 而 ψ_1 为 $\mathrm{SU_w}(2)$ 的单态. 因此, 费米子可以带一个规范不变的质量 M.

类似于本书上册 §11.3 的做法, 我们可以求拉氏量 (25.12) 式的能隙方程. 当吸引相互作用足够强, 即 G 足够大时, 费米子将不再简并, $m = m_{\mathrm{s}} + \rho_3 m_3$. 在大 N_{c} 极限下, 四费米子相互作用可严格求解, 有

$$m_{\mathrm{s}} = M, \tag{25.14}$$

$$m_3 = \frac{\mathrm{i}G}{\Lambda^2} \int^\Lambda \frac{\mathrm{d}^4 p}{(2\pi)^4} \mathrm{tr}\,(\rho_3 S_{\mathrm{F}}). \tag{25.15}$$

对积分变量做了欧氏转动以后, 定义

$$f(m) = \frac{m}{\Lambda^2} \int^{\Lambda^2} \frac{q_{\mathrm{E}}^2 \mathrm{d}q_{\mathrm{E}}^2}{q_{\mathrm{E}}^2 + m^2},$$

则方程 (25.14) 式可以改写成

$$m_1 - m_2 = \frac{G}{\pi^2} \left[f(m_1) - f(m_2) \right], \tag{25.16}$$

其中 $m_{1,2} = M \pm m_3$. 当 $M \ll \Lambda$ 时, $f'(M)$ 是单调下降函数, 且 $f''' < 0$. 当 $G/\pi^2 > 1$ 时, 存在一个临界值 M_{c}, $f'(M_{\mathrm{c}}) = \pi^2/G$. 当 $M < M_{\mathrm{c}}$ 时, 存在一个非零的 m_3 解, 因此导致了对称性的自发破缺:

$$m_3 = \sqrt{6 M_{\mathrm{c}}(M_{\mathrm{c}} - M)}, \tag{25.17}$$

此方程在 $m_3 \ll M_{\mathrm{c}}$ 时成立. 此时系统的对称性由 $\mathrm{SU}(2) \times \mathrm{SU}(2)$ 破缺至 $\mathrm{SU}(2)$, 并且出现了三个无质量的 Goldstone 粒子. 值得一提的是, 由上式可得 $\dfrac{M_{\mathrm{c}} - M}{M_{\mathrm{c}}} = \dfrac{1}{6} \dfrac{m_3^2}{M_{\mathrm{c}}^2}$, 即精细调节的程度依赖于 M_{c} 的取值. 当 M_{c} 取较小值时, 虽然仍然需要一定程度上的精细调节, 但是其程度比标准模型要轻得多.

拉格朗日模型 (25.12) 式的自发破缺不仅可以通过上面的分析由能隙方程给出, 亦可由对两点函数的计算加以确认. 为此计算如下 "赝" 标量流的两点关联函数:

$$\Pi_P(q^2) \equiv \mathrm{i} \int \mathrm{d}^4 x e^{\mathrm{i}q \cdot x} \langle T\{ \bar{\Psi}^i(x) \rho_1 \Psi^j(x) \bar{\Psi}^j(0) \rho_1 \Psi^i(0) \} \rangle, \tag{25.18}$$

其中 i, j 是 "同位旋" 指标, 且为了简化书写略去了 "色" 指标. 我们指出, 在大 N_{c} 极限下, 四费米子模型是可解的. 上述两点关联函数可以通过对 "单圈图链" (bubble-chain) 的级数求和给出:

$$\Pi_P(q^2) = \frac{\overline{\Pi}_P(q^2)}{1 - \dfrac{G}{\Lambda^2} \overline{\Pi}_P(q^2)}, \tag{25.19}$$

其中 $\overline{\Pi}_P(q^2)$ 是最低阶 (单圈) 的两点关联函数[①]. 为了在 $\overline{\Pi}_P(q^2)$ 中得到 Goldstone 极点, 必须有

$$1 - \frac{G}{\Lambda^2}\Pi_P(0) = 0. \tag{25.20}$$

这一条件与能隙方程 (25.14) 等价[②].

类似地, 可以计算标量两点关联函数 $\Pi_S(q^2)$ 或者赝标量-轴矢量混合两点关联函数 $\Pi_M^\mu(q^2)$:

$$\begin{aligned}
\Pi_S &\equiv \mathrm{i}\int \mathrm{d}^4 x \mathrm{e}^{\mathrm{i}qx}\langle T\{\bar{\Psi}^i(x)\rho_3\Psi^j(x)\,\bar{\Psi}^j(0)\rho_3\Psi^i(0)\}\rangle, \\
\Pi_M^\mu &\equiv \mathrm{i}\int \mathrm{d}^4 x \mathrm{e}^{\mathrm{i}qx}\langle T\{\bar{\Psi}^i(x)\rho_2\gamma^\mu\Psi^j(x)\,\bar{\Psi}^j(0)\rho_1\Psi^i(0)\}\rangle,
\end{aligned} \tag{25.21}$$

并得到

$$\Pi_S(q^2) = \frac{\overline{\Pi}_S(q^2)}{1 - \dfrac{G}{\Lambda^2}\overline{\Pi}_S(q^2)}, \tag{25.22}$$

$$\Pi_M^\mu(q^2) = \frac{\overline{\Pi}_M^\mu(q^2)}{1 - \dfrac{G}{\Lambda^2}\overline{\Pi}_P(q^2)}. \tag{25.23}$$

定义 $\Pi_M^\mu(q^2) = \mathrm{i}q^\mu\Pi_M(q^2)$ 和 $\Pi_P(q^2) = \Pi_P(0) + q^2\Pi_P'(q^2)$ (注意这里 $\Pi_P'(q^2)$ 不等于 $\dfrac{\mathrm{d}}{\mathrm{d}q^2}\Pi_P(q^2)$), 则 (25.23) 式可改写为

$$\Pi_M(q^2) = \frac{\Pi_M(q^2)}{-G/\Lambda^2 q^2\Pi_P'(q^2)}. \tag{25.24}$$

利用 Cutkosky 规则对单圈简单的计算给出

$$\begin{aligned}
\frac{1}{\pi}\mathrm{Im}\,\overline{\Pi}_M(t) &= \frac{m_1 - m_2}{4\pi^2}\left[1 - \frac{(m_1 + m_2)^2}{t}\right]^{3/2}\left[1 - \frac{(m_1 - m_2)^2}{t}\right]^{1/2} \\
&= (m_1 - m_2)\frac{1}{\pi}\mathrm{Im}\,\overline{\Pi}_P'(t).
\end{aligned} \tag{25.25}$$

利用这个表达式和非减除的色散关系 (通过对动量积分做截断来正规化), 立刻得出 $\overline{\Pi}_M/\overline{\Pi}_P' = $ 常数. 这一结论不是偶然: 利用等时对易关系和流守恒条件可以得出

$$\Pi_M^\mu(q^2) \equiv \frac{2\mathrm{i}q^\mu}{q^2}\langle\bar{\Psi}\rho_3\Psi\rangle, \tag{25.26}$$

[①] $\dfrac{1}{\pi}\mathrm{Im}\overline{\Pi}_P(t) = \dfrac{1}{4\pi^2}(t - (m_1 + m_2)^2)\sqrt{\left(1 - \dfrac{(m_1 + m_2)^2}{t}\right)\left(1 - \dfrac{(m_1 - m_2)^2}{t}\right)}$.

[②] 仅仅是原则上的. 在实际计算中, 非领头发散项由于正规化手段的不同而略有差异. 这种情况实际上并不是第一次遇到, 在讨论 $O(N)$ 可解模型时即遇到过.

进而从 (25.24) 式还可以得到

$$\langle \bar{\Psi}\rho_3\Psi \rangle = -\frac{N_c}{2G}\Lambda^2(m_1 - m_2). \tag{25.27}$$

还值得进一步讨论的是标量两点关联函数 (25.22) 式. 利用

$$\frac{1}{\pi}\mathrm{Im}\overline{\Pi}_S(t) = \frac{1}{8\pi^2}(t - 4m_1^2)^{3/2} + (m_1 \to m_2), \tag{25.28}$$

并定义 $\Pi_S(q^2) = \Pi_P(q^2) + \delta\Pi_S(q^2)$, 对于小的质量劈裂, 可得

$$m_H^2 = -\delta\Pi_S(m_H^2)/\Pi_P'(m_H^2) \approx -\delta\Pi_S(0)/\Pi_P'(0) \approx 2m_3. \tag{25.29}$$

从此式得到的一个重要结论是 Higgs 质量仅仅正比于动力学产生的质量, 而与裸的费米子质量无关. 这一结论从本书上册 11.3.1 节中对 Nambu–Jona-Lasinio 模型的讨论是看不出来的 (在那里 $m_\sigma \approx 2m_Q$, 其中 m_Q 是组分夸克质量, 但 m_Q 恰好是费米子的质量).

　　与手征破缺模型不同的是, 一个大的等级可以在上面的模型中实现, 为此仅仅需要对 (25.17) 式做一定程度上的精细调节, 以获得一个小的 $m_H = O(v)$. 也就是说, 可以容易地实现如下的能标分级: $\Lambda \gg M \gg m_H$. 如果自然界的确存在着这样一个大的规范等级, 即新物理能标处在远高于弱电能标的地方, 那么可以论证, 标准模型物理的确是用一个可重整理论描述的. 这一观点可以用本节的矢量型费米子破缺模型来清楚地论证. 下一节中我们利用热核展开方法[①] (heat kernel expansion) 来论证这一点.

25.2.3　玻色化与低能有效拉氏量

　　在路径积分表示中, (25.12) 式的生成泛函为

$$Z = \int [\mathrm{d}\bar{\Psi}\mathrm{d}\Psi]\exp\left\{\mathrm{i}\int\mathrm{d}^4x\left\{\bar{\Psi}^i(\mathrm{i}\partial\!\!\!/ - M)\Psi^i - \frac{G}{N_c\Lambda^2}\left[(\bar{\Psi}^i\rho_3\Psi^i)^2 + (\bar{\Psi}^i\rho_1\boldsymbol{\tau}\Psi^i)^2\right]\right\}\right\}. \tag{25.30}$$

所谓玻色化, 即引入辅助场 $\Phi = \sigma + \mathrm{i}\rho_2\boldsymbol{\tau}\cdot\boldsymbol{\pi}$ 并把上式改写为

$$Z = \int [\mathrm{d}\bar{\Psi}\mathrm{d}\Psi\mathrm{d}\Phi]\exp\left\{\mathrm{i}\int\mathrm{d}^4x\left[\bar{\Psi}(\mathrm{i}\partial\!\!\!/ - M)\Psi + \bar{\Psi}\rho_3(\sigma + \mathrm{i}\rho_2\boldsymbol{\tau}\cdot\boldsymbol{\pi})\Psi \right.\right.$$
$$\left.\left. -\frac{\Lambda^2}{2g^2}(\sigma^2 + \boldsymbol{\pi}^2)\right]\right\}. \tag{25.31}$$

这个形式因为玻色场为二次式, 可以积掉, 因此容易看出它与 (25.30) 式等价. 进一步, (25.31) 式对于费米场也是二次式, 因而可以积掉, 最后得到一个纯粹玻色场的

[①]关于其介绍可见 Ball R D. Phys. Rep., 1989, 182: 1.

路径积分表达式, 这样我们就从一个纯粹费米子的系统过渡到一个纯粹玻色场的系统. 具体步骤是, 利用 (14.116) 式在 (25.31) 式中积掉费米子时, 首先得到的是

$$Z = \int [\mathrm{d}\Phi] \det\left[\mathrm{i}\slashed{\partial} - M + \rho_3(\sigma + \mathrm{i}\rho_2 \boldsymbol{\tau} \cdot \boldsymbol{\pi})\right] \exp\left\{\mathrm{i}\int \mathrm{d}^4 x \left[-\frac{\Lambda^2}{2g^2}(\sigma^2 + \boldsymbol{\pi}^2)\right]\right\}.$$
(25.32)

利用数学公式 $\det A = \exp\{\ln\det A\} = \exp\{\mathrm{Tr}\ln A\} = \exp\left\{\int \mathrm{d}^4 x\, \mathrm{tr}\ln A\right\}$ (其中 Tr 包括了对时空的求迹, 而 tr 仅仅包括对内禀空间的求迹), 矩阵 A 中的 M 提供了一个自然的展开参数, 使得我们可以按 $1/M$ 的阶数展开并得到各阶系数 (计算方法即为热核展开) 有效作用量:

$$\Gamma_{\mathrm{eff}} = -\frac{1}{2}\int \mathrm{d}^4 x\, \mathrm{tr}\int_0^\infty \frac{\mathrm{d}\tau}{\tau}\rho(\epsilon, \tau)\frac{\mathrm{e}^{-\tau(M^2+m^2)}}{(4\pi\tau)^2}\sum_{n=0}^\infty a_n \tau^n,$$
(25.33)

其中 a_n 叫作 Seely–de Witt 系数. $\rho(\epsilon, \tau)$ 是为了正规化引入的正规子: 当 $\epsilon \to 0$ 时, $\rho(\epsilon, \tau) \to 1$; 当 $\tau \to 0$ 时, $\rho(\epsilon, \tau) \to 0$. 一种特殊的正规子 ("正时" (proper time) 正规化) 以如下方式引入:

$$\rho(\epsilon, \tau) = \theta(\tau - \epsilon) = \theta\left(\tau - \frac{1}{\Lambda^2}\right).$$
(25.34)

在这种正规化方案下方程 (25.33) 式写为

$$\Gamma_\epsilon = -\frac{1}{32\pi^2}\int \mathrm{d}^4 x \sum_{n=0}^\infty \Gamma\left(n-1, \frac{M^2}{\Lambda^2}\right)\frac{\mathrm{tr}(a_{n+1})}{(M^2)^{n-1}},$$
(25.35)

而生成泛函则为

$$Z = \int [\mathrm{d}\Phi] \exp\left\{\mathrm{i}\Gamma_\epsilon + \mathrm{i}\int \mathrm{d}^4 x\left[-\frac{\Lambda^2}{2g^2}(\sigma^2 + \boldsymbol{\pi}^2)\right]\right\}.$$
(25.36)

上式中的 $\Gamma(n-1, \epsilon)$ 叫作不完全 Γ 函数,

$$\Gamma(n-1, \epsilon) = \int_\epsilon^\infty \frac{\mathrm{d}z}{z}\mathrm{e}^{-z}z^{n-1}.$$

由 (25.31) 式出发, 利用热核展开技术, 通过计算 Seely–de Witt 系数可得到低能有效拉氏量各阶的系数. 而计算显示, 不可重整的无关算符或高阶项显然都是 $1/M$ 压低的. 因此, 我们得出的结论是, 只要能够实现一个大的规范等级, 那么低能有效理论一定是一个 (几乎) 可重整的理论①. 这似乎与目前在弱电物理中遇到的情形

①当然并不是任何低能理论都能容许背后存在着一个大的 "规范等级". 这可以由有效理论的微扰计算破坏幺正的快慢程度来决定.

是一样的: 标准模型有二十几个任意参数, 没有人相信它是一个终极理论, 但是它却是一个 BPHZ 意义下的可重整理论. 必须强调的是, 可重整性并不是建立正确物理理论的必要条件, 而是某种物理后果, 即背后更深层次的物理在一个高得多的能标上.

§25.3　结束语

在第二十三章的讨论中, 我们注意到一个事实, 即从四费米子相互作用拉氏量出发, 通过微扰幺正性的要求 (因而 "引进" 各种规范粒子和 Higgs 粒子), 可以逐步建立起标准模型, 而后者具有定域的规范对称性. 规范理论的可重整性与微扰幺正性之间的关系是一个值得深思的问题: 是否后者在某种条件下可以导致前者的出现? 在这里值得强调的是, "微扰幺正性" 的要求仅仅是技术上的: 如果它不满足, 那么根据 §23.1 的讨论, 哈密顿量的厄米性会强制产生一个新的极点, 把后者放回到拉氏量中 (仅仅是为了方便起见) 就会恢复 "微扰幺正性". 如果允许我们对这种论点做更大胆的推测, 是不是可以猜想不但粒子, 而且规范对称性都是衍生出来的? 从另一个方面说, 第 §25.2 讨论的例子又似乎暗示着, 只要存在一个大的规范等级, 则低能有效理论必然是渐近可重整的. 结合一个关于可重整性的定理[①], 定域规范对称性的存在似乎又成为了必然 (又一次论证了衍生对称性的可能性).

也许终有一天, 物理学家可以建立起一个真正的终极理论, 其中不仅各种场或粒子, 甚至包括对称性都是从某种在很高能标下的随机动力学中产生的. 到了那一天也许我们就可以真正理解 "色不异空、空不异色, 色即是空、空即是色" 这句话. 在这里 "色" 可以理解为人类为描述自然现象建立起来的具有各种对称性的标准模型, "空" 可以理解为某种未知的随机动力学, 而此话亦同时指出了这两种描述的某种对偶性.

[①] Weinberg S and Witten E. Phys. Lett. B, 1980, 96: 59. 这个定理说的是: 只有自旋不大于 1 的场具有可重整性, 且当自旋等于 1 时, 这个场必须是规范场.

附录 A SU(2) 及 SU(3) 群常用公式

对于 SU(2) 群或同位旋,

$$[\tau_a, \tau_b] = 2\mathrm{i}\epsilon_{abc}\tau_c,$$
$$\{\tau_a, \tau_b\} = 2\delta_{ab},$$
$$\mathrm{tr}(\tau_a) = 0,$$
$$\mathrm{tr}(\tau_a\tau_b) = 2\delta_{ab},$$
$$\tau_a\tau_b = \delta_{ab}\mathbf{1} + \mathrm{i}\epsilon_{abc}\tau_c,$$
$$\epsilon_{abc}\epsilon_{ade} = \delta_{bd}\delta_{ce} - \delta_{be}\delta_{cd}, \tag{A.1}$$
$$\epsilon_{abc}\epsilon_{abd} = 2!\delta_{cd},$$
$$\epsilon_{abc}\epsilon_{abc} = 3!$$
$$\tau_a\tau_b\tau_c = \mathrm{i}\epsilon_{abc}\mathbf{1} + \delta_{ab}\tau_c + \delta_{bc}\tau_a - \delta_{ac}\tau_b,$$
$$\tau_a\tau_b\tau_c\tau_d = \mathrm{i}\epsilon_{abc}\tau_d + \mathrm{i}\delta_{ab}\epsilon_{cde}\tau_e + \mathrm{i}\delta_{bc}\epsilon_{ade}\tau_e - \mathrm{i}\delta_{ac}\epsilon_{bde}\tau_e$$
$$+\delta_{ab}\delta_{cd}\mathbf{1} + \delta_{bc}\delta_{ad}\mathbf{1} - \delta_{ac}\delta_{bd}\mathbf{1},$$
$$\tau_a\tau_b\tau_c\tau_d\tau_e\tau_f = \mathrm{i}\epsilon_{abc}(\delta_{de}\tau_f + \delta_{ef}\tau_d - \delta_{df}\tau_e)$$
$$+\mathrm{i}\delta_{ab}\epsilon_{cdh}(\delta_{he}\tau_f + \delta_{ef}\tau_h - \delta_{hf}\tau_e)$$
$$+\mathrm{i}\delta_{bc}\epsilon_{adh}(\delta_{he}\tau_f + \delta_{ef}\tau_h - \delta_{hf}\tau_e)$$
$$-\mathrm{i}\delta_{ac}\epsilon_{bdh}(\delta_{he}\tau_f + \delta_{ef}\tau_h - \delta_{hf}\tau_e)$$
$$+\mathrm{i}(\delta_{ab}\delta_{cd} + \delta_{bc}\delta_{ad} - \delta_{ac}\delta_{bd})\epsilon_{efh}\tau_h$$
$$+[-\epsilon_{abc}\epsilon_{def} + \delta_{ab}(\delta_{cd}\delta_{ef} + \delta_{de}\delta_{cf} - \delta_{ce}\delta_{df})$$
$$+\delta_{bc}(\delta_{ad}\delta_{ef} + \delta_{af}\delta_{de} - \delta_{ae}\delta_{df})$$
$$+\delta_{ac}(\delta_{be}\delta_{df} - \delta_{bf}\delta_{de} - \delta_{bd}\delta_{ef})]\mathbf{1}.$$

SU(3) 群基础表示的 8 个生成元 $(T^a \equiv \lambda^a/2)$ 可以写成

$$\lambda_1 = \begin{pmatrix} 0 & 1 & 0 \\ 1 & 0 & 0 \\ 0 & 0 & 0 \end{pmatrix}, \quad \lambda_2 = \begin{pmatrix} 0 & -\mathrm{i} & 0 \\ \mathrm{i} & 0 & 0 \\ 0 & 0 & 0 \end{pmatrix}, \quad \lambda_3 = \begin{pmatrix} 1 & 0 & 0 \\ 0 & -1 & 0 \\ 0 & 0 & 0 \end{pmatrix},$$

$$\lambda_4 = \begin{pmatrix} 0\,0\,1 \\ 0\,0\,0 \\ 1\,0\,0 \end{pmatrix}, \quad \lambda_5 = \begin{pmatrix} 0\,0\,-i \\ 0\,0\,0 \\ i\,0\,0 \end{pmatrix}, \quad \lambda_6 = \begin{pmatrix} 0\,0\,0 \\ 0\,0\,1 \\ 0\,1\,0 \end{pmatrix}, \tag{A.2}$$

$$\lambda_7 = \begin{pmatrix} 0\,0\,0 \\ 0\,0\,-i \\ 0\,i\,0 \end{pmatrix}, \quad \lambda_8 = \frac{1}{\sqrt{3}} \begin{pmatrix} 1\,0\,0 \\ 0\,1\,0 \\ 0\,0\,-2 \end{pmatrix}.$$

一般地, 对于 SU(N) 群, 有

$$\left[\frac{\lambda_a}{2}, \frac{\lambda_b}{2} \right] = i f_{abc} \frac{\lambda_c}{2}, \quad \left\{ \frac{\lambda_a}{2}, \frac{\lambda_b}{2} \right\} = \frac{1}{3} \delta_{ab} + \frac{\lambda_c}{2} d_{abc},$$

$$\mathrm{tr} \left(\frac{\lambda_a}{2} \frac{\lambda_b}{2} \right) = \delta_{ab} T_{\mathrm{F}} = \frac{1}{2} \delta_{ab}, \quad \mathrm{tr} \left(\frac{\lambda_a}{2} \frac{\lambda_b}{2} \frac{\lambda_c}{2} \right) = \frac{1}{4} d_{abc} + \frac{1}{4} i f_{abc},$$

$$\delta_{ij} C_{\mathrm{F}} = \left(\sum_a \frac{\lambda^a}{2} \frac{\lambda^a}{2} \right)_{ij}, \quad \delta_{ab} C_A = \sum_{cc'} f^{acc'} f^{bcc'}, \tag{A.3}$$

$$C_A = N, \quad C_{\mathrm{F}} = \frac{N^2 - 1}{2N}, \quad T_{\mathrm{F}} = \frac{1}{2},$$

其中, f_{abc} 关于下标反对称, d_{abc} 关于下标全对称. 另一个十分有用的公式是

$$\sum_a T_{ij}^a T_{kl}^a = \frac{1}{2} \left(\delta_{il} \delta_{kj} - \frac{1}{N} \delta_{ij} \delta_{kl} \right). \tag{A.4}$$

对于 SU(3) 群, 有

$$f_{123} = f_{147} = f_{246} = f_{257} = f_{345} = 1,$$

$$f_{156} = f_{367} = -\frac{1}{2}, \qquad f_{458} = f_{678} = \sqrt{\frac{3}{2}}, \tag{A.5}$$

$$d_{146} = d_{157} = -d_{247} = d_{256} = d_{344} = d_{355} = -d_{366} = -d_{377} = \frac{1}{2},$$

$$d_{118} = d_{228} = d_{338} = -d_{888} = \frac{1}{\sqrt{3}}, \tag{A.6}$$

$$d_{448} = d_{558} = d_{668} = d_{778} = -\frac{1}{2\sqrt{3}},$$

其余项为零, 且

$$\sum_{abc} d_{abc}^2 = \frac{40}{3}, \quad \sum_{abc} f_{abc}^2 = 24, \quad \sum_{rka} \epsilon_{irk} T_{jr}^a T_{kl}^a = -\frac{1}{6} \epsilon_{ijl}. \tag{A.7}$$

附录 B　标准模型中 R_ξ 规范下的 Feynman 规则

B.1　传播子

费米子传播子:

$$\psi_i: \quad \mathrm{i}S_f(p) = \frac{\mathrm{i}}{\not{p} - m_i}. \tag{B.1}$$

规范粒子的传播子:

$$\gamma: \quad \mathrm{i}D_{\mu\nu}(k) = -\mathrm{i}\frac{g_{\mu\nu} - (1-\xi)\dfrac{k_\mu k_\nu}{k^2}}{k^2},$$

$$W^\pm: \quad \mathrm{i}D^\pm_{\mu\nu}(k) = -\mathrm{i}\frac{g_{\mu\nu} - (1-\xi)\dfrac{k_\mu k_\nu}{k^2 - \xi M_W^2}}{k^2 - M_W^2}, \tag{B.2}$$

$$Z: \quad \mathrm{i}D^Z_{\mu\nu}(k) = -\mathrm{i}\frac{g_{\mu\nu} - (1-\xi)\dfrac{k_\mu k_\nu}{k^2 - \xi M_Z^2}}{k^2 - M_Z^2}.$$

Higgs 粒子和 Goldstone 粒子的传播子:

$$\phi^\pm: \quad \mathrm{i}\Delta^\pm(k) = \frac{\mathrm{i}}{k^2 - \xi M_W^2},$$

$$\phi_1(h): \quad \mathrm{i}\Delta_1(k) = \frac{\mathrm{i}}{k^2 - 2\mu^2}, \tag{B.3}$$

$$\phi_2: \quad \mathrm{i}\Delta_2(k) = \frac{\mathrm{i}}{k^2 - \xi M_Z^2}.$$

Faddeev–Popov 鬼粒子的传播子:

$$C^\pm: \quad \mathrm{i}\Delta^\pm_C(k) = \frac{-\mathrm{i}}{k^2 - \xi M_W^2},$$

$$C_Z: \quad \mathrm{i}\Delta_Z(k) = \frac{-\mathrm{i}}{k^2 - \xi M_Z^2}, \tag{B.4}$$

$$C_\gamma: \quad \mathrm{i}\Delta_\gamma(k) = \frac{-\mathrm{i}}{k^2},$$

其中 $C^\pm = \dfrac{1}{\sqrt{2}}(C_1 \pm \mathrm{i}C_2)$, $C_Z = C_3 \cos\theta_W - C \sin\theta_W$, $C_\gamma = C_3 \sin\theta_W + C \cos\theta_W$.

B.2　相互作用顶角

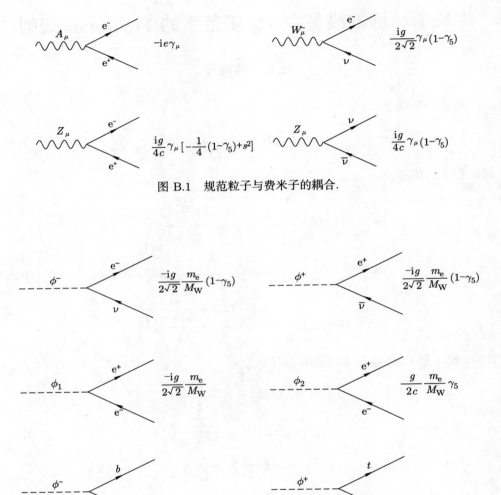

图 B.1　规范粒子与费米子的耦合.

图 B.2　Higgs 粒子和 Goldstone 粒子与费米子的耦合.

A_{μ_1}, k_1 $W^+_{\mu_2}, k_2$ $W^-_{\mu_3}, k_3$ $-\mathrm{i}e[g_{\mu_1\mu_2}(k_1-k_2)_{\mu_3}+$**循环**$]$

Z_{μ_1}, k_1 $W^+_{\mu_2}, k_2$ $W^-_{\mu_3}, k_3$ $-\mathrm{i}ec[g_{\mu_1\mu_2}(k_1-k_2)_{\mu_3}+$**循环**$]$

A_μ ϕ^+, p_+ ϕ^-, p_- $-\mathrm{i}e(p_--p_+)_\mu$

Z_μ ϕ^+, p_+ ϕ^-, p_- $\dfrac{-\mathrm{i}g}{c}\left(\dfrac{1}{2}-s^2\right)(p_--p_+)_\mu$

A_μ ϕ^+ W^-_ν $\mathrm{i}eg_{\mu\nu}M_{\mathrm{W}}$

Z_μ ϕ^+ W^-_ν $-\mathrm{i}gg_{\mu\nu}M_{\mathrm{W}}\dfrac{s^2}{c}$

图 B.3   标准模型中规范场与 Higgs 场部分各种三点耦合顶角 (1).

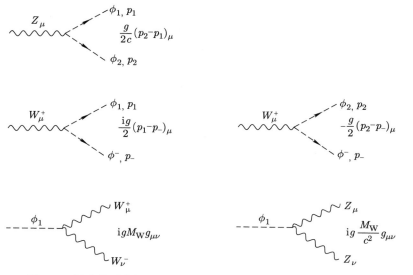

Z_μ ϕ_1, p_1 ϕ_2, p_2 $\dfrac{g}{2c}(p_2-p_1)_\mu$

W^+_μ ϕ_1, p_1 ϕ^-, p_- $\dfrac{\mathrm{i}g}{2}(p_1-p_-)_\mu$

W^+_μ ϕ_2, p_2 ϕ^-, p_- $-\dfrac{g}{2}(p_2-p_-)_\mu$

ϕ_1 W^+_μ W^-_ν $\mathrm{i}gM_{\mathrm{W}}g_{\mu\nu}$

ϕ_1 Z_μ Z_ν $\mathrm{i}g\dfrac{M_{\mathrm{W}}}{c^2}g_{\mu\nu}$

图 B.4   标准模型中规范场与 Higgs 场部分各种三点耦合顶角 (2).

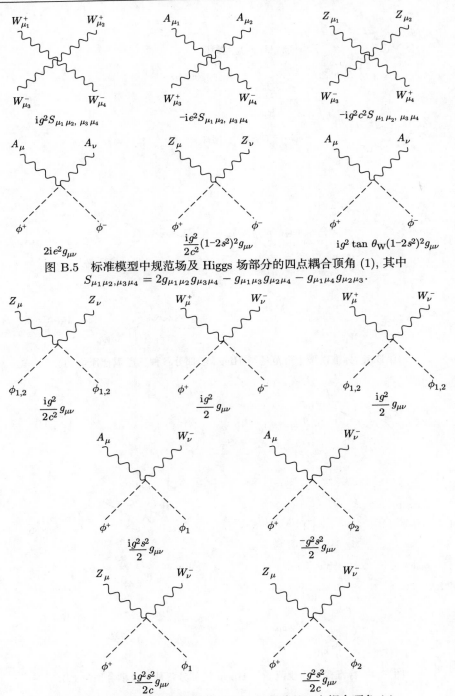

$$S_{\mu_1\mu_2,\,\mu_3\mu_4} = 2g_{\mu_1\mu_2}g_{\mu_3\mu_4} - g_{\mu_1\mu_3}g_{\mu_2\mu_4} - g_{\mu_1\mu_4}g_{\mu_2\mu_3}.$$

图 B.5　标准模型中规范场及 Higgs 场部分的四点耦合顶角 (1), 其中

图 B.6　标准模型中规范场及 Higgs 场部分的四点耦合顶角 (2).

主要参考书目

[1] Greiner W and Reinhardt J. Field Quantization. Berlin: Springer-Verlag, 1996.

[2] Peskin M E and Schroeder D V. An Introduction to Quantum Field Theory. Reading: Addison-Wesley Publishing Company, 1995.

[3] Cheng T P and Li L F. Gauge Theory of Elementary Particle Physics. Oxford: Clarendon press, 1984.

[4] Barton G. Introduction to Dispersion Techniques in Field Theory. New York: W. A. Benjamin, INC., 1965.

[5] Bjorken J D and Drell S D. Relativistic Quantum Fields. New York: McGraw-Hill Book Company, 1965.

[6] 李政道. 粒子物理和场论简引. 北京: 科学出版社, 1984.

[7] Itzykson C and Zuber J B. Quantum Field Theory. New York: McGraw-Hill Inc., 1980.

[8] Lurie D. Particles and Fields. New York: John Wiley & Sons Inc., 1968.

[9] Weinberg S. The Quantum Theory of Fields. Cambridge: Cambridge University Press, 2000.

[10] Coleman S. Aspects of Symmetry. Cambridge: Cambridge University Press, 1985.

[11] 戴元本. 相互作用的规范理论. 2 版. 北京: 科学出版社, 2005.

[12] 黄涛. 量子色动力学引论. 北京: 北京大学出版社, 2011.

[13] Collins P D B. An Introduction to Regge Theory and High Energy Physics. Cambridge: Cambridge University Press, 1977.

[14] Schwartz M. Quantum Field Theory and the Standard Model. Cambridge: Cambridge University Press, 2014.

[15] Taylor J R. Scattering Theory. New York: John Wiley & Sons Inc., 1972.

[16] Marshak R. Conceptual Foundations of Modern Particle Physics. Singapore：World Scientific, 1993.

[17] Swanson M S. Path Integrals and Quantum Processes. New York: Academic Press, 1992.

[18] Ryder L H. Quantum Field Theory. 2nd Edition. Cambridge: Cambridge University Press, 1996.

名 词 索 引

A

Adler 零点　88, 110

Adler-Bell-Jakiw 反常　175, 180, 182, 194

B

Bethe–Salpeter 方程 (BS 方程)　37, 39, 153

Bjorken 无标度性　164, 167, 172

BRS 变换　130, 131, 133

部分子　164, 166, 170

C

Cabibbo 角　196

Callan-Symanzik 方程　48, 56

重整化　68, 79, 81, 104～106, 136, 138, 142, 219, 233, 234

重整化群　46, 51, 53, 81, 142, 158, 174, 235

D

Dyson–Schwinger 方程　29, 36

对称性的自发破缺　72, 89, 147, 209, 244

E

Euler–Heisenberg 方程　58

F

Faddeev–Popov 鬼　117, 120

G

GIM 机制　196, 215

Goldstone 定理　69, 72, 80, 93, 147, 206, 211, 214, 246

J

渐近自由　136, 142, 144, 170

K

Kobayashi–Maskawa 矩阵　217

L

路径积分　3, 7, 16, 20, 117, 120, 184, 248

M

Meissner 效应　207

N

Nambu-Goldstone 玻色子　76, 85, 90, 96, 101, 206, 214, 246

扭度　168, 170

O

$O(N)$　76, 80, 221

Q

QCD　95, 101, 135, 143, 148, 160, 170, 187

R

热核展开　248, 249

S

生成泛函　9, 13, 17, 27, 80, 117, 184

手征对称性　83, 88, 92, 147